世纪英才高等职业教育课改系列规划教材(机电类)

单片机测量与控制基础实例教程

李忠国　蔡海云　主　编
冯　骥　李　勍　副主编

人民邮电出版社
北京

图书在版编目（CIP）数据

单片机测量与控制基础实例教程 / 李忠国，蔡海云主编. -- 北京 : 人民邮电出版社，2011.12
世纪英才高等职业教育课改系列规划教材. 机电类
ISBN 978-7-115-26062-8

Ⅰ. ①单… Ⅱ. ①李… ②蔡… Ⅲ. ①单片微型计算机－高等职业教育－教材 Ⅳ. ①TP368.1

中国版本图书馆CIP数据核字(2011)第156293号

内 容 提 要

本书借鉴“基于工作过程”的课程改革思想，实现以学生为教学中心，以实际工作任务为教学载体，通过十几个实际单片机测量与控制系统中的分解任务学习单片机测控的基本知识和基本技能。从简单、直观的任务出发，通过计算机仿真、实验板制作使学生在一个个小项目中边做边学。

将必须掌握的理论知识分解到各个小项目中，摒弃了部分不易理解、不太常用的理论知识。配套的实验板可以使学生的学习环境接近于工作环境，为学生从事单片机测控工作打下一个良好的基础。

本书可作为高职高专机电类各专业的教材，还可供从事电子行业的工程技术人员阅读参考。

世纪英才高等职业教育课改系列规划教材（机电类）

单片机测量与控制基础实例教程

◆ 主　　编　李忠国　蔡海云
　副 主 编　冯　骥　李　勍
　责任编辑　丁金炎
　执行编辑　王小娟

◆ 人民邮电出版社出版发行　　北京市崇文区夕照寺街 14 号
　邮编　100061　　电子邮件　315@ptpress.com.cn
　网址　http://www.ptpress.com.cn
　大厂聚鑫印刷有限责任公司印刷

◆ 开本：787×1092　1/16
　印张：18.25
　字数：458 千字　　　2011 年 12 月第 1 版
　印数：1－3 000 册　　　2011 年 12 月河北第 1 次印刷

ISBN 978-7-115-26062-8

定价：35.00 元

读者服务热线：(010)67132746　印装质量热线：(010)67129223
反盗版热线：(010)67171154
广告经营许可证：京崇工商广字第 0021 号

前言

Foreword

单片机测量与控制是目前电气控制系统中常用的控制方式，越来越多地被应用于各种控制系统之中。《单片机测量与控制基础实例教程》是高职电气信息类专业必不可少的专业课程。目前高职高专学生的基础较薄弱，为了适应目前的学生基础状况和满足教学目标的要求，本教材突出以下几方面的特色。

1. 重点突出：根据单片机测量和控制应用的主要技术设计实例，做到实例有实用。

2. 难点分散：根据学生基础较差的特点，分散指令系统和程序结构内容，在实例中分散讲解。

3. 教法灵活：单片机课程的教学中比较困难的问题是实验设备的问题，本书采用书本讲授、计算机仿真和实物实训三种模式同步教学，学生可根据自己的不同情况选择，以满足不同学校和读者的实际情况。

4. 因材施教：本教材选用 C51 作为开发语言，只介绍 C 语言中最基本的内容。由于教材只需要引导学生入门，部分难以理解的内容可以省略。这样提高了应用起点，同时也降低了学生的学习难度。

5. 实用性强：目前职业学校的教学中推行基于工作过程的教学模式，本教材也符合此教学思想。但是基于工作过程的教学模式并不一定需要完全围绕某一个具体产品来开展教学工作，而是教学内容要与生产过程密切结合，能做到学以致用、学有所用。本教材的所有实例均根据单片机测控中常见的单片机应用技术设计，做到教学内容与工作过程密切相关。

本书由武汉铁路技师学院李忠国、蔡海云、冯骥和中国建设银行信息技术管理部武汉开发中心李勍共同编写。其中蔡海云老师负责第一篇基础知识模块的编写；李勍负责第二篇项目一至项目五模块的编写；冯骥老师完成了各模块的程序调试、实验板设计和硬件调试工作。李忠国老师负责全书的组织和统稿。

由于作者水平有限，教材中难免出现错误或不妥之处，敬请各位读者给予批评指正。

编者

目录 Contents

第一篇　基础知识

第二篇　项目实训

第一篇 基础知识

知识模块一 单片机简介

单片机是微型计算机发展的一个分支，是一种专门面向控制的微处理器件，故又称之为微控制器（Micro Controller Unit，MCU）。单片机顾名思义就是做在一片集成块内的计算机。尽管只有一片集成块，但是它几乎包含一台计算机的所有部分。

一、计算机的硬件结构

当今计算机飞速发展，各种各样的计算机层出不穷。从大型机、巨型机到微型机、单片机，令人眼花缭乱。但是目前无论什么样的外观、大小及用途的计算机大都属于冯·诺依曼型计算机。也就是说，目前绝大部分电子计算机都采用了冯·诺依曼提出的电子计算机的体系结构。图 1-1-1 就是冯·诺依曼型计算机的硬件结构。

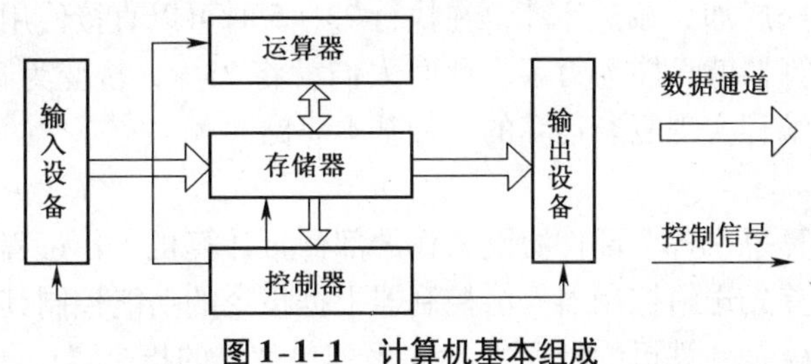

图 1-1-1 计算机基本组成

从图 1-1-1 可以看出一台计算机应当有运算器、控制器、存储器、输入设备和输出设备这 5 个部分。

1. 存储器

存储器主要用来保存程序和数据。无论是程序还是数据，在存储器中均以二进制数表示。这些二进制数如果代表的是程序或者是某些符号则称为二进制代码。例如，存储器中保存的文字、图像、声音信号等均称为二进制代码。保存在存储器中的程序则是由许许多多的二进制指令代码所组成。

8 位单片机中存储器采用 8 位二进制数为一个存取单位，每一位二进制数称为 1bit，而 8 位二进制数则组成一个字节，称为 1Byte。

存储器中能保存的二进制数的数量称为存储器的容量。其容量大小表示为：

8 位（bit）= 1 字节（Byte）

2^{10}字节 =1024 字节 = 1K 字节

2^{10}K 字节 =1024K 字节 =1M 字节

例如，十进制数 78 保存在存储器中时若直接转换成二进制数保存为 01001110，若转换成 8421BCD 码保存时为 01111000。字母 A 保存在存储器中为 00100000。而加法指令保存在存储器中则为00100100。

单片机中的存储器主要采用半导体存储器，这些存储器分为两类。

（1）只读存储器（ROM）

这种存储器的内容由生产厂家存入，用户使用过程中只能读取其中内容而不能修改内容。它们主要用来存储程序和某些固定不变的数据，因此也称为程序存储器。断电后存储器中的内容保持不变，这种存储器又称为非易失性存储器。

（2）随机存储器（RAM）

这种存储器的内容由用户自己写入和读出，主要用来保存工作过程中的各种数据，因此它也称为数据存储器。但是存储器的内容会因为断电而丢失。这种存储器又称为易失性存储器。

计算机工作过程中经常会有一些在断电后也需要保存的用户数据，如用户的某些参数和设定值等。早期采用的方法是使用RAM加后备电池的方法，用户存入数据后如果断电则由后备电池向存储器供电，使存储器中的内容保持不变，以便下次工作时继续使用。近年来随着闪存的出现，单片机中也采用了闪存，这种存储器可以由用户写入数据，断电后其内容保持不变，方便用户保存此类数据。

2. 运算器

运算器主要用来完成算术运算和逻辑运算。计算机中的运算器只能完成非常简单的基本运算，而对于那些复杂的运算则需要通过程序将其变换为许多简单的运算来完成。例如，某计算机的运算器只能完成加、减法运算，在执行23+5时可以直接使用加法指令实现，但是需要执行23×5时运算器就无能为力了，此时人们就将23×5转变为23+23+23+23+23来实现。这是计算机编程实现复杂运算的一种基本思路。

3. 控制器

控制器是控制计算机中各个部件协同工作的部件。计算机工作过程就是执行程序中的指令的过程，这些指令首先送给控制器，由控制器根据指令的功能控制其他部件执行指令。控制器所能识别的指令就是计算机的指令集。51系列单片机的指令集一共有111种指令。

在一般的微型计算机中，控制器和运算器一起集中做在一个集成块中，这个集成块就是人们常说的CPU——中央处理器。它是一台计算机的核心部件，CPU的性能直接决定了这台计算机的性能。

4. 输入设备

计算机在工作过程中经常需要从外部输入各种数据信息，输入设备可以将外界的信息转换为二进制代码并送到存储器中，普通计算机的输入设备有键盘、鼠标等设备。工业控制计算机的输入信息种类很多，如用户工作时输入的数据、系统设备的检测数据等。外界数据的种类很多，范围也很广，对应的输入设备也比较多。

例如，计算机系统的键盘、开关等，这种信息为二值信息。可以直接转换为二进制数据送到计算机中。设定某一位信号对应一个开关，当开关断开时该位为“0”，而开关接通时该位为“1”。计算机根据数据的值就可以知道开关的状态。

计算机的输入信息中许多信息并不是二值信息甚至是模拟量，这些信息经常需要经过A/D转换器转换为二进制数据再送到计算机中。有关A/D转换器的内容将在本书后续内容中介绍。

有不少外界信息甚至都不是电信号，或者是范围太大或太小的电信号，这样就需要传感器将这些信号转换为范围合适的电信号。例如，某温度控制系统需要检测温度，而温度并不是一个电信号，这样就需要使用温度传感器将温度转换为电信号。又如某电力系统设备中需要检测高压电网的电压，尽管高压电网的电压是一种电信号，但是过高的电压是无法直接送到计算机中的，这样就需要使用电压传感器，将这种高电压转换为适合计算机处理的低电压，再经过 A/D 转换器转换为二进制数据就可以传送到计算机中了。

5. 输出设备

任何一台计算机都需要输出信息，普通计算机的输出设备有显示器、打印机等。工业控制用的计算机除了显示器和打印机等通用设备以外还需要输出对设备进行控制的信息。这些信息可以分为两大类：一类是对开关量设备的控制信息，如指示灯，继电器、半导体开关器件等设备；另一类是模拟量控制设备，计算机输出的二进制数据经过 D/A 变换器输出模拟信号来控制此类设备，如流量控制设备、角度控制设备等。

当计算机用于工业控制时，一般系统结构的框图如图 1-1-2 所示，用户键盘和生产设备的各种信息通过输入设备送到计算机的输入接口中，再经输入接口送到计算机的存储器中。这些信息经过计算机程序的处理后得到了所需要的控制信息，再经输出接口送到输出设备，由输出设备对生产设备进行控制。同时运行状态和参数也可通过显示器显示出来。当然这一切工作过程是在计算机内部的程序控制之下进行的。

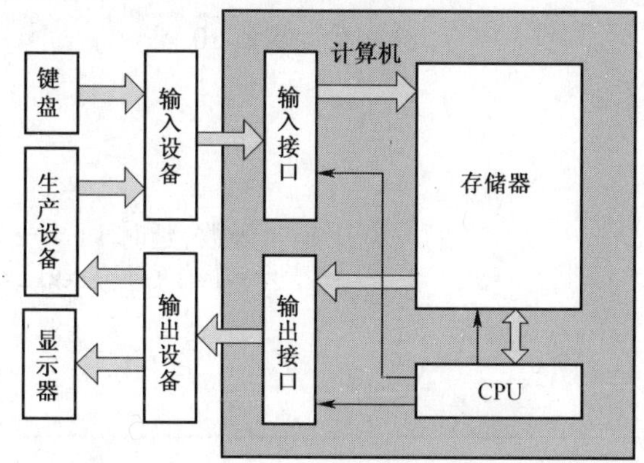

图 1-1-2 一般工业控制计算机系统的典型结构框图

二、计算机的软件结构

计算机的工作就像是一场文艺演出，计算机的硬件只是为演出提供了演出环境，如舞台、音响、灯光等。但是光有这个演出环境并不能完成文艺演出，文艺演出还需要各种节目，这些节目就是计算机的软件。如果一台计算机只有硬件，那么这台计算机性能再好也只是一堆废铁。而计算机的软件也需要相应的硬件支持，没有相应的硬件，再好的软件也无法工作。

1. 计算机的软件

计算机的软件就是使计算机完成某项工作的程序及其与之相关的各种文档。例如，人们上街买一套计算机游戏软件，它包含有游戏程序、使用说明、版权证书、硬件需求说明等资料，其中最重要的就是程序，因此人们往往简单地将软件理解为程序。

2. 计算机的程序

计算机的程序就是使计算机完成某一特定工作的指令集合。也就是说计算机程序是由许许多多的指令组成的，每一条指令完成一个简单的操作，按顺序执行这些指令就能完成我们所需要执行的工作。例如以下为单片机中的一个简单程序，程序中每一行就是一条语句，计算机工作时按顺序执行这些语句，完成程序编制者安排的工作。

下面为单片机教学中的一个简单流水灯控制的C语言程序清单。计算机工作时从第一行语句开始执行，计算机的工作就是按顺序执行这个程序中的一条条语句。

```
/*-------------------------------------------------------------------
简单流水灯控制程序
-------------------------------------------------------------------*/
#include <REG52.H>                    //指定头文件 REG52.H
#include <INTRINS.H>                  //指定头文件 INTRINS.H
#define uint unsigned int
void delay( uint ) ;                  // 函数说明
/*-------------------------------------------------------------------
主函数
-------------------------------------------------------------------*/
void main (void) {
uint s ;
    s=10 ;                            //给变量 s 赋值 10
    P0=7FH ;
while (1)
  {
    delay(s);                         //调用延时函数,延时 1s
    P0 = _crol_(P0,1) ;               //寄存器 P0 中内容左移一位并送回 P0 中
    }
}
/*-------------------------------------------------------------------
延时函数,调用时提供参数 x,延时时间为 x×100ms
-------------------------------------------------------------------*/
void delay( uint x)
{
uint n,m;
  for  (n=0; n< x;n++)
          for(m=0;m<20000;m++)   ;
}
```

3. 计算机的指令系统

一般计算机的程序都有数千条以上的指令，大型的程序甚至有几万甚至几十万条以上的指令。一个程序的指令虽然很多，但是指令的种类并不多。就像写文章，一篇小说几十万字很常见，但是所用的汉字也只需要两三千个一样。学习单片机编程就是要学会单片机有哪些指令，它们分别具备哪些功能，然后学习用这些指令来实现某一个控制功能。51机汇编语言程序的指令一共只有111条，学习汇编语言首先就要学习这些指令的格式和它们的功能，就像学文化要先学认字一样。

计算机中的指令都是存放在存储器中的二进制代码，这种用二进制代码表示的程序称为机器

语言程序。这种二进制代码既难看也难懂，特别容易出错。例如，某程序的机器语言代码如下。

```
01110100
00000001
11110101
10100000
01111111
11111111
01111110
11111111
11011110
11111110
11011111
11111010
00100011
10000000
11110011
```

这里我们无法直接看懂上述程序的作用和功能。

为了方便使用，人们将每一种机器语言指令使用为一个英语缩写单词来代替它，这个缩写单词称为助记符，利用助记符人们就比较方便地看懂和记忆指令。用这种指令编写的程序称为汇编语言程序，也称为汇编语言源程序。下面一段程序就是上述程序的汇编语言源程序，一般稍加学习就能看懂这段程序的功能。

```
        ORG     0000H       ;程序从 0 地址开始
START:  MOV     A,#0FEH     ;让 A 的内容为 11111110
LOOP:   MOV     P2,A        ;让 P2 口输出 A 的内容
        RL      A           ;让 A 的内容左移
        CALL    DELAY       ;调用延时子程序
        LJMP    LOOP        ;跳到 LOOP 处执行
;0.1 秒延时子程序(12MHz 晶振) = = = = = = = = = = = = = = = = = = = = = =
DELAY:  MOV     R7,#200     ;R7 寄存器加载 200
D1:     MOV     R6,#250     ;R6 寄存器加载 250
        DJNZ    R6,$        ;本行执行 R6 次
        DJNZ    R7,D1       ;D1 循环执行 R7 次
        RET                 ;返回主程序
```

由于计算机中只能执行机器语言程序，这种汇编语言程序需要将助记符还原为机器指令才能保存到单片机的程序存储器中，这一过程称为编译。如果人工将汇编语言程序翻译成机器语言程序，这一工作称为手工汇编。手工汇编既复杂又容易出错，现在人们都采用计算机程序来实现这一翻译，称为机器汇编，实现这种编译的程序称为汇编程序。51 系列单片机常用的汇编程序为 ASM51. exe 或 A51. exe。

注意汇编语言源程序与汇编程序的区别：汇编语言源程序是用户使用汇编语言编写的程

序，而汇编程序是将汇编语言源程序翻译为机器语言程序的工具软件。

为了编制较大型的程序，人们往往将程序分解为若干个模块，由多人或多个小组分别完成单独编译，然后再合成到一起生成最终的机器语言程序。这样汇编程序不是直接将源程序编译成机器语言程序，而是先产生一个中间文件，这个中间文件称为目标文件，一般为 *.obj。每一个模块分别编译为一个目标文件，然后再使用一个链接程序将所有的目标文件链接成最终的机器语言程序。这个链接程序一般为 RL51.exe 或 L51.exe。

4. 低级语言与高级语言

使用汇编语言编写的程序尽管比使用机器语言要好读好懂一些，但是汇编语言指令与机器语言指令是一一对应的关系，也就是说有多少种机器语言指令就有多少条汇编语言指令。这种指令系统属于面向机器的指令系统，这种语言称为低级语言。这种低级语言与人们习惯的自然语言有很大的差距，例如，需要做一个 23 + 5 的加法，并将结果保存在变量 JG 中，使用汇编语言需要如下指令完成操作：

```
MOV A,#23
ADD A,#5
MOV JG,A
```

初学者是看不懂以上指令的，这就是汇编语言使用比较困难的原因之一。为了克服这一困难人们研究出了一些比较符合自然语言的计算机语言，常用的有 C 语言等。使用 C 语言完成上述操作时的指令为：

```
JG = 23 + 5;
```

显然这一指令我们都能看懂，因为它比较符合人们的自然习惯。这种接近人们自然语言的计算机语言称为高级语言，使用高级语言编写的源程序需要专门的编译软件将高级语言源程序翻译成目标文件，如 51 系列单片机用的 C 语言编译软件一般为 C51.exe。

C 语言中的一行称为一个语句，经过编译软件翻译后可能会生成多条指令，这些指令一起来完成这个语句的功能。

使用汇编语言或 C 语言编写单片机程序时，工作过程如图 1-1-3 所示。首先使用普通的编辑软件编写源程序，使用汇编语言时源程序文件扩展名为 .ASM 或 .A51，而使用 C 语言时扩展名为 .C 或 .C51。源程序编写完成后使用编译程序将源程序编译为目标文件 .obj，再使用连接程序将目标文件连接成机器语言程序文件。这样就完成了源程序到机器语言程序的转换，然后使用专用工具将机器语言程序传送到单片机的存储器中，交由单片机执行。在这个过程中会产生一些辅助文件用于调试和检查程序。

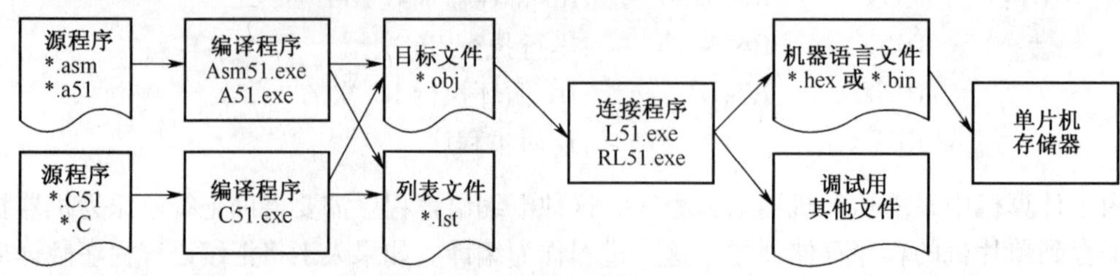

图 1-1-3 单片机软件编译过程

目前有许多单片机的开发环境将编译、连接过程安排到一起，使用时只需要下达一个命令就能直接将源程序编译为机器语言程序，方便了开发者的操作。对单片机的源程序编辑、编译、连接以及单片机程序测试和程序调试、运行控制等功能集中在一个软件中，这个软件称为集成开发环境（IDE）。目前有多个公司的 IDE 软件可供用户使用，大家可根据自己的条件选用。

三、计算机的工作过程

计算机工作前需要将机器语言程序存放到存储器中，存储器中存放指令的区域称为程序存储器，每一条指令存放的位置都对应有一个地址。表 1-1-1 表示了一个简单程序存放在存储器中的情况，从表中可以看到以下两个规律。

① 此程序一共有 8 条指令，其中有些指令占用了两个字节，有些指令只占用了一个字节。在单片机中一条指令需要占用 1 ~3 个字节。这些指令可分别称为单字节指令、双字节指令和三字节指令。

② 第一条指令存放在存储器地址为 0 的位置，后续指令顺序存放。

表 1-1-1　　程序存储器示意

存储器地址	机器指令		对应的汇编指令
	十六进制	二进制	
0000H	74H	01110100	MOV A，#01
0001H	01H	00000001	
0002H	F5H	11110101	L1：　MOV P2，A
0003H	A0H	10100000	
0004H	7FH	01111111	MOV R7，#0FFH[①]
0005H	FFH	11111111	
0006H	7EH	01111110	L3：　MOV R6，#0FFH
0007H	FFH	11111111	
0008H	DEH	11011110	L2：　DJNZ R6，L2
0009H	FEH	11111110	
000AH	DFH	11011111	DJNZ R7，L3
000BH	FAH	11111010	
000CH	23H	00100011	RL
000DH	80H	10000000	SJMP L1
000EH	F3H	11110011	

注：①汇编语言中十六进制数的表示方法为在十六进制数后加 H，如十六进制数 3A 表示为 3AH。若十六进制数第一位为字母时需在前面加一个“0”，如十六进制 A3 表示为 0A3H。

计算机的 CPU 中有一个程序计数器（PC），它里面保存着 CPU 下一步需要执行的指令的地址，CPU 每执行一条指令后 PC 自动加 1（执行双字节指令时加 2，执行三字节指令时加 3），使它指向下一条指令地址。这里“指向”的概念就是 PC 中保存着一个数据，这个数据是下一条指令的地址，也就说它指向下一条指令，这一过程可用图 1-1-4 表示。

计算机工作时首先给 CPU 一个启动信号，这个信号称为复位信号，复位信号使 PC 的内容清 0，然后 CPU 从 PC 指向的程序存储器中读出指令，交给控制器分析，根据指令内容控制存储器、运算器等其他设备执行这一条指令。由于复位后 PC 的内容为 0，故计算机启动

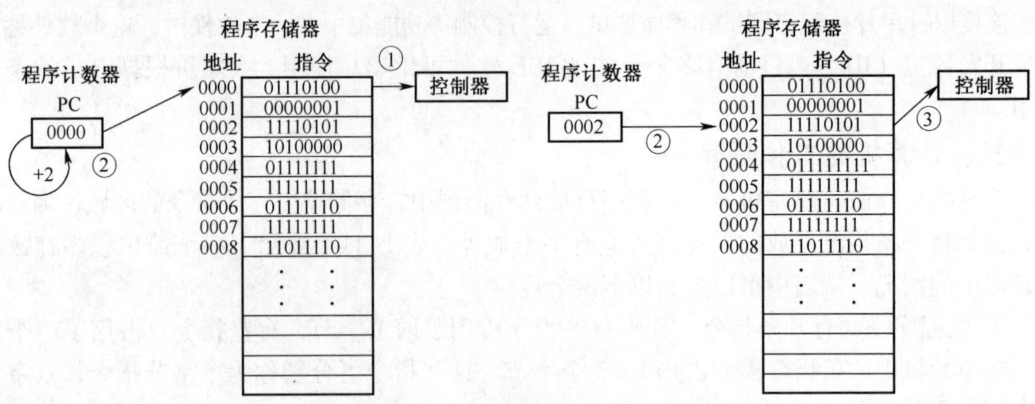

图 1-1-4　程序计数器的作用

后执行的第一条指令应当放在地址为 0 的程序存储器中。本条指令执行完后再从 PC 所指向的程序存储器中读出下一条指令，如此不断地重复。这就是计算机的工作过程，如图 1-1-5 所示。

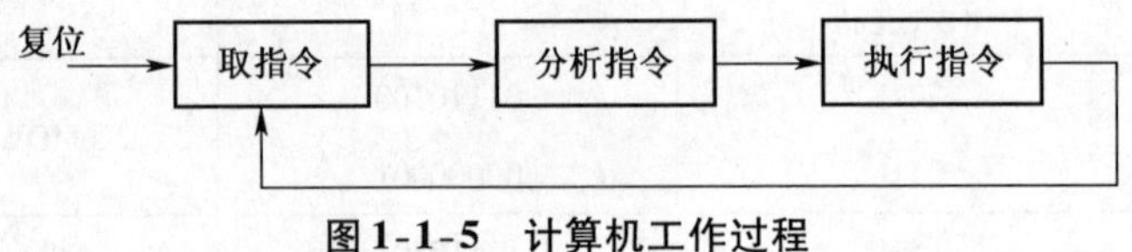

图 1-1-5　计算机工作过程

练习

1. 名词解释

ROM　RAM　程序存储器　数据存储器　机器语言　汇编语言　低级语言　高级语言　源程序　目标文件　机器语言文件　编译　连接　IDE 环境　软件　硬件　程序　指令

2. 下表为存储器容量与地址范围的对应关系，填写表中括号内的数据。

容量大小	地址范围	容量大小	地址范围
4KB	0000H ~ 0FFFH	128B	000 ~ 07FH
2KB	0000H ~ (　　)	256B	000 ~ (　　)
(　　)	0000H ~ 03FFH	(　　)	000 ~ 1FFH

3. 将汇编语言源程序转换成机器语言程序时需要经过哪几个步骤，需要使用哪几个工具程序？

4. 将 C 语言源程序转换成机器语言程序时需要经过哪几个步骤，需要使用哪几个工具程序？

5. 为什么 MCS51 机中程序的第一条指令必须放在地址为 0000H 的程序存储器中？

知识模块二　51 系列单片机

常见的 8 位单片机主要包含有 51 系列、AVR 系列和 PIC 系列三大系列。其中 51 系列是一种比较典型的单片机，特别适合于初学者学习单片机。51 系列单片机是 Intel 公司于 1980 年开始推出的单片机系列，30 多年来 51 系列单片机的功能也不断地发展，市场上有许多 51 系列的简化或扩充版本的器件，是单片机中的主流机型。

51 系列单片机的基本品种见表 1-2-1。它们之间的主要区别在于制造工艺和片内存储器容量。除此之外，许多公司还有与 51 系列兼容的单片机系列，它们在功能上也有许多扩充，但基本结构都相同。

表 1-2-1　　51 系列单片机主要型号及其区别

<table>
<tr><th rowspan="2">型号</th><th rowspan="2">工艺类型</th><th colspan="2">内部程序存储器</th><th rowspan="2">片内数据存储器</th><th rowspan="2">在线编程 ISP</th></tr>
<tr><th>类型</th><th>容量</th></tr>
<tr><td>8031</td><td>HMOS</td><td></td><td>0</td><td>128B</td><td rowspan="8">不支持</td></tr>
<tr><td>8051</td><td>HMOS</td><td>PROM</td><td>4KB</td><td>128B</td></tr>
<tr><td>8751</td><td>HMOS</td><td>EPROM</td><td>4KB</td><td>256B</td></tr>
<tr><td>80C31</td><td>CHMOS</td><td></td><td>0</td><td>128B</td></tr>
<tr><td>80C51</td><td>CHMOS</td><td>EEPROM</td><td>4KB</td><td>128B</td></tr>
<tr><td>80C52</td><td>CHMOS</td><td>EEPROM</td><td>8KB</td><td>256B</td></tr>
<tr><td>89C51</td><td>CHMOS</td><td>Flash</td><td>4KB</td><td>128B</td></tr>
<tr><td>89C52</td><td>CHMOS</td><td>Flash</td><td>8KB</td><td>256B</td></tr>
<tr><td>89S51</td><td>CHMOS</td><td>Flash</td><td>4KB</td><td>128B</td><td rowspan="3">支持</td></tr>
<tr><td>89S52</td><td>CHMOS</td><td>Flash</td><td>8KB</td><td>256B</td></tr>
<tr><td>89S53</td><td>CHMOS</td><td>Flash</td><td>12KB</td><td>256B</td></tr>
</table>

表中几个术语的说明如下。

① PROM ：一种只读存储器的类型，它的内容只能由工厂写入，用户只能读出。

② EPROM：紫外线可擦除只读存储器，用户可以使用紫外线擦除其中的内容，使用专用的编程器写入内容。

③ EEPROM：电可擦除只读存储器，用户可以写入内容，并可以使用电信号擦除内容。

④ Flash：闪速存储器，用户可写也可擦除的只读存储器，目前的 U 盘均使用此种存储器。

⑤ ISP：在线可编程。将程序写入单片机的一种方法，在 ISP 技术出现以前必须将单片机放在专用的编程器上才能将程序写入单片机。ISP 技术出现后可以在单片机安装到用户板上后使用专用的电缆将程序写入单片机中。

本教材以市面上最普及的 AT89S52 为例，学习单片机的基础知识。

一、MCS51 机的硬件组成

MCS51 机的硬件结构如图 1-2-1 所示，除了普通计算机的基本部件外，单片机中还包含有定时/计数器CTC、串行接口、中断控制电路、振荡电路等部件，它们的功能及用法将在后续课程中陆续介绍。

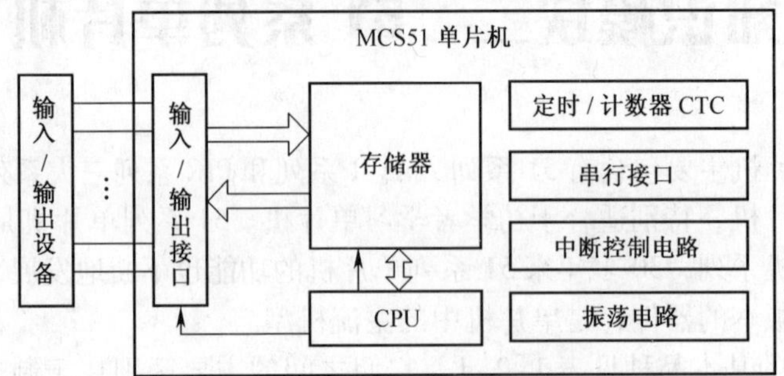

图 1-2-1　MCS51 机的硬件结构

1. MCS51 机的外部端口

（1）89S51

① 89S51 外观，如图 1-2-2 所示。

图 1-2-2　89S51

② 89S51 型号的含义，如图 1-2-3 所示。

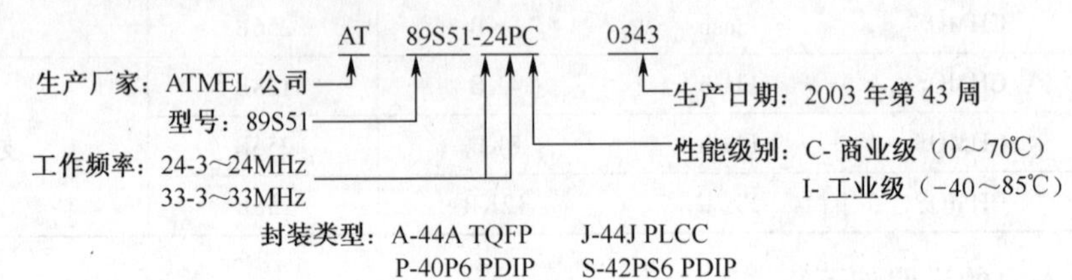

图 1-2-3　89S51 的型号

③ 89S51 的封装，如图 1-2-4 所示。

图 1-2-4　89S51 的封装

89S51 的外部引脚随封装不同而有所不同。从图 1-2-4 可以看到，外部引脚有 40、42、44 3 种。实际使用的只有 40 个引脚。本教材中均以 40 引脚的 40P6 - PDIP 封装为例介绍 89S51 的使用方法。

（2）89S51 的 I/O 口

PDIP 和 PLCC 封装的 89S51 的外部引脚及其名称如图 1-2-5 所示。

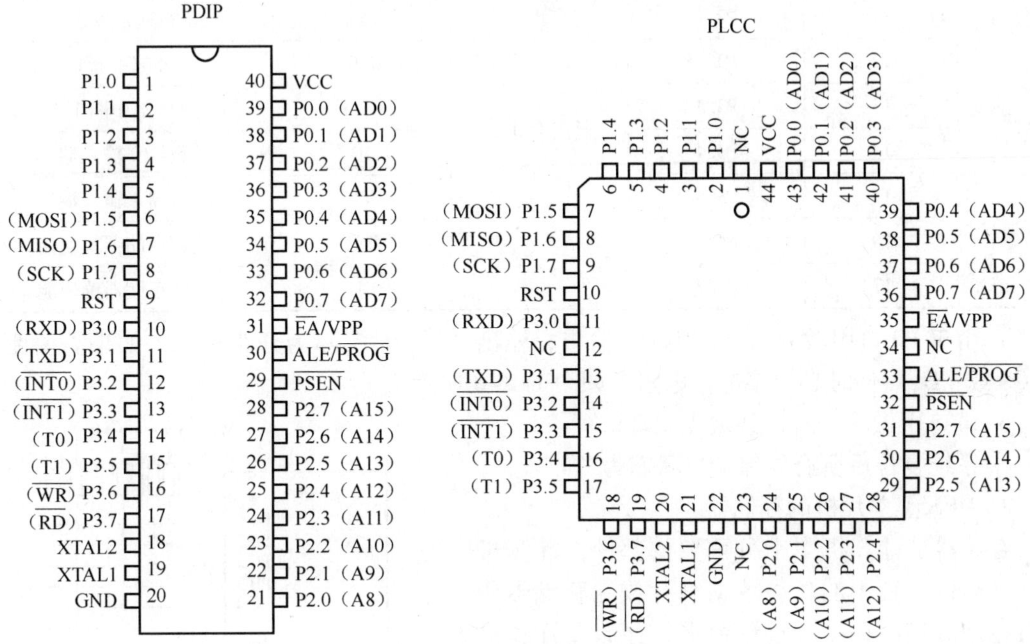

图 1-2-5 89S51 的引脚

① 89S51 的 I/O 口的功能。

89S51 共有 40 个外部引脚，提供给用户使用的有 32 个，分为 P0、P1、P2、P3 四组，每组 8 位。其中 P0、P2、P3 都有两个功能，一个是用于输入/输出端，称为 I/O 口；另一个为特殊功能，称为第二功能。其第二功能的作用将在后续内容中介绍，如表 1-2-2 所示。

② 外部端口的驱动能力。

a. 89S51 直接驱动负载时每个端口可驱动的最大灌电流负载（I_{OL}）为 10mA；每组端口 8 个引脚的总灌电流负载驱动能力 P0 口为 26mA，P1 ~ P3 为 15mA；4 组（P0、P1、P2、P3）端口 32 个引脚的总灌电流负载驱动能力为 71mA。

b. 89S51 驱动其他器件时，P0 口可驱动 8 个 LS TTL 负载，其他端口可驱动 4 个 LS TTL 负载。

③ 外部端口使用注意事项。

外部端口用做通用 I/O 口时，应当注意以下问题。

表 1-2-2 89S51 的端口

符号	PDIP 引脚位置	第一功能		第二功能	
		符号	功能	符号	功能
P0	39 ~ 32	P0. 0 ~ P0. 7	通用 I/O 口	AD0 ~ AD7	地址/数据总线（低位）
P1	1 ~ 8	P1. 0 ~ P1. 7	通用 I/O 口		

续表

符号	PDIP 引脚位置	第一功能		第二功能	
		符号	功能	符号	功能
P2	21 ~ 28	P2.0 ~ P2.7	通用 I/O 口	A8 ~ A15	地址总线（高位）
P3	10	P3.0	通用 I/O 口	RXD	串行通信接收口
	11	P3.1		TXD	串行通信发送口
	12	P3.2		INT0	外部中断 0
	13	P3.3		INT1	外部中断 1
	14	P3.4		T0	计数器 0 输入端口
	15	P3.5		T1	计数器 1 输入端口
	16	P3.6		WR	外部存储器写使能
	17	P3.7		RD	外部存储器读使能

a. 由于 P0 口用做 I/O 口时为 OC 输出，输出“1”时实际为开路状态，如果需要驱动 CMOS 或 TTL 器件时必须接上拉电阻，如图 1-2-6 所示。

b. 端口用做输入时，必须先向端口写“1”。

c. 系统复位后所有外部端口状态为“1”。

2. MCS51 单片机的存储器

存储器是计算机中十分重要的部件，计算机中的程序和运行过程中的各种数据都存放在存储器中。计算机存储器只能存储二进制数据，存储在计算机中的任何信息都必须转换为二进制数据。

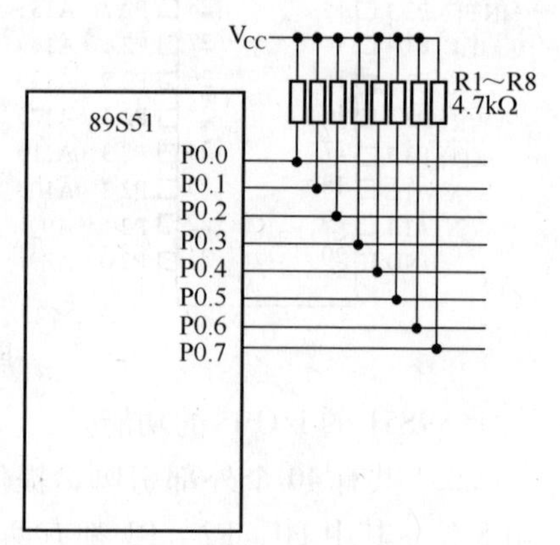

图 1-2-6　P0 口接上拉电阻

（1）存储器的单位长度

MCS51 机存储器的单位长度为 8 位，即每一单位存储器可以储存 8 位二进制数，称为一个字节。每次从存储器中读出数据，或将数据保存到存储器中都是以 8 位二进制数进行的。

例如，指令 MOV 20H，#7AH 就是将数据 7AH 保存到数据存储器中地址为 20H 的字节单元中。

为了方便使用，MCS51 机中还有部分可以每次读、写 1 位二进制数的位寻址单元和每次读、写 16 位二进制数的双字节存储器。

“寻址”的概念：“寻址”从字面上看就是寻找地址，在将数据保存到存储器前或从存储器中读出数据前都必须先找到该存储单元的位置，找到存储器单元的位置的过程就称为“寻址”，找到存储器单元的方法也就称为“寻址方式”。

例如，存储器 P0 为一个 8 位存储单元，其中每一位又可进行位寻址，如图 1-2-7 所示。

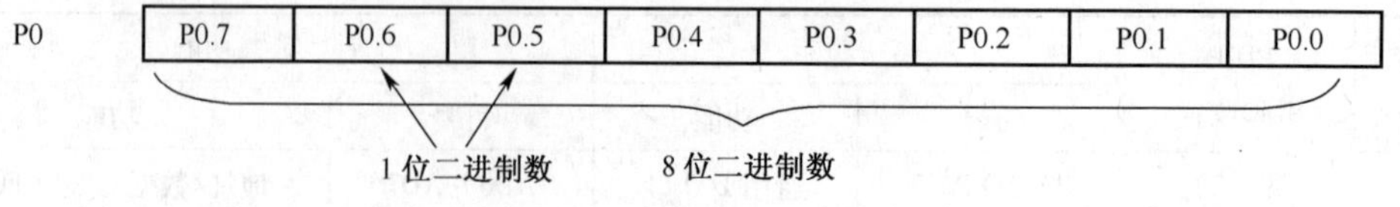

图 1-2-7　字节地址与位地址

将数据送到 P0 时，一次可将 8 位二进制数同时送到 P0 的 8 位中。例如，指令 MOV P0，20H 就可以将数据存储器 20H 单元中的 8 位二进制数送到 P0 存储器中。而指令 MOV P0.7，C 可以将 C 中的一位二进制数送到 P0 存储器的第 7 位 P0.7 中，其他位保持不变。

（2）存储器的编址方式

计算机中存储器的数量很多，每一个存储单元都有一个编号，称为该单元的地址。计算机存储器的地址编排方式有两种：一种是所有存储器顺序编号，使用时一个地址编号仅对应一个唯一的存储器单元，程序和数据分别放在存储器的不同区域中，这种结构也称为冯·诺伊曼结构；另一种是将程序存储器和数据存储器分开，一个存储器存放程序称为程序存储器，另一个存放数据称为数据存储器。这种存储器结构也称为哈弗结构。如图 1-2-8 所示。

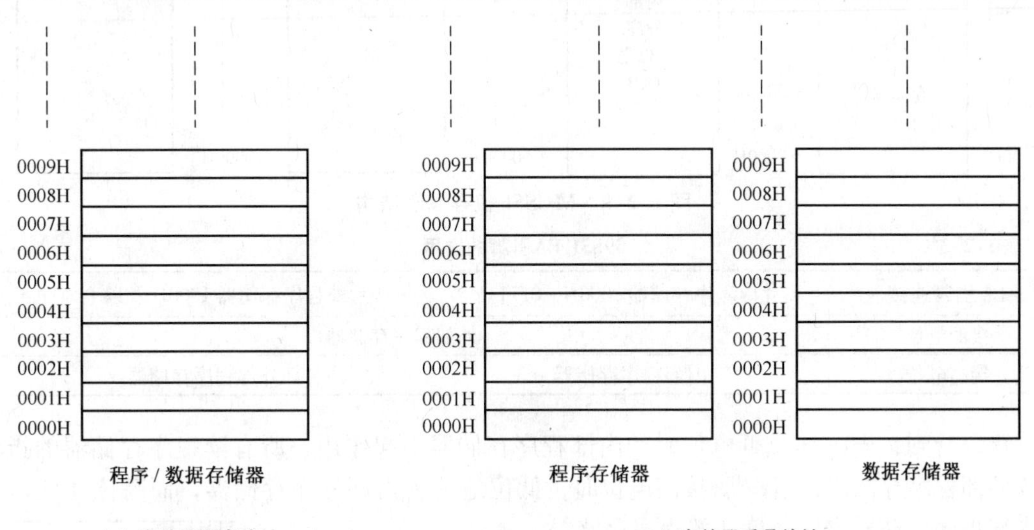

图 1-2-8　存储器编址方式

顺序编址方式时，所有存储器可以看做一个区域，程序和数据分别存放在不同区间。而重叠编址方式中程序存储器和数据存储器为两个区域，读程序存储器的指令只能读取程序存储器中的内容，而读、写数据存储器的指令只能读、写数据存储器中的内容。

（3）MCS51 机存储器的结构

MCS51 机采用了重叠编址方式，在单片机内部有一个程序存储器和一个数据存储器。由于内部存储器容量有限，MCS51 机还可以在芯片外部扩充存储器，这样就形成了 4 个存储空间：内部数据存储器、内部程序存储器、外部数据存储器、外部程序存储器，如图 1-2-9 所示。

MCS51 机中同一个地址对应了 4 个不同的存储器，读写内部数据存储器、外部数据存储器和程序存储器时分别使用了不同的指令。

例如，指令 MOV　A，23H；它将内部数据存储器 23H 单元中的内容传送到 A 中。

指令 MOVX　A，@DPTR；将外部数据存储器中某单元的内容传送到 A 中。

指令 MOVC　A，@A + DPTR；将程序存储器中某单元的内容传送到 A 中。

读内部程序存储器和外部程序存储器使用的指令相同，如何区分是读内部程序存储器还是外部程序存储器呢？

单片机芯片外部引脚中有一根引脚$\overline{EA}$。根据$\overline{EA}$引脚的连接方式决定访问程序存储器的位置，如表 1-2-3 所示。

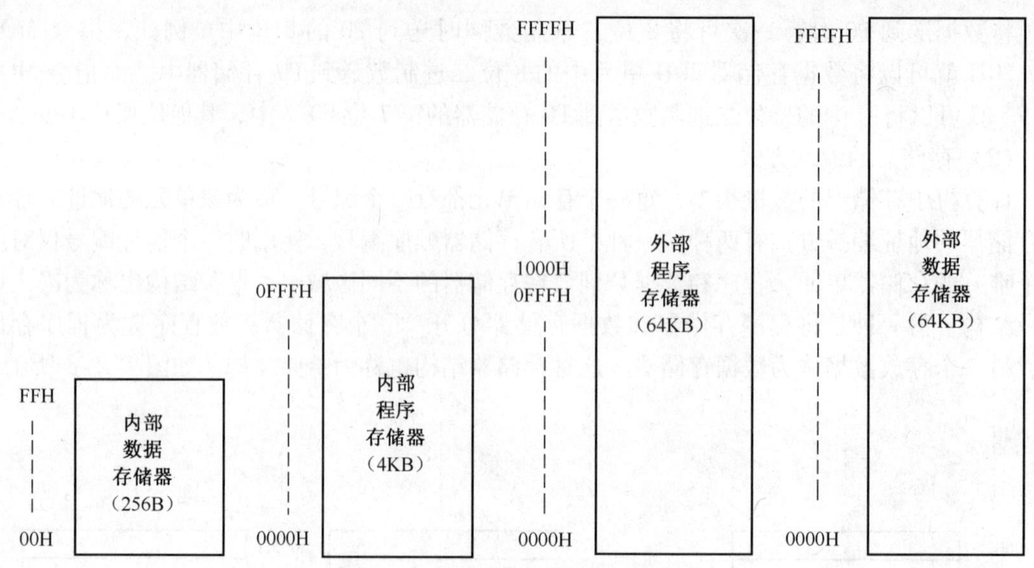

图 1-2-9 MCS51 机存储器结构

表 1-2-3 89S51 $\overline{EA}$引脚的作用

$\overline{EA}$ 引脚连接	片内程序存储器 0000H ~ 0FFFH	片外程序存储器 1000H 及以上地址
接低电位	外部程序存储器	
接高电位	内部程序存储器	外部程序存储器

可以看到，当$\overline{EA}$脚接低电位时，内部程序存储器不起作用，所有读程序存储器的指令都读外部程序存储器，当$\overline{EA}$脚接高电位时，低位地址读内部程序存储器，而高位地址（超过内部程序存储器容量）读外部程序存储器。

使用 MCS51 机时，如果内部程序存储器能存放下全部程序则不需要使用外部程序存储器，当内部程序存储器不够用时则需使用存储器器件扩展外部程序存储器。近年来单片机器件发展很快，出现了许多内部带有较大容量程序存储器的 MCS51 器件，当程序较大时也可直接选用此类器件。如 AT89S53 的内部程序存储器可达 12K，如表 1-2-1所示。

（4）MCS51 的内部数据存储器

内部数据存储器是程序中使用最为频繁的存储器，89S52 的地址范围为 00H ~ 0FFH，共 256 个字节分为 4 个区域，从低位地址开始依次为工作寄存器区、可位寻址区、字节寻址区和特殊功能寄存器区，如图 1-2-10 所示。

FFH
特殊功能寄存器区
80H
7FH
字节寻址区
30H
2FH
可位寻址区
20H
1FH
工作寄存器区
00H

图 1-2-10 MCS51 内部数据存储器

内部数据存储器中有一些常用的数据存储器有时又称为寄存器，寄存器一般都有一个名称，如 A 寄存器、B 寄存器、R0 寄存器等。

① 工作寄存器区。

本区共有 32 个字节，地址为 00H ~ 1FH。共分为 4 组，每组 8 个存储单元。本区按工作寄存器组使用时，每次只能其中一组，其名称为 R0 ~ R7。改变程序状态字中的 RS1 和 RS0 的状态时可切换到其他几组。系统复位后 RS1 = 0、RS0 = 0，使用 0 组工作寄存器组，如果不修改 RS1 和 RS0（不使用其他几组工作寄存器组）08H ~ 1FH 存储器单元可作为普通字节寻址存储器使用。具体的对应关系如表1-2-4所示。

表1-2-4 工作寄存器区

寄存器名称	0组 RS1=0、RS0=0	1组 RS1=0、RS0=1	2组 RS1=1、RS0=0	3组 RS1=1、RS0=1
R7	07H	0FH	17H	1FH
R6	06H	0EH	16H	1EH
R5	05H	0DH	15H	1DH
R4	04H	0CH	14H	1CH
R3	03H	0BH	13H	1BH
R2	02H	0AH	12H	1AH
R1	01H	09H	11H	19H
R0	00H	08H	10H	18H

例如，寄存器R0究竟对应哪个单元呢？首先得看RS1与RS0的状态，若RS1=0、RS0=0，则R0对应00H单元，若RS1=1、RS0=0，则R0对应10H单元。这种方式看起来好像比较麻烦，但是在实际应用中为程序编写提供了较大的方便。在以后的编程中我们才能逐步体会到这种作用。

当然，工作寄存器区也可以直接使用地址读写数据，这样就不受工作寄存器组的约束而直接读写每一个单元，但在实际工作中要注意不要与使用工作寄存器名读写时发生冲突。例如，现在RS1=0、RS0=0，使用R1保存了一个数据，这个数据实际时保存在01H单元中，但后来又往01H单元中保存另一个数据，这样原来保存在R1中的数据就丢失了，再从R1中读出数据时，实际读出的是后来保存的01H单元的数据。

② 可位寻址区。

MCS51机具有位逻辑运算功能（称为布尔处理机），内部数据存储器地址20H~2FH共16个字节存储器既可按字节寻址，也可以按位寻址，每一字节有8位，共有16×8=128个位地址（00H~7FH）。其字节地址与位地址的对应关系如表1-2-5所示。

表1-2-5 位寻址区

字节地址	位地址							
	7位	6位	5位	4位	3位	2位	1位	0位
2FH	7FH	7EH	7DH	7CH	7BH	7AH	79H	78H
2EH	77H	76H	75H	74H	73H	72H	71H	70H
2DH	6FH	6EH	6DH	6CH	6BH	6AH	69H	68H
2CH	67H	66H	65H	64H	63H	62H	61H	60H
2BH	5FH	5EH	5DH	5CH	5BH	5AH	59H	58H
2AH	57H	56H	55H	54H	53H	52H	51H	50H
29H	4FH	4EH	4DH	4CH	4BH	4AH	49H	48H
28H	47H	46H	45H	44H	43H	42H	41H	40H
27H	3FH	3EH	3DH	3CH	3BH	3AH	39H	38H
26H	37H	36H	35H	34H	33H	32H	31H	30H
25H	2FH	2EH	2DH	2CH	2BH	2AH	29H	28H
24H	27H	26H	25H	24H	23H	22H	21H	20H
23H	1FH	1EH	1DH	1CH	1BH	1AH	19H	18H
22H	17H	16H	15H	14H	13H	12H	11H	10H
21H	0FH	0EH	0DH	0CH	0BH	0AH	09H	08H
20H	07H	06H	05H	04H	03H	02H	01H	00H

例如：字节地址21H对应的8个位地址为08H～0FH，也即字节单元21H的最低位的位地址为08H，而字节单元21H的最高位的位地址为0FH。

可位寻址区既可进行位寻址（地址范围00H～7FH，共128个位），也可进行字节寻址（地址范围20H～2FH，共16个字节）。使用时应当注意不要发生冲突，例如：字节地址2FH与位地址7FH～78H使用的是同一个存储器区域，字节地址2FH用于存放某数据后，位地址7FH～78H就不能再存放其他位数据了。

③ 字节寻址区。

内部存储器30H～7FH为字节寻址区，供程序中保存数据使用。这一部分存储器只能使用字节寻址，即一次只能读出或写入一个字节。

④ 特殊功能寄存器区。

内部存储器80H～0FFH为系统中特殊用途的存储器，称为特殊功能寄存器（SFR）。特殊功能存储器的每个字节一般都有一个固定的名称（符号），其内容和地址如表1-2-6所示。

特殊功能寄存器中的每一个字节和每一位都是专用的，其用途将在后续章节中陆续介绍。在80H～0FFH这128个单元中除表1-2-5列出的单元外其他单元均不能使用。某些字节可以位寻址，某些字节不能位寻址，表1-2-5中未列出位地址的字节均为不能位寻址的字节。

表1-2-6　特殊功能寄存器

符号	字节地址	位符号位地址							
B	0F0H	0F7H	0F6H	0F5H	0F4H	0F3H	0F2H	0F1H	0F0H
A	0E0H	ACC.7	ACC.6	ACC.5	ACC.4	ACC.3	ACC.2	ACC.1	ACC.0
		0E7H	0E6H	0E5H	0E4H	0E3H	0E2H	0E1H	0E0H
PSW	0D0H	CY	AC	F0	RS1	RS0	OV		P
		0D7H	0D6H	0D5H	0D4H	0D3H	0D2H	0D1H	0D0H
T2CON	0C8H	TF2	EXF2	RCLK	TCLK	EXEN2	TR2	C/T	CP/RL2
		0CFH	0CEH	0CDH	0CCH	0CBH	0CAH	0C9H	0C8H
IP	0B8H			PT2	PS	PT1	PX1	PT0	PX0
		—	—	0BDH	0BCH	0BBH	0BAH	0B9H	0B8H
P3	0B0H	P3.7	P3.6	P3.5	P3.4	P3.3	P3.2	P3.1	P3.0
		0B7H	0B6H	0B5H	0B4H	0B3H	0B2H	0B1H	0B0H
IE	0A8H	EA		ET2	ES	ET1	EX1	ET0	EX0
		0AFH	—	0ADH	0ACH	0ABH	0AAH	0A9H	0A8H
P2	0A0H	P2.7	P2.6	P2.5	P2.4	P2.3	P2.2	P2.1	P2.0
		0A7H	0A6H	0A5H	0A4H	0A3H	0A2H	0A1H	0A0H
SBUF	99H								
SCON	98H	SM0	SM1	SM2	REN	TB8	RB8	TI	RI
		9FH	9EH	9DH	9CH	9BH	9AH	99H	98H
P1	90H	P1.7	P1.6	P1.5	P1.4	P1.3	P1.2	P1.1	P1.0
		97H	96H	95H	94H	93H	92H	91H	90H

续表

符号	字节地址	位符号位地址							
TH1	8DH								
TH0	8CH								
TL1	8BH								
TL0	8AH								
TMOD	89H								
TCON	88H	TF1 8FH	TR1 8EH	TF0 8DH	TR0 8CH	IE1 8BH	IT1 8AH	IE0 89H	IT0 88H
PCON	87H								
DPH	83H								
DPL	82H								
SP	81H								
P0	80H	P0.7 87H	P0.6 86H	P0.5 85H	P0.4 84H	P0.3 83H	P0.2 82H	P0.1 81H	P0.0 80H

（5）存储器地址的表达方法

使用存储器存放数据时必须指定存储器地址，在汇编语言中存储器地址的表达方法有3种。

① 直接使用地址编号。

直接使用地址编号是一种简单方法，直接使用十进制数或十六进制数来表达一个存储器地址，如18H，0A0H等。

② 使用系统默认的符号。

直接使用地址很不直观，如特殊功能寄存器中地址80H为外部端口P0的寄存器，汇编语言系统默认“P0”就代表80H地址，这样使用P0就比使用80H直观多了。MCS51默认的符号如表1-2-7所示。

表1-2-7　　MCS51寄存器

符　号	名　称
ACC	累加器A
B	B寄存器
R0，R1，R2，R3，R4，R5，R6，R7	工作寄存器
PSW	程序状态字寄存器
IP	中断优先级控制寄存器
P0，P1，P2，P3	外部端口锁存器
IE	中断允许寄存器
SBUF	串行数据缓冲器
SCON	串行口控制寄存器
TH1，TH0，TL1，TL0	定时/计数器中的计数单元
TMOD	定时/计数器工作方式控制寄存器
TCON	定时/计数器控制寄存器
PCON	电源控制寄存器
DPH，DPL，DPTR	数据指针
SP	堆栈指针

每个符号对应的地址在表1-2-6中可以查到。

③ 使用自己定义的符号。

程序中需要使用某个存储单元时也可在使用前给该单元起一个名称（符号），程序中需要使用该单元时直接使用此名称，这样程序的可读性就大大的提高了。

例如：安排内部数据存储器28H单元存放一个数据，将该地址定义为符号X，则可使用指令：

```
X      DATA      28H
```

将28H单元定义为“X”，需要读写该单元数据时直接使用X即可。将A中数据送到28H单元则可使用指令 MOV X，A 。

此外，程序编写完成以后，如果需要修改存储单元的位置时如果使用直接地址，则需要在每一个使用该地址的指令处修改。但使用符号后，只需要修改定义符号的指令即可。例如，程序中有10处需要使用地址28H单元，直接使用28H表示该地址后，若需要改为使用29H单元，则需要修改这10处指令，少改一处就会出错。而使用符号地址后只需要将定义指令修改为X DATA 29H这样程序中所有使用X地址的指令全部修改为29H单元。因此使用符号地址是一种良好的习惯。

（6）几个特殊的存储器

① 程序计数器（PC）。

MCS51机中的程序计数器是一个16位的计数器，其中的内容为将要执行的下一条指令在程序存储器中的地址。系统复位后程序计数器中的内容被清为“0000H”，因此系统复位后CPU执行的第一条指令应当存放在程序存储器的“0000H”位置。CPU每执行完一条指令后程序计数器自动加上指令的长度，以指向下一条指令。

注意：程序计数器PC并不在特殊功能寄存器区中，它没有地址。也就是说它是不可寻址的，程序中不能直接读到它的内容。

② 累加器（A）：累加器是CPU使用最为频繁的存储单元，大部分指令都要用到累加器A，它位于特殊功能寄存器区（地址0E0H）。

③ 程序状态字（PSW）：程序状态字位于特殊功能寄存器区，它记录了每一条指令的运行情况，其地址为0D0H（见表1-2-8）。该字节可以位寻址，其各位的含义如表1-2-9所示。

表1-2-8　程序状态字

PSW	0D0H	CY	AC	F0	RS1	RS0	OV		P
		0D7H	0D6H	0D5H	0D4H	0D3H	0D2H	0D1H	0D0H

表1-2-9　程序状态字的含义

符号	名称	功　能
CY	进位标志位	运算指令执行后如果发生进位或借位时置“1”。布尔运算时用做布尔处理器的累加器。程序中一般简写为“C”
AC	辅助进位位	运算指令执行后如果发生低4位向高4位的进位或借位时置“1”
OV	溢出标志位	当执行有符号数运算时，其结果超出 −128 ~ +127 时置位
P	奇偶标志位	累加器中的运算结果中“1”的个数为奇数时置“1”
F0	用户标志位	供用户自己使用
RS1、RS0	工作寄存器选择位	选择工作寄存器组用

④ 数据指针（DPTR）。

特殊功能寄存器中的DPL和DPH两个寄存器可以联合起来组成一个16位的寄存器，称为数据指针DPTR，常用于存放16位地址。这是MCS51机中唯一的一个16位寄存器，其中保存的16位数据可以用来在外部数据存储器或程序存储器中读写数据时用做地址指针。因为外部数据存储器或程序存储器都为16位地址，因此外部数据存储器或程序存储器的读写主要依靠DPTR寄存器。

⑤ P0、P1、P2、P3 4个端口锁存器。

这4个寄存器的每一位分别对应MCS51的一个外部端口，从前面MCS51机的外部端口中可以看到，MCS51机外部共有4×8=32个端口，这32个端口就对应这4个寄存器，也称为端口锁存器。

端口用于输出时，使用指令向端口锁存器存入数据，这个数据就送到了外部端口，向某一位存入“1”外部端口就输出高电位，向某一位存入“0”外部端口就输出低电位。

端口用于输入时，只需直接读取端口锁存器的状态，若读出状态为“0”表示端口输入为低电位，如读出状态为“1”表示端口输入为高电位。

但是一定要注意，用于输入前一定要先向端口寄存器写一次“1”。初学者只需要记住这个规则即可，如果需要深入学习可参考有关MCS51机内部端口电路，此处省略。

由于单片机复位后端口寄存器自动置1，只用于输入的端口可以不必先写“1”。

（7）89S52机内部数据存储器

MCS51系列单片机内部数据存储器能提供给用户使用的为128个字节（00H～7FH），另外128个字节（80H～0FFH）是不能存放用户数据的。为了给用户提供更多的空间，型号为52系列的器件其内部数据存储器中多一个区域，其地址为80H～0FFH（见图1-2-11）。这样52系列用户可以使用的内部数据存储器就达256字节，而在80H～0FFH区间就又出现一个重叠空间，寻址时需要使用不同的指令，具体方法见后续章节的内容。

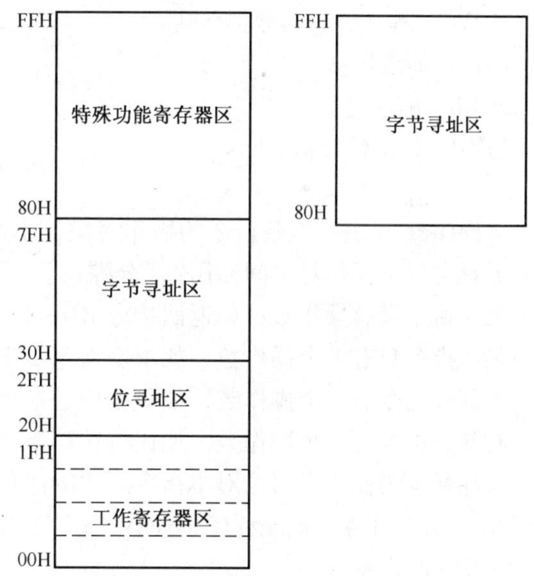

图1-2-11　89S52内部数据存储器

（8）存储区的表达方法

MCS51机存储器的结构比较复杂，在许多程序中使用时必须指明存储器的区域，常使用以下符号表达存储器区域。

IDATA：内部数据存储器，地址范围为00H～0FFH，其中高地址区（80H～0FFH）为字节寻址区。

DATA：内部数据存储器，地址范围为00H～0FFH，其中高地址区（80H～0FFH）为特殊功能寄存器区。

XDATA：外部数据存储器，地址范围为0000H～0FFFFH，最大空间为64KB。

BIT：内部数据存储器，位寻址空间，最大128bit。

CODE：程序存储器，最大空间为64KB。

二、MCS51 机的指令系统

不同的程序设计语言有不同的指令，本书主要使用 C 语言，但是即使是完全使用 C 语言也需要对汇编语言有所了解，本节只是简单介绍汇编语言指令系统。使用汇编语言编写程序时必须严格遵守汇编语言的语法规定，出现任何错误计算机都不能接受或者出现运行错误。

由于本教材只使用 C 语言，以下仅对汇编语言作一简单介绍，大家只需要了解即可。

1. MCS51 机中汇编指令的格式

汇编语言程序由若干行组成，每行只能写一条指令，一个程序行的格式如下。

[<标号>] <操作码> <操作数> [； <注释>]

注意：[　] 表示可选项目，即实际的程序行中可有可无；

<　>表示使用时应当用实际内容替换。

其中，<标号>为使用者自己编写的一个符号，它代表本条指令的地址。标号后必须有一个冒号（“:”）。

<操作码> 表示本条指令所进行的操作，每条指令必须具有<操作码>。

MCS51 机共有 44 种操作码，我们先认识几种。

MOV：内部数据存储器数据传送。

MOVX：外部数据存储器数据传送。

MOVC：程序存储器数据传送。

ADD：加法运算。

SUBB：减法运算。

LJMP：无条件转移。

……

<操作数> 表示本条指令的操作对象，不同的操作类型具有不同的操作对象和操作对象的数量，每个操作对象间使用“，”分隔。

某些指令没有操作数，如返回指令 RET。

某些指令只有 1 个操作数，如求反指令 CPL　A。

大部分指令有 2 个操作数，如数据传送指令 MOV　A，R0。

有部分指令有 3 个操作数，如比较转移指令 CJNE　A，30H，LOOP。

<注释>为使用者自己对本指令所加的注释，用于人们对程序的理解。注释必须以分号（“;”）开头，计算机汇编程序不理会“;”号及其后面的内容。

例 2-1：

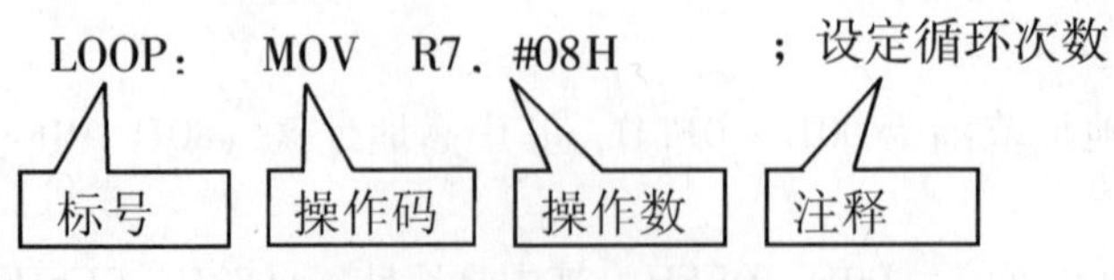

例 2-2：

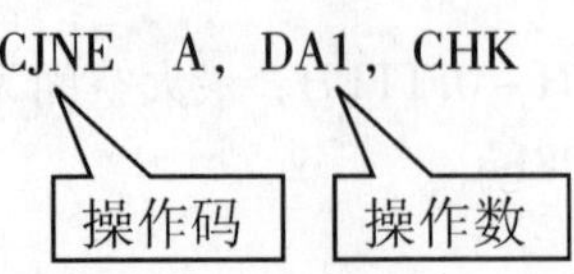

应当注意，指令中每一部分之间至少有一个空格进行分隔。

2. 寻址方式

指令所处理的数据并不一定就是操作数本身，指令中经常给出的是操作数在存储器中的地址。如何从指令中的操作数中找到实际要处理的数据，称为寻址方式。MCS51 机有以下几种寻址方式。

(1) 立即数方式

指令中直接给出操作数本身。表达方法：在数据前加"#"号。例如：将 16 进制数 08H 送到 A 寄存器中。

MOV　A，　#08H　　；　将立即数 08H 送到 A 寄存器中。

立即数

指令格式中立即数表示为：#data

注意：立即数是与指令本身一起保存在程序存储器中的，因此程序运行中立即数是保持不变的。

(2) 寄存器寻址方式

指令中使用寄存器名称，数据在该寄存器中。常用的寄存器有：A，B，DPTR，R0 ~ R7 等。指令中直接使用寄存器名。

例如：指令 MOV　A，R1　；　将 R1 寄存器中的内容送到 A 寄存器中。

寄存器名称　寄存器名称

寄存器寻址方式指令格式简单，运行速度较快，是最常用的寻址方式。

指令格式中将工作寄存器表示为：Rn，(n = 0 ~ 7)。

(3) 直接寻址方式

指令中直接给出操作数的地址 (direct)，其地址范围可以在整个内部数据存储器中。也可以是一个位地址。

对于内部数据存储器高地址空间 (80H ~ 0FFH)，直接寻址方式访问的是特殊功能寄存器，这也是访问特殊功能寄存器的唯一方法。

例如：指令 MOV　60H，　A；　将 A 寄存器中的数据传送到内部数据存储器 60H 单元中。

存储器地址

指令 MOV　P0，　#08H　；　将立即数 08H 送到端口锁存器 P0 (地址 80H) 中。

存储器 80H

指令格式中将直接地址表示为 direct。它可以是一个直接用数据表示的地址 (如 60H) 或是一个系统默认的符号 (如 P0、PSW 等)，也可以是用户自己定义的标号 (如 X、BUFF 等)。

(4) 寄存器间接寻址方式

指令中使用寄存器 (R0 或 R1) 存放操作数的地址。注意：寄存器中存放的不是操作数本身，而是操作数的地址，操作数在内部数据存储器中。例如：指令 MOV A，@R0 中 R0 的前面加有一个符号“@”这个符号称为间址符，取得操作数的方法如图 1-2-12所示。

例如：

首先根据 R0 中的内容找到内部数据存储器的地址，图中举例为 60H，然后再将内部数据存储器 60H 单元的内容送到存储器 A 中，图中举例数据为 18H。

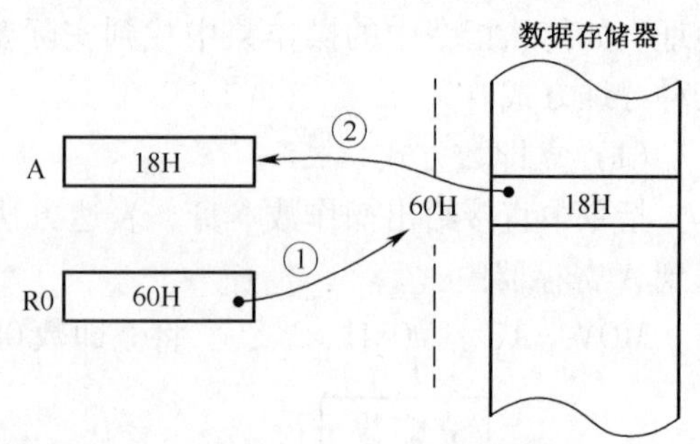

图 1-2-12 指令 MOV A，@R0 的操作过程

对于内部数据存储器高地址空间（80H～0FFH），寄存器间址方式访问的是 52 系列的高端数据存储器，而 51 系列只能访问低端数据存储器（00H～7FH）。

指令格式中寄存器间接寻址表示为：@Ri（i=0，1）。

注意：寄存器间接寻址只能使用 R0 或 R1 寄存器。

(5) 变址寻址

变址寻址是以某个寄存器（PC 或 DPTR）中的内容为基础，再加上累加器（A）中数据的和为地址。这种寻址方式的地址为 16 位地址，用于程序存储器或外部数据存储器寻址。

例如：指令 MOVC A，@A+DPTR 的寻址示意图如图 1-2-13 所示。

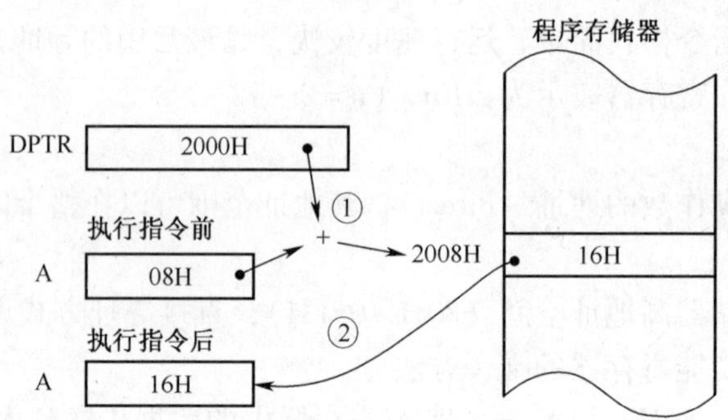

图 1-2-13 指令 MOVC A，@A+DPTR 的寻址示意图

首先将 DPTR 寄存器（16 位）中的内容（图中举例为 2000H）与 A 寄存器中的内容（图中举例为 08H）相加，得到的和为程序存储器的地址（图中举例为 2008H），再从程序存储器 2008H 单元中取得数据（图中举例为 16H）送回 A 中。

(6) 相对寻址

相对寻址主要用于改变程序计数器 PC 中的内容，其方法将在后续内容中介绍。由于 PC 中保存的是 CPU 执行的下一条指令地址，因此改变 PC 寄存器中的内容就可以改变 CPU 执行的下一条指令，这样就实现了程序的跳转。

前 5 种寻址方式的区分与寻址方法总结如表 1-2-10 所示。

3. 数据传送指令

数据传送指令就是将数据从存储器中的一个位置传送到另一个位置。MCS51 机将外部

表 1-2-10　　寻址方式小结

<table>
<tr><th colspan="2">表达方式</th><th>寻址方式</th><th>操作数位置</th><th>数据位置</th><th>举例</th></tr>
<tr><td colspan="2">操作数前有“#”号</td><td>立即数</td><td>“#”号后为操作数</td><td>程序存储器中</td><td>MOV A，#60H</td></tr>
<tr><td rowspan="2">操作数前有“@”号</td><td>“@”号后为R0、R1或DPTR</td><td>寄存器间址</td><td>R0、R1或DPTR中为操作数地址</td><td>内部数据存储器
外部数据存储区</td><td>MOV @R1，#12H
MOVX A，@DPTR</td></tr>
<tr><td>“@”号后为A + DPTR或A + PC</td><td>变址寻址</td><td>A中内容与PC或DPTR中内容之和为操作数地址</td><td>程序存储器</td><td>MOVC A，@A + PC
MOVC A，@A + DPTR</td></tr>
<tr><td colspan="2">操作数为寄存器名</td><td>寄存器寻址</td><td>寄存器中内容为操作数</td><td>内部数据存储器</td><td>MOV R1，A</td></tr>
<tr><td rowspan="3">其他</td><td>操作数为数值</td><td rowspan="3">直接寻址</td><td>该数值为操作数地址</td><td>内部数据存储器</td><td>MOV A，60H</td></tr>
<tr><td>操作数为系统默认的存储器名称</td><td>该存储器中内容为操作数</td><td>内部数据存储器</td><td>MOV PSW，#08H</td></tr>
<tr><td>其他符号</td><td>符号为用户定义的存储器地址，该地址中内容为操作数</td><td>内部数据存储器</td><td>MOV X，A</td></tr>
</table>

端口的操作也统一为存储器操作，如将数据传送到P0寄存器，就完成了将数据送到外部端口P0，外部P0的8个引脚的状态就传送数据的状态。其格式为：

<操作码>　<目的操作数>，<源操作数>

其功能为：将源操作数传送到目的操作数中。

数据传送指令种类比较丰富，根据操作码可以分为以下几种。

(1) MOV 指令

MOV 指令主要用于在内部存储器之间传送数据。其传送的方式可用图 1-2-14 来表示。

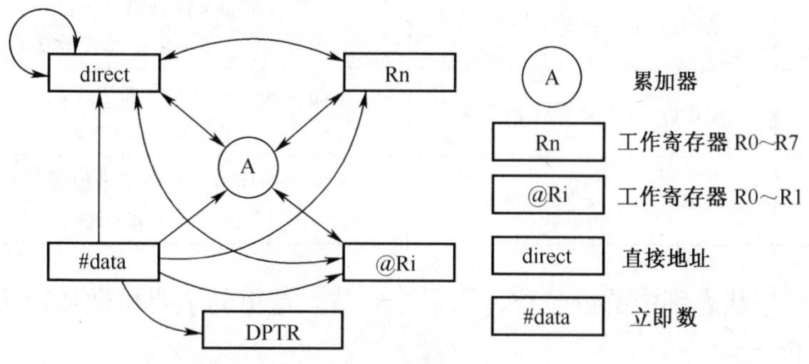

图 1-2-14　内部数据存储器中的数据传送方向

图中双向箭头表示可在两者之间互相传送数据，单向箭头表示数据只能按箭头方向传送。MOV 指令可以归纳为五对半加五个立即数（direct 之间的传送称为半对）。

MOV 指令的源操作数（除立即数外）和目标操作数均在内部数据存储器中。

注意：89S52 机中前 128 个单元(低位地址)既可以使用直接寻址又可以使用间接寻址，但是后 128 个单元(高位地址)由于特殊功能寄存器和内部 RAM 重合，使用直接寻址时对应的是特殊功能寄存器区，而使用间接寻址时对应的时内部高 128 位单元。

（2）MOVX 指令

MOVX 指令主要用于外部数据存储器与累加器 A 之间传送数据，寄存器 Ri、DPTR 中存放外部数据存储器的地址，如图 1-2-15 所示。

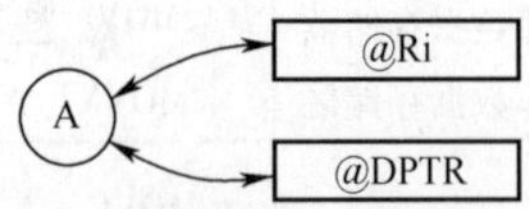

图 1-2-15　MOVX 指令的数据传送方向

图 1-2-16　MOVC 指令的数据传送方向

（3）MOVC 指令

MOVC 指令主要用于将程序存储器中的数据传送到累加器 A 中。由于程序存储器为只读存储器，因此 MOVC 指令只能单方传送，如图 1-2-16 所示。

（4）其他数据传送指令

压栈指令：PUSH <direct>

出栈指令：POP <direct>

交换指令：XCH A，<操作数 2>；<操作数 2>可以为 Rn、@ Ri 、direct

低 4 位交换指令：XCHD A，@ Ri

高低 4 位交换指令：SWAP A

4. 数据运算指令

根据运算的种类数据运算指令可分为以下几种。

（1）加法、减法指令

指令格式：<操作码> A，<操作数 2>

加减法指令共有 3 种操作码，而<操作数 1>只能使用累加器 A，其功能见表 1-2-11。

表 1-2-11　加法、减法指令

名　称	指令格式	功　能
加法指令	ADD　A，<操作数 2>	A 加<操作数 2>，结果送 A 中 即 A + <操作数 2>→A
带进位加法指令	ADDC　A，<操作数 2>	A 加<操作数 2>再加进位位（C），结果送 A 中 即 A + <操作数 2> + C→A
带进位减法指令	SUBB　A，<操作数 2>	A 减<操作数 2>再减进位位（C），结果送 A 中 即 A – <操作数 2> – C→A

注意：C 为程序状态字中的进位位，它只是一位。这里的主要用做加减法运算时带上上一位的进位或借位。

<操作数 2>可使用立即数、直接寻址、寄存器寻址和寄存器间址 4 种方式（见图 1-2-17）。

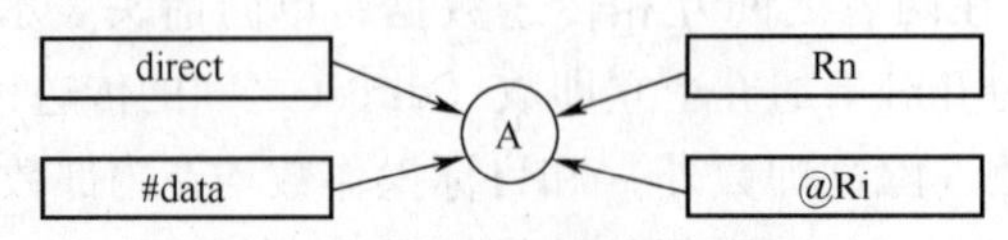

图 1-2-17　加减法指令寻址方式

十进制数调整指令：　DA　A

（2）乘除法指令

乘法指令：MUL　AB；A 中内容乘以 B 中内容，结果高 8 位送 B，低 8 位送 A。

除法指令：DIV　AB；A 中内容除以 B 中内容，商送 A，余数送 B。

（3）加 1、减 1 指令

加 1 指令（操作码 INC）、减 1 指令（操作码 DEC）可将操作数加 1 或减 1，它只需要一个操作数（见图 1-2-18）。

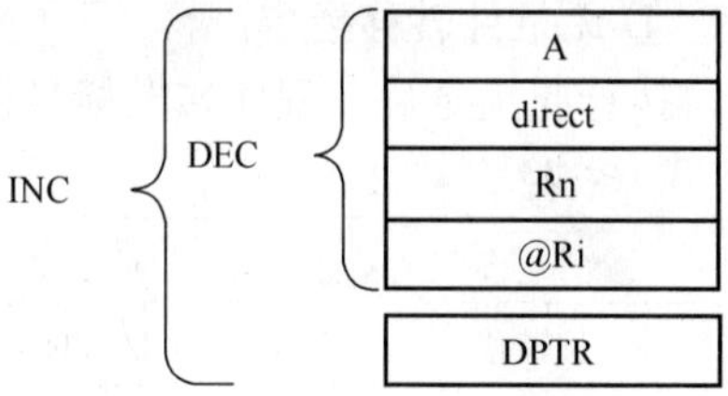

INC { DEC { A, direct, Rn, @Ri }, DPTR }

图 1-2-18　加 1、减 1 指令

例如：指令 INC　A

若执行指令前 A 中内容为 17H，执行指令后 A 中内容为 18H。

（4）移位指令

移位指令将累加器中的数据移动一位，具体功能如表 1-2-12 所示。

表 1-2-12　移位指令

指　令	格　式	功　　能
循环右移	RR　A	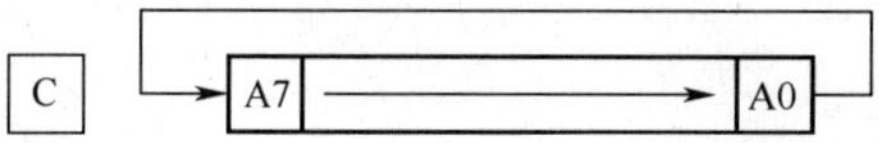 C　A7 → A0
循环左移	RL　A	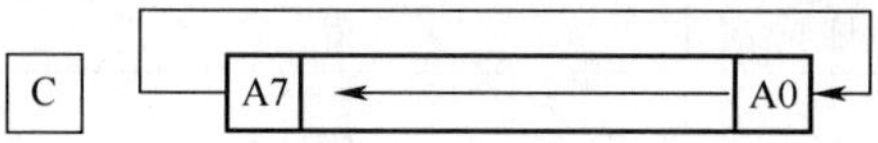 C　A7 ← A0
带进位循环右移	RRC　A	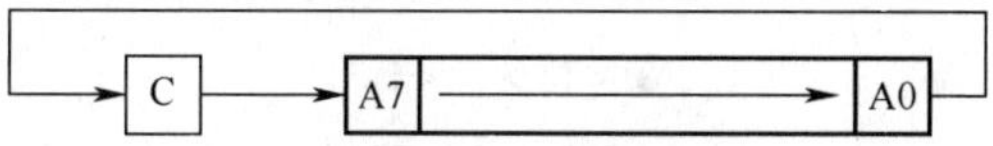 C → A7 → A0
带进位循环左移	RLC　A	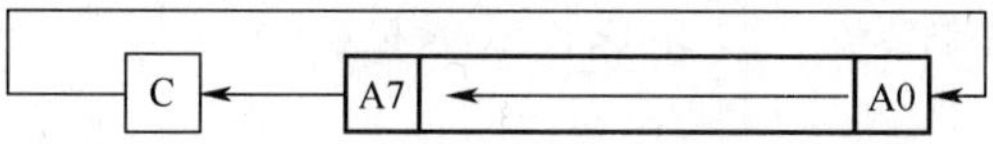 C ← A7 ← A0

（5）逻辑运算指令

逻辑运算指令的格式：<操作码>　<操作数 1>，<操作数 2>

运算功能为：<操作数 1> 与 <操作数 2> 进行逻辑运算后结果送 <操作数 1>。

其中 <操作码> 有 3 种：与运算 ANL，或运算 ORL 和异或运算 XRL。

其操作数的寻址方式可用图 1-2-19 来表示。

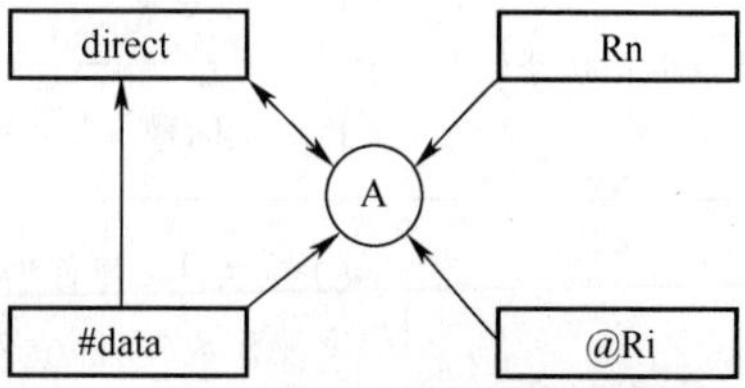

图中每个箭头表示一对操作数，箭头起点为 <操作数 2>，箭头终点为 <操作数 1>。

direct　Rn　A　#data　@Ri

图 1-2-19　逻辑运算指令寻址方式

例如：ANL　A，R1；将 A 中内容与 R1 内容相与后送回 A 中。

逻辑运算指令中还有两个特殊的累加器操作指令：

```
累加器清零指令：CLR    A  ;累加器 A 中内容清 0
累加器取反指令：CPL    A  ;累加器 A 中内容取反后送回累加器 A 中
```

(6) 程序控制指令

程序控制指令可以控制程序执行的顺序，它分为以下几种类型。

① 无条件转移指令。

执行此指令后，程序转向标号所指的指令执行，见表 1-2-13。

表 1-2-13　　无条件转移指令

名　称	指　令	转 移 范 围	指令长度
长转移	LJMP <标号>	全部 64KB 范围内	3 字节
绝对转移	AJMP <标号>	本条指令所在的 2KB 范围内	2 字节
短转移（相对转移）	SJMP <标号>	本条指令 -126 ~ +129 字节	2 字节
变址寻址转移	JMP @ A + DPTR	（DPTR）+（A）结果为目标地址，地址范围为全部 64KB 范围内	1 字节

② 条件转移指令。

执行此指令时首先对指令中的条件进行判断，如果满足条件就转移到指令所指定的指令继续执行，否则执行本指令的下一条指令。条件转移指令的转移范围均为短转移，见表 1-2-14。

表 1-2-14　　条件转移指令

名　称	指　令	转 移 条 件
位控制转移	JB <位>，<标号>	位为 1 转移：<位>=1 时，转移至<标号>处继续执行
	JNB <位>，<标号>	位为 0 转移：<位>=0 时，转移至<标号>处继续执行
	JBC <位>，<标号>	位为 1 转移，并清该位：<位>=1 时，转移至<标号>处继续执行，同时使<位>=0
	JC <标号>	有进位转移：C=1 时，转移至<标号>处继续执行
	JNC <标号>	无进位转移：C=0 时，转移至<标号>处继续执行
累加器 A 状态转移	JZ <标号>	零转移：A=0 时，转移至<标号>处继续执行
	JNZ <标号>	非零转移：A≠0 时，转移至<标号>处继续执行
比较转移	CJNE A，<操作数 2>，<标号> <操作数 2>：立即数或直接寻址	不相等转移：（A）≠（<操作数 2>）转移至<标号>处继续执行
	CJNE <操作数 1>，#data，<标号> <操作数 1>：Rn 或 @ Ri	不相等转移：<操作数 1>≠#data 转移至<标号>处继续执行
减一转移	DJNZ <操作数 1>，<标号> <操作数 1>：Rn 或直接地址	减一，不为零转移： ①<操作数 1>中内容减一 ②（<操作数 1>）≠0 转移至<标号>处继续执行

③ 转子程序指令与返回。

转子程序指令与返回指令必须配对使用，执行转子指令后程序转移至 <子程序名> 处继续执行，遇到返回指令时返回转子指令的下一条指令继续执行，因此转子指令也成为子程序调用，见表 1-2-15。子程序的概念将在后续章节介绍。

表 1-2-15 转子程序指令与返回

名称	指　令	转移范围
转子指令	LCALL <子程序名>	全部 64KB 范围内
	ACALL <子程序名>	本条指令所在的 2KB 范围内
返回指令	RET	子程序返回
	RETI	中断子程序返回

(7) 位操作指令

MCS51 机具有以位为单位的操作指令，可分为位赋值指令、位传送指令和位运算指令。

① 位赋值指令。

位赋值指令共有四条：

```
清标志位指令  CLR    C
清可寻址位    CLR    bit    ; bit 为位地址
置标志位指令  SETB   C
置可寻址位    SETB   bit    ; bit 为位地址
```

② 位传送指令。

位传送指令共有两条：

```
MOV    C, bit
MOV    bit, C
```

③ 位运算指令。

位运算都是逻辑运算，共有与（ANL）、或（ORL）、非（CPL）3 种，共六条指令，见表 1-2-16。

表 1-2-16 位运算指令

指　令	功　能	指　令	功　能
ANL C，bit	(C) ← (C) ∧ (bit)	ORL C，/bit	(C) ← (C) ∨ ($\overline{\text{bit}}$)
ANL C，/bit	(C) ← (C) ∧ ($\overline{\text{bit}}$)	CPL C	(C) ← ($\overline{\text{C}}$)
ORL C，bit	(C) ← (C) ∨ (bit)	CPL bit	(bit) ← ($\overline{\text{bit}}$)

(8) 空操作指令

格式：

```
NOP        ; 不进行任何操作
```

(9) 伪指令

汇编语言的指令系统与 CPU 的机器语言指令系统中每一条指令都是一一对应的，即每一条汇编语言指令都有一条机器语言指令与之对应。为了方便理解汇编语言程序和编写程序，汇编语言中还有一类指令称为伪指令，它们没有对应的机器语言指令，即不生成机器语言指令。伪指令主要用于对汇编过程进行说明和指导。

① 符号说明伪指令。

<符号名> 指用字母或特殊字符（？或_ ）开头，后跟字母或数字的一串字符。

a. EQU 伪指令。

格式：<符号名> EQU <表达式>

功能：将 <表达式>的值赋予<符号名>，程序中可以直接使用该<符号名>来替代<表达式>的值。

b. DATA 伪指令。

格式：<符号名> DATA <表达式>

功能：将片内数据存储器的地址赋予所规定的<符号名>。

c. XDATA 伪指令。

格式：<符号名> XDATA <表达式>

功能：将片外数据存储器的地址赋予所规定的<符号名>。

d. IDATA 伪指令。

格式：<符号名> IDATA <表达式>

功能：将可间接寻址的片内数据存储器的地址赋予所规定的<符号名>。

e. BIT 伪指令。

格式：<符号名> BIT <表达式>

功能：将片内数据存储器可位寻址的位地址赋予所规定的<符号名>。

f. CODE 伪指令。

格式：<符号名> CODE <表达式>

功能：将程序存储器的地址赋予所规定的<符号名>。

② 存储器初始化/保留伪指令。

<标号> 由<符号名>与冒号“:”组成，它的值定义为存储器中的一个地址。

a. DB 伪指令。

格式：<标号> DB <表达式列表>

<表达式列表>为用逗号分隔的多个表达式。

功能：将表达式的值顺序存放在从<标号>开始的程序存储器的地址中。

b. DW 伪指令。

格式：<标号> DW <表达式列表>

功能：将表达式的值顺序存放在从<标号>开始的程序存储器的地址中，每一项值占用两个字节（一个字）。

c. DS 伪指令。

格式：<标号> DS <表达式>

功能：占用从<标号>开始的程序存储器中等于<表达式>数值长度的字节空间。

d. DBIT 伪指令。

格式：<标号> DBIT <表达式>

功能：占用从<标号>开始的程序存储器中等于<表达式>数值长度的可位寻址的空间。

③ 汇编程序状态控制伪指令。

a. ORG 伪指令。

格式：ORG <表达式>

功能：定义下一条指令在程序存储器中的地址为 <表达式> 的值。

b. END 伪指令。

格式：END

功能：程序结束标志，本指令后的内容汇编程序不再编译。

④ 多模块程序用程序连接和选择段的伪指令。

本教材不介绍此类伪指令，需要时请参考有关书籍。

以上简单介绍了 MCS51 机的指令系统，由于 C51 语言中并不直接使用这些指令，因此只要求大家看懂操作码的含义和各种寻址方式，不要求理解每一条指令。

练习

1. 由于程序存储器具有内部程序存储器和外部程序存储器，如何决定读程序存储器指令是从内部程序存储器读取还是从外部程序存储器读取？

2. MCS51 机中具有 4 个重叠的存储器空间，需要读写不同空间的数据时必须使用不同的指令，见表 1-2-17。

表 1-2-17　为读写不同存储空间时使用的指令

指令/寻址方式	读写的存储器空间
1. MOVC 指令	程序存储器
2. 立即数寻址方式	
3. MOVX 指令	外部数据存储器
4. 其他	内部数据存储器

以下指令均为将数据送到累加器的指令，写出它们的寻址方式，数据是从哪一个存储器中读出的？如果是从内部数据存储器读出的，写出是从内部数据存储器的哪一个区读取的？

```
MOV     A, #60H      ;
MOV     A, R6        ;
MOVX    A, @DPTR     ;
MOV     A, 60H       ;
MOVC    A, @A+PC     ;
MOV     A, @R1       ; (R1) =47H
MOV     A, TCON      ;
MOV     C, 60H       ;
```

3. 表 1-2-18 为 MCS51 机的全部指令操作码，查找有关资料写出他们的含义。

表 1-2-18　MCS51 机指令操作码

指令操作码	含　义	指令操作码	含　义
MOV		DEC	
MOVC		MUL	
MOVX		DIV	
PUSH		DA	
POP		AJMP	
XCH		LJMP	

续表

指令操作码	含　义	指令操作码	含　义
XCHD		SJMP	
ANL		JMP	
ORL		JZ	
XRL		JNZ	
SETB		JC	
CLR		JNC	
CPL		JB	
RL		JNB	
RLC		JBC	
RR		CJNE	
RRC		DJNZ	
SWAP		ACALL	
ADD		LCALL	
ADDC		RET	
SUBB		RETI	
INC		NOP	

知识模块三　程序的编译和运行

本模块我们通过控制一只发光二极管并使它闪光来学习如何编辑、编译以及如何将机器语言程序传送到单片机的存储器中使程序运行起来。

一、51 系列单片机的最小系统

前面已经介绍过，一个单片机系统应当由单片机芯片和所需要的输出、输入设备组成。但是为了适应不同的需求，51 系列的单片机在外部还必须添加两个电路：复位电路和振荡电路。因此具有复位电路和振荡电路加上一个最简单的输出电路就构成了一个最简单的单片机控制系统，这个系统我们称为单片机的最小系统。

1. 89S51 的振荡电路

CPU 的工作都是在一个统一的时钟脉冲控制之下进行的，因此任何一个计算机系统都必须使用一个时钟脉冲，这个时钟脉冲决定了系统的工作速度和各个器件的相互配合关系。

89S51 的引脚 18（XTAL2）和引脚 19（XTAL1）为 CPU 内部振荡电路中连接石英晶体的两只引脚。89S51 可以采用两种方式产生时钟脉冲。一是外部时钟方式。使用外部振荡电路向 89S51 提供时钟脉冲，此时外部时钟脉冲连接到引脚 19，引脚 18 悬空，如图 1-3-1(a)所示。采用这种方式时时钟脉冲的频率由外部振荡电路决定，实际工作中这种方式很少使用。二是内部时钟方式，使用一只石英晶体振荡器和两只电容器配合 89S51 内部电路产生时钟脉冲。此时时钟脉冲的频率由石英晶体振荡器决定，这是常用的一种方法，其电路见图 1-3-1(b)。

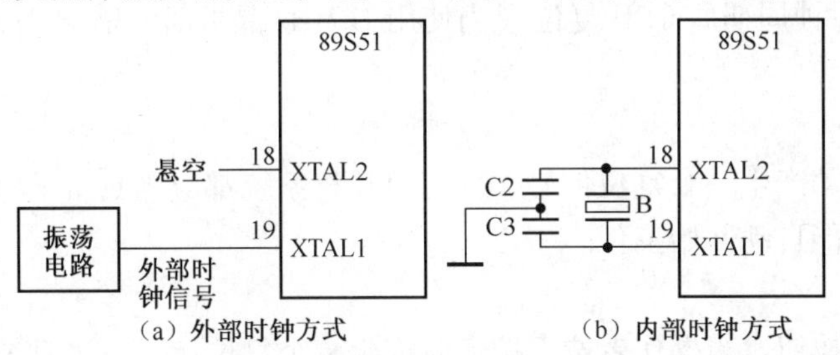

（a）外部时钟方式　　（b）内部时钟方式

图 1-3-1　89S51 的时钟脉冲

图中，J 一般为石英晶体，其频率根据系统需要和器件决定。在频率稳定度要求不高时也可以使用陶瓷滤波器。

使用石英晶体时 $C2 = C3 = 30\text{pF} \pm 10\text{pF}$

使用陶瓷滤波器时 $C2 = C3 = 40\text{pF} \pm 10\text{pF}$

89S51 器件和石英晶体的实物图片如图 1-3-2 所示。在一般系统中尽可能使用较低的时钟频率，但是系统规模较大、CPU 工作繁忙时需要使用较高的时钟频率，以提高 CPU 的工作速度，但是不能超过 CPU 器件所允许的最高频率。一般使用的时钟频率为 4MHz、6MHz、12MHz 等。使用串行通信时，为了方便计算通信的波特率，人们常采用一种 11.0529MHz 的石英晶体，串行通信的问题将在后续章节内容中介绍。

2. 89S51 系统的复位电路

使 CPU 开始工作的方法就是给 CPU 一个复位信号，CPU 收到复位信号后将内部特殊功

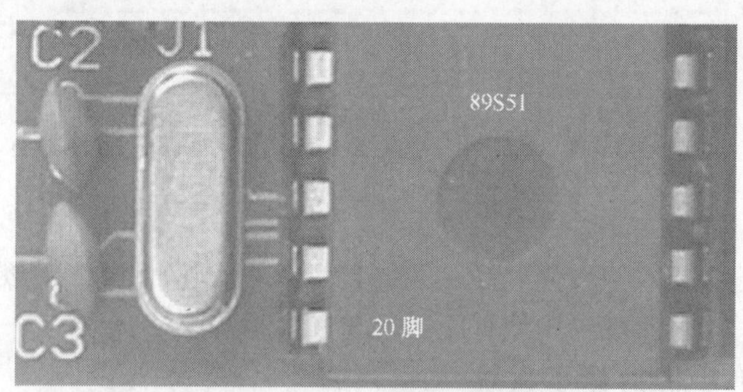

图 1-3-2　89S51 使用的晶体振荡器

能寄存器设置为规定值（见表 1-3-1），并将程序计数器设置为“0000H”。复位信号结束后 CPU 从程序存储器“0000H”处开始取出指令，开始执行程序。

表 1-3-1　89S51 寄存器初值

寄存器	初　值	寄存器	初　值	寄存器	初　值
A	00000000B	B	00000000B	PSW	00000000H
SP	00000111B	DPTR	0000H	P0 ~ P3	11111111B
IP	XXX00000B	IE	0XX00000B	TMOD	00000000H
TCON	00000000B	TH0	00000000B	TL0	00000000B
TH1	00000000B	TL1	00000000B	SCON	00000000B
SBUF	XXXXXXXXB	PCON	0XXXXXXXXB		
AUXR	XX00XX0B	AUXR1	XXXXXXX0B	WDTRST	XXXXXXXXB

注：表中“X”表示保持原值不变。

89S51 外部引脚上引脚 9 为复位脚（RST），其复位方式为高电平复位，即该引脚接高电位并保持 24 个时钟周期后 CPU 复位（当使用 12MHz 晶振时，需要 2μs 时间），一般常用 3 种复位方法。

（1）上电复位

接通电源时自动产生一个复位信号。一般单片机系统都应当具备上电复位功能，这样当系统一接通电源就能自动开始工作。

（2）手动复位

设置一个复位按钮，当操作者按下按钮时产生一个复位信号。当系统出现故障时，操作者可以使用手动复位强制计算机从头开始执行程序。

（3）自动复位

设计一个复位电路，当系统满足某一条件时自动产生一个复位信号。例如常见的“看门狗”电路，当程序运行出现错误后，“看门狗”电路自动产生一个复位信号，使计算机自动从头开始执行程序。

图 1-3-3 为最简单的上电复位和手动复位方法。图中可以看到，接通电源后由于电容未充电，RST 引脚为高电位。经过一定时间的充电后电容两端电压逐渐增大 RST 端电位逐渐降低，当 RST 端降为低电位，完成了复位动作。

当按下开关 S 时，电容被短路放电，RST 脚接高电位。松开开关 S 后电容重新充电，完成复位动作，开关 S 称为复位开关。因此计算机系统中每当按下复位开关后，CPU 就被复位，重新开始执行程序存储器中的程序。

关于 CPU 的复位电路应当注意，在调试单片机程序时有两种工作方式。

(1) 仿真器方式

这种方式主要用于调试程序。此时程序的执行由仿真器控制，复位电路不起作用，系统时钟也经常设置为仿真器产生，此时用户的晶振也不起作用。

(2) 用户方式

这种方式即脱离仿真器的实际工作方式，用户的时钟振荡电路和复位电路都必须正常工作。

因此，如果系统复位电路或晶振电路有故障就会出现仿真器方式工作正常，而用户方式不工作的现象，这是许多初学者常见到的问题。

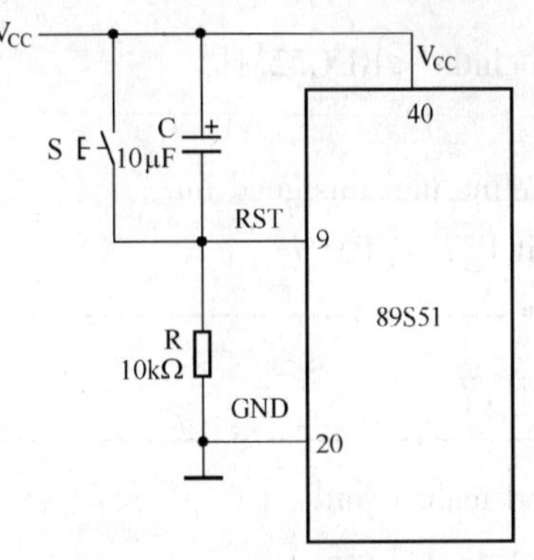

图 1-3-3　89S51 的复位电路

目前流行的单片机仿真软件 PROTEUS 中，仿真软件并不仿真复位电路和振荡电路，因此许多 PROTEUS 仿真电路中没有复位电路和振荡电路，单片机仍然能正常工作，这在实际工作中是不可能的。

3. 单片机最小系统

根据以上分析，使用 89S51 控制一只发光二极管的最简单电路，如图 1-3-4 所示。

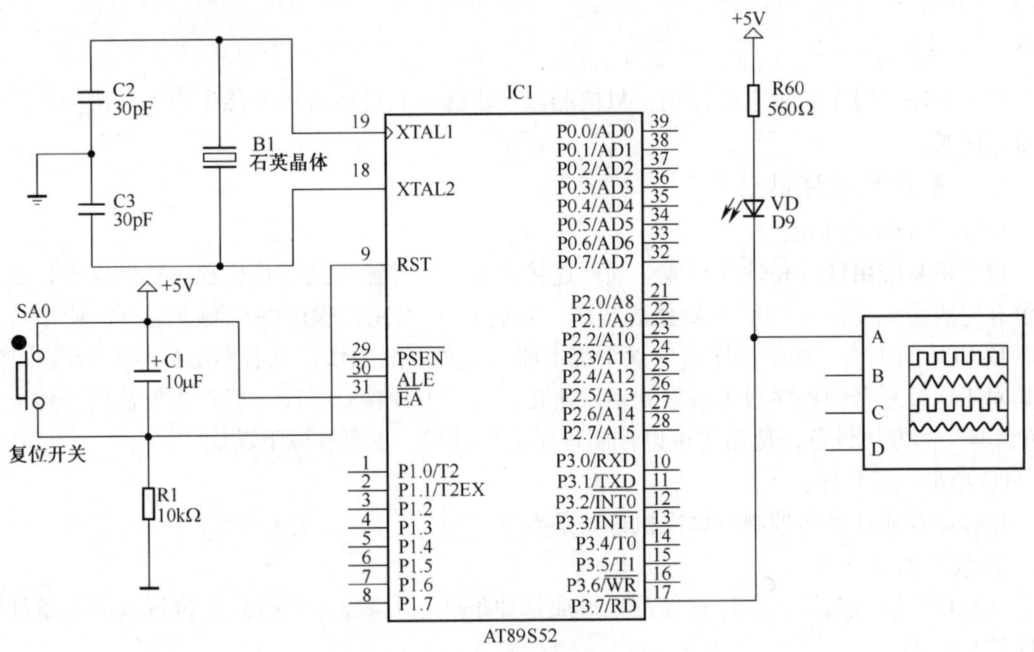

图 1-3-4　单片机的最小系统

发光二极管的驱动方法见下一章内容，本章只须按照电路（见图 1-3-4）进行组装，组装后的实物照片参见图 1-3-53 所示。

在上述硬件的基础上如何使发光二极管按照需要闪光呢？这就需要软件来对连接发光二极管的输出端口进行控制，其 C 语言编写的程序如下。

```
/* ------------------------------------------------------------------------
DPJKZ3-1. C
------------------------------------------------------------------------ */
```

```
#include <REG52. H>                //指定头文件 REG52. H
                                   //说明 MCS51 系列器件的特殊功能寄存器符号
#define uint unsigned int          //定义数据类型
sbit P37 = P3^7;                   //定义头文件中未定义的端口位
/* ------------------------------------------
主函数
------------------------------------------ */
void main (void) {
uint n;
  while (1) {
    for (n =0;n <20000 ;n + +);
    P37 = 1 ;
    for (n =0;n <20000 ; n + +);
    P37 =0 ;
  }
}
```

以上程序暂时不讨论它的作用，只按照以下步骤将其进行编译并传送到单片机中让发光二极管闪光。

二、单片机程序的仿真

1. 仿真系统的作用

单片机系统由硬件和软件组成。硬件连接完成，软件输入到单片机程序存储器中，系统加电并完成系统复位后 CPU 开始执行程序。此后 CPU 只能在程序的控制下运行，使用者不能干预 CPU 的工作。如果程序有错误系统不能完成预定的工作，只有断电后重新修改程序。但是对于比较复杂的程序很难观察到错误所在，为了方便检查程序一般都需要使用一种称为“仿真器” 的专用设备，使用它可以控制程序运行过程，主要有以下功能。

① 单步执行程序。

使程序在操作者的控制下每次执行一条指令。

② 设置断点。

在程序中设置断点（程序存储器地址或某种条件），当程序执行到此位置或满足条件时暂时停止程序。

③ 全速执行程序。

不受仿真器控制按照系统速度执行程序。

使用第①、第②种功能时可以使程序暂停，检查系统各存储器的数据以及外部接口的状态，以便观察程序运行情况。为调试程序，检查程序运行情况提供了有效的手段。

以上只是仿真器的最基本功能，实际使用的仿真器还有许多其他功能。

图 1-3-5 为南京万利公司生产的一种单片机仿真器。

2. 仿真器的连接

① 计算机与仿真器的连接。根据仿真器的接口类型，仿真器与计算机的连接主要有 3 种方式：串口连接、并口连接和 USB 口连接，如图 1-3-6 所示。

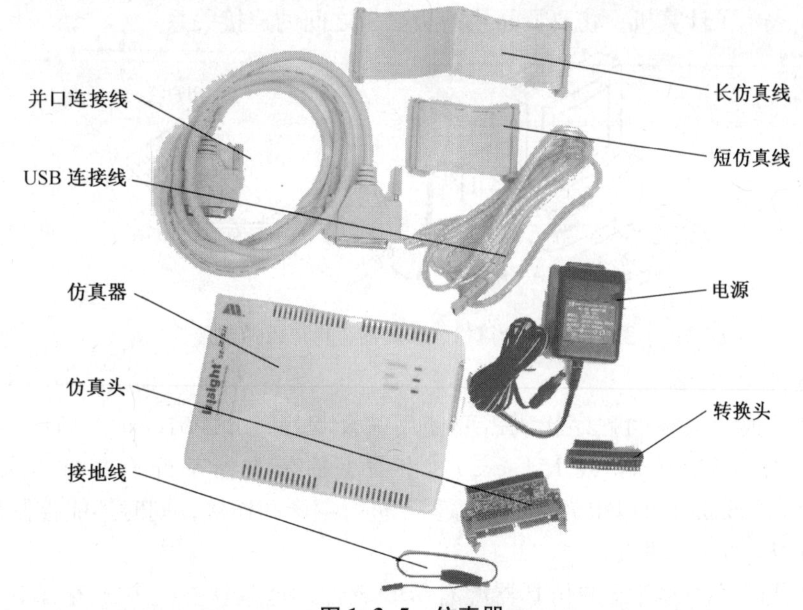

图 1-3-5 仿真器

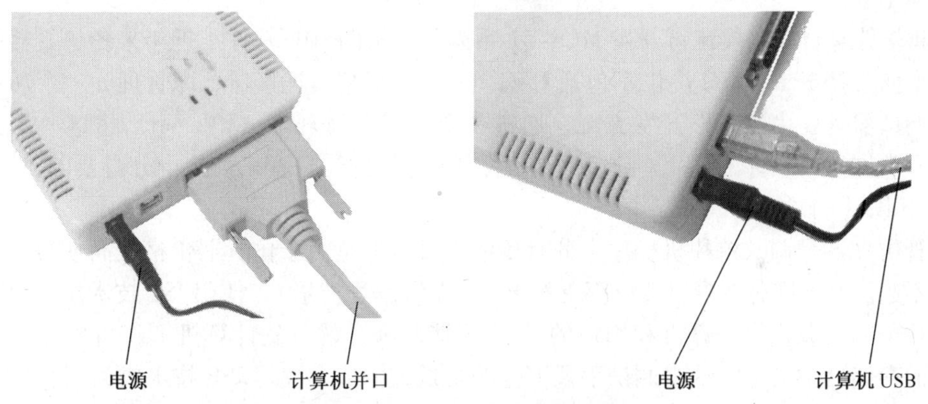

图 1-3-6 仿真器与计算机的连接端口

② 仿真器与用户板的连接。大部分仿真器都带有一个仿真头，仿真头与仿真器使用扁平电缆连接。仿真头插在用户板的 CPU 插座上替代用户的 CPU。不同封装的 CPU 可以使用不同的仿真头连接（见图 1-3-7）。

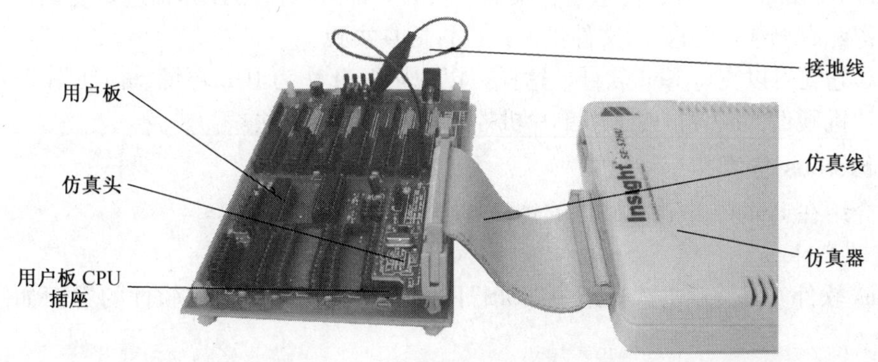

图 1-3-7 仿真器与用户板的连接

图 1-3-8 表示了计算机、仿真器、用户板三者之间的连接关系。

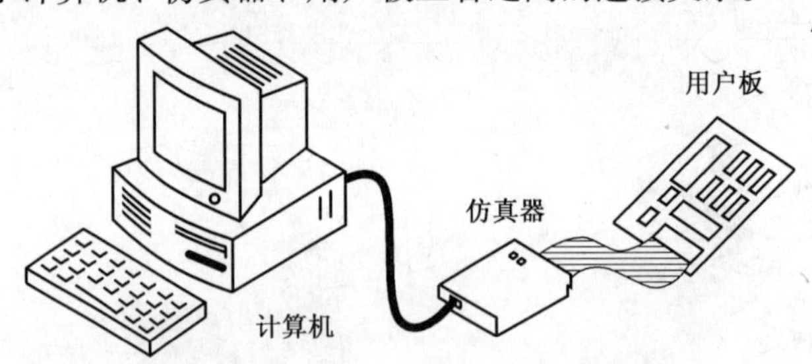

图 1-3-8　计算机、仿真器、用户板的连接

3. IDE 软件

将源程序转换为最终的程序代码需要使用编译程序（ASM51. exe、A51. exe、C51. exe 等）和连接程序（RL51. exe 或 L51. exe）。市面上的仿真器都配有集成开发环境软件（IDE），用户通过该软件可以很方便地对源程序进行编译和连接，同时还能控制仿真器工作和系统的运行以方便调试程序。

许多仿真器厂商都为自己的仿真器配有 IDE 软件，这些软件的界面各有不同，但是其功能大同小异。

Keil 软件是目前比较流行开发 MCS-51 系列单片机的 IDE 软件，近年来各仿真器厂商纷纷宣布全面支持 Keil。Keil 提供了包括 C 编译器、宏汇编、连接器、库管理和一个功能强大的仿真调试器等在内的完整开发方案，通过一个集成开发环境（uVision）将这些部分组合在一起。掌握这一软件的使用对于使用 51 系列单片机的爱好者来说是十分必要的。

4. 下载线

尽管仿真器是调试单片机程序十分有用的工具，但是由于仿真器价格较高使得许多初学者负担不起。由于目前许多单片机都支持 ISP（在线编程技术），使用 ISP 技术用户只需要使用一根简单的下载线将计算机和用户的 CPU 连接起来，就可从计算机上将机器代码传送到单片机的存储器中。尽管缺少调试手段但是非常低廉的成本使得 ISP 技术成为了初学者和简单项目开发时的首选方法，下载线的使用方法见后述内容。

5. Proteus 软件

Proteus 软件是英国 Labcenter Electronics 公司开发的一种 EDA 软件，该软件可采用计算机仿真单片机的软件和许多硬件，是学习单片机十分有效的工具。常见单片机的外部器件，如键盘、LED、LCD、电机、传感器、仪器、仪表等都可以使用计算机进行仿真。本书的每一个实例都配有 Proteus 仿真的文件供大家进行仿真实验。

特别是它还可以支持 Keil 软件，这样可以使用 Keil 作为 IDE 环境，而使用 Proteus 仿真来替代单片机硬件，成为目前学习单片机控制系统的首选方法。

三、Proteus 仿真

以下介绍在 Proteus 中建立硬件的仿真环境。

1. 启动 Proteus

Proteus 软件安装后双击软件组中“ISIS”图标启动软件，启动后软件的界面如图 1-3-9 所示。

图中各窗口的名称为①编辑窗口；②对象选择窗口；③预览窗口；④命令工具栏；⑤模式工具栏；⑥方向调整工具栏。

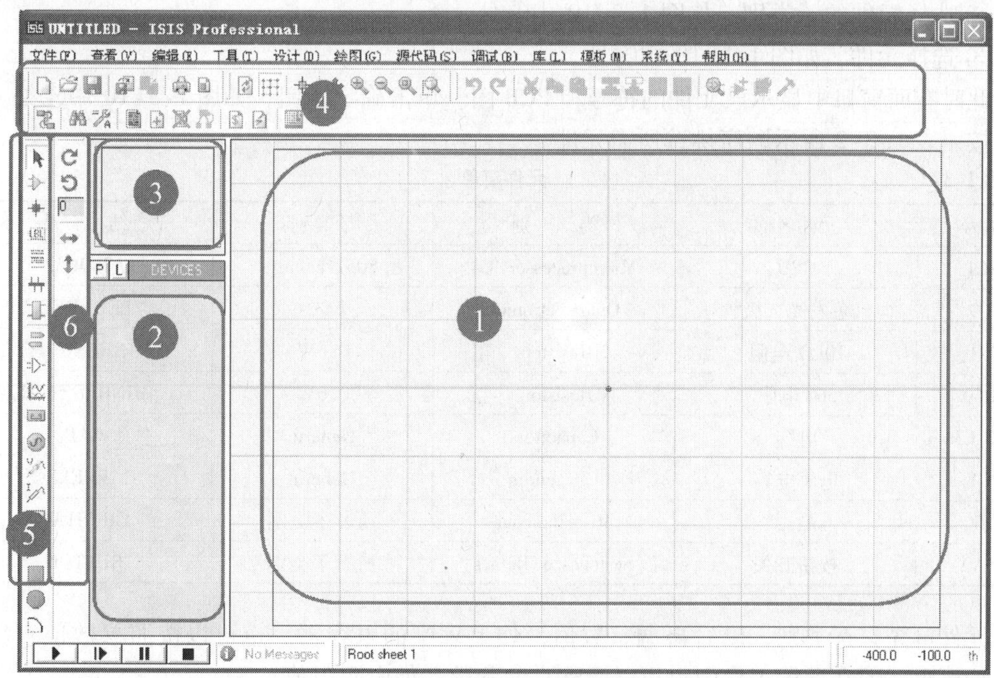

图 1-3-9 Proteus 软件界面

2. 选择所需元件

单击图 1-3-9 中窗口 2 上方 P 按钮，打开元件选择对话框。选择元件需要 3 个步骤。

① 选择元件类别，如图 1-3-10 中①处。

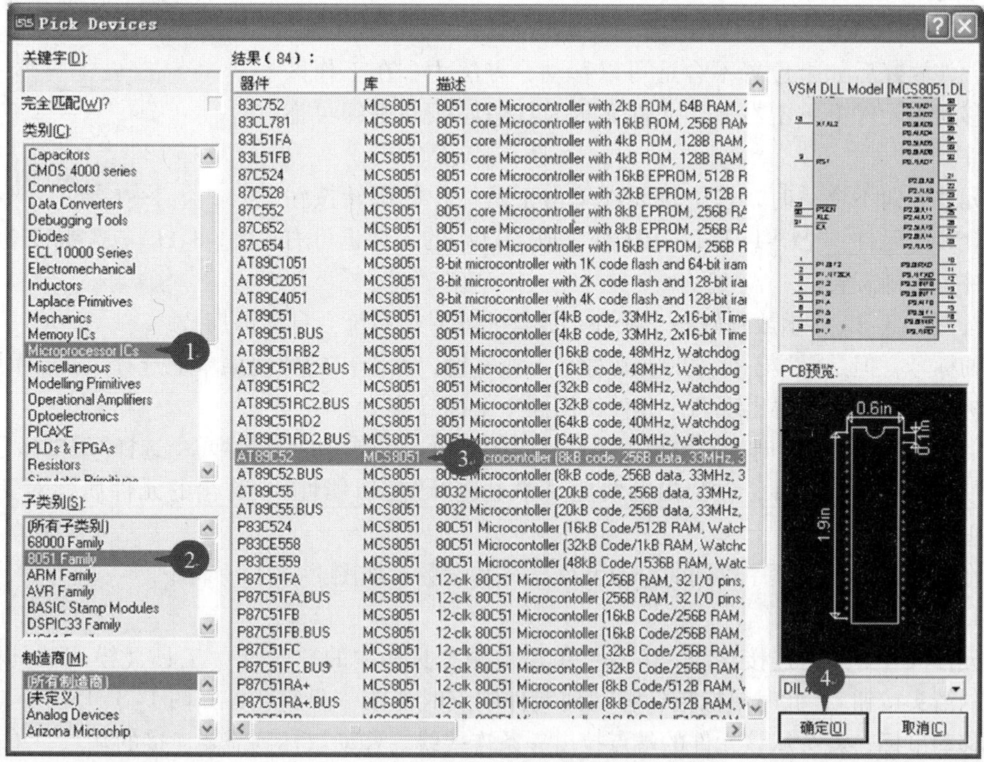

图 1-3-10 元件选择对话框

② 选择元件的子类别，如图 1-3-10 中②处。

③ 选择元件，如图 1-3-10 中③处。

此时右面窗口中显示该元件的符号和 PCB 图。单击确定按钮，如图 1-3-10 中④处。

按照表 1-3-2 所示顺序挑选所需元件。

表 1-3-2　　元件清单

编号	元件名称	类　别	子类别	结　果
IC1	CPU	Microprocessor ICs	8051 Family	AT89C52
D9	红色发光二极管	Optoelectronics	LEDs	LED-RED
R1	10kΩ 电阻	Resistors	0.6W	MINRES 10kΩ
R60	560 电阻	Resistors	0.6W	MINRES 560R
C2 C3	电容	Capacitors	Generic	CAP
C1	电解电容	Capacitors	Generic	CAP-ELEC
J1	晶振	Miscellaneous	所有子类别	CRYSTAL
SA0	按钮开关	Switches & Relays	所有子类别	BUTTON

元件可先只选类别，以后再调整数值，如上表中的电容器。也可以按照参数值直接选用，如电阻，但在后续工作中也可以调整它的参数，如电阻阻值。

元件选择完成后，左侧元件框中会显示已选择的元件，如图1-3-11所示。

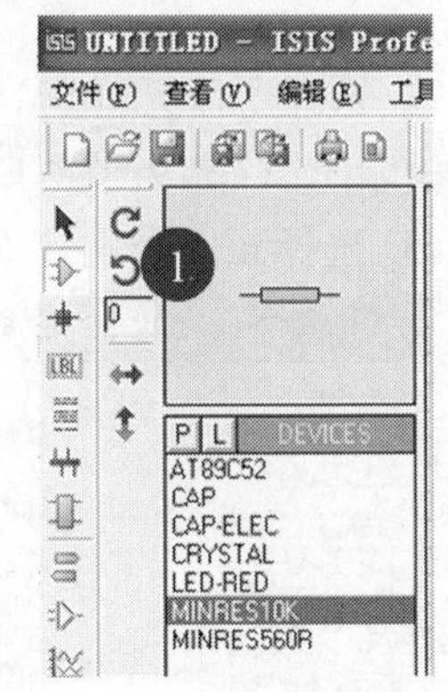

图 1-3-11　已选用的元件表

3. 放置元件

将选用的元件放到工作区中，方法为：左键单击元表件中的元件名称选中该元件，再在工作区中单击左键。

元件放好后如果位置不合适可以移动，方法为：在工作区需要移动的元件上单击右键，元件显示为红色时按左键即可拖动元件。

元件方向不合适时，选中该元件单击工具栏中的旋转按钮就可旋转此元件，见图 1-3-11 中①处。放置以后的元件也可右击元件，选择旋转。

按图 1-3-12 所示放置好各个元件，放置元件时，系统会自动添加元件的标号，但是标号不合适时，在标号上按右键，在弹出的快捷菜单上选择“编辑标号”，修改标号。电路中不得出现两个元件使用同一个标号。

需要修改元件参数时，右键单击需要修改的参数，在弹出的快捷菜单上选择“编辑标号”。

使用右键单击元件，在弹出的快捷菜单上选择“编辑属性”，弹出的元件属性对话框，如图 1-3-13 所示。

在元件属性对话框中可同时修改元件标号和参数，如图 1-3-14 所示。

4. 连接导线

元件放置好后再连接导线，方法：单击左侧工具栏中的“选择”工具（模式工具栏最上方的箭头按钮），此时鼠标指针移动到元件端点时变成一只笔状，如图 1-3-15 所示。单击后移动鼠标，就会从该元件的端点拉出一条连接线。移动鼠标到需要连接的端点，单击鼠标，完成了一条导线的连接，如图1-3-16所示。

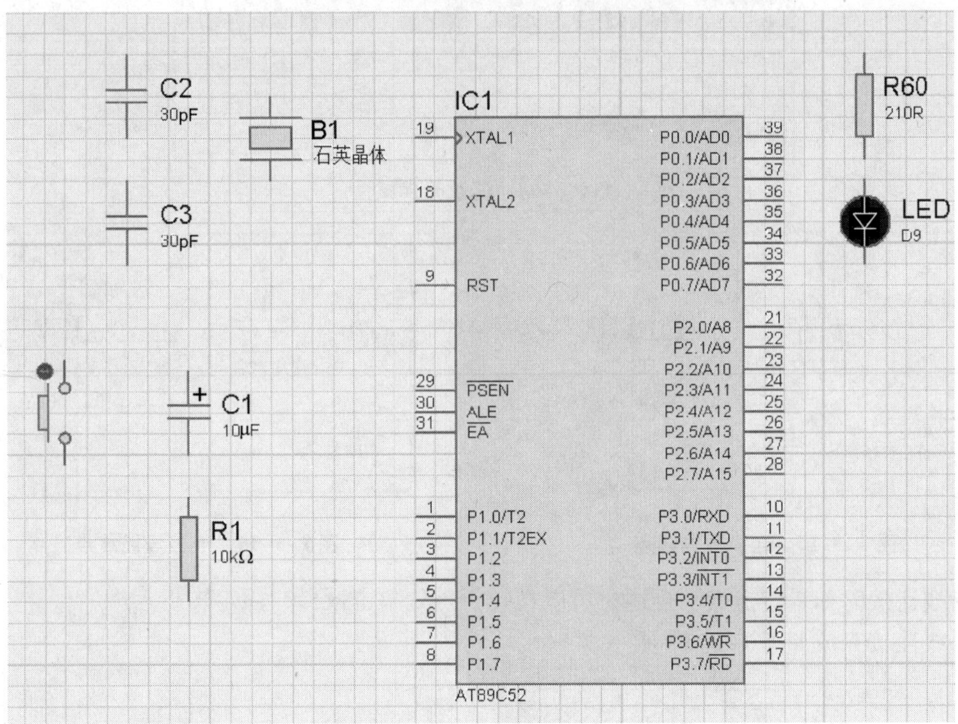

图 1-3-12　元件放置完成

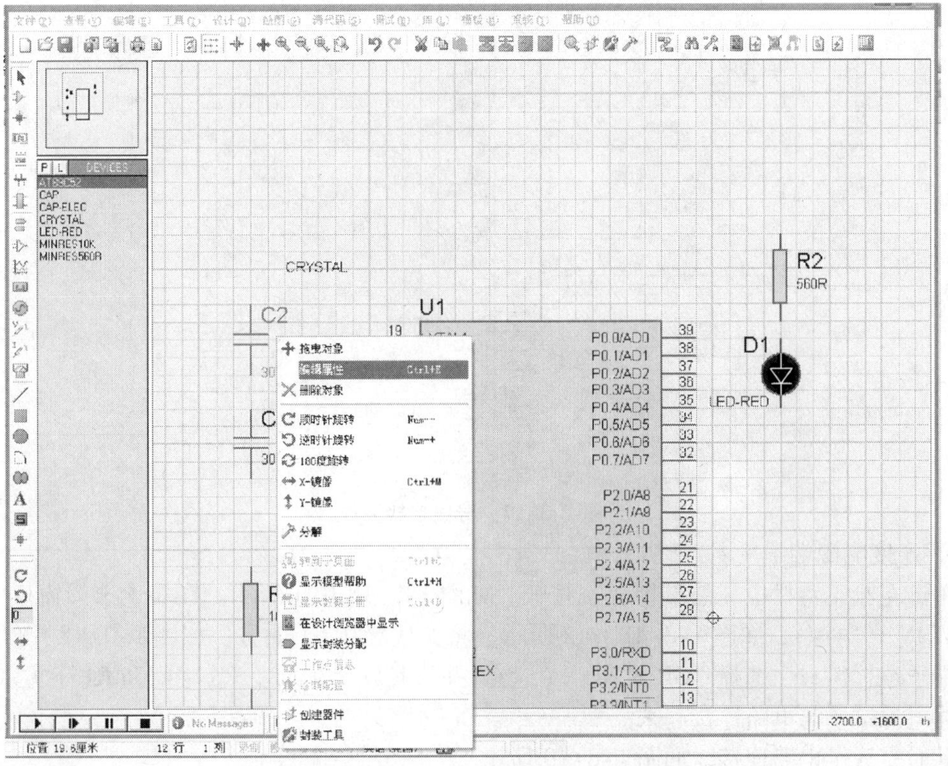

图 1-3-13　元件快捷菜单

图 1-3-14　修改元件属性

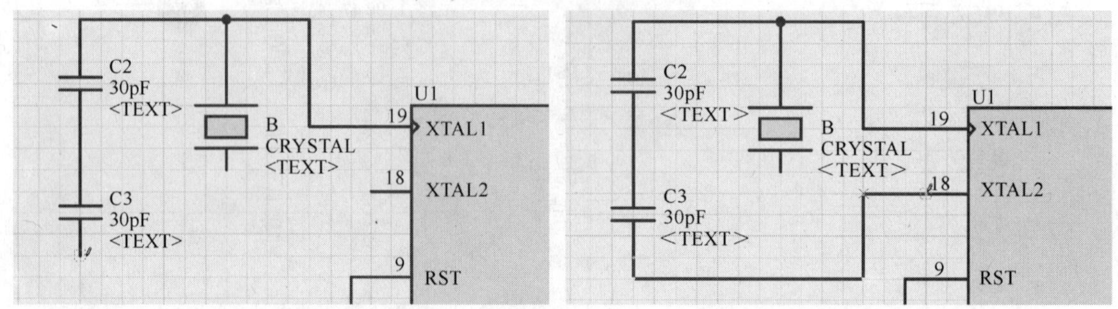

图 1-3-15　连接导线起点　　　　图 1-3-16　连接导线终点

导线连接时如果转折点不合适，可以在转折点处单击鼠标，固定转折点。

导线连接完成如图 1-3-17 所示。

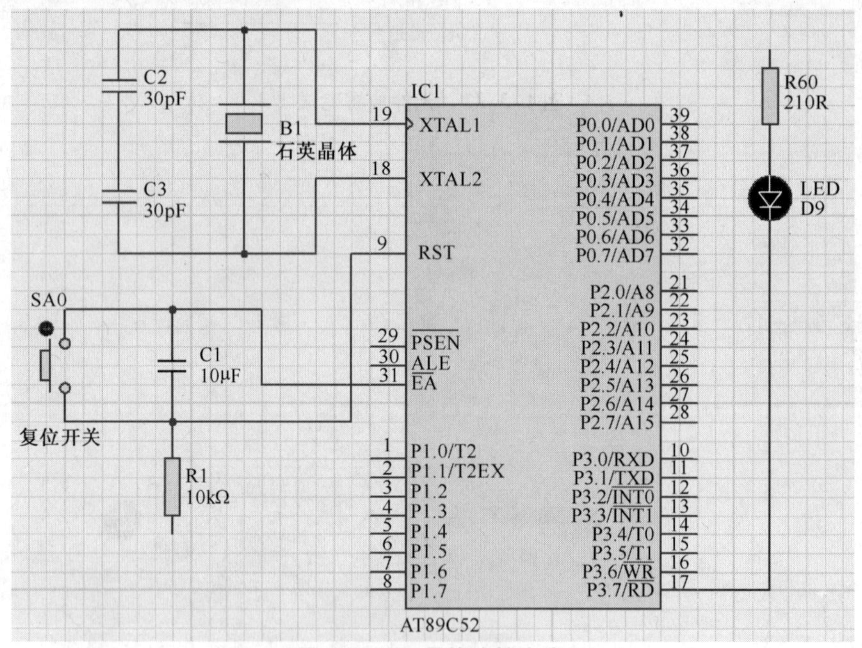

图 1-3-17　导线连接完成

5. 连接电源端子

单击左侧工具栏中"终端模式"按钮，如图 1-3-18 中①所示。在端子选择窗口中选择"POWER"（电源），如图 1-3-18 中②所示。将其放置在 C1 上方，如图 1-3-18 中③所示。再在端子选择窗口中选择"GROUND"（地），并将其放置在 C2、C3 中间和 R1 下方。

将电源端子与电路连接起来。

此时完成了电路连接，如图 1-3-19 所示。

6. 连接测试仪表

Proteus 系统中提供了许多仪器、仪表，此处我们使用一台示波器观察输出波形。方法

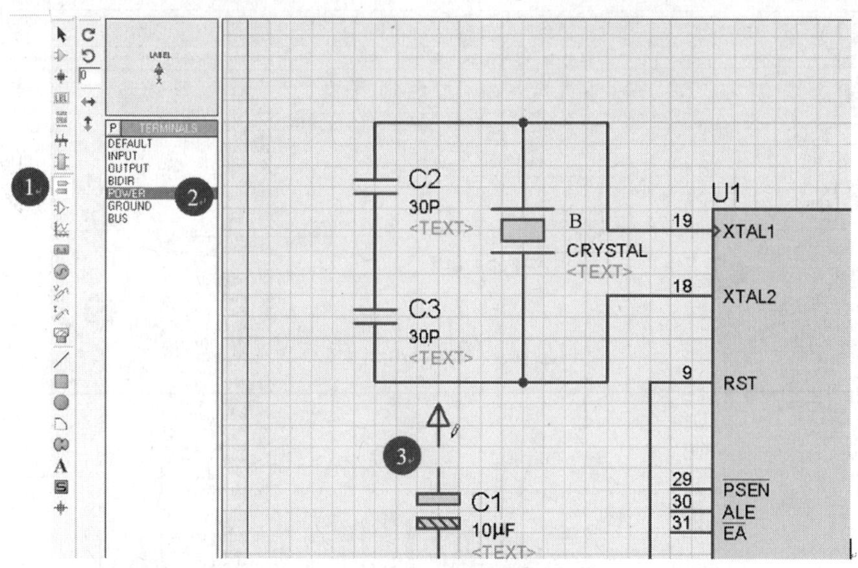

图 1-3-18 放置电源端子

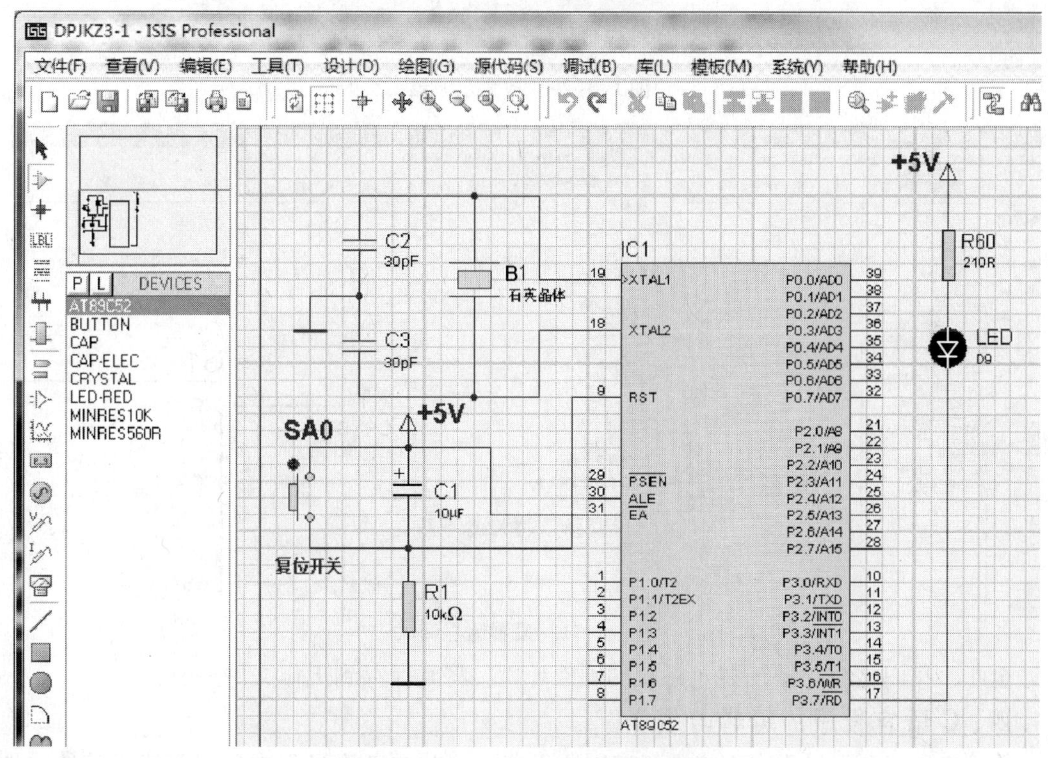

图 1-3-19 一只会闪光的发光二极管

为：单击左侧工具栏中“虚拟仪器模式”，图 1-3-20 中①所示。在仪器栏中选择“OSCILLOSCOPE”（示波器），图中②处。并将其放置到工作区中③处，同时将 A 端子与发光二极管负端连接起来。

7. 设置调试方式

为了使用 Keil 编译和调试程序，并使用 Proteus 仿真，需要将 Proteus 设置为远程调试。方法为：单击主菜单中“调试”，选中“使用远程调试监控”，如图 1-3-21 所示。

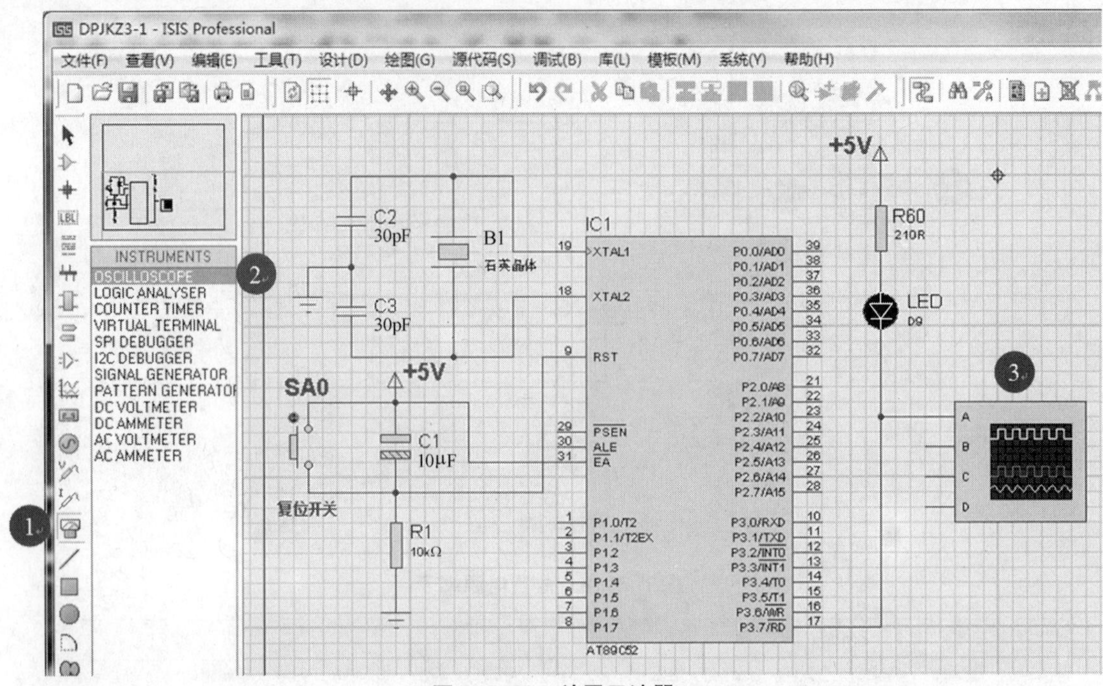

图 1-3-20　放置示波器

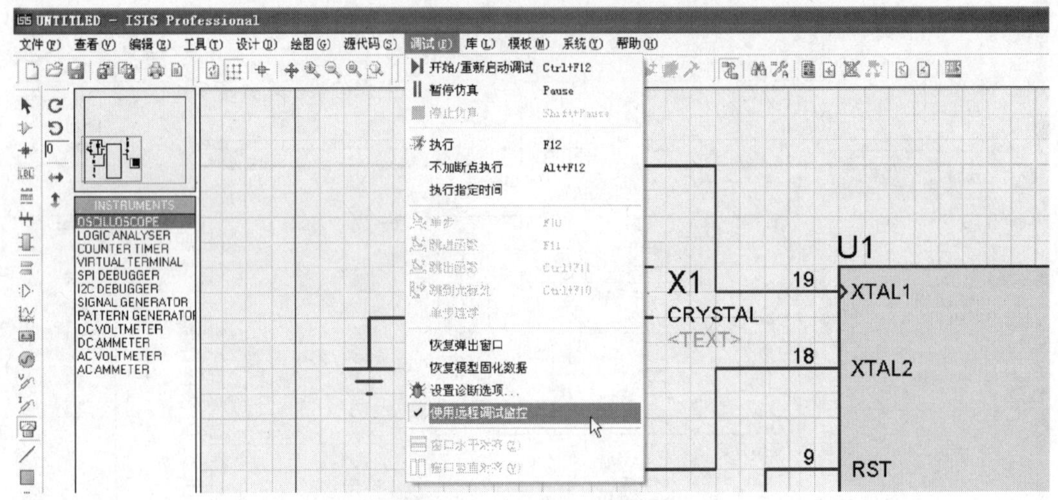

图 1-3-21　设置远程调试

至此，我们已经“搭”好了系统的硬件环境，将其保存到工作文件夹中。

四、C 语言程序的编辑与编译

单片机程序开发过程中用户需要编制源程序，同时在工作过程中还需要使用其他文件，也会产生一些数据文件，这些文件集中在一起称为一个工程（有些 IDE 软件称为一个项目）。因此一个工程就是围绕当前开发工作的配套文件的汇总，一般都集中存放在一个文件夹中。源程序的编辑可以使用任何文本编辑软件，但是一般都直接在 Keil 软件中进行。

首先启动 Keil，启动后 Keil 会自动打开上次进行的工程。如果是重新开始一个新的工程，需要进行以下操作。

1. 建立工程环境

① 单击主菜单中的“工程（P）”。

② 选择“新建 μVision 工程”，如图 1-3-22 所示。

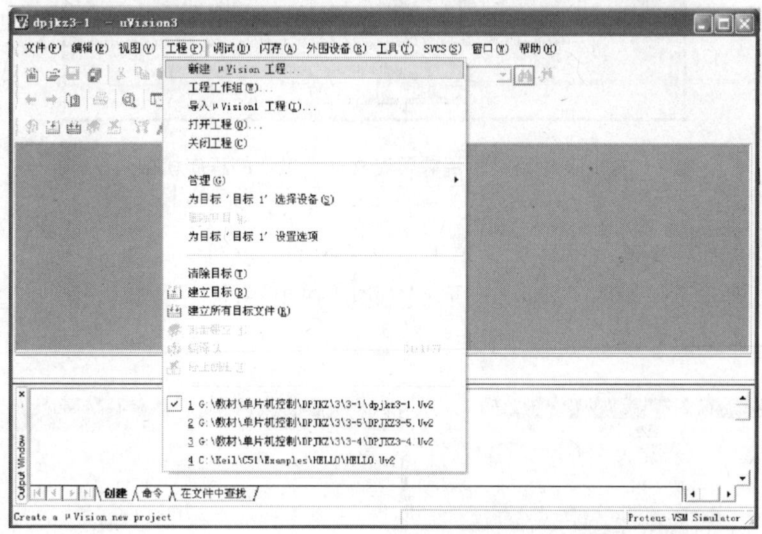

图 1-3-22 建立工程环境

③ 在弹出的对话框中选择工程保存的位置，如图 1-3-23 所示。

④ 输入工程的名称。

⑤ 单击“保存”按钮，保存本次建立的项目文件。

⑥ 保存项目文件后系统会弹出一个选择设备的对话框，在此框中选择 Atmel 公司的 AT89S52 器件后再按“确定”按钮，如图1-3-24 所示。

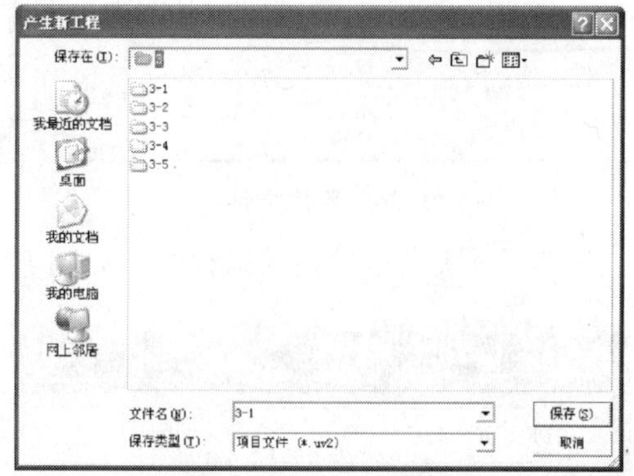

图 1-3-23 保存工程

⑦ 此时系统会自动弹出一个对话框，提示是否需要建立一个默认的 8051 的程序模板。使用 C 语言时选择“否”，使用汇编语言时可选择“是”，如图 1-3-25 所示。

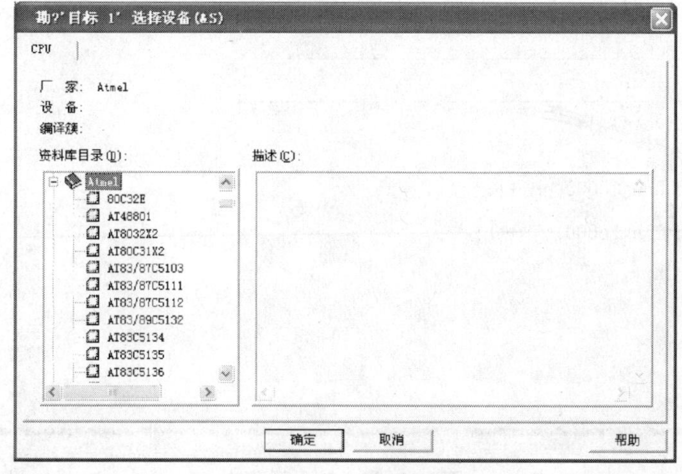

图 1-3-24 选择器件

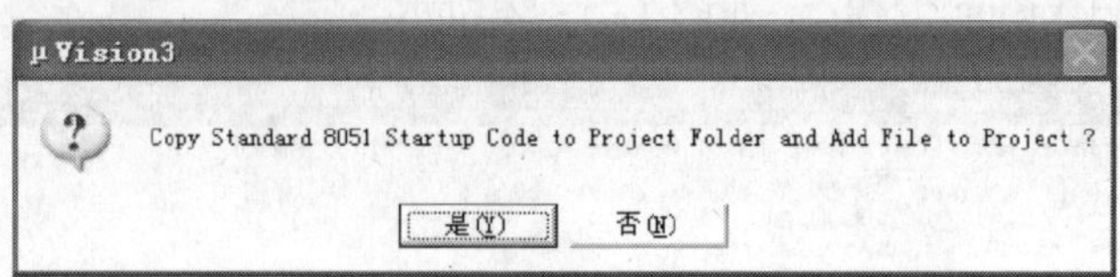

图 1-3-25　是否需要建立一个默认的程序模板

2. 建立源程序

① 工程建立后需要建立源程序，单击主菜单中的“文件”。

② 选择“新建”，如图 1-3-26 所示。此时弹出一个文本编辑窗口，并自动命名为 Text1，如图 1-3-27 所示。

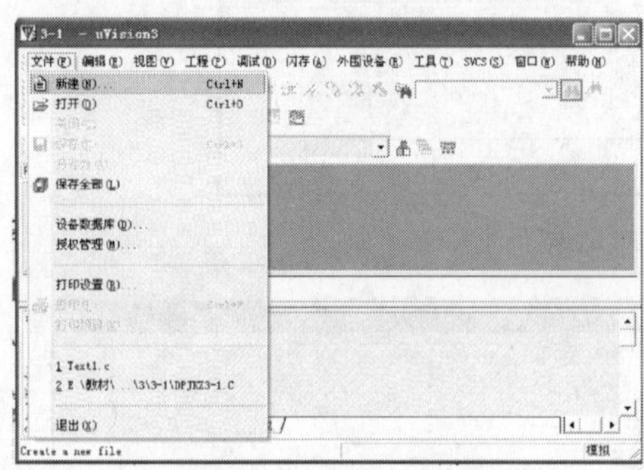

图 1-3-26　新建文件

图 1-3-27　编辑窗口

③ 在 Text1 窗口中输入源程序，如图 1-3-28 所示。

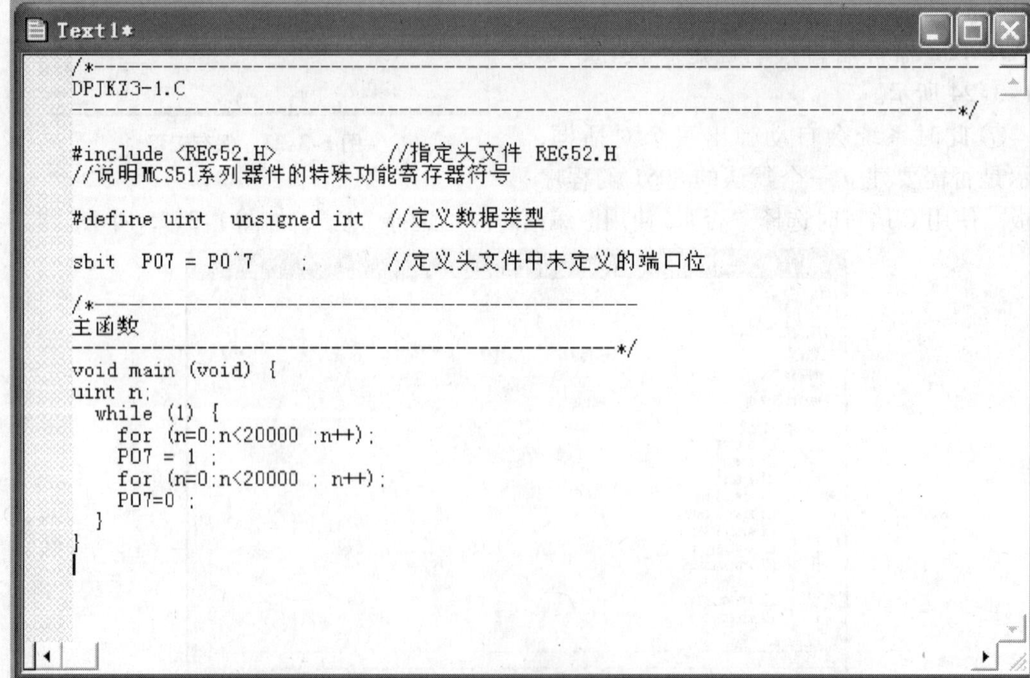

图 1-3-28　输入源程序

④ 输入完源程序后，单击主菜单上的“文件”。选择“另存为”，如图 1-3-29 所示。在弹出的对话框中输入源程序的文件名，注意：扩展名一定为“.C”。单击对话框中的保存按钮，如图 1-3-30 所示。

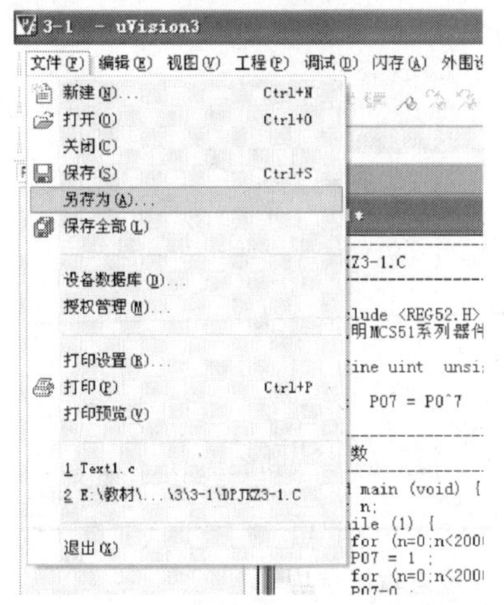

图 1-3-29　保存文件

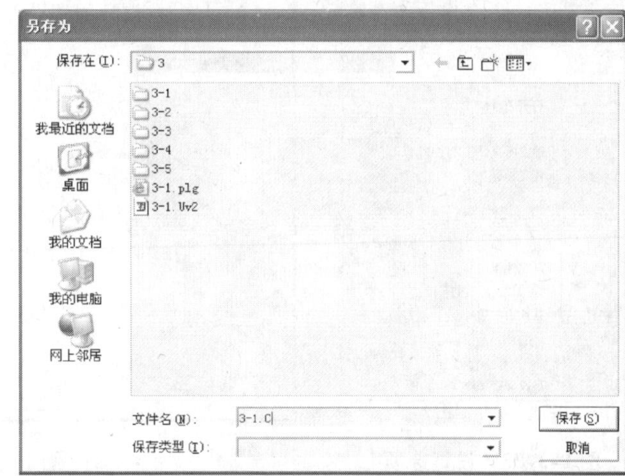

图 1-3-30　保存源程序

⑤ 右击工程窗口中的源代码组 1，在弹出的快捷菜单中选择“添加文件到组‘源代码组 1’”，如图 1-3-31 所示。

⑥ 在弹出的对话框中选择刚才保存的源文件。单击对话框中的“Add”，将源文件添加到工程组中。单击对话框中的“Close”，关闭对话框，如图 1-3-32 所示。

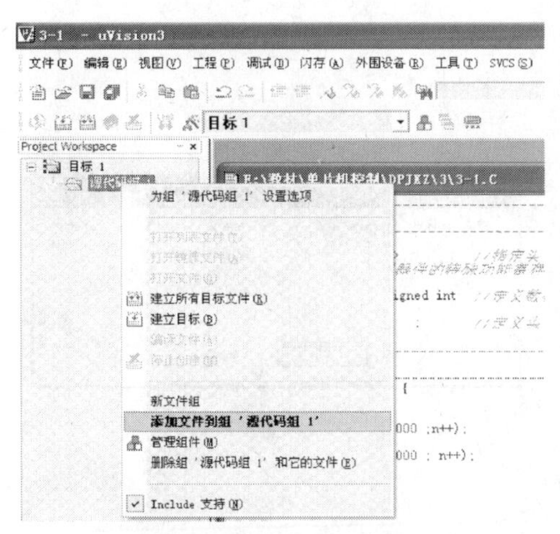

图 1-3-31　添加文件

添加文件到组‘源代码组 1’
查找范围(I): 3
3-1
3-2
3-3
3-4
3-5
3-1.C
文件名(N): 3-1.C
文件类型(T): C Source file (*.c)
Add
Close

图 1-3-32　添加源程序文件

3. 建立工程的调试环境

① 右击工程窗口中的“目标 1”，如图 1-3-33 所示。

② 在弹出的快捷菜单上选择“为目标‘目标 1’设置选项”。

③ 在弹出的对话框中选择“输出”标签，如图 1-3-34 所示。单击“产生 HEX 文件”前的方框，使其中有一个“√”。此处的 HEX 文件就是最终生成的机器语言程序。

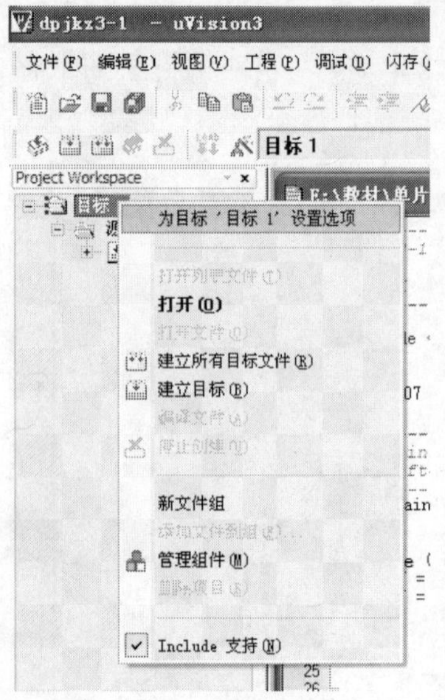

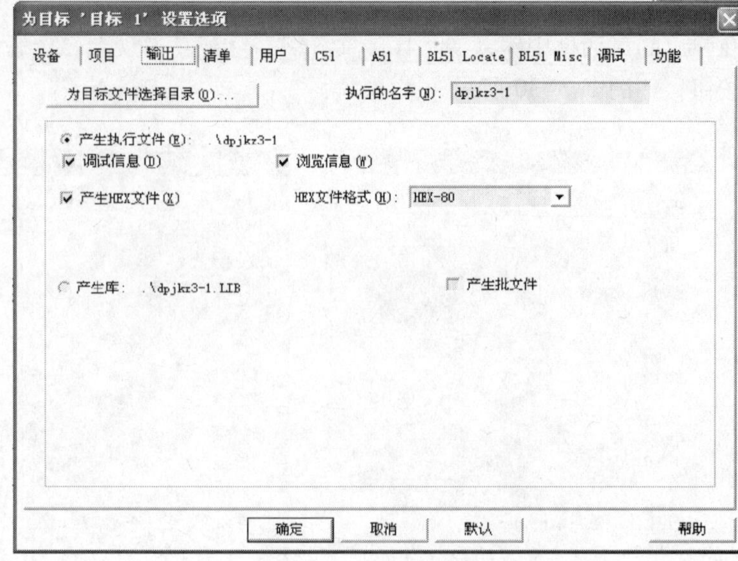

图 1-3-33　设置选项　　　　图 1-3-34　设置输出选项

④ 在对话框中选择"调试"标签，如图 1-3-35 所示。在右侧仿真器选择下拉框中选择"Proteus VSM Simulator"，并选中"使用"前的小圆点。

注意：如果仿真器选择下拉框中没有"Proteus VSM Simulator"项，说明 Proteus 的驱动未安装好，需要安装 Proteus 的驱动程序。

如果 Keil 和 Proteus 安装在局域网的两台计算机上，则还需要单击"设置"按钮，设置目标机的 IP 地址。当 Keil 与 Proteus 都安装在同一台计算机上时，IP 地址设为 127.0.0.1，如图1-3-36所示。

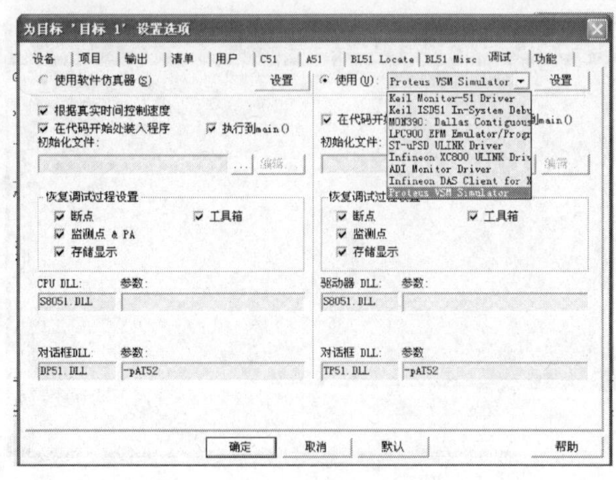

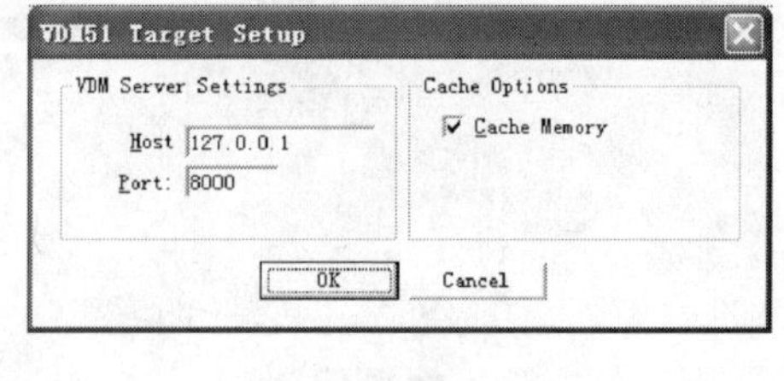

图 1-3-35　设置仿真器选项　　　　图 1-3-36　IP 设置

4. 编译连接源程序

单击"重新构建所有文件"按钮如图 1-3-37 中①处，就会自动对源文件进行编译、连接并自动生成各种需要的文件。注意下方输出窗口中的提示信息，"0 个错误 0 个警告"表示编译和连接过程顺利完成，并且没有发现逻辑错误，如图 1-3-37 所示。

当源文件中出现编辑错误时，输出窗口中会出现错误提示，如图 1-3-38 中提示源程序中第23行出现C141类型的错误（在“for”附近有一个语法错误），仔细检查可以发现，是第22行的结尾中漏了分号“;”。

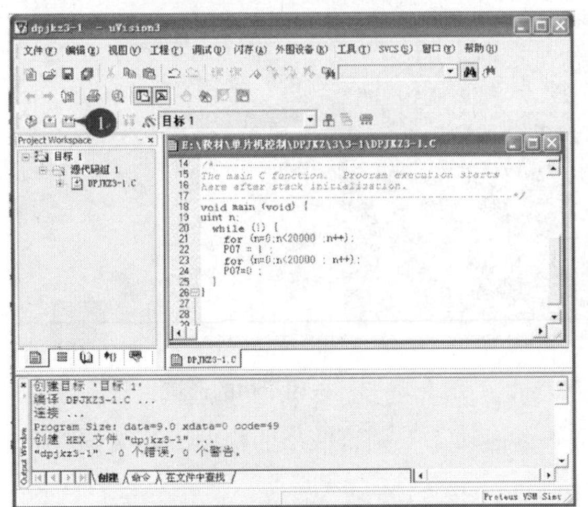

图1-3-37　编译连接源程序

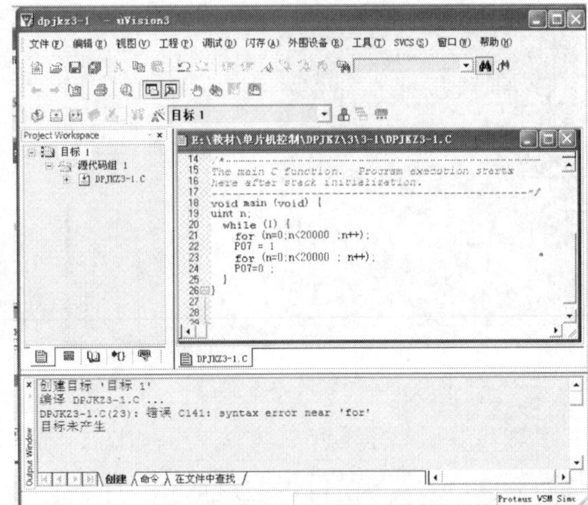

图1-3-38　编译出错

5. 仿真运行源程序

程序编译完成后，即可进入仿真运行。此时可先启动Proteus，并装入已经设置好的硬件环境。单击Keil软件工具栏上的调试按钮，图1-3-39中①所示。

单击运行按钮，图1-3-39中②所示。

此时，Proteus中的系统自动开始运行。

6. 观察运行结果

在Proteus中可以观察到发光二极管在闪光，我们可以使用示波器观察到闪光频率。

在Proteus查看示波器窗口，如果示波器未出现在窗口中，可以在主菜单中单击“调试”按钮，在拉下的菜单中选中“Digital Oscilloscope”，如图1-3-40所示。

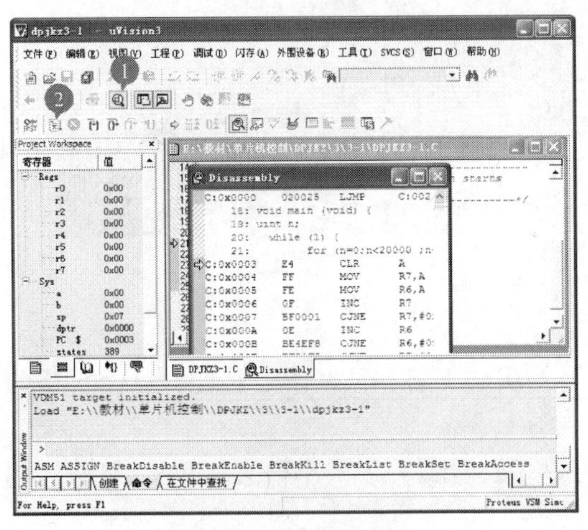

图1-3-39　启动调试

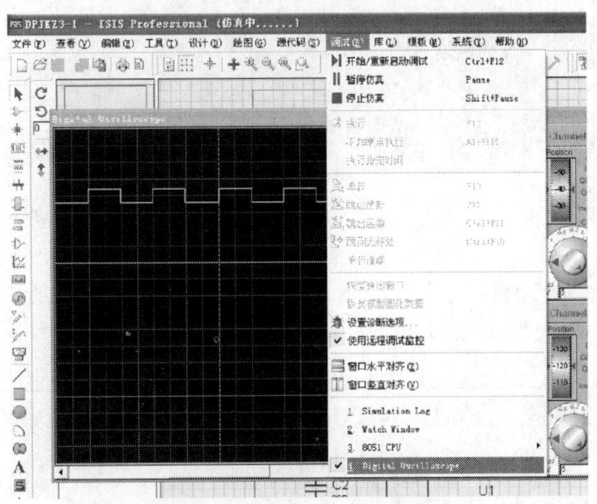

图1-3-40　打开示波器窗口

Proteus中的示波器为4踪示波器，可以同时观察到4个信号的波形，分别表示为通道A、通道B、通道C、通道D。在连接单片机电路时，我们连接的是示波器的A通道，此时示波器上A通道显示有矩形波（黄色），而其他几个波形均无信号，如图1-3-41所示。

由于 B、C、D 通道不使用，我们可以将其关闭，方法为：将通道输入信号开关拉到 OFF 位，如图 1-3-42 中①、②、③处所示。

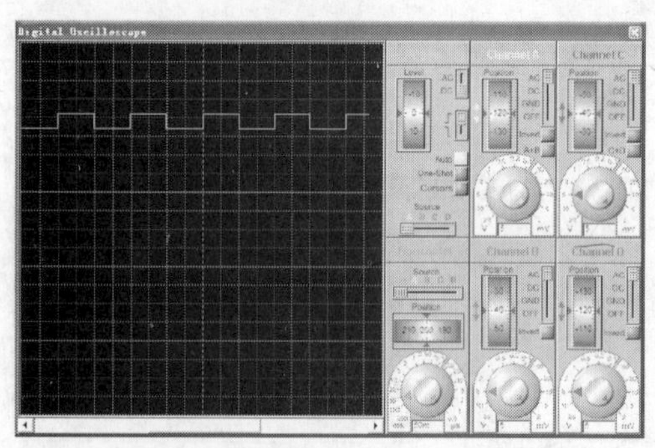

图 1-3-41　示波器窗口　　　　图 1-3-42　关闭不用的通道

调整波形显示大小，方法为：如图 1-3-43 所示拖动①处调整波形的幅度；②处调整波形的宽度；③处调整波形的位置。

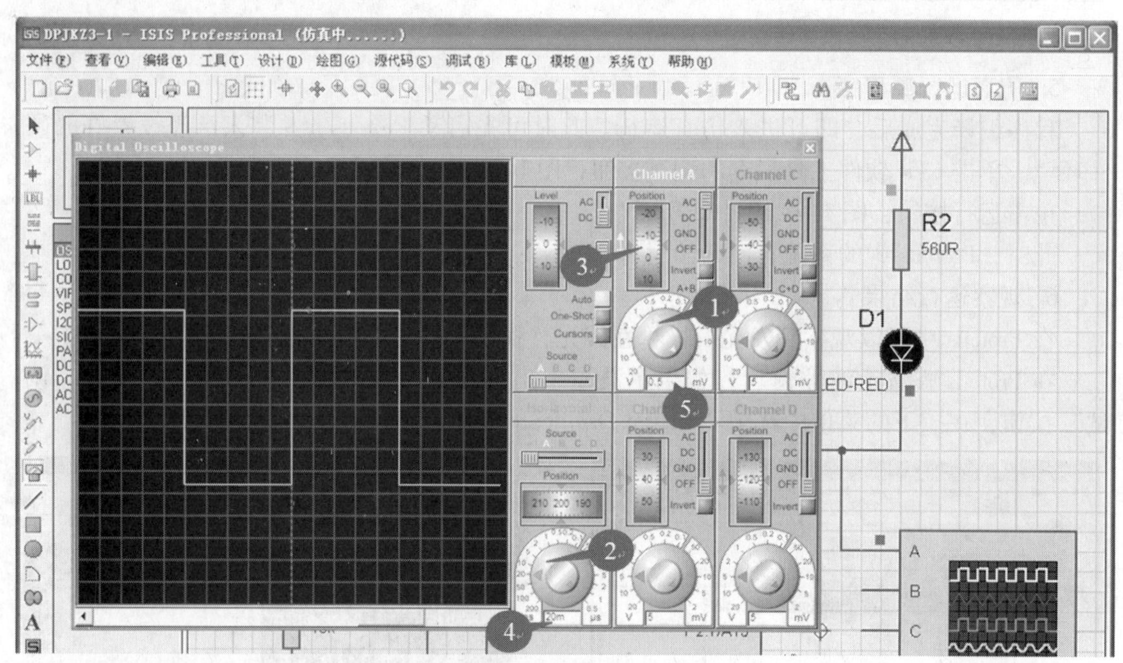

图 1-3-43　波形调整与测量

根据显示波形可以测出波形的频率和幅度，方法如下。

① 从波形中可以看到，波形周期为 10 个小格，从图 1-3-43 中④处看到，每个小格为 20ms，故周期为 200ms（20×10 = 200），频率为 5Hz。

② 波形幅度为 8 个小格左右，从图 1-3-43 中⑤处看到，每个小格为 0.5V，故波形幅度为 4V 左右。

五、实例

如果有实验条件，可以使用实物组装电路，电路板如图 1-3-44 所示，这块实际使用的电路板称为用户板。板上首先需要安装所有项目共用的器件，如表 1-3-3 所示。

此外，还需要安装上 D9 和 R60，如表 1-3-4 所示。

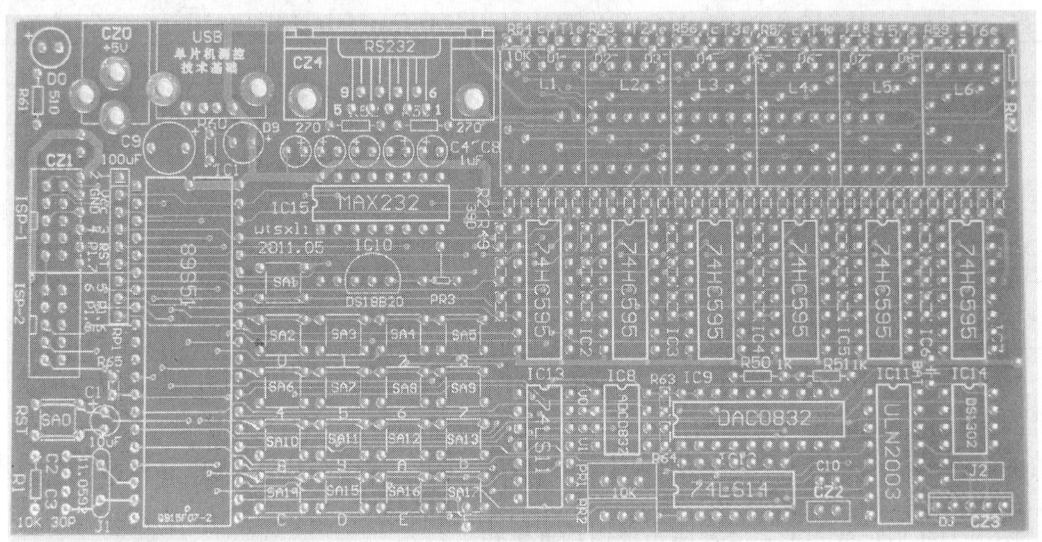

图 1-3-44 组装电路板

表 1-3-3 共用器件

序 号	名 称	符 号	规 格	用 途	备 注
1	插座	CZ1		电源连接	也可安装 USB 插座，使用手机充电器或计算机 USB 口供电
2	CPU	IC1	89S52	核心器件	使用 40PIC 座安装
3	发光二极管	D0	红色	电源指示	用户板通电后 LED 亮
4	电阻	R61	510		
5	电容	C2，C3	30P	振荡电路	
6	石英晶体	B1	11.0592MHz		
7	电解电容	C1	10μF	复位电路	
8	电阻	R1	10kΩ		
9	按钮开关	SA0	6×6		
10	插座	CZ1	DC2-10P	ISP	用于连接下载线

表 1-3-4 添加器件

序 号	名 称	符 号	规 格	用 途	备 注
1	发光二极管	D9	红色	显示输出结果	
2	电阻	R60	560		

图中 CZ1 为 89S51 的 ISP 接口，使用此接口和下载线将用户板和普通计算机连接起来。早期的下载线主要使用计算机的串口或并口，目前计算机的发展串口和并口逐步被淘汰了，现在使用的下载线逐步改用 USB 接口。

为方便大家使用，电路板上的 ISP 插座设计有 3 种类型，可根据下载线种类选用一个，如表 1-3-5 所示。

表 1-3-5　　　　下载线接口种类

序号	信号名称	AT89S51 引脚	ISP-1	ISP-2	CH
1	MOSI	P1.5	9	1	6
2	MISO	P1.6	3	9	5
3	SCK	P1.7	1	5	4
4	RST	RST	5	5	3
5	VDD	VDD	2	2	1
6	GND	GND	4	4，6，8，10	2

目前 USB 下载线常用 ISP-2。

图 1-3-45 所示的是一种简易的下载线，它一端插在计算机的 USB 插口上，另一端使用电缆与用户板上的 ISP 接口连接，如图 1-3-46 所示。

使用下载线就可以将编译后生成的机器语言程序（＊.hex 或＊.bin）传送到单片机内部，图 1-3-47 为目前网上流传较多的智峰软件 ISP 管理软件 Progisp.exe。

图中①处为灰色，表示下载线未连接到计算机上。

连接好下载线后在图 1-3-48 中②处选择使用的单片机型号，此处选择 AT89S52。单击图中③处调入机器语言程序。

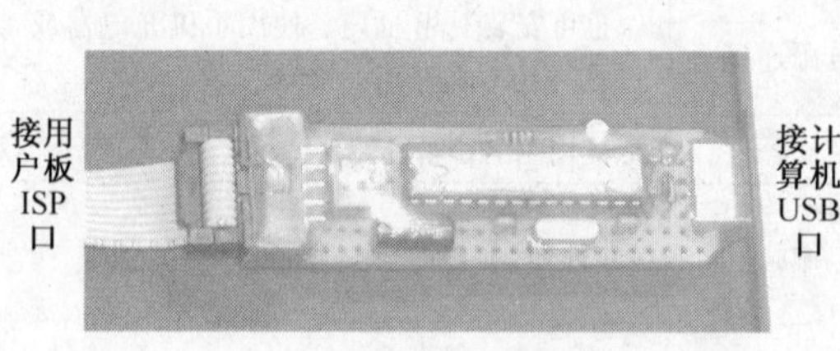

图 1-3-45　下载线

图 1-3-46　下载线的连接

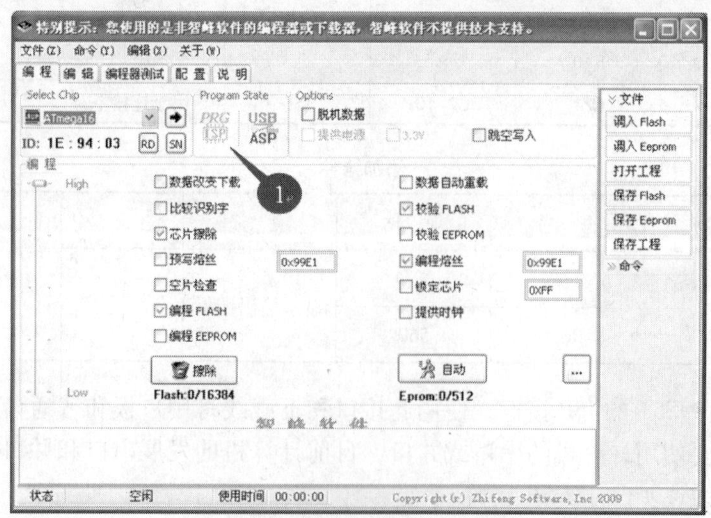

图 1-3-47　ISP 管理软件

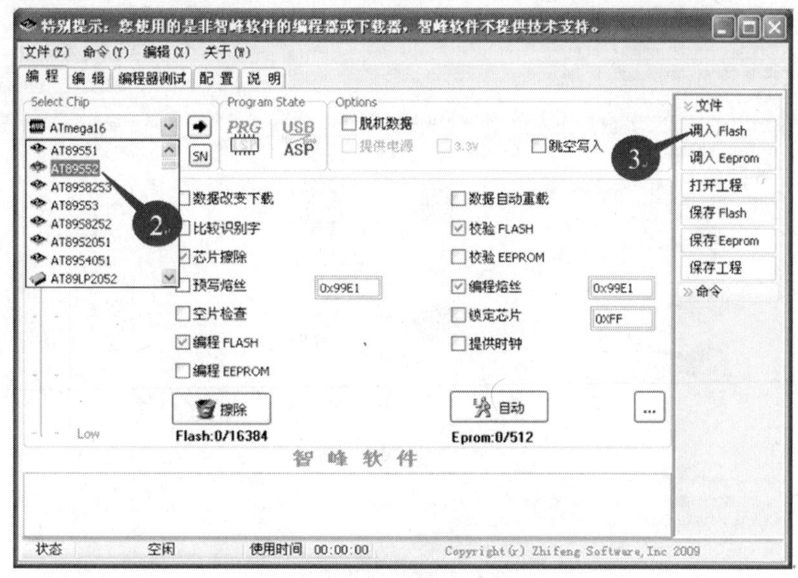

图 1-3-48　选择单片机型号

此时打开由 Keil 编译而生成的机器语言程序（＊. hex)，如图 1-3-49 所示。

单击图 1-3-50 中④处，可以查看到机器语言程序的二进制代码。

图 1-3-49　选择程序

图 1-3-50　查看二进制代码

单击图 1-3-51 中①回到编程界面，选中图中②、③、④、⑤处复选框，它们的作用如下。

a. 芯片擦除②：擦除芯片中原有内容，对于新芯片可以不必擦除，但是芯片中已经保存过内容后，下次再写入时首先必须擦除。

b. 空片检查③：检查芯片是否为空，擦除后再检查可以验证擦除是否成功。

c. 编程 FLASH④：将程序写入芯片中。

d. 校验 FLASH⑤：检查写入结果是否正确。

e. 锁定芯片⑥：对芯片内容加密，选中此复选框后系统会对芯片中内容加密，此时程序能在芯片中运行，但是不能被读出，实现程序保密。在学习中可以不选此框，以便读出芯片中的内容。

选择完成后单击“自动”，下载线会自动执行上述操作，并显示操作结果，参见图 1-3-51 中⑦处。

单击图 1-3-52 中主菜单的“命令”，“读出 Flash”就可以读出芯片中的内容，但是如果芯片被加密后读出的全为“FFH”。

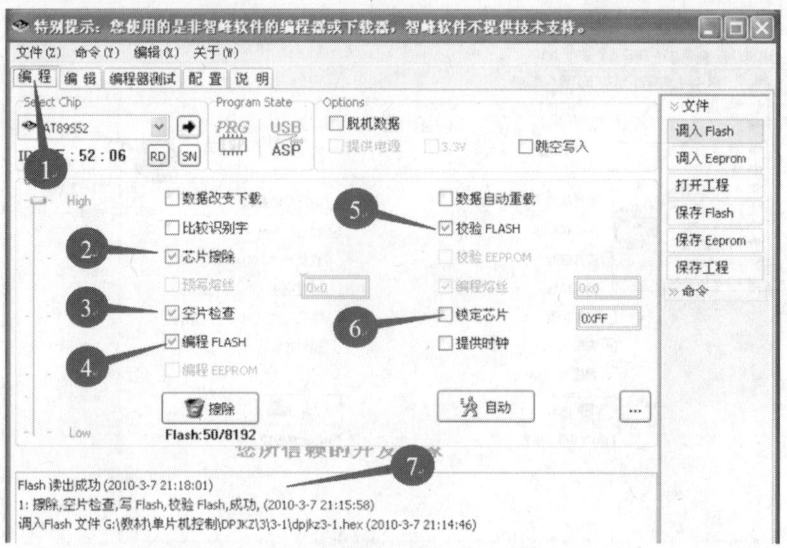

图 1-3-51　编程操作

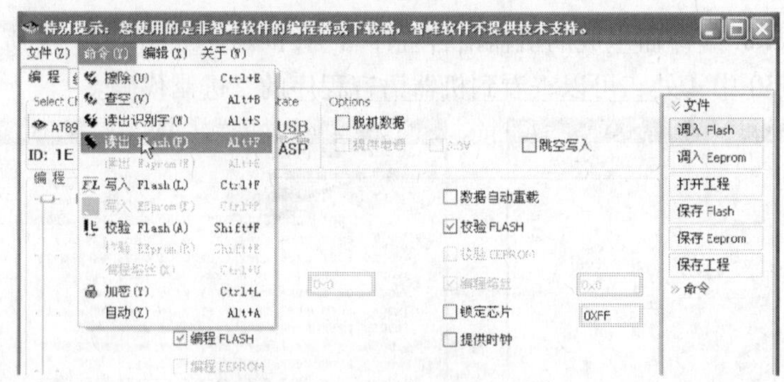

图 1-3-52　读出程序存储器内容

程序传送完成后，单片机系统自动开始执行程序，图 1-3-53 为系统运行起来后的照片。

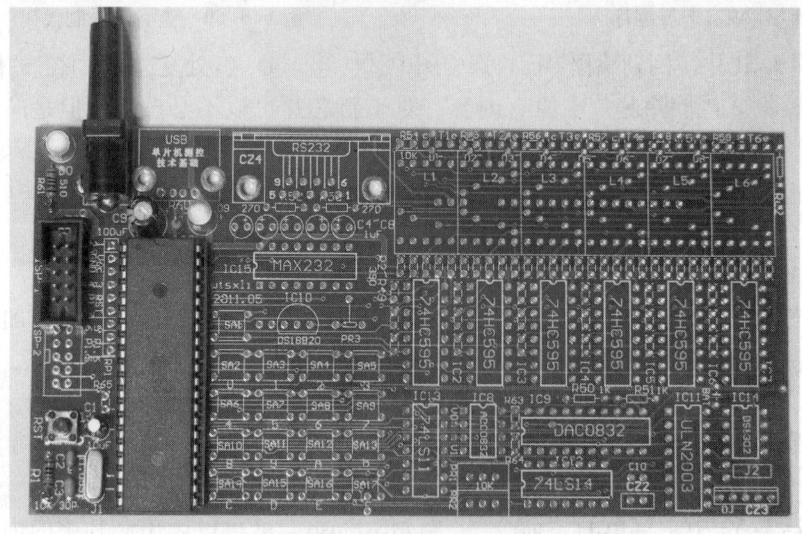

图 1-3-53　系统运行结果

第二篇 项目实训

项目一 发光二极管控制

发光二极管是目前最常用的显示器件，在单片机控制技术中广泛应用，本项目介绍使用单片机控制发光二极管显示的方法。

一、发光二极管的闪光控制

1. 发光二极管简介

发光二极是采用特殊材料制作的半导体二极管，正向导通时 PN 结会发出可见光线或红外线，根据制作二极管的材料和工艺不同发出光线的颜色也不同。常用的有红、黄、橙、绿、蓝、白色和红外光等。发光二极管有发光效率高、功耗低、寿命长等许多优点，广泛的用于各类显示器件。特别是以第三代半导体材料氮化镓制作的 LED，在同样亮度下耗电量仅为普通白炽灯的 1/10，寿命可以达到 8 万小时以上。正常情况下可以使用 50 年以上。使得发光二极管从显示器件跨入了照明器件的行列，开辟了一个全新半导体照明产业，带来了第三次照明领域的革命。

分立元件的发光二极管根据外形可分为圆形、矩形、异形等，圆形根据直径又可分为 $\phi3$，$\phi5$，$\phi12$ 等，根据封装还可分为散光型和聚光型。用做显示器件时最常用的是 $\phi5$ 和 $\phi3$ 散光型。

单只发光二极管有两只引脚，一只为正、另一只为负，使用中不可接反。区分外部引脚正负的方法有 3 种：一是引脚长度长者为正；二是封装外沿圆周上有一个小缺口，靠缺口的引脚为负；三是直接观察内部构造，如图 2-1-1 所示。

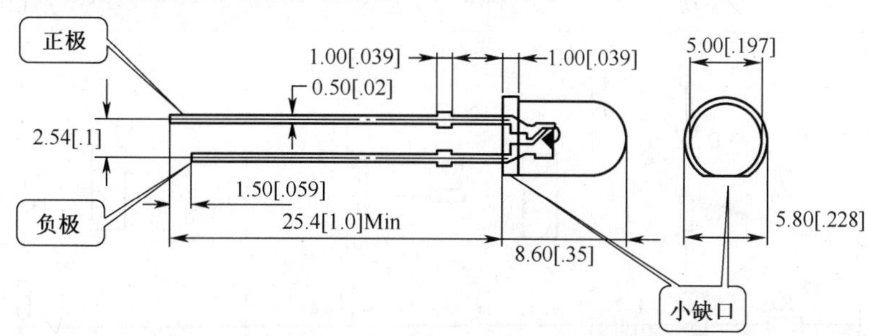

图 2-1-1 $\phi5$ 发光二极管外形图

常见发光二极管如图 2-1-2 所示，普通红、黄、绿、橙发光二极管的正向电压为 2V 左右。工作电流为 10mA 左右，一般不要超过 20mA。现在有一些高亮、超高亮发光二极管在 5mA 左右就能正常发光了。蓝色和白色发光二极管是近几年出现的新产品，其正向工作电压在 3V 左右。

2. 发光二极管的驱动方法

由于发光二极管在工作点附近特性曲线较陡，工作中即使发光二极管两端的正向电压发生较小的变化也会造成发光二极管电流的较大变化，因此发光二极管最好使用恒流源供电。但一般电路均为电压源，使用发光二极管时需串联一只限流电阻以保证发光二极管安全工作，具体使用方法如下。

（1）CPU 直接驱动

89S51 端口的驱动能力为 8mA 灌电流负载，因此只能使用灌电流负载形式驱动发光二极管，同时添加限流电阻 R 使发光二极管正向电流限制在 5mA 左右。限流电阻大小的计算方法为

$$R=\frac{V_{CC}-U_{LED}-V_{OL}}{I_{LED}}=\frac{5V-2V-0V}{5mA}=600\Omega$$

式中，V_{CC}为电源电压（5V），U_{LED}为发光二极管正向压降（取 2V），V_{OL}为 CPU 低电位输出时的输出电位（可忽略，取 0V），I_{LED}为发光二极管正向电流（取 5mA）。计算得电阻 R 为 600Ω，取系列值 510Ω。

使用此方法驱动时注意，当 CPU 端口输出为“1”时，发光二极管灭，当 CPU 端口输出为“0”时，发光二极管亮。连接方法如图 2-1-3 所示。

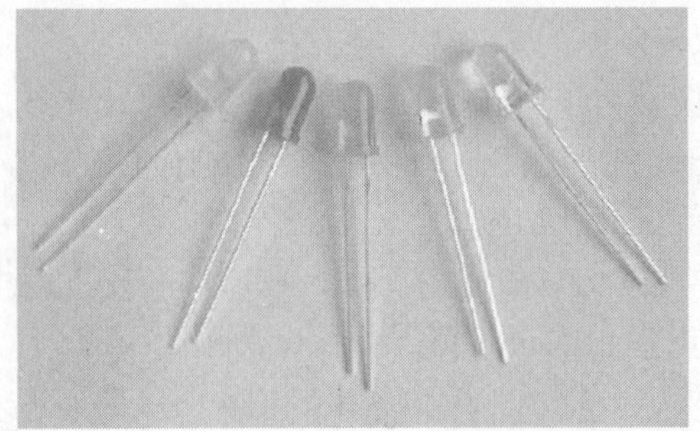

图 2-1-2　发光二极管

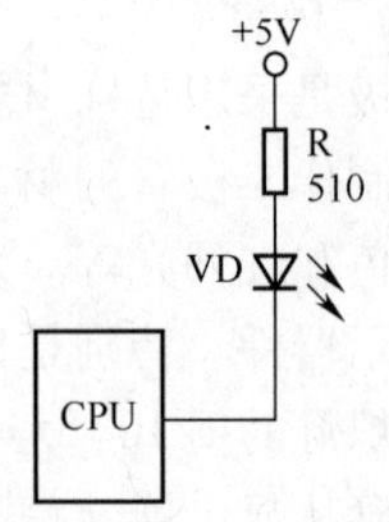

图 2-1-3　CPU 直接驱动 LED

（2）使用分立元件驱动

由于 CPU 的驱动能力不强，一般不直接使用 CPU 驱动负载。表 2-1-1 为使用分立元件驱动发光二极管的 3 种方法。

表 2-1-1　使用三极管驱动发光二极管的方法

形　式	NPN 管反相驱动	PNP 管反相驱动	NPN 管射极驱动
电路	V_{CC} VD R2 CPU R1 VT 9013	V_{CC} CPU R3 VT 9012 R4 VD	V_{CC} CPU VT 9013 R5 VD
参数	$R1=10k\Omega$ $R2=510\Omega$	$R3=10k\Omega$ $R4=510\Omega$	$R5=510\Omega$
驱动	输出为 1 时发光管亮	输出为 1 时发光管灭	输出为 1 时发光管亮
方法	输出为 0 时发光管灭	输出为 0 时发光管亮	输出为 0 时发光管灭

注意：NPN 管射极驱动方法中，当 CPU 输出为高电位时发光管亮，但是三极管并不工作在饱和状态，因此一般不提倡使用。

(3) 使用驱动器件驱动

使用集成驱动器件驱动发光二极管时可以使用拉电流或灌电流方式驱动，如表 2-1-2 所示。使用拉电流方式驱动时，器件的最大拉电流（I_{OH}）应当大于发光二极管工作电流。使用灌电流方式驱动时器件的最大灌电流（I_{OL}）应当大于发光二极管工作电流。

表 2-1-2　使用集成驱动电路发光二极管驱动方法

形　式	灌电流驱动	拉电流驱动
电路	V_{CC} VD R2 CPU 驱动器件	驱动器件 CPU VD R2
驱动条件	$I_{OL} \geqslant I_{LED}$	$I_{OH} \geqslant I_{LED}$
输出 =1	发光二极管灭	发光二极管亮
输出 =0	发光二极管亮	发光二极管灭

3. 一只会闪光的发光二极管

(1) 硬件

使用单片机最小系统驱动一只发光二极管的电路如图 2-1-4 所示，为了观察输出信号，图中添加有一台示波器。

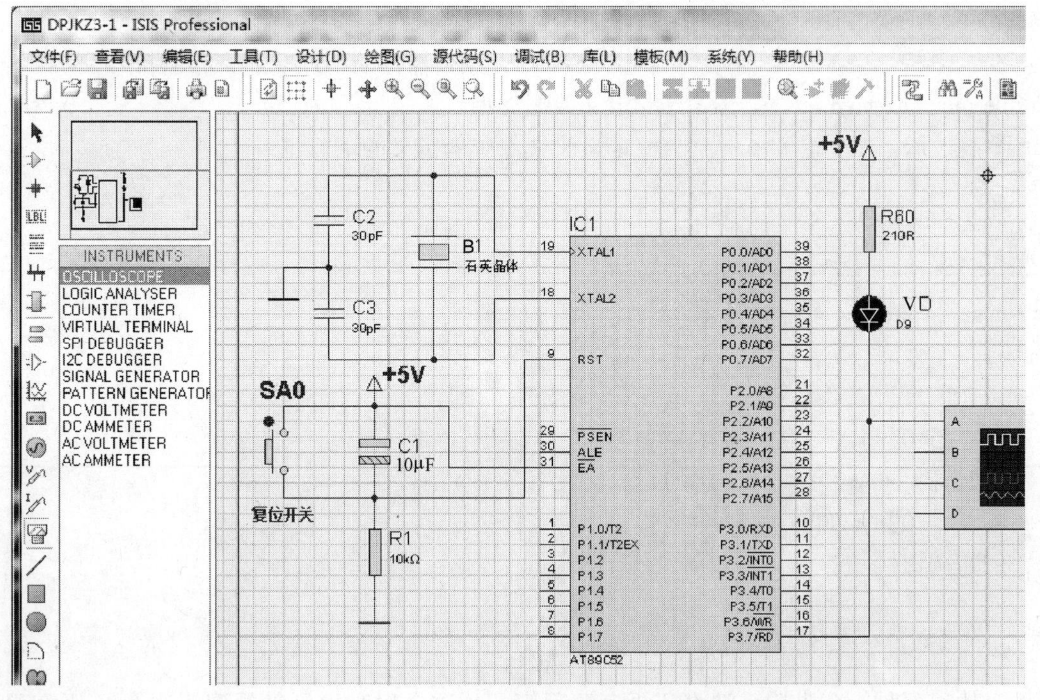

图 2-1-4　一只会闪光的发光二极管

（2）使发光二极管亮或灭的方法

此电路中，发光二极管直接连接在 89S51 的 P3.7 脚上。当需要使发光二极管亮时，只需要将 89S51 中端口寄存器 P3 的第 7 位清“0”即可。而将端口寄存器 P3 的第 7 位置“1”后发光二极管灭，因此控制寄存器 P3 的第 7 位的状态就可以控制发光二极管的状态。当系统复位后端口寄存器的状态均为“1”，所以开机后如果不对 P3 寄存器进行操作，则发光二极管为熄灭状态。

要使 P3 寄存器中的第 7 位为“0”或“1”需要使用赋值语句，如：

```
P37 = 1 ;          //使 P3 寄存器第 7 位为 1,发光二极管灭
P37 = 0 ;          //使 P3 寄存器第 7 位为 0,发光二极管亮
```

C 语言中等号“=”并不表示两边相等，而是一个赋值号，它的作用是将等号右边的表达式的值赋给等号左边的变量，因此，赋值号右边可以是一个表达式（运算式），而赋值号左边只能是一个变量名。

上述语句第一条 P37 =1 就是将“1”赋给 P37，使 P3 口的 7 脚输出为“1”，连接的发光二极管灭。第二条 P37 =0 就是将“0”赋给 P37，使 P3 口的 7 脚输出为“0”，连接的发光二极管亮。因此，这两个语句每执行一次发光二极管就闪光一次。

（3）C 语言的基本结构

上一章中我们已经看到了一只会闪光的发光二极管的控制程序，下面再来看看这个 C 语言的控制程序。

```
/*-------------------------------------------------------------------
DPJKZ4-1.C
-------------------------------------------------------------------*/
#include <REG52.H>              //指定头文件 REG52.H
                                //说明 MCS51 系列器件的特殊功能寄存器符号
#define uint unsigned int       //定义数据类型
sbit P37 = P3^7;                //定义头文件中未定义的端口位
/*-------------------------------------
主函数
-------------------------------------*/
void main (void) {
uint n;
  while (1) {
    for (n=0;n<20000 ;n++);
    P37 = 1 ;
    for (n=0;n<20000 ; n++);
    P37 =0 ;
  }
}
```

上述程序是一个非常简单的 C 语言源程序，从这个程序中可以看到，这个 C 语言程序包含以下几个部分。

① 程序说明部分。

```
/*-----------------------------------------------------------------------------
DPJKZ4-1.C
-----------------------------------------------------------------------------*/
```

这一部分只是对程序的注释，对计算机不起任何作用，主要用来告诉读者这个程序的作用和使用注意事项。

C 语言中默认符号“/*”后面的内容为注释，编译软件不理睬其内容。使用此符号的注释可以为多行，但是结束处必须使用符号“*/”。

除此之外，C 语言还有一种注释方法，它以符号“//”开始，但注释只到本行结束为止。

编写程序时应当养成多添加注释的习惯，这样便于以后容易读懂程序。

② 包含说明。

```
#include <REG52.H>            //指定头文件 REG52.H
                              //说明 MCS51 系列器件的特殊功能寄存器符号
```

指定本程序包含头文件 REG52.H

一个 C 语言程序可以包含其他的说明文件和库函数文件，这个语句的含义就是包含一个名为“REG52.H”的说明文件，也称为头文件。此文件用来说明 52 系列单片机的寄存器。52 系列单片机中有许多用符号表示的专用寄存器，如 A、B、P0、DPTR 等。这些符号固定对应到内部存储器的地址，但是计算机并不知道这些对应关系，此处的头文件 REG52.H 中记录了这些对应关系。程序前面指定这个头文件后就可以直接使用这些特殊寄存器的符号了。因此，这个指定头文件的语句是每一个 C51 程序必不可少的。

例如，端口寄存器 P3 在特殊功能寄存器中的地址为 83H，若不包含这个头文件，则只能只用地址 83H 对端口寄存器进行操作，而包含这个头文件后就可以直接使用 P3 对端口寄存器进行操作。

③ 数据类型。

一个程序不可避免要使用各种数据和变量，C 语言中规定，任何一个变量在使用前都必须说明其类型。通俗地说，任何一个变量使用前都必须告诉计算机这个变量是存放什么样的数据的。C51 中的数据类型如表 2-1-3 所示。

表 2-1-3　　C51 数据类型

名　　称	符　　号	占用内存长度	数值范围
无符号单精度整数	unsigned char	单字节	0 ~ 255
有符号单精度整数	signed char	单字节	-128 ~ +127
无符号双精度整数	unsigned int	双字节	0 ~ 65535
有符号双精度整数	signed int	双字节	-32768 ~ +32767
无符号长整数	unsigned long	四字节	0 ~ 4294967295
有符号长整数	signed long	四字节	-2147483648 ~ +2147483647
浮点数	float	四字节	±1.175494E-38 ~ ±3.402823E+38
位	bit	位	0 或 1
单字符	sfr	单字节	0 ~ 255
双字符	sfr16	双字节	0 ~ 65535

C 语言中使用变量不能像数学中使用变量一样，使用一个字母就能代表所有可能的数值。例如，一元二次方程 $ax^2+bx+c=0$ 中使用了变量 x。这个变量 x 可以为任意数值，可大、可小，可正、可负，可以为整数也可以为小数，但是在计算机中不能这样用。计算机的编译软件首先要考虑这个变量转换为二进制数后放到内存中需要使用多少个字节。占用太多字节既浪费内存空间也需要较长的运算时间，占用字节过少则放不下数据而出错。占用合适的字节数既能使用较少的内存空间也能提高程序的运行速度，因此计算机中的变量使用前需要先声明类型。例如，需要使用一个变量 n，在使用中它的值始终为正整数，并且不会超过 255，则可以将其声明为 unsigned char 型。

```
unsigned char n;
```

但是如果使用中数值会超过 255 但在 65535 以下，则需要声明为 unsigned int 型。

```
unsigned int n;
```

当然如果变量需要使用小数，则需要声明为 float 型。

```
float n;
```

变量声明一次可以声明多个变量，如下述语句声明了 x、y、z 3 个变量均为无符号双精度整数。

```
unsigned int x,y,z;
```

声明变量只是给变量在内存中安排了一个位置（地址），在声明变量的同时也可以给变量一个初始数值，如：

```
unsigned int x = 100;
```

在给 x 安排地址的同时，将数值 100 保存到这个地址中，下一次使用变量 x 时，它的数值为 100。

```
sbit P37  =  P3^7;          //定义头文件中未定义的端口位
```

sbit 为 C51 中一个特殊的位变量类型，它定义一个内存中可以位寻址的单元。

功能：定义 P37 为特殊功能寄存器中端口寄存器 P3 的第 7 位的位地址。

此语句定义 P3 口的第 7 位为 P37。由于 REG52. H 中只定义了 52 系列中的特殊功能寄存器的端口寄存器 P3，并未定义 P3 寄存器的每一位，而后面的程序中需要对 P3 的第 7 位进行操作，此处定义 P37 为程序中对此位的操作提供了方便。

④ 预定义部分。

```
#define uint unsigned int       //定义数据类型
      将类型 unsigned int 定义为 uint
```

由于类型说明 unsigned int 太长容易拼写错误，使用此语句将 unsigned int 定义为 uint 这样使用 uint 就替代了 unsigned int。

⑤ 函数格式。

函数是 C 语言程序的主要组成部分，一个 C 语言程序就是由若干个函数组成，函数的格式如下。

```
/* 函数说明部分 */
    [函数类型] 函数名([函数形式参数表])
            {
                [数据说明部分]
                函数执行部分
            }
```

函数格式说明如下。

a. 函数说明部分：与程序说明部分的作用相同，是对本函数的功能和使用方法说明。

b. [函数类型]：表示此函数运算结果（称为函数的返回值）的数据类型，如果函数只是处理一项工作，不需要返回运算结果则没有此部分。此时也可用 void 表示。

方括号 [ ] 中的内容表示可选内容，即可有可无。

c. 函数名：每一个函数都必须有一个函数名，函数名由开发者自己编写。但是一个 C 语言中必须有一个名为 main 的函数，称为主函数。程序运行后首先执行的函数就是这个 main 函数。因此一个 C 语言程序最少有一个名为 main 的函数。

d. ([函数形式参数表])：许多函数需要使用一些数据（称为函数的参数），这些数据在此处列出。即使不使用参数小括号“ ( ) ”也必须保留，或用“(void)”表示。

e. {}：大括号是函数内容的范围限制，函数的所有内容都在大括号内。

f. [数据说明部分]：此处说明函数中需要使用的数据及其类型。

g. 函数执行部分：函数的具体内容。

⑥ 主函数。

一个 C 语言程序至少包含一个名为 main( ) 的函数，这个函数称为主函数。计算机开始运行程序时首先执行这个主函数，因此它是 C 语言中唯一一个不可缺少的函数，也是 C 语言规定名称的函数，称为系统函数。而其他函数均为用户函数，其函数名由用户编制。

（4）发光二极管闪光的控制函数

下列函数可以使连接在 P3.7 端口的发光二极管闪光。

```
/* ---------------------------------------------
主函数,使 P3.7 口的发光管闪光
---------------------------------------------*/
void main (void)
{
uint n;
  while (1) {
    P37 = 1 ;          //发光二极管灭
    P37 = 0 ;          //发光二极管亮
          }
}
```

此函数说明如下。

① void main (void)：表示此函数为主函数，无参数，也无返回值。

② uint n：说明一个变量 n 其类型为无符号双精度整型。

变量说明语句的格式为：

```
(变量类型) (变量名1),(变量名2),… ;
```

一个语句可以说明多个同类型的变量。

注意：结尾处有一个分号“；”。C 语言的每个语句后面都有一个分号，一定不要漏掉，这是初学者常犯的错误。

③ 循环语句。

根据项目要求，发光二极管要不停地闪光。程序每执行一次 P37 = 1；P37 = 0；发光二极管就闪光一次，发光二极管要不停地闪光就需要反复执行以上两个语句，C 语言中可以使用循环语句来实现。

循环语句用于反复多次执行一些操作。C 语言中有 3 种循环语句，当循环语句是其中一种，它的一般格式说明：

```
while ( <表达式> )
    {[语句]};
```

执行此语句时计算机首先判断 <表达式> 的值，若表达式的值为真（或数值不为 0）则执行内部的语句，执行完后再重复判断表达式的值，若此值为假（或数值为 0）则此语句执行完毕。此过程可以用图 2 - 1 - 5 表示。

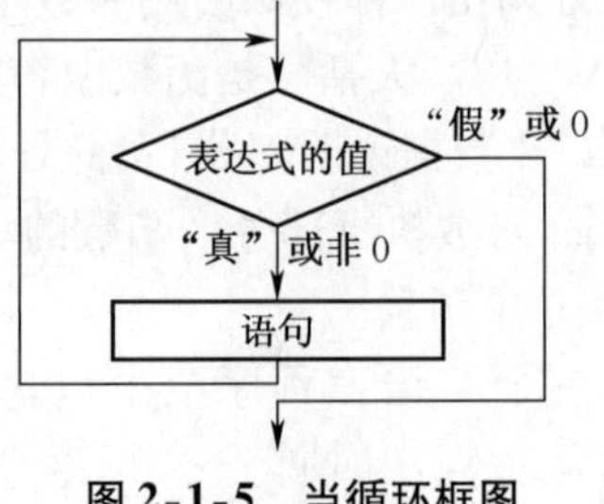

图 2-1-5　当循环框图

图中菱形框表示对表达式的值进行判断，根据判断结果决定走哪一条出口。

例如，下述程序求 1 + 2 + 3 + 4 + … + 100 的和。

```
h = 0;
i = 1;
while ( i < 101 )
    {
    h = h + i;
    i = i + 1;
    }
```

本例程序中循环条件表达式为 i < 101，即当 i < 101 时执行循环体中的语句。

循环语句做两件事。

第一，求累加和（h = h + i）。注意赋值语句的作用，此处为执行 h + i 后将结果赋给 h。

第二，计数变量加 1（i = i + 1），i 变量的数值加 1 后再送回 i，即 i 变量从 1 开始每次加 1，直到 100，这样循环语句一共执行 100 次，完成了 1 + 2 + 3 + 4 + … + 100 的任务。

在循环语句中应当有改变循环条件的语句，否则循环条件不发生变化，循环语句就永远执行不完，这种循环称为死循环。

本例中需要反复执行 P37 = 1 以及 P37 = 0；这两个语句，循环语句如下。

```
while (1) {
  P37 = 1 ; 发光二极管灭
  P37 = 0 ; 发光二极管亮
    }
```

条件表达式为数值1。那么任何时候判断表达式的值均为非0，即“真”，这样此循环就会不断地反复执行其中的语句，而不会出现表达式的值为0的情况，这种循环称为死循环。

④ 注意括号的配对。

计算机语言中括号一定要注意配对，上述程序中最后有两个大括号，其中前一个是当循环的结束括号，而后一个是主函数的结束括号。

现在应当能看懂这个主函数了，将这个函数编译后运行试试。

注意，此程序编译后编译软件有提示如图2-1-6所示。

```
编译 DPJKZ3-1.C ...
DPJKZ3-1.C(16): 警告 C280: 'n': unreferenced local variable
连接 ...
Program Size: data=11.0 xdata=0 code=21
"dpjkz3-1" - 0 个错误, 1 个警告。
```

图2-1-6　编译结果

出现了1个警告：“已经说明的变量 *n* 未被使用”。这个警告不影响程序的运行。

如果安装实际的电路，使用12MHz的晶振可以看到发光二极管亮了，但并看不到闪光。为什么呢？使用示波器连接发光二极管的引脚可以看到如下波形，如图2-1-7所示。

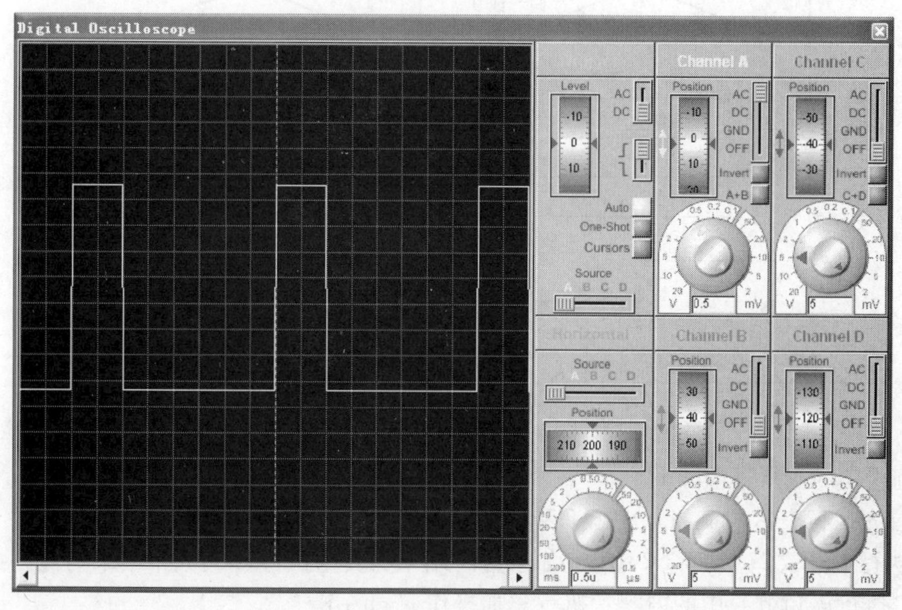

图2-1-7　输出波形

从波形看到，输出为“1”的时间为1μs，输出为“0”的时间为3μs。根据程序分析，执行P37 =1语句需要1μs，执行P37 =0语句也需要1μs，而循环控制需要2μs时间。发光二极管的闪光周期为4μs，频率为250kHz左右，这么高的闪光频率人眼是无法观察到的。

为了降低闪光频率使人眼能观察到闪光，我们可以在语句之间人为地插入延时，如使用空for循环语句。

⑤ for循环语句。

for循环是C语言中的第二种循环语句，它标准格式为

```
for（<表达式1>;<表达式2>;<表达式3>）
    {[语句组]}
```

注意：三个表达式中间使用分号“;”隔开。

例如：

```
h =0;
for (i =1;i <101;i + + )
    {
        h =h +i;
    }
```

此语句的执行过程如图2-1-8所示。

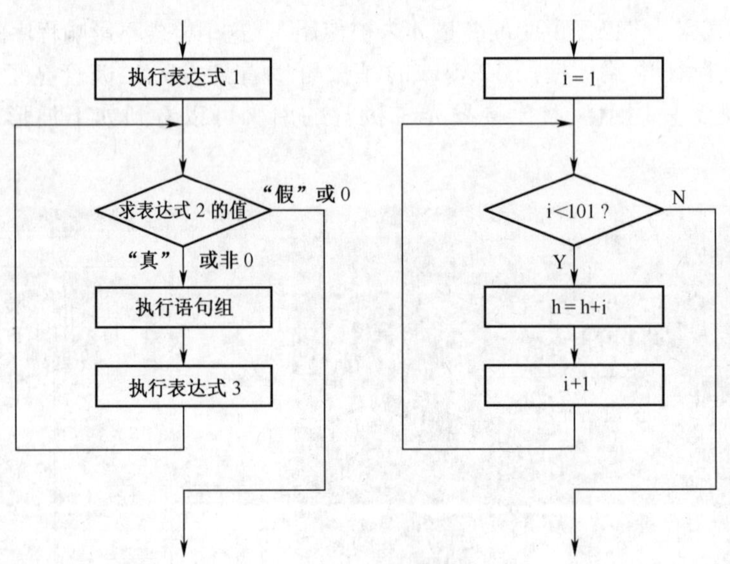

图2-1-8 for循环框图

上例语句的执行过程如下。

a. 首先执行表达式1：i =1执行后变量i的值为1。

b. 执行表达式2：判断i <101，如果此时结果为真则执行c.，如果结果为假则执行e.。

c. “执行语句组”中的内容：执行累加操作h =h +i。

如果循环体中的语句组为空，这种循环称为空循环，它的作用只是产生一个延时时间。

d. 执行表达式 3：i + +，这是 C 语言中的一种特殊运算符，它的作用是使 i 中内容加 1，相当于 i = i + 1。当 i 中内容为 1 时，执行此表达式后 i 中内容为 2。当 i 中内容为 100 时，执行此表达式后 i 中内容为 101。

执行完后然后转移到 b. 。

e. 执行 for 语句的下一个语句。

当循环语句常用于事先不知道循环次数的循环，在循环过程中根据条件决定循环是否继续，循环体语句有可能一次都不执行。而 for 循环语句常用于事先能确定循环次数的循环，使用循环条件（表达式 1 ~ 表达式 3）来控制循环次数，由于它是先执行循环语句再判断条件因此其中的循环体语句最少要执行一次。

```
for (n =0;n <20000 ;n + + ) ;
```

注意语句后面的分号，此处的分号表示本循环语句没有循环体语句，此循环为空循环。它将变量 n 从 0 开始，每次加 1，一直加到 $n = 20000$ 为止。执行这一过程大约需要 100ms 左右，即产生 100ms 左右的延时时间。C 语言中很难计算这个语句的准确执行时间，这是单片机 C 语言的弱点。

这种没有语句组的循环称为空循环，它的作用就是拖延一段时间。将这个延时语句加入发光二极管闪光程序中，就得到了完整的发光二极管闪光主函数：

```
void main (void) {
uint n ;
  while (1) {
    for (n =0;n <20000 ;n + +);
    P37  = 1 ;
    for (n =0;n <20000 ; n + +);
        P37 =0 ;
      }
    }
```

⑥ 双重循环。

如何进一步减低闪光频率呢，我们可以修改 for 循环中表达式 2，将数值 20000 加大。但是 n 被说明为 uint 类型，其最大值为 65535。加到最大也只能延长 3 倍多。除非将 n 说明为长整型。但是更为有效的方法是使用双重循环：

```
for (m =0; m < x;m + + )                              //外循环
               {
               for (n =0;n <20000;n + +);              //内循环
               }
```

上述循环的框图如图 2-1-9 所示。

双重循环分为内循环与外循环，其中变量 n 的循环为内循环，而变量 m 的循环为外循环。内循环为前述的空循环。而外循环变量 m 从 0 开始每次加 1，直到 $m = x$（不满足 $m < x$）。当 $x = 5$ 时，n 与 m 的变化过程如下。

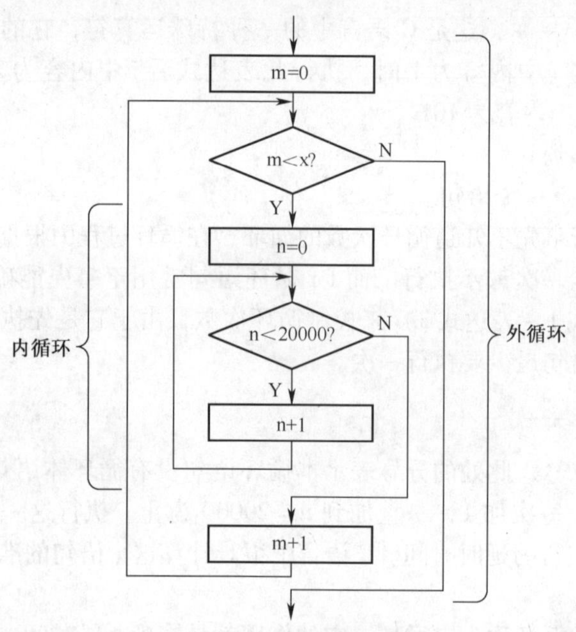

图 2-1-9　双重循环框图

m	0	0	0	0	1	1	1	1	2	2	2	2	…	4
n	0	1	…	19999	0	1	…	19999	0	1	…	19999	…	19999

内循环一共执行了 5 次，总延时时间大约 500ms。

由于外循环中只有一个语句，因此这个语句可以不用大括号，如下所示。

```
for (m =0; m< x;m+ +)
        for (n =0;n <20000;n + +);
```

第一个 for 语句后没有分号，说明语句没完，下一行语句为它的循环语句组。如果第一个 for 语句后加有分号，读者自己考虑两个循环的关系以及执行过程。

我们将这个双重循环单独编写为一个延时函数，取名 delay：

```
/*=================================
延时函数,调用时提供参数 x,延时时间为 x*100ms
==================================*/
void delay( uint x)          //此函数需要一个参数 x ,此处 x 称为形式参数
{
uint n,m;                    //说明变量 n 和 m
  for (n =0; n< x;n+ +)
        for (m =0;m <20000;m + +);
}
```

这样主函数中不再使用延时，而直接调用延时函数，调用延时函数的方法为

```
delay(s);          //调用延时函数,延时 s*100ms
```

s 为调用函数数时的实际参数，称为实参（实际参数）。在函数说明中说明的参数为形

参（形式参数）。形参只需要说明类型，不需要具体数值。而实参则需要符合形参类型的数值。

修改赋值语句 s = 10 中的值就能调整延时值，也就调整了闪光的频率。

这样程序中一共有两个函数：main( ) 和 delay(s)。main( ) 是必须的函数，而 delay(s) 是根据需要而添加的。无论 main 函数放在哪个位置，程序运行时都是首先执行 main 函数，在 main 函数中再调用其他函数。但是如果将 main 函数放到前面，编译软件在编译 main 函数时遇到 delay(s) 语句就不认识这个语句，因此函数应当先定义后调用。为了方便编写程序许多函数需要先调用后定义，此时在调用以前可以先对函数进行说明，如下所示。

```
/*---------------------------------------------------------------------------
DPJKZ4-2. C
---------------------------------------------------------------------------*/
#include <REG52. H>                    //指定头文件 REG52. H
                                       //说明 MCS51 系列器件的特殊功能寄存器符号
#define uint unsigned int
sbit P37 = P3^7;                       //头文件中未定义端口的位,此处定义
void delay( uint ) ;                   // 函数说明
/*-----------------------------------------------------------------
主函数
-----------------------------------------------------------------*/
void main (void) {
uint s ;
    s = 10;                            //给变量 s 赋值 10
while (1)
   {
    delay(s);                          //调用延时函数,延时 10ms
    P37 = 1 ;
    delay(s);                          //调用延时函数,延时 10ms
    P37 =0 ;
   }
}
/*-----------------------------------------------------------------
延时函数,调用时提供参数 x,延时时间为 xms
-----------------------------------------------------------------*/
void delay( uint x)
{
uint n,m;
for (n =0; n< x;n + +)
           for (m =0;m <20000;m + +);
}
```

注意：程序中的函数说明语句，函数说明语句只需要说明函数名、形参类型和数量以及返回值类型。

动手做一做

1. 组装电路或搭建仿真电路。
2. 编辑、编译上述程序，观察运行结果。
3. 考虑如何使闪光速度加快。

4. 一只会闪光的发光二极管实例

图 2-1-10 为一只会闪光的发光二极管实例图片，本例中元器件均为上一项目使用的元器件。

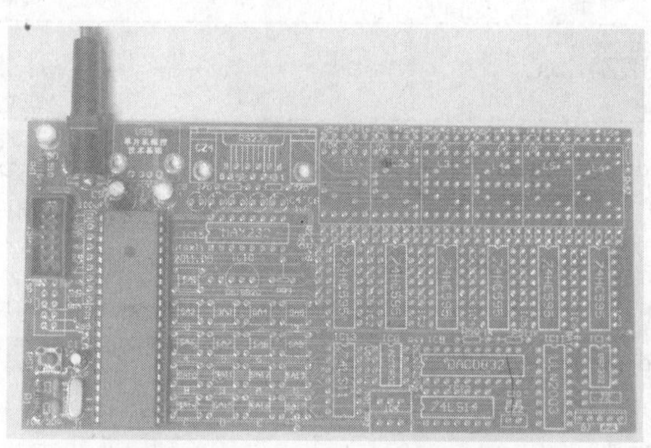

图 2-1-10　一只闪光二极管实例

二、流水灯控制

流水灯是指控制一串发光二极管，使它们按照一定的顺序亮、灭。本节使用 8 只发光二极管，连接到 P0 的 8 个端口上，然后控制 P0 寄存器的内容，就可以形成流水灯效果。

1. 流水灯的硬件

流水灯的硬件如图 2-1-11 所示。需要控制发光二极管的显示时只需控制端口寄存器 P0 的数据即可。

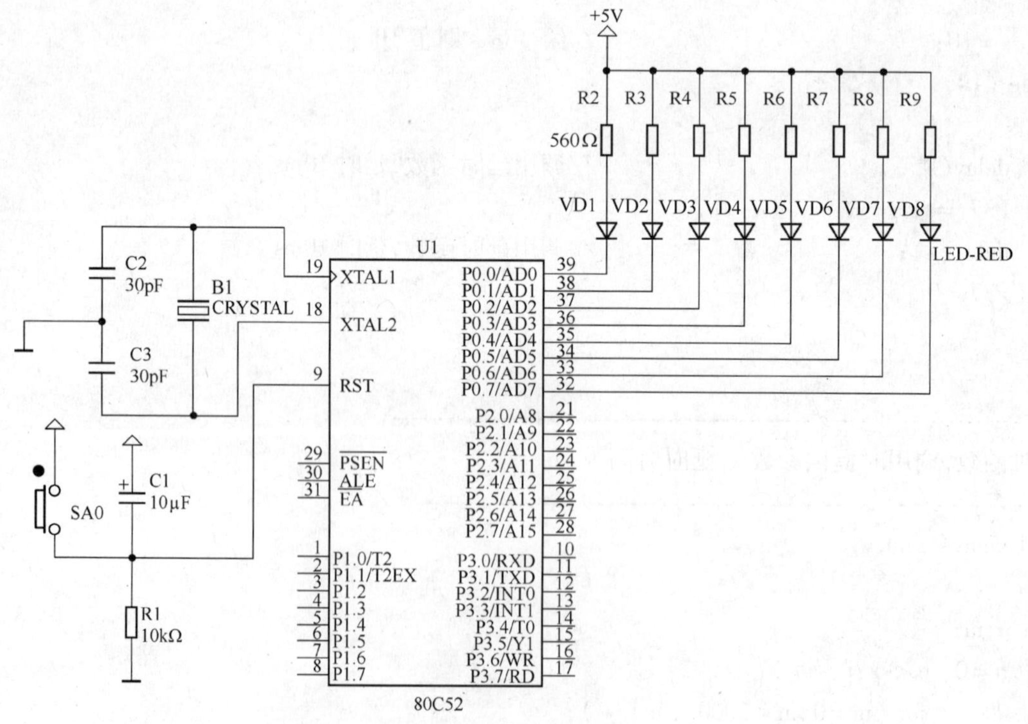

图 2-1-11　流水灯电路

2. 流水灯的流动方法

8 只发光二极管先只点亮第一只 VD8，其他灭，然后再点亮第二只，其他都灭。如此重复就形成灯光流动的感觉。这一过程可以用表 2-1-4 表示。

从表中可以看到，首先送数据 7FH（01111111B）到 P0 寄存器，P0 的 8 个输出端口中只有 P0.7 对应的端口输出为“0”，而其他端口输出为“1”，对应的 P0.7 的发光二极管亮，其他发光管灭。然后再送 BFH（10111111B）到 P0 寄存器，对应的 P0.6 的发光二极管亮，如此重复，就实现了流水灯显示。

表 2-1-4　　流水灯控制方式

端口	P0.7	P0.6	P0.5	P0.4	P0.3	P0.2	P0.1	P0.0	P0 口数据	
									二进制	十六进制
第一步	亮	灭	灭	灭	灭	灭	灭	灭	01111111	0x7f
第二步	灭	亮	灭	灭	灭	灭	灭	灭	10111111	0xbf
第三步	灭	灭	亮	灭	灭	灭	灭	灭	11011111	0xdf
第四步	灭	灭	灭	亮	灭	灭	灭	灭	11101111	0xef
第五步	灭	灭	灭	灭	亮	灭	灭	灭	11110111	0xf7
第六步	灭	灭	灭	灭	灭	亮	灭	灭	11111011	0xfb
第七步	灭	灭	灭	灭	灭	灭	亮	灭	11111101	0xfd
第八步	灭	灭	灭	灭	灭	灭	灭	亮	11111110	0xfe

注意，C 语言中 16 进制数的表示方法为在数据前加“0x”，例如 16 进制数 7FH 表示为“0x7f”。

如何产生这些控制发光二极管显示的数据呢？我们可以使用一个变量，先设定初值 0x7f（二进制数为 01111111），然后将这个数据向右移动一位就得到了第二个数据 0xbf（二进制数为 10111111），如此循环。

C 语言中实现数据移位的方法有以下几种操作。

（1）右移一位

语句：a = a > >1

作用：将 a 中内容右移一位后再送回 a 中。如图 2-1-12 中(a)所示。

（2）左移一位

语句：a = a < <1

作用：将 a 中内容左移一位后再送回 a 中。如图 2-1-12 中(b)所示。

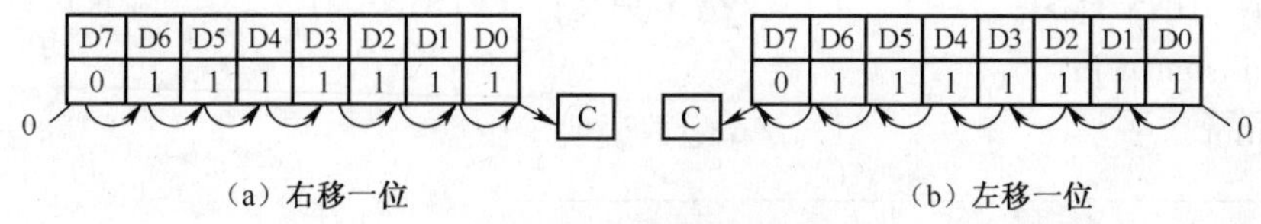

（a）右移一位　　（b）左移一位

图 2-1-12　移位方法

这两种移位方法不适合本题的需要，因为移位过程中移入的位始终为 0，只能实现 8 只灯由全灭开始顺序点亮的效果，并不能实现我们需要的流水灯效果。

为了方便编程 C 语言编译系统提供了一些通用的标准函数，这些函数保存在文件名为 *.LIB的文件中，这个文件称为函数库文件，简称库文件。此文件中包含的函数称为库函数，用户可以按照库函数的规则直接使用这些函数。使用库函数时需要将库函数对应的头文件包含在程序说明部分，下面的两个库函数包含在头文件 INTRINS. H 中。

(3) 循环右移

语句：a = _ cror _ (a, 1)

作用：将 a 中内容循环右移一位后送回 a 中。如图 2-1-13 中(a)所示。

(4) 循环左移

语句：a = _ crol_ (a, 1)

作用：将 a 中内容循环左移一位后送回 a 中。如图 2-1-13 中(a)所示。

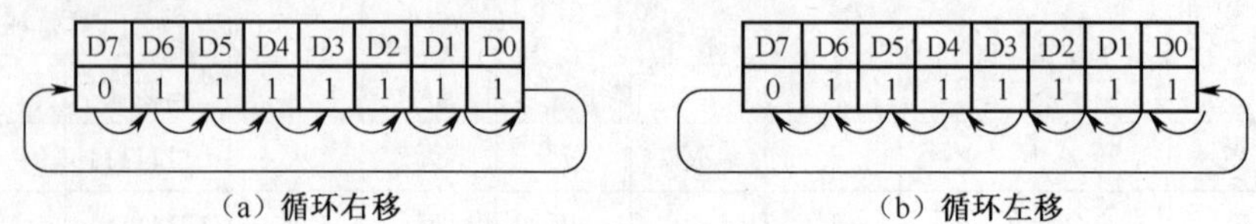

(a) 循环右移　　(b) 循环左移

图 2-1-13　循环移位

例如，首先使 P0 口中内容为 0x7f，对应发光二极管 VD8 亮，执行一次循环右移后 P0 口内容为 0xbf，对应发光二极管 VD7 亮．如此不断重复，形成灯光流动效果，如图 2-1-14 所示。

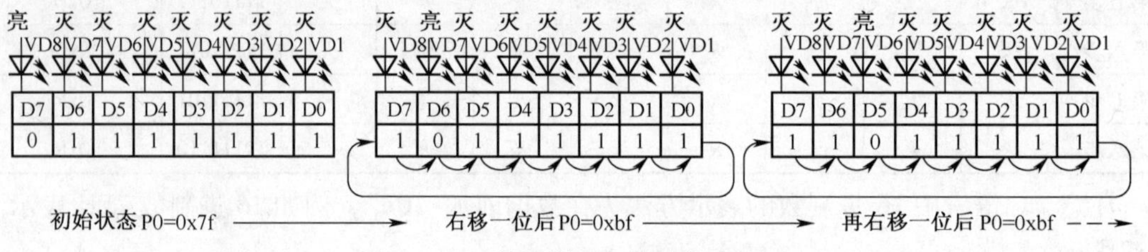

图 2-1-14　使用循环移位形成流水灯

显然，循环移位能实现本例程序的需要，但是这两个语句各自调用了库函数_ cror _ (a, 1) 和_ crol _ (a, 1)。要使用这两个函数，必须在程序头的包含部分中将头文件 INTRINS. H 包含进来。

3. 流水灯的控制程序

流水灯的控制程序如下。

```
/ * ---------------------------------------------------------------------------
DPJKZ4-3. C
--------------------------------------------------------------------------- * /
#include < REG52. H >                //指定头文件 REG52. H
#include < INTRINS. H >              //指定头文件 INTRINS. H
#define uint unsigned int
void delay( uint ) ;                 // 函数说明
/ * ------------------------------------------------------------
主函数
------------------------------------------------------------ * /
void main ( void) {
uint s ;
s = 10 ;                        //给变量 s 赋值 10
```

```
    P0 =0x7f ;
while (1)
  {
    delay(s);                //调用延时函数,延时1s
    P0 =_crol_(P0,1) ;       //寄存器P0中内容左移一位并送回P0中
    }
}
```

为了减少篇幅，程序中未包含函数 void delay(x);，使用时请自行加入。如果未加入此函数计算机编译时会提出警告，如图 2-1-15 所示。

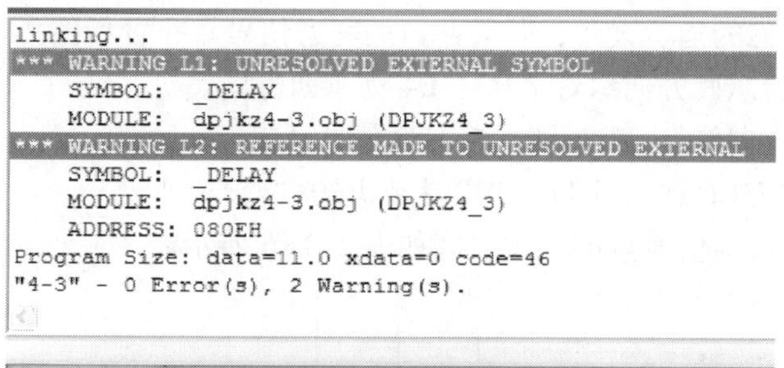

图 2-1-15　编辑警告信息

图中，警告 1：UNRESOLVED EXTERNAL SYMBOL 表示："无法解析的外部符号"。

警告 2：REFERENCE MADE TO UNRESOLVED EXTERNAL 表示："引用未定义的符号"。此时程序能够运行，但会出错。

4. 流水灯实例

需要添加的元件如表 2-1-5 所示，添加元件后电路板如图 2-1-16 所示。可拆除上一项目的 D9。

表 2-1-5　流水灯原件

序号	名称	符号	规格	用途	备注
1	发光二极管	D1 ~ D8	红色	流水灯输出	R2 ~ R9 的位置在印制板背面"2"处所示
2	电阻	R2 ~ R9	560		

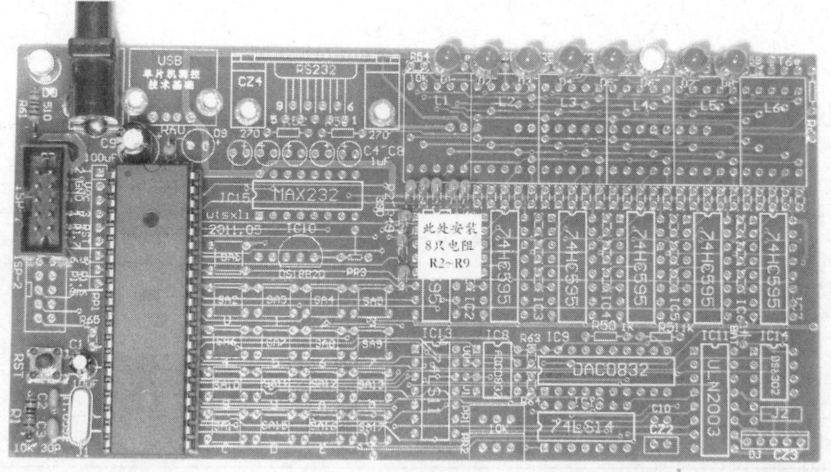

图 2-1-16　流水灯实例

动手做一做

1. 组装电路或搭建仿真电路。
2. 编辑、编译上述程序，观察运行结果。
3. 如何改变流动速度？
4. 如何改变流动方向？
5. 将语句 P0 =7FH；修改为 P0 =77H；运行结果会发生何种变化，先考虑，再验证。

*6. 如何实现 8 只灯顺序亮然后顺序灭流动？

三、交通信号灯的控制

交通信号灯是常见的指示设备，若某路口的交通信号灯布置如图 2-1-17 所示。

图中，D1、D2 为东西方向绿灯，D3、D4 为东西方向黄灯。

D5、D6 为东西方向红灯，D7、D8 为南北方向绿灯。

D9、D10 为南北方向黄灯，D11、D12 为南北方向红灯。

根据交通流量，交通信号灯的开放时间如表 2-1-6 所示。

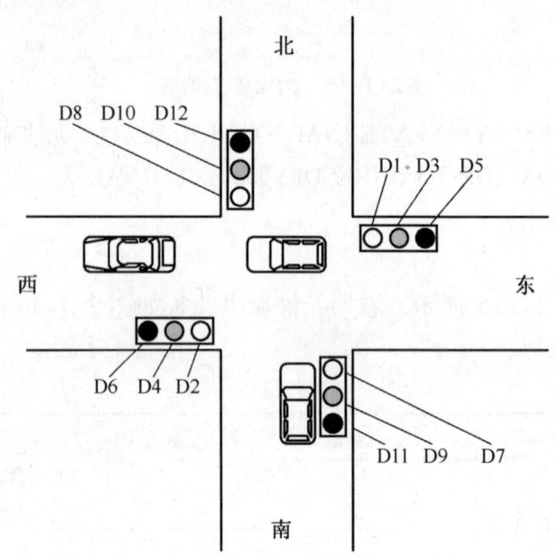

图 2-1-17　交通信号灯

表 2-1-6　交通信号灯显示要求

灯位置	时间	东西方向绿灯	东西方向黄灯	东西方向红灯	南北方向绿灯	南北方向黄灯	南北方向红灯
灯编号		D1、D2	D3、D4	D5、D6	D7、D8	D9、D10	D11、D12
第一步	30s	亮	灭	灭	灭	灭	亮
第二步	5s	灭	亮	灭	灭	灭	亮
第三步	20s	灭	灭	亮	亮	灭	灭
第四步	5s	灭	灭	亮	灭	亮	灭

1. 硬件

图 2-1-18 为 PROTEUS 仿真电路，图中发光二极管采用两只串联。

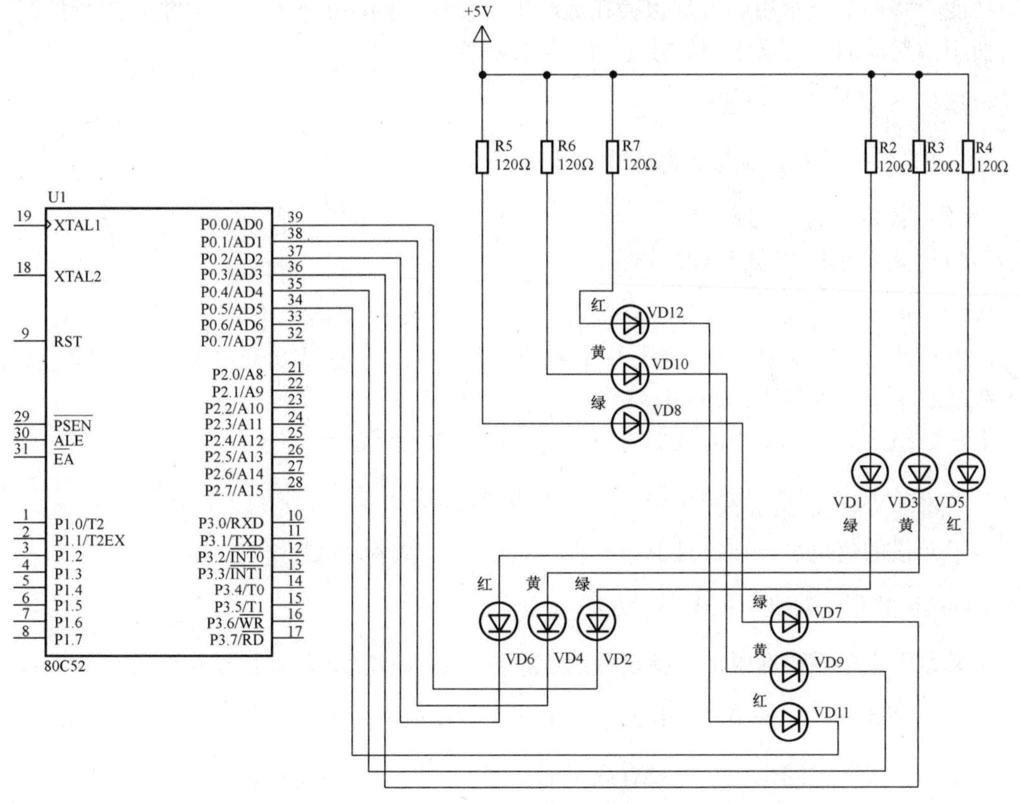

图 2-1-18　交通信号灯仿真电路

2. 控制方法

根据规则要求，寄存器 P0 的控制方式如表 2-1-7 所示。从表中可以看到，实现按规则控制交通信号灯时需要重复执行以下工作：

① 送数据 1EH 至 P0 口，保持 30s。

② 送数据 1DH 至 P0 口，保持 5s。

③ 送数据 33H 至 P0 口，保持 20s。

④ 送数据 2BH 至 P0 口，保持 5s。

表 2-1-7　　交通信号灯控制表

灯位置	南北方向红灯	南北方向黄灯	南北方向绿灯	东西方向红灯	东西方向黄灯	东西方向绿灯	控制字	
灯编号	VD11、VD12	VD9、VD10	VD7、VD8	VD5、VD6	VD3、VD4	VD1、VD2	P0.5—P0.0	
端口	P0.5	P0.4	P0.3	P0.2	P0.1	P0.0	二进制	十六进制
第一步 30s	0	1	1	1	1	0	01 1110	0x1e
第二步 5s	0	1	1	1	0	1	01 1101	0x1d
第三步 20s	1	1	0	0	1	1	11 0011	0x33
第四步 5s	1	0	1	0	1	1	10 1011	0x2b

从上表中可知，这些控制数据和时间数据并没有一定的规律，可以先将这些数据保存在一个表中，程序运行时按顺序从表中读出数据，对端口进行控制。这里可以使用 C 语言的数组功能，将控制显示用的数据保存在数组中，使用时顺序读出数据，对端口进行控制。

使用数组前需要定义数组，数据的定义方法为：

```
数据类型 数组名 [常量]
```

其中，“数据类型” 定义此数组中各个数据元素的类型。

```
“数组名”定义数组的名称
“常量”为数组中数据元素的个数
```

例如：uchar x[4]；// 定义了 uchar 类型的 x 数组，它共有 4 个元素。

注意：数组元素 x[0] 中方括号中的数值称为下标。下标从 0 开始编号，这样上述定义的 x 数组的 4 个元素分别为 x[0]、x[1]、x[2]、x[3]。

上述数组定义后，其中的数据为空。程序中可以对其赋值，例如：

```
x[0] =100;//表示 x 数组中第一个元素被赋值 100
```

数组元素的值也可以在定义数组时直接赋值，本程序中的数组可以如下定义：

```
uchar d[ ] = {0x1e,0x1d,0x33, 0x2b};
```

定义数组直接赋值时可以不指定数组元素的个数。此语句的赋值结果为：

```
d[0] = 0x1e、d[1] = 0x1d、d[2] =0x33、d[3] =0x2b
```

由于每一步的时间也是一个没有规律的数据，此时也可以使用数组定义时间表：

```
uchar s[ ] = {30,5,20,5};
```

控制信号灯时，按顺序从 d[ ] 数组中读数送到 P0 口控制信号的显示，再从 s[ ]数组中读出时间值，按此时间延时。时间到后再读下一组数据，就实现了信号灯的按程序控制。

3. 程序

交通信号灯的控制程序如下。

```
/*-------------------------------------------------------------------------
DPJKZ4-4. C 交通信号灯控制程序
-------------------------------------------------------------------------*/
#include <REG52. H>                    //指定头文件 REG52. H
#define uint unsigned int
#define uchar unsigned char
void delay( uint );                    // 函数说明
/*-------------------------------------------------------------
主函数
-------------------------------------------------------------*/
void main (void) {
uchar d[ ] = {0x1e,0x1d,0x33, 0x2b}; //定义控制字数组
```

```
uchar s[ ] = {30,5,20,5};                //定义控制时间数组
uchar i;
while (1)                                //重复执行以下控制程序段
  {
    for (i=0;i<4;i++)                    //共有4组控制数据
        {P0=d[i];                        //输出第i个控制字
            delay(s[i]*10);              //读出第i个延时时间,调用延时函数
            }
        }
  }
```

控制程序段说明:

```
for (i=0;i<4;i++)
```

for 循环控制。循环变量 i 从 0 开始，每次加 1，直到 $i=4$。共循环 4 次。i 的值分别为 0、1、2、3。

此循环中的语句组有两个语句:

```
P0=d[i];
```

每次循环中，将对应的控制字发送到 P0 口，实现对信号灯的控制。

```
delay(s[i]*10);
```

每次循环中，根据时间表安排调用延时程序。注意延时程序中的参数数值单位为 0.1 秒，因此需要将时间值乘 10 后再调用延时函数。

注意：每个语句都须以“;”结尾。

由于本循环语句只在 while（1）循环语句之中，而 while（1）循环语句是一个死循环，故这个循环语句会不停地反复执行，循环不停地控制信号灯。

动手做一做

1. 组装电路或搭建仿真电路。
2. 编辑、编译上述程序。
3. 试运行程序，观察运行结果。
4. 修改时间值，观察效果。
5. 使用控制字数组的方法，能否实现流水灯控制？修改程序进行测试。

4. 交通灯实例

为了在实验板上实现交通信号灯的演示，仍然使用流水灯电路，这样共需要 6 个控制信号，电路如图 2-1-19 所示。

电路板上可拆除上一项目的 VD8、VD9。有条件的可以更换发光二极管的颜色，如表 2-1-8 所示。

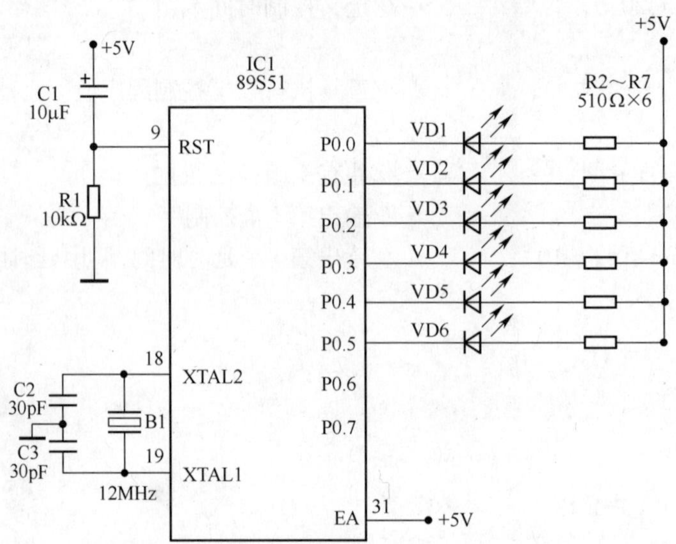

图 2-1-19　交通信号灯实例电路

表 2-1-8　　交通灯元件

序号	名称	符号	规格	用途	备　注
1	发光二极管	VD1、VD4	绿色	交通灯输出	
2	发光二极管	VD2、VD5	黄色		
3	发光二极管	VD3、VD6	红色		

交通灯实例如图 2-1-20 所示。

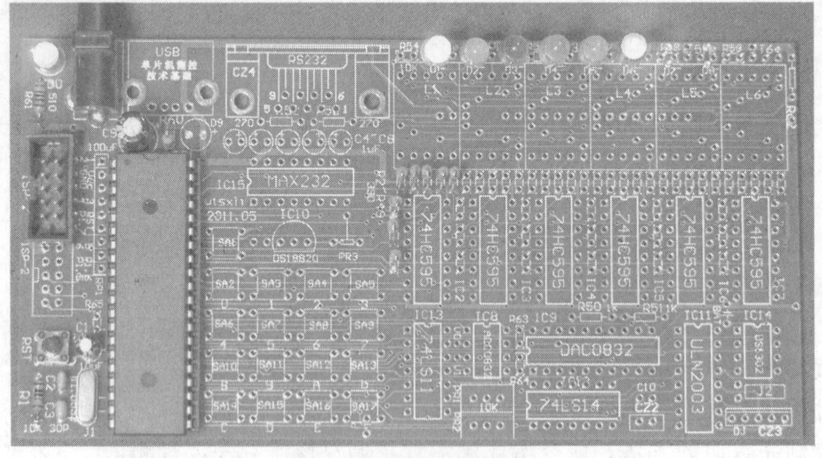

图 2-1-20　交通灯实例

项目二　开关及按键控制

开关及按键是任何一个控制系统中最常用的输入信号，除了手动的开关和按键以外，还有许多开关输入信号，如继电器触点、干簧管、位置开关等，凡是使用机械触点输入信号的都属于此类。本章介绍这种开关及按键输入的常用方法。同时介绍计算机中广泛使用的中断的基本概念和C51中中断的基本使用方法。

一、按键控制的流水灯

项目：使用按键控制流水灯的流动方向，要求每按一次按键流水灯的流动方向改变一次。

1. 89S52端口的输入

89S52的外部端口均为双向端口，也就是说既可以用做输出，也可以用做输入。例如P1的8个端口对应P1寄存器，用做输出时只需向寄存器P1写入输出数据，P1就输出该数据的状态。用做输入时，将输入信号连接到P1端口上，程序中读取寄存器P1的数据就得到了端口的状态，实现了信息输入。

由于89S52的外部端口为准双向端口，用做输入端口时应当注意以下问题。

①端口用于输入前必须向端口写“1”。

②P0端口中无上拉电阻，用做开关输入时必须外加上拉电阻，而其他端口内部含有上拉电阻，用做开关输入时可不必外加上拉电阻。

2. 开关输入的连接方法

当需要使用的开关数量较少时一般直接使用独立式按键输入，每个开关占用一个CPU端口。当需要的开关数量较多CPU端口不够用时使用矩阵式输入。矩阵式输入方法将在后续内容中介绍。机械触点开关与CPU的3种连接方法如表2-2-1所示。

表2-2-1　开关输入的连接方法

方　式	电路连接	特　点
单刀双掷	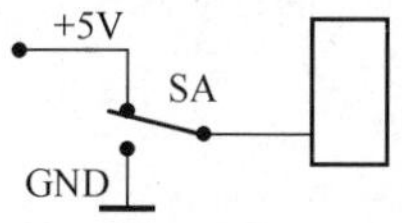 +5V SA GND	开关接+5V时输入为“1”，开关接地时输入为“0”
单刀单掷接地	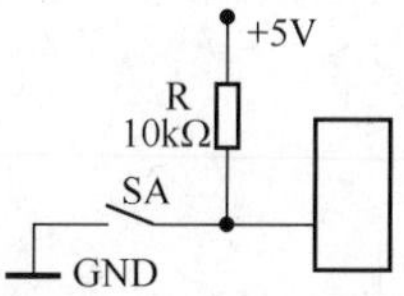 +5V R 10kΩ SA GND	开关断开时电阻R将输入端电位拉为高电位输入为“1”，而开关接通时输入端接地，输入为“0”。此电阻也称为“上拉电阻”
单刀单掷接电源正	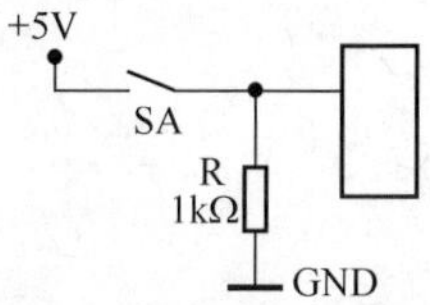 +5V SA R 1kΩ GND	开关断开时电阻R将输入端电位拉为低电位输入为“0”，而开关接通时输入端接正电源，输入为“1”

上表中单刀单掷接地方式是最常用的开关输入方法，使用手动按键时电路如图 2-2-1 所示。当按键按下时 CPU 端口为“0”，当按键松开时 CPU 端口为“1”。程序中读取端口状态就能知道开关的状态了。

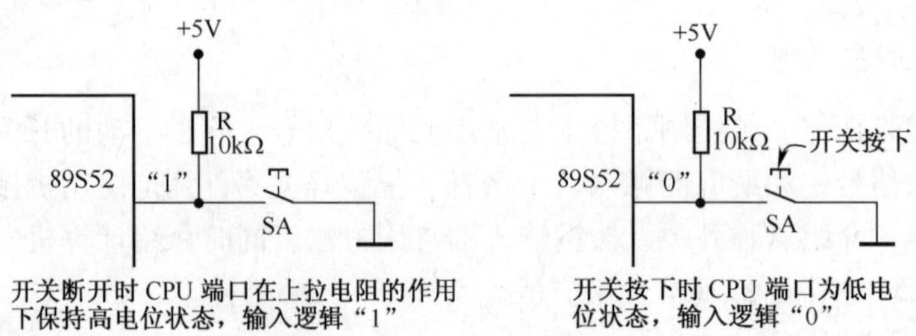

图 2-2-1　独立式按键输入

89S52 单片机中各端口用做输入时除 P0 端口外，其他端口内部都具有上拉电阻，因此使用这些端口用做开关输入时可不用上拉电阻 R。

3. 硬件连接

在流水灯的电路中增加一个按键开关，使用此开关实现对流水灯的控制，电路如图 2-2-2 所示。开关连接在 P3.2 端口，检测开关状态时只需读取寄存器 P3 中第 2 位的状态即可。

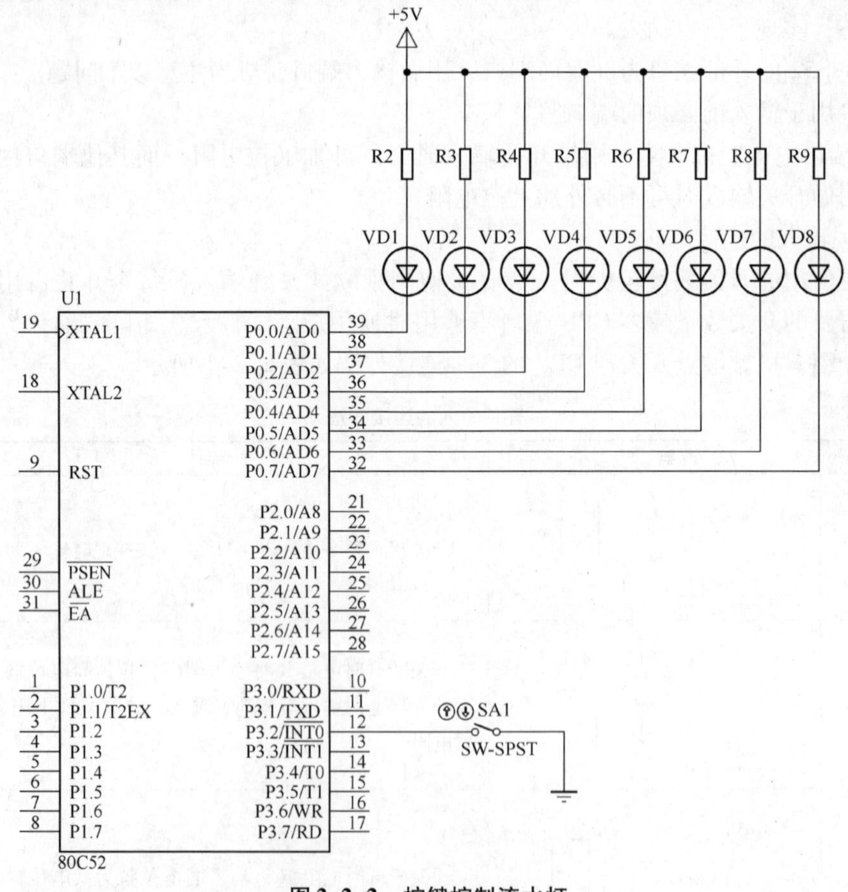

图 2-2-2　按键控制流水灯

4. 使用条件语句控制流水灯的流动方向

为了实现两个方向流动的控制，在程序中设置一个位变量(bit)fx。在流水灯的程序

表 2-2-2　　元件清单

编号	元件名称	类别	子类别	结果
U1	CPU	Microprocessor ICs	8051 Family	AT89C52
VD1 ~ VD8	红色发光二极管	Optoelectronics	LEDs	LED-RED
R2 ~ R9	510 电阻	Resistors	0.6W	MINRES 560R
SA1	单刀单掷开关	Switches&Relays	Switcher	SW-SPST

中，当 fx=0 时控制 P0 寄存器中内容循环左移，而当 fx=1 时控制 P0 寄存器中内容循环右移。这样每当有按键按下时改变 fx 的值，就可实现使用按键控制流水灯的流动方向。程序使用流程图表示如图 2-2-3所示。

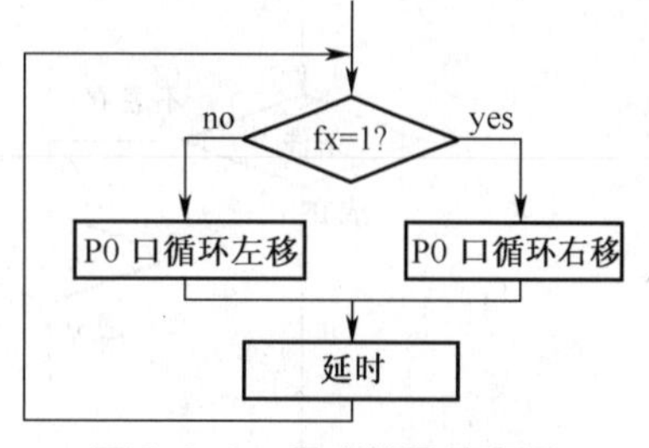

图 2-2-3　程序使用流程图

从程序中可以看到，为了实现两个不同的流动方向需要使用条件判断语句，根据不同的条件执行不同的语句。实现这种功能就需要使用条件语句，C 语言中最常用的条件语句为 if 语句，它的格式、功能和用法如下。

条件语句又称为分支语句，它是根据某一条件来决定是否执行某些语句，或不同的条件执行不同的语句。if 语句就是一种条件语句，它有 3 种格式。

格式一：

```
if ( <条件> ) <语句> ;
```

功能：首先判断 <条件> 是否成立，若 <条件> 成立则执行后续的语句，否则不执行后续语句。

此语句的执行过程如图 2-2-4 所示。

格式二：

```
if ( <条件> ) <语句 1 >
else <语句 2 > ;
```

功能：首先判断 <条件> 是否成立，若 <条件> 成立则执行 <语句 1>，否则执行 <语句 2>。

执行过程如图 2-2-5 所示。

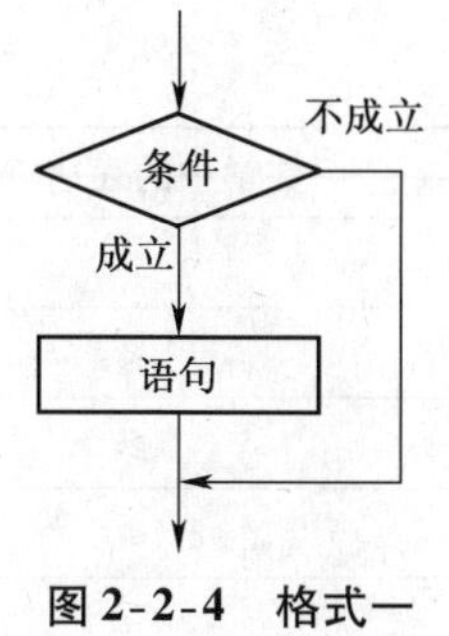

图 2-2-4　格式一

图 2-2-5　格式二

格式三：

```
if ( <条件 1> ) <语句 1>
  else if ( <条件 2> ) <语句 2>
  else if ( <条件 3> ) <语句 3>
  else if ( <条件 4> ) <语句 4>
  else  <语句 n>
```

此语句用于多重条件判断，执行过程如图 2-2-6 所示。

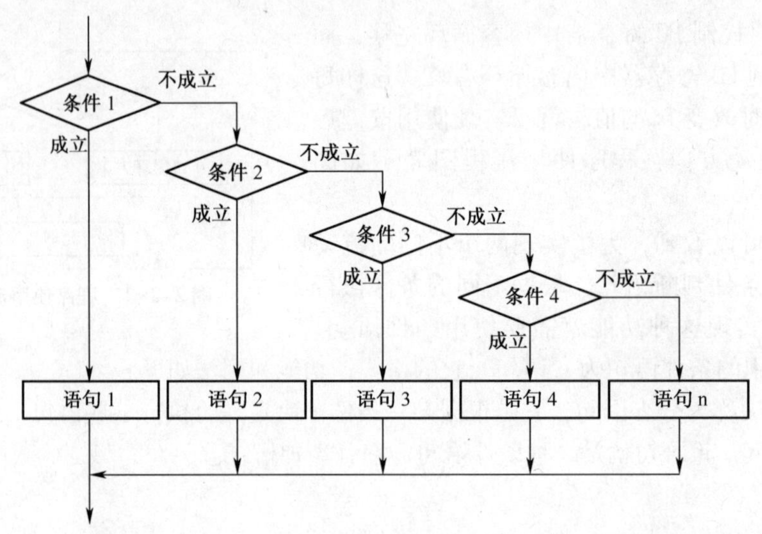

图 2-2-6　格式三

条件语句中的条件为关系表达式，C 语言中的关系表达式的格式如下。

```
<表达式 1> <关系运算符> <表达式 2>
```

例如：n > a+100；

式中：<表达式 1>为 n

<关系运算符>为大于号“ > ”

<表达式 2>为 a+100

C 语言中的关系运算符与数学中的关系运算符略有不同，其符号及其含义如表2-2-3 所示。

表 2-2-3　关系运算符

C 语言中的表达方法	含　义	数学中的表达方法
>	大于	>
<	小于	<
> =	大于等于	≥
< =	小于等于	≤
= =	等于	=
! =	不等于	≠

特别注意的是，符号“ = ”在 C 语言中为赋值号，而关系运算符“等于”的符号为“ == ”。

语句 if (f ==1) 表示“如果 f 等于 1”。

为了简化表达，C 语言中规定条件“ ==1”可以省略，表示为 if (f) 。

例如：

```
if ( f ==1 )
    a = a +1;
```

功能：如果 f 等于 1 则 a 加 1。

```
if ( f ==1 )
    a = a +1
    else
    a = a -1;
```

功能：如果 f 等于 1 则 a 加 1，否则 a 减 1。

根据以上分析，实现流水灯方向控制的条件语句为：

```
if ( fx  ==  1 )
    P0  =  _ cror _(P0,1);            //寄存器 P0 中内容右移一位并送回 P0 中
else
    P0 = _ crol _(P0,1);              //寄存器 P0 中内容左移一位并送回 P0 中
```

以上程序可以理解为：当 fx 等于 1 时 P0 的内容右移一位，否则 P0 的内容左移一位。

5. 按键的判断方法

为了检测按键是否按下，程序中需要不停地查看开关(P3. 2)的状态，若 P3. 2 =1 说明开关松开，若 P3. 2 =0 说明开关被按下。当发现 P3. 2 的状态由 1 变为 0 时说明操纵者按下按键。根据要求，每当操作者按下一次按键流动方向发生一次变化，即将 fx 的状态变反。

初学者往往会认为，处理按键的过程应当如图 2-2-7 所示，当按键的端口为 0 时说明按键被按下，此时将 fx 变反即可。由于这个判断过程是不断重复执行的，当按键还未松开时若再次检测到 P3. 2 =0 此时 fx 会再次变反。因此只要按下按键 fx 会多次重复变反。

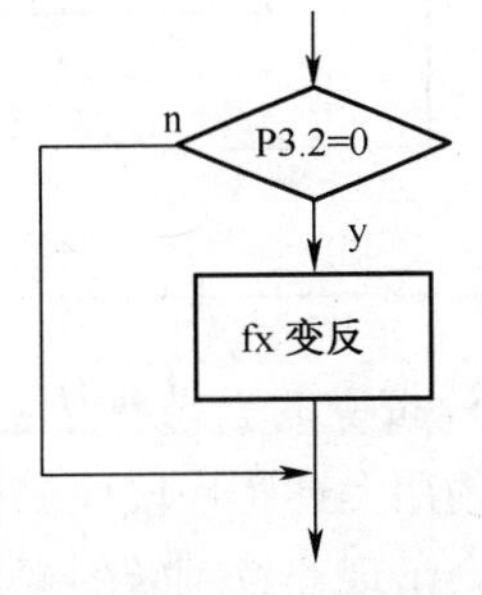

图 2-2-7　按键控制

为了克服这个问题，需要在添加一个标志位 bz，程序使 bz 位的状态跟随 P3. 2 的状态变化。检测到 P3. 2 =0 时使 bz =0，检测到 P3. 2 =1 时使 bz =1。当检测到 P3. 2 =0，而 bz =1 时说明按键刚按下，此时将 fx 变反，同时 bz =0。如果按键未放开，下一次再次检测到 P3. 2 =0 时由于 bz =0 说明这一次按键已经处理过了，故不再处理 fx 标志。这样就不会造成重复处理。

对应的程序段如下：

框　图	程序段

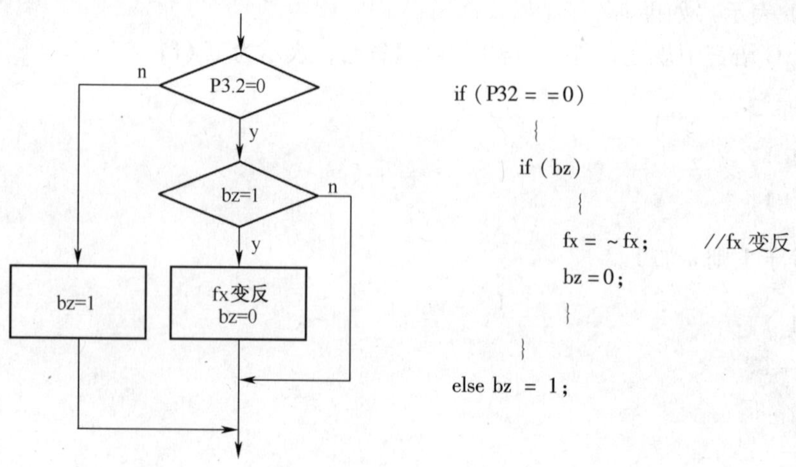


```
if (P32 = =0)
    {
    if (bz)
        {
        fx = ~fx;       //fx 变反
        bz =0;
        }
    }
else bz  =  1;
```

注意：程序段中有一个 else，但是有两个 if。这个 else 与哪个 if 对应呢？如果去掉第 2 行和第 8 行的大括号，else 就与离它最近的 if（第 3 行）对应，见下表所示。显然此程序段不能满足上述功能要求。

框　图	程序段

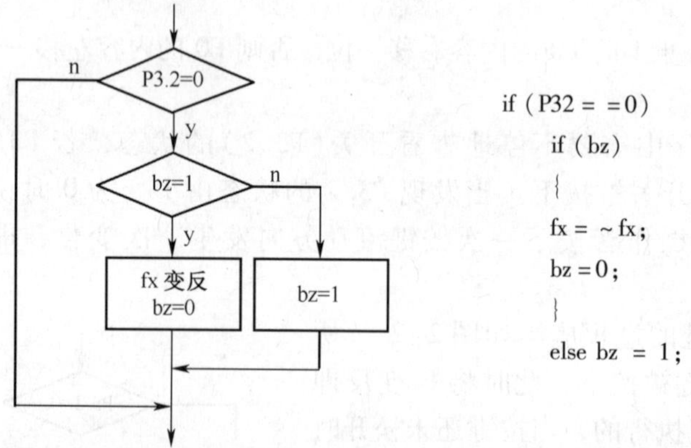


```
if (P32 = =0)
    if (bz)
        {
        fx = ~fx;
        bz =0;
        }
        else bz  =  1;
```

6. 按键的去抖动方法

使用上述程序段检测按键在计算机仿真中使用正常，但是在实际的应用中经常失灵，fx 还是会出现连续翻转的现象。什么原因呢？

由于按键是一个机械器件，在进行按键操作时由于按键的机械特性，按键在闭合与断开的瞬间都存在一个抖动期，抖动期的长短与按键质量有关，一般为 5 ~20ms。

图 2-2-8 中 *t*1 为抖动期，*t*2 为按键被按下的时间。目前 51 单片机处理与判断事件的速度为 μs 级，而按键的抖动期是 ms 级的。显然若不加以处理，每一次抖动就会认为按下一次按键，具体反应是：实际为单次按键操作，而识别为多次按键操作，俗称“连击”。

消除抖动的方法可以采用硬件电路或使用软件延时的方法。单片机中主要采用软件延时的方法来消除抖动。即检测到按键按下后，先不处理，而是延时几个 ms 后再次检测按键，若仍然接通再进行按键接通处理。这样就跳过了抖动期。

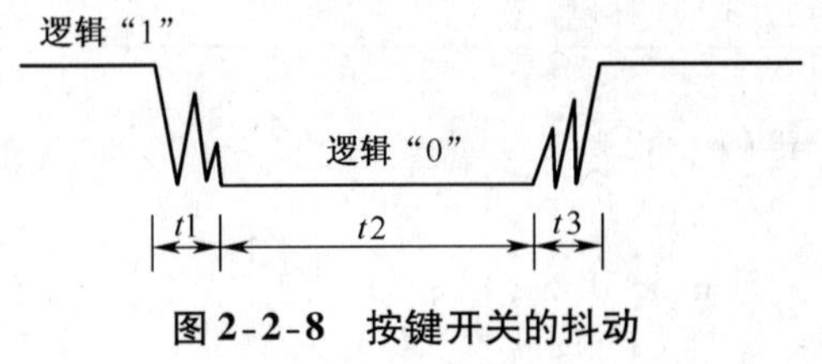

图 2-2-8 按键开关的抖动

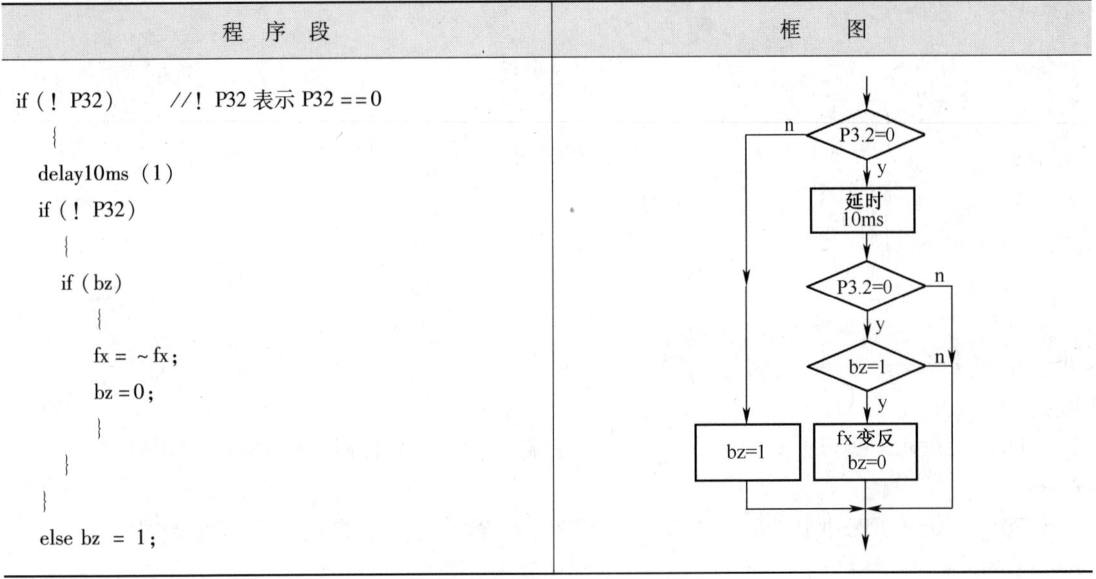

程 序 段	框 图

if（！P32）　　//！P32 表示 P32 ==0
{
delay10ms（1）
if（！P32）
{
if（bz）
{
fx = ~fx;
bz =0;
}
}
}
else bz = 1;
	P3.2=0 (n / y)
	延时 10ms
	P3.2=0 (n / y)
	bz=1 (n / y)
	bz=1
	fx 变反 bz=0

7. 控制程序

综合上述方向控制和按键检测及消除抖动，使用按键控制的流水灯程序如下所示。为了共用延时函数，本程序中将延时函数修改为 delay10ms，延时时间为 x * 10ms。

```
/* --------------------------------------------------------------------------
dpjkz5-1. C 查询方式流水灯方向控制
-------------------------------------------------------------------------- */
#include <REG52. H>                       //指定头文件 REG52. H
#include <INTRINS. H>                     //指定头文件 INTRINS. H
#define uint unsigned int
sbit P32 = P3^2 ;
void delay10ms( uint ) ;                  // 函数说明
/* ------------------------------------------------------------------
主函数
------------------------------------------------------------------ */
void main (void) {
uint s =20;
bit  bz,fx;
P0  = 0x7f ;
```

```
while (1)
  {
  if (! P32)                      //第一次检测到按键按下
      {
      delay10ms(1);               //延时 10ms 消除抖动
      if (! P32)                  //再次检测按键是否按下
          {
          if (bz)                 //是否刚按下?
              {
              fx = ~fx;           //方向翻转
              bz =0;
              }
          }
      }
else bz = 1;
if ( fx )
    P0 = _cror_(P0,1) ;           //寄存器 P0 中内容右移一位并送回 P0 中
else
    P0 = _crol_(P0,1) ;           //寄存器 P0 中内容左移一位并送回 P0 中
delay10ms(s);                     //调用延时函数,延时
}
}
/* ----------------------------------------------------------------
延时函数,调用时提供参数 x,延时时间为 x * 10ms
------------------------------------------------------------------- */
void delay10ms( uint x)
{
uint n,m;
for (n =0; n < x;n ++)
  for (m =0;m <2000;m ++);
}
```

8. 使用中断方式控制方向的流水灯

(1) 中断的概念

程序 dpjkz2-2-1.C 中为了检测按键是否按下，必须不停地查询 P3.2 的状态，这种方式占用了大量的 CPU 工作时间。为了解决这一问题，CPU 中设计了一种程序工作方式——中断。在这种工作方式中，将某些处理程序安排在程序存储器的某一特定位置，这一部分程序称为中断程序，CPU 平时并不执行中断程序。当得到某一特定的信号后（例如按键按下），CPU 自动暂停当时的工作转去执行中断程序。中断程序执行完后再返回原来的程序继续工作。

显然，我们将按键处理程序设置为中断程序，而将按键按下作为产生中断的信号，这样

当按键按下时 CPU 才执行按键处理程序，按键没有按下时这些程序不执行。这样就大大地提高了程序的效率。

89S52 单片机中有 6 种能产生中断的信号，具体如表 2-2-4 所示。

表 2-2-4　89S52 中断信号源

序号	位置	名称	中断源	产生条件
1	外部	INT0	外部引脚 P3.2（12 脚）	外部引脚出现低电位或负跳变
2		INT1	外部引脚 P3.3（13 脚）	
3	内部	TF0	内部定时计数器 0	计数器溢出
4		TF1	内部定时计数器 1	
5		TI/RI	串行口	串行口发送完毕或接收到一个字节
6		TF2	内部定时计数器 2	计数器 2 溢出（仅 89S52 有）

从表中可以看到，6 个信号中有 2 个为外部信号，即可以从端口信号变化产生中断。这两个端口分别命名为 INT0（P3.2）和 INT1（P3.3）。其他内部中断信号将在后续内容中介绍。

（2）中断向量

我们可以将按键连接到能引起中断的端口上，将按键处理程序设置为该中断的处理程序。这样当按键按下时 CPU 就会自动执行中断处理程序，处理按键事件。

每一个中断信号都有一个对应的中断处理程序入口地址，对该中断的处理程序的第一条指令必须放在这个规定的地址。当出现中断信号后 CPU 就自动从这个地址找到处理程序。这个地址称为中断向量，这种中断处理方式也称为向量中断。89S52 的中断向量如表 2-2-5 所示。

表 2-2-5　中断向量表

中断号	中断源	向量地址（程序存储器地址）
0	外部中断 0（INT0）（P3.2）	0x0003
1	定时/计数器 0（TF0）（P3.3）	0x000b
2	外部中断 1（INT1）	0x0013
3	定时/计数器 1（TF1）	0x001b
4	串行通信（RI + TI）	0x0023
5	定时/计数器 2（TF3）	0x002b

本例中按键开关连接在 P3.2 口，使用外部中断 0。接通开关时，P3.2 的状态从“1”变为“0”，就会引起 CPU 的中断响应。将按键处理程序的第一条指令放在 0x0003 处，CPU 就会自动执行处理程序。

89S52 单片机的外部中断有两种引起中断的方式。一种是低电位触发，当外部引脚状态为低电位时引起中断。另一种是下降沿触发，当外部引脚出现负跳变，即外部引脚电位从“1”状态变为“0”状态时引起中断，如图 2-2-9 所示。显然，我们需要使用后一种方式，这样就不需要使用程序的标志位(bz)来判断按键是否刚刚按下。中断处理程序只需要将 fx 标志变反。

使用低电位中断时需要将特殊功能寄存器中的 IT0 位设置为 0，而使用下降沿中断时需将 IT0 位设置为 1。

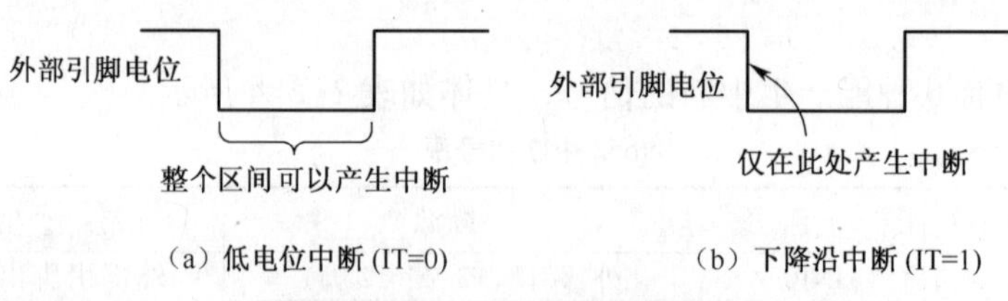

图 2-2-9　外部中断的两种方式

（3）中断处理程序

在汇编语言中需要使用特殊的指令，使中断处理程序的地址放在规定的位置。在 C 语言中只需要在函数名的后面指出需要使用哪一个中断，编译软件会自动安排指令位置。中断处理函数的一般形式为：

```
<函数类型> <函数名>（<形式参数表>）interrupe <n> [using <m>]
```

interrupe <n>表示此函数为中断处理函数，中断号为 n。

using <m>表示使用第几个工作组寄存器区。

在 51 系列单片机的存储器结构中可以知道，CPU 内有 4 个工作组寄存器，平时只使用第 0 组。当使用中断时，由于 CPU 要暂停当前的程序转向执行中断处理函数，为了保证中断处理函数执行完后 CPU 能正确地回到被中断的程序继续执行，执行中断处理函数前需要将被中断的程序的状态和程序中使用的一些寄存器的数值保存起来，以便返回后能准确恢复被中断的工作，这个工作称为保护现场。而执行完中断处理程序后需要恢复被中断程序的状态，这一过程称为恢复现场。为了使保护现场和恢复现场的工作比较方便，51 系列单片机中设计了 4 组工作寄存器组，处理中断函数时，只需要使用另一组工作寄存器组，而被中断程序使用的寄存器组中的内容就不会受到影响。恢复现场时，只需要恢复使用原来的工作寄存器组。

例如，主程序中使用第 0 组工作组寄存器，R0 ~ R7 对应内部数据存储器 0x00 ~ 0x07，当产生中断后将工作寄存器组设置为使用第 1 组，中断处理程序中仍然可以使用 R0 ~ R7 但此时对应的内部数据存储器为 0x08 ~ 9x0f，不会对 0x00 ~ 0x07 产生影响。中断返回后恢复工作寄存器组设置为使用第 0 组，这样 R0 ~ R7 中的内容恢复到中断前的位置。

在汇编语言中，保护现场、恢复现场、改变工作寄存器组都需要开发者使用各种指令完成，而 C 语言中这些工作都由编译程序完成，开发者只需要使用上述定义语句告诉编译软件需要使用的中断号和工作寄存器组即可。工作寄存器组也可以不用定义，这样中断处理程序就不使用切换工作寄存器组的方法来保护现场，而是采用将内容压入堆栈的方法来保护现场。这种处理方式速度稍慢，过程稍复杂。但是这些工作都由 C 语言的编译程序处理，用户不必操心。

本例中按键处理的中断处理程序如下。

```
void ajcl (void) interrupe 0
{
delay10ms(1);          //延时 10ms 消除抖动
if (! P32) fx = ~fx; //再次判断按键是否按下,如按下则 fx 变反
}
```

为了管理各个中断，CPU 中的特殊功能寄存器 IE 可以关闭(屏蔽)或开放(允许)各个中断。寄存器 IE 的作用如下。

IE 位	IE.7	IE.6	IE.5	IE.4	IE.3	IE.2	IE.1	IE.0
符号	EA		ET_2	ES	ET_1	EX_1	ET_0	EX_0
作用	总允许		定时计数器 2 中断允许	串行口中断允许	定时计数器 1 中断允许	外部中断 1 允许	定时计数器 0 中断允许	外部中断 0 允许

IE 中管理中断的对应位 =1 时，中断允许发生，称为开中断。对应位 =0 时该中断不允许发生，称为关中断。

本例中需要开放 EX_0 和 EA。有两种方法开放外部中断 0，一是直接对 IE 寄存器赋值：IE =0x81。使 EA 位和 EX0 位为 1 其他位为 0。也可以分别对两个控制位进行操作：EA =1；EX0 =1;。

开放中断的操作需要在主函数的初始化阶段完成。

使用中断方式控制流水灯的程序如下。

```
/*------------------------------------------------------------------------------
dpjkz5-2.C 中断方式流水灯方向控制
------------------------------------------------------------------------------*/
#include <REG52.H>                      //指定头文件 REG52.H
#include <INTRINS.H>                    //指定头文件 INTRINS.H
#define uint unsigned int
sbit P32 = P3^2 ;
bit  fx;                                //将变量 fx 说明为全局变量
void delay10ms( uint ) ;                // 函数说明
/*------------------------------------------------------------------
主函数
------------------------------------------------------------------*/
void main (void) {
uint s =20;
EX0 =1;                                 //开放外部中断 0
EA =1;                                  //开放总中断
IT0 =1;                                 //设置外部中断 0 为下降沿触发
P0  =  0x7f ;
while (1)
  {
  if ( fx )
        P0  =  _cror_(P0,1) ;           //寄存器 P0 中内容右移一位并送回 P0 中
  else
     P0  =  _crol_(P0,1) ;              //寄存器 P0 中内容左移一位并送回 P0 中
  delay10ms(s);                         //调用延时函数,延时
```

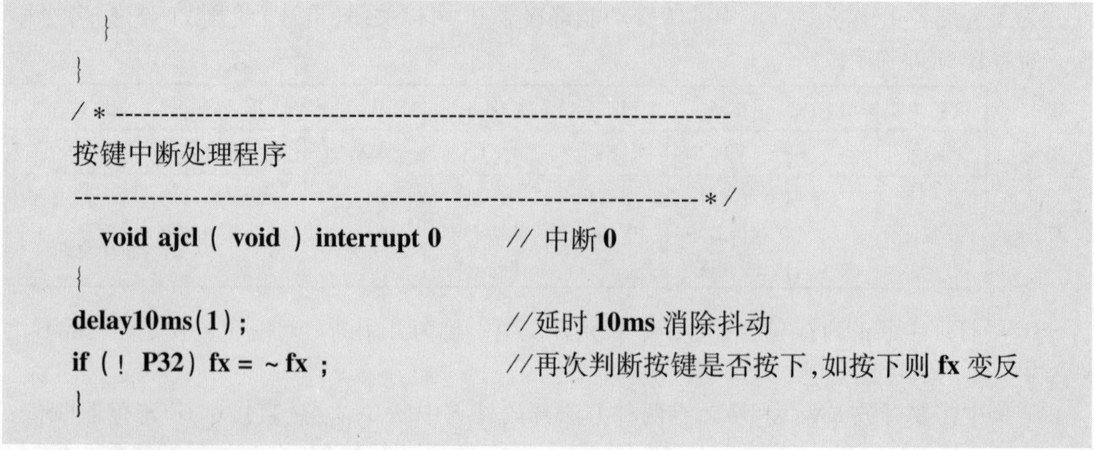

```
    }
  }
  /* ---------------------------------------------------------------
  按键中断处理程序
  ---------------------------------------------------------------*/
    void ajcl ( void ) interrupt 0        // 中断 0
  {
  delay10ms(1);                           //延时 10ms 消除抖动
  if (! P32) fx = ~fx ;                   //再次判断按键是否按下,如按下则 fx 变反
  }
```

9. 局部变量与全局变量

程序中变量 fx 的定义位置发生了变化，C 语言中的变量如果在函数中说明，则此变量只能在本函数中使用，称为局部变量。如果有两个以上的函数中需要使用同一个变量则需要在函数外部定义，这种变量称为全局变量，它可以在所有函数中使用。

上例中如果 fx 在主函数中说明，则为局部变量，这时中断函数 ajcl（）中就不能使用该变量。如果在函数 ajcl（）中重新说明 fx，则这个 fx 与主函数中的 fx 不是同一个变量，也就不能实现方向控制。因此需要将变量 fx 说明为全局变量。

局部变量：在函数中说明的变量，只在本函数中有效。

全局变量：在函数外部说明的变量，在所有函数中有效。

10. 按键控制流水灯实例

需要添加的原件如表 2-2-6 所示，添加原件后电路板如图 2-2-10 所示。

表 2-2-6　　按键控制流水灯元件

名称	符号	规格	用途
按键开关	SA1	6×6	控制流动方向

图 2-2-10　按键控制流水灯实例

动手做一做

1. 组装电路或搭建仿真电路。
2. 编辑、编译上述程序。
3. 试运行程序，按下按键，观察运行结果。
4. 考虑如果按下按键流水灯的流动速度变为高速，再次按下按键流水灯变为低速，如何修改程序？
5. 如果每次按下按键，速度增加一档，达到最高速度后再慢慢降低速度，如何修改程序？

二、按键矩阵

许多系统中需要使用的按键往往不止一两个，按照上述方法，每一个按键需要占用单片机的一个端口，当需要使用的按键较多时上述方案就不适用了。本节介绍多个按键的使用方法。

1. 键盘矩阵

当需要使用的按键数量较多时，一般使用按键矩阵。就是将按键按行列方式排列，每个按键的一端连接在行线上，另一端连接在列线上。图 2-2-11 为 16 个按键连接成 4×4 矩阵的结构，这样 16 个按键只需要使用 8 个端口。这种连接方式减少了 CPU 端口的数量，但是检测按键也变得比较复杂。

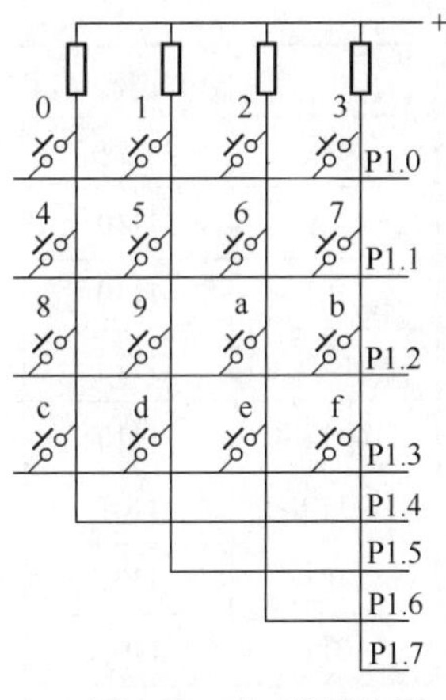

图 2-2-11 按键矩阵

2. 扫描法

（1）扫描法原理

扫描法是将行线设定为 CPU 输出，列线设置为 CPU 输入。扫描时首先将第一根行线输出“0”其他行线输出“1”，检测列线状态，“0”~“3”这 4 个按键中没有按键按下时 4 根列线状态全为“1”，有按键按下时，对应的列线状态为“0”。然后再将第二根行线输出为“0”其他行线输出为“1”，再检测 4 根列线就可以检测“4”~“7”这 4 个按键中是否有键按下。如此重复 4 次就可检测到 16 个按键的状态。图 2-2-12为按键“6”按下时的扫描状态。

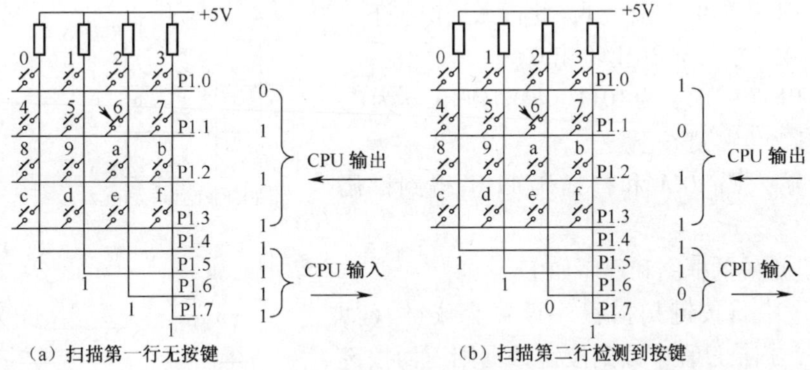

（a）扫描第一行无按键　（b）扫描第二行检测到按键

图 2-2-12 扫描法

注意：列线为输入检测线，需要使用上拉电阻将其拉为高电位。89S52 芯片中 P1 端口内部具有上拉电阻，故此处可以省略。

（2）程序框图

扫描法检测按键状态需要较多的时间，为了节约时间，扫描前先将 4 根扫描线（行线）都输出 0，检测 4 根输入线（列线），如果 4 根输入线都为 1 则说明没有按键按下，此时不必再进行扫描。当 4 根输入线有一个及以上为 0 时说明有按键按下，此时再按上述方法逐根行线进行扫描。

当扫描到某位，4 根列线数据有 0 时说明已经检测到按键，此时将扫描码作为低 4 位（上例中为 1101），列线输入数据为高 4 位（上例中为 1011）就得到了该键的键码。例如上图中按键“6”按下，当扫描码为 1101B = 0xd 时检测到输入数据为 1011B = 0xb。将输入数据作为高 4 位，扫描码为低 4 位，则“6”键的键码为 10111101B = 0xbd。这样上述连接方式的矩阵，其 16 个按键的键码如表 2-2-7 所示。

当按下 6 号按键时的扫描过程如图 2-2-13 所示。其扫描过程如下。

① P1.0 ~ P1.3 输出 0000。

② P1.7 ~ P1.4 输入数据为 1011，说明有按键按下，但无法区分 2、6、a、e 4 个按键中是哪一个按下。

③ 开始扫描，首先 P1.0 输出 0。

表 2-2-7 键码表

按键	键码			按键	键码		
	输入	扫描码	键码		输入	扫描码	键码
0	1110	1110	0xee	8	1110	1011	0xeb
1	1101	1110	0xde	9	1101	1011	0xdb
2	1011	1110	0xbe	a	1011	1011	0xbb
3	0111	1110	0x7e	b	0111	1011	0x7b
4	1110	1101	0xed	c	1110	0111	0xe7
5	1101	1101	0xdd	d	1101	0111	0xd7
6	1011	1101	0xbd	e	1011	0111	0xb7
7	0111	1101	0x7d	f	0111	0111	0x77

④ 检测 P1.7 ~ P1.4 全为 1，此行无按键按下。

⑤ 扫描第二行，令 P1.1 输出 0。

⑥ 检测 P1.7 ~ P1.4 为 1011，检测到 P1.6 为 0，此时可以判断为 6 号键按下。

⑦ 组合输入码 1011 和扫描码 1101 得到键码 1011 1101。

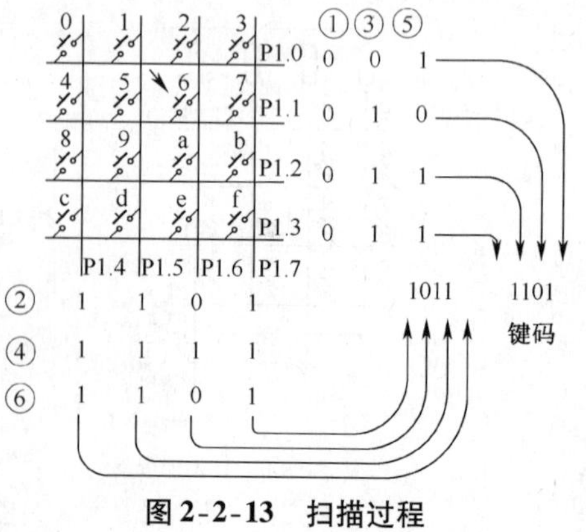

图 2-2-13 扫描过程

扫描按键矩阵的框图和程序如下。

实际工作中将按键扫描程序设置为函数（如 ajcl4x4（）），扫描过程中读到按键数据则返回按键的键码，否则返回 0。

框　图	程　序
4×4 按键矩阵处理程序框图 有按键返回键码，无按键返回 0。 扫描码=0xf0 → 发送扫描码 → 读数=f（y：返回；n）→ 延时 10ms → 读数=f（y：返回；n）→ 扫描码=0xfe → 设定循环次数=4 → 发送扫描码 → 读数=0xff（n：计算键码；y：扫描码移位）→ 已检测 4 次（n：发送扫描码；y）→ 返回码=0	见下方程序

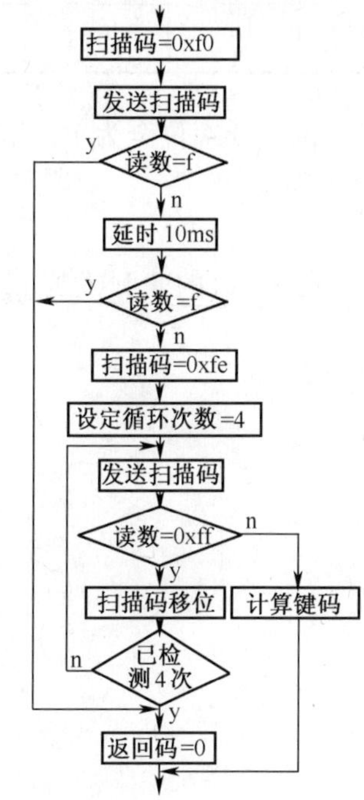

```
uchar ajcl4x4 ( void )
{
uchar smm, x, i;
smm = 0xf0;                          //扫描码 = 0xf0 = 11110000B
P1 = smm;                            //发送扫描码
x = P1 | 0xf;                        //①读输入数据
if (x = =0xff) return (0); //②如果读数 = 0xff，无按键返回 0
delay10ms (1);                       //延时 10ms
x = P1 | 0xf;                        //再次读输入数据
if (x = =0xff) return (0); //③如果读数 = 0xff，无按键返回 0
smm = 0xfe;                          //④开始扫描，扫描码 = 0xfe
for (i =0; i<4; i + +)               //⑤循环 4 次
  {
  P1 = smm;                          //输出扫描码
  x = P1 | 0xf;                      //读输入数据
  if (x! =0xff)                      //⑥如果数据≠0xff，已检测到按键
     {
     x = x & smm;                    //⑦计算键码
     return (x) ;                    //带键码返回
     }
  smm = _crol_ (smm, 1);             //扫描码移位
  }
return (0);                          //⑧扫描 4 次未检测到按键，返回 0
}
```

其中粗体字语句的解释如下。

① x = P1 | 0xf;

逻辑运算符“|”的作用为按位相或，其作用如下所示。

P1		P1.7	P1.6	P1.5	P1.4	P1.3	P1.2	P1.1	P1.0
0xf		0	0	0	0	1	1	1	1
P1	0xf	P1.7	P1.6	P1.5	01.4	1	1	1	1

将一个数据与 0xf 相或后高 4 位保持原数据，而低 4 位全为 1。

功能：P1 口的数据与 0xf 按位相或。由于读入的 P1 口数据中低 4 为扫描码，为了判断读入数据，将低 4 位屏蔽，全部设置为 1。

② if (x = =0xff) return (0);

return( ) 为返回语句，执行此语句则结束本函数，括号中的数值为函数的返回值。

功能：如果 x 等于 0xff 说明没有按键按下，则退出本函数返回，返回码为 0。

③ 延时 10ms 后再读数据，以消除开关的抖动，如果没有按键按下，返回。

④ smm = 0xfe; 0xfe = 11111110B ，扫描码使第一行为“0”，其他行为“1”。

⑤ 共扫描 4 行。

⑥ if (x! =0xff):如果读入数据不等于 0xff 则说明本行有键被按下。

⑦ x = x & smm;

逻辑运算符“&”的作用为按位相与，当按键为“6”时作用如下。

x	1	0	1	1	1	1	1	1
smm	1	1	1	1	1	1	0	1
x & smm	1	0	1	1	1	1	0	1

扫描码在 smm 的低 4 位，高 4 位全为 1。读入数据在 x 的高 4 位，低 4 位全为 1。此时将 x 与 smm 按位相与则得到了高 4 位为输入数据，低 4 位为扫描码的键码。

⑧ 4 行扫描完未找到按键则返回，返回码为 0。

使用扫描法读按键矩阵的程序如下，读出按键后将键码显示在 P0 口的 8 只发光二极管上。

```
/*------------------------------------------------------------------------
dpjkz5-3. C 扫描法读键盘矩阵
------------------------------------------------------------------------*/
#include <REG52. H>                    //指定头文件 REG52. H
#include <INTRINS. H>                  //指定头文件 INTRINS. H
#define uint unsigned int
#define uchar unsigned char
uchar ajcl4x4(void);
/*------------------------------------------------------------
主函数
------------------------------------------------------------*/
void main (void) {
uchar j;
while (1)
{
j = ajcl4x4();                        //读键盘矩阵
P0 = j;                               //显示键码
  }
}
/*------------------------------------------------------------
4X4 键盘矩阵扫描程序
有按键按下返回键码,否则返回 0
------------------------------------------------------------*/
uchar ajcl4x4 ( void )
{
uchar smm,x,i;
smm = 0xf0;                           //扫描码 = 0xf0
P1 = smm;                             //发送扫描码
x = P1 | 0xf;                         //读输入数据
```

```
if (x = =0xff) return(0);                //如果读数 =0xff,无按键返回 0
delay10ms(1);                            //延时 10ms
x = P1 | 0xf;                            //再次读输入数据
if (x = =0xff) return(0);                //如果读数 =0xff,无按键返回 0
smm =0xfe;                               //开始扫描,扫描码 =0xfe
for (i =0;i <4;i + +)                    //循环 4 次
  {
  P1 = smm;                              //输出扫描码
x = P1 | 0xf;                            //读输入数据
  if (x!  =0xff)                         //如果数据≠0xff,已检测到按键
     {
x  =  x & smm;                           //计算键码
return(x) ;                              //带键码返回
}
smm = _ crol _(smm,1);                   //扫描码移位
}
return(0);                               //扫描 4 次未检测到按键,返回 0
}
```

3. 翻转法

(1) 翻转法原理

翻转法是读键盘矩阵的另一种方法。利用 CPU 连接键盘矩阵的接口都为双向端口的特点，首先将 4 根行线端口用做输出，并且输出数据 0000。4 根列线端口为输入，读取数据。此时能读出按下的按键在哪一列。然后将 4 根列线端口都用做输出，也输出 0000。4 根行线端口为输入，读出数据，此时能读出按下的按键在哪一行。组合两次读出的数据就能得到按键的位置——键码。其过程如图 2-2-14 所示。

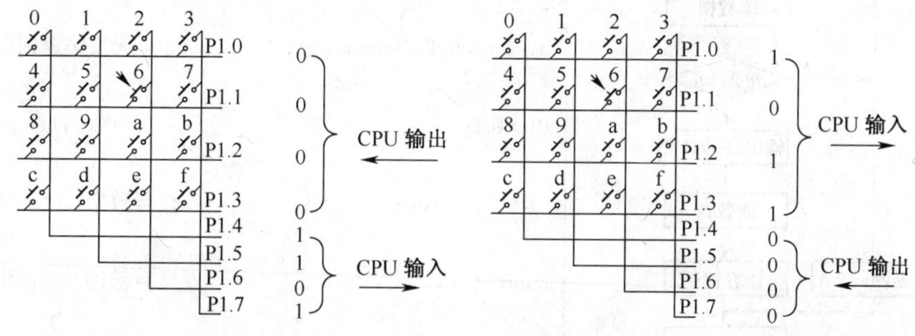

(a) 第一步行输出 0000，读出列数据　　(b) 第二步行输出 0000，读出行数据

图 2-2-14　翻转法读键盘矩阵

当 6 号按键按下时，翻转法检测过程如图 2-2-15 所示，具体步骤如下。

① P1. 0 ~ P1. 3 输出 0000。

② P1. 7 ~ P1. 4 输入数据为 1011，说明有按键按下，键码高四位为 1011。

③ P1. 7 ~ P1. 4 输出 0000。

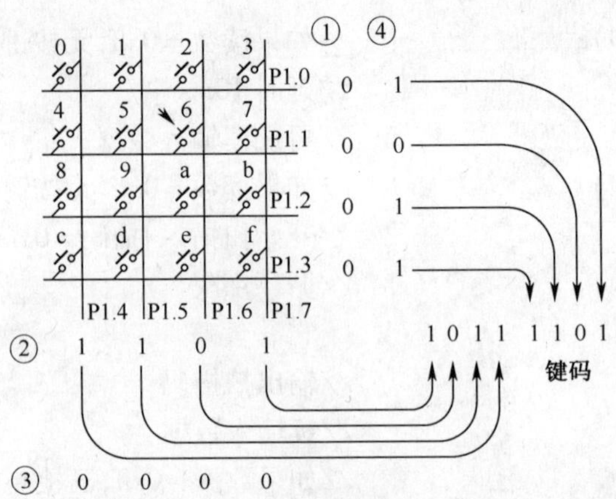

图 2-2-15 翻转法检测过程

④ 检测 P1. 3 ~ P1. 0 输入数据为 1101，键码低四位为 1101。

⑤ 组合键码高四位 1011 和键码低四位 1101 得到键码 1011 1101。

(2) 翻转法框图与程序

框　图	程　序
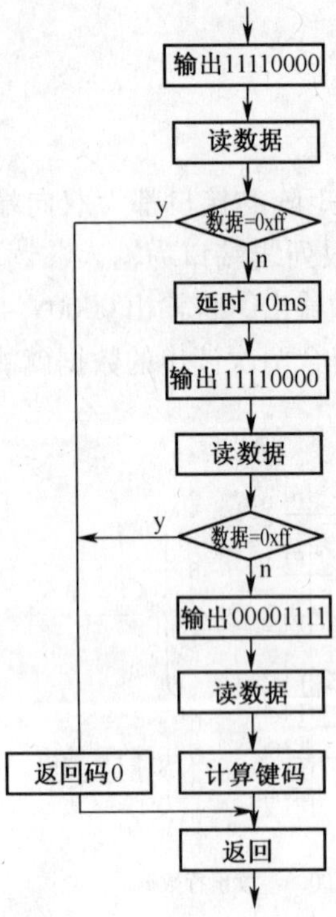 输出11110000 读数据 数据=0xff (y → 返回码0；n ↓) 延时 10ms 输出 11110000 读数据 数据=0xff (y → 返回码0；n ↓) 输出00001111 读数据 计算键码 返回码0 返回	P1 = 0xf0;　　//输出 11110000 x = P1 | 0x0f;　　//读列数据 if (x = = 0xff) return (0);　　//如果无按键返回 0 delay10ms (1);　　//延时去抖 P1 = 0xf0;　　//再次输出 11110000 x = P1 | 0x0f;　　//再次读列数据 if (x = = 0xff) return (0);　　//如果无按键返回 0 P1 = 0xf;　　//输出 00001111 y = P1 | 0xf0;　　//读行数据 return (x&y);　　//计算键码，返回键码

(3) 程序实例

程序 dpjkz2-2-4. C 使用反转方法读取键盘矩阵中按键的键码，并将键码显示在 P1 口的 8 只发光二极管上。

```
/*------------------------------------------------------------------------
dpjkz5-4.C 反转法读键盘矩阵
------------------------------------------------------------------------*/
#include <REG52.H>                    //指定头文件 REG52.H
#include <INTRINS.H>                  //指定头文件 INTRINS.H
#define uint unsigned int
#define uchar unsigned char

uchar ancl4x4(void);

/*-----------------------------------------------------------
主函数
-----------------------------------------------------------*/
void main (void) {
  uchar j;
  while (1)
  {
j = ancl4x4();
P0 = j;
  }
}

/*-----------------------------------------------------------
按键处理程序
-----------------------------------------------------------*/
uchar ancl4x4 ( void )
{
uchar x,y;
P1 = 0xf0;                          //输出 11110000
x = P1 | 0x0f;                      //读列数据
if (x = =0xff) return(0);           //如果无按键返回 0
delay10ms(1);                       //延时去抖
P1 = 0xf0;                          //再次输出 11110000
x = P1 | 0x0f;                      //再次读列数据
if (x = =0xff) return(0);           //如果无按键返回 0
P1 = 0xf;                           //输出 00001111
y = P1 | 0xf0;                      //读行数据
return( x&y);                       //计算键码,返回键码
}
```

根据以上分析，本实例中各按键的键码如表 2-2-8 所示。

表 2-2-8　　键码表

按键符号	P1.7	P1.6	P1.5	P1.4	P1.3	P1.2	P1.1	P1.0	键码
0	1	1	1	0	1	1	1	0	0xee
1	1	1	0	1	1	1	1	0	0xde
2	1	0	1	1	1	1	1	0	0xbe
3	0	1	1	1	1	1	1	0	0x7e
4	1	1	1	0	1	1	0	1	0xed
5	1	1	0	1	1	1	0	1	0xdd
6	1	0	1	1	1	1	0	1	0xbd
7	0	1	1	1	1	1	0	1	0x7d
8	1	1	1	0	1	0	1	1	0xeb
9	1	1	0	1	1	0	1	1	0xdb
A	1	0	1	1	1	0	1	1	0xbb
B	0	1	1	1	1	0	1	1	0x7b
C	1	1	1	0	0	1	1	1	0xe7
D	1	1	0	1	0	1	1	1	0xd7
E	1	0	1	1	0	1	1	1	0xb7
F	0	1	1	1	0	1	1	1	0x77

使用 Proteus 软件对本方法的仿真如图 2-2-16 所示，图中为按键“6”按下时，发光二极管的显示情况。

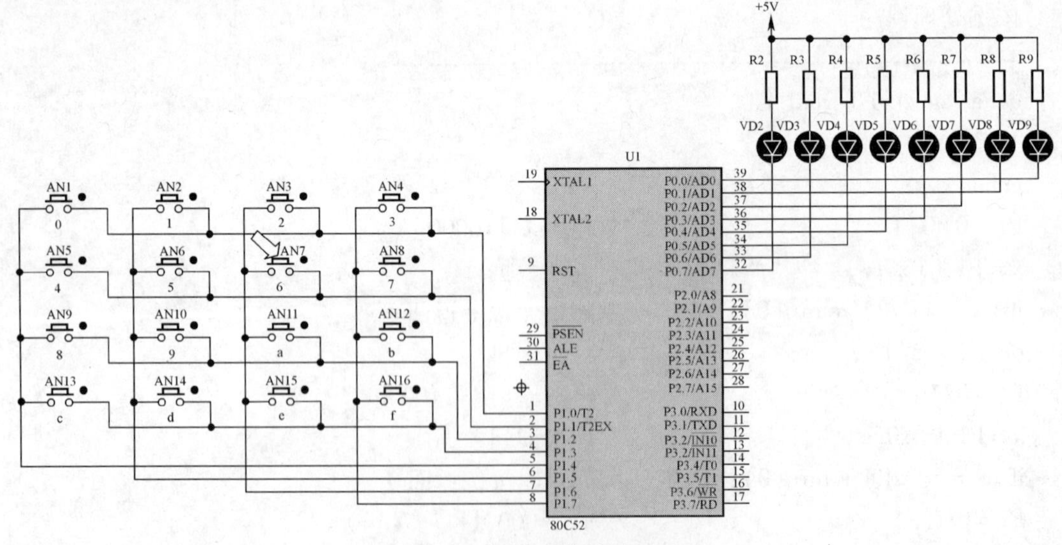

图 2-2-16　反转法按键键码显示

4. 矩阵按键实例

需要添加的元件如表 2-2-9 和表 2-2-10 所示，添加原件后电路板如图 2-2-17 所示。

表 2-2-9　　元件清单

编号	元件名称	类别	子类别	结果
U1	CPU	Microprocessor ICs	8051 Family	AT89C52
D2 ~ D9	红色发光二极管	Optoelectronics	LEDs	LED-RED
R2 ~ R9	510 电阻	Resistors	0.6W	MINRES 560R
AN1 ~ AN16	按钮开关	Switches&Relays	Switcher	BUTTON

表 2-2-10　　按键控制流水灯元件

序号	名称	符号	规格	用途	备　注
1	按键开关	SA2 ~ SA17	6×6		

图 2-2-17　矩阵按键实例

动手做一做

1. 组装电路或搭建仿真电路。
2. 编辑、编译上述程序。
3. 试运行程序，按下各个按键，观察运行结果。

项目三　数码管控制

数码管是控制系统中最常用的数字和简单符号的显示器件，本章介绍单片机中使用数码管显示数字和简单字符的基本方法。同时介绍单片机中定时计数器的使用方法和动态扫描技术。

一、单个数码管

1. 数码管介绍

7 段 LED 数码管是一种常用的显示器件，其外形如图 2-3-1 所示，它使用 7 个笔画显示“0”~“9” 10个数字，加上一个小数点共 8 个显示段，每一个笔画都是由发光二极管组成的。字高小于 25mm 的数码管每一个笔画均由一只发光二极管组成，而字高大于 25mm 的数码管每一个笔画则由多只发光二极管组成，但小数点均为一只发光二极管。通过不同笔画的亮、灭显示出“0”~“9” 10 个数字。

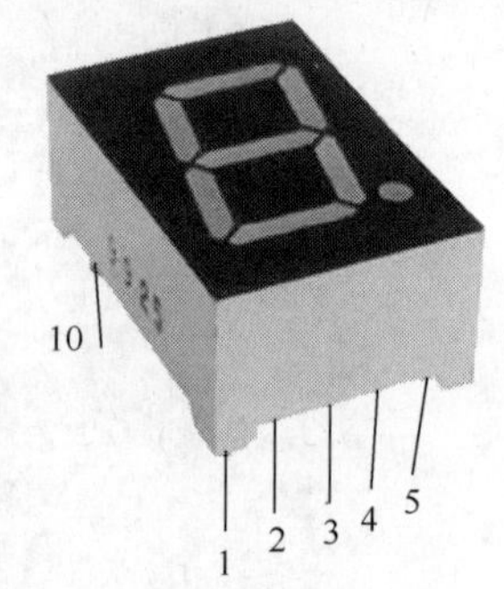

图 2-3-1　7 段 LED 数码管

常见的 12.5mm 数码管的笔画名称及内部连接方法如图 2-3-2 所示。管脚编号同 DIP 封装的集成电路。为了减少引脚，数码管内部将所有发光二极管的一个极连接在一起，引出一个引脚，另一极单独引出。

其中，a~g 为 7 个笔画的驱动端，dp 为小数点驱动端，COM 为公共引脚。

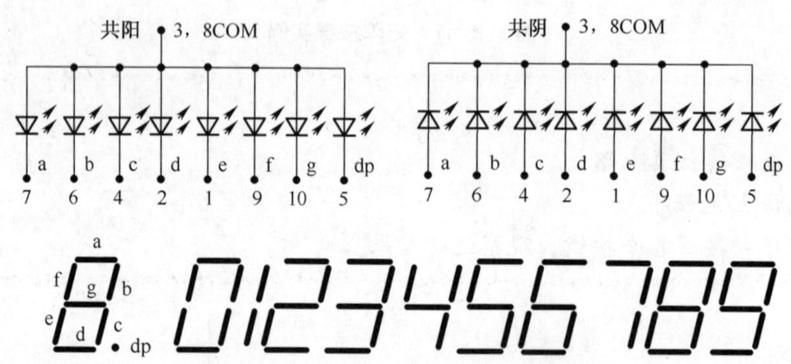

图 2-3-2　数码管内部发光二极管接线图

将所有发光二极管阳极连接在一起的称为共阳管，将所有发光二极管阴极连接在一起的称为共阴管。

使用单片机驱动单个数码管时可以使用驱动 8 只发光二极管相同的方法，电路如图 2-3-3所示，数码管为共阳管。

2. 字形码

（1）驱动器件与数码管的连接

根据图 2-3-3 中数码管的连接方法，可以得到 89S52 与数码管笔画之间的关系（见表 2-3-2），连接所需的元件如表 2-3-1 所示。

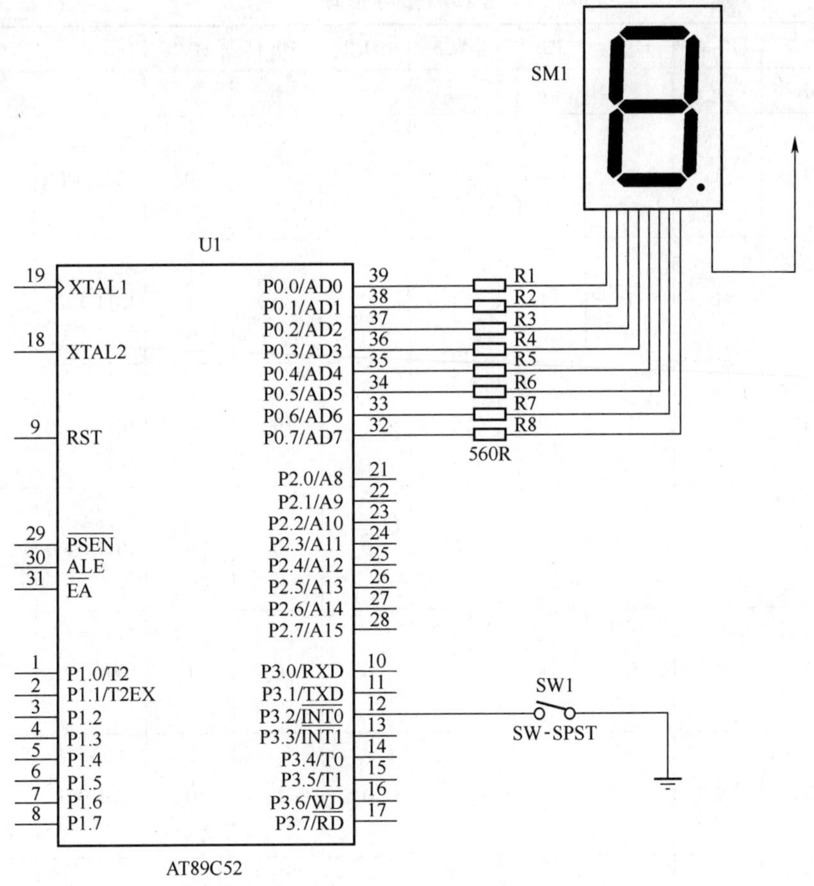

图 2-3-3 单只数码管驱动

表 2-3-1 元件清单

编号	元件名称	类 别	子类别	结 果
U1	CPU	Microprocessor ICs	8051 Family	AT89C52
R1 ~ R8	510 电阻	Resistors	0. 6W	MINRES 560R
SW1	单刀单掷开关	Switches&Relays	Switcher	SW-SPST
SM1	共阳数码管	Optoelectronics	7-Segment Display	7SEG-MPX1-CA

表 2-3-2 数码管的连接

89S52 端口	P0. 0	P0. 1	P0. 2	P0. 3	P0. 4	P0. 5	P0. 6	P0. 7
数码管管脚	7	6	4	2	1	9	10	5
数码管笔画	a	b	c	d	e	f	g	dp

（2）字形码

当 P0 端口中某位输出为“0”时对应的笔画亮，显示字符与 P0 口输出状态的对应关系（见表 2-3-3）。

表 2-3-3　　显示字符的字形码

字形	P0.7	P0.6	P0.5	P0.4	P0.3	P0.2	P0.1	P0.0	P0	
	dp	g	f	e	d	c	b	a	二进制	十六进制
0	1	1	0	0	0	0	0	0	1100 0000	0xc0
1	1	1	1	1	1	0	0	1	1111 1001	0xf9
2	1	0	1	0	0	1	0	0	1010 0100	0xa4
3	1	0	1	1	0	0	0	0	1011 0000	0xb0
4	1	0	0	1	1	0	0	1	1001 1001	0x99
5	1	0	0	1	0	0	1	0	1001 0010	0x92
6	1	0	0	0	0	0	1	0	1000 0010	0x82
7	1	1	1	1	1	0	0	0	1111 1000	0xf8
8	1	0	0	0	0	0	0	0	1000 0000	0x80
9	1	0	0	1	0	0	0	0	1001 0000	0x90

例如：当需要数码管显示“5”时，只须将数据“0x92”发送到 P0 口，“0x92”称为字符“5”的字形码。为了方便显示，将“0”到“9”10 个字符的字形码保存在一个数组中，称为字形码表：

uchar zxb [ ] = {0xc0, 0xf9, 0xa4, 0xb0, 0x99, 0x92, 0x82, 0xf8, 0x80, 0x90};

这样需要显示字符“5”时，只需要执行 P0 = zxb [5]；

3. 按键计数器程序

任务：程序运行时，数码管显示“0”，每按下一次按键，数码管显示字符加 1，加至

"9"后回"0"。

```
/*=========================================================
dpjkz6-1.c 按键计数器
=========================================================*/
#include <REG52.H>                 //指定头文件 REG52.H
#include <INTRINS.H>               //指定头文件 INTRINS.H
#define uint  unsigned int
#define uchar unsigned char
sbit  P32 = P3^2;
bit  bz;                           //①将变量 bz 说明为全局变量
uchar  zxb[ ] = {0xc0,0xf9,0xa4,0xb0,0x99,0x92,0x82,0xf8,0x80,0x90};
                                   //②定义字形码表
void  delay10ms(uint)   ;          // 函数说明
/*------------------------------------------------------
主函数
------------------------------------------------------*/
void main(void){
uchar js =0;                       // ③设定一个计数器变量 js
EX0 =1;                            //开放外部中断 0
EA =1;                             //开放总中断
IT0 =1;                            //设置外部中断 0 为下降沿触发
P0 =zxb[js];                       //先显示 0
while(1)
  {
  if  (bz)                         //④如果有标志位 bz,则更新显示内容
      {
      if( + +js = =10)  js =0;     //⑤计数器变量 js 加 1,当 js =10 时,计数器变量 js 回 0
      P0 =zxb[js];                 //⑥输出字形码
      bz =0;                       //⑦清处理标志
      }
  }
}
/*------------------------------------------------------
按键中断处理程序
------------------------------------------------------*/
void  ajcl(void)  interrupt 0  // 中断 0
{
delay10ms(1);                  //延时 10ms 消除抖动
if(! P32)bz =1;                //再次判断按键是否按下,如按下则 bz =1
}
```

程序说明如下。

① 由于使用中断方式检测按键，而在主程序中显示数字。因此中断程序检测到按键按下后需要通知主程序，程序中设置一个标志位（bz）。无按键按下时 bz = 0，当中断程序中检测到按键按下时标志设置为 1（bz = 1）。主程序中检测到标志位为 1 后，将显示内容加 1，同时将标志位清为 0，表示此次按键已经处理完成。等待下一次按键。

② 定义“0” ~ “9” 10 个字形的字形码。

③ 为了实现显示字符从 0 ~ 9，设置一个计数器变量（js）。每次按键后计数器加 1，显示时根据计数器变量（js）的内容显示。

④ 主程序中检测到标志位有效（bz = 1）则进行计数器加 1 并显示。

⑤ 完成计数器加 1，加到 10 后回 0。

“ + + js = = 10 ”是一个复合操作，首先做计数器变量 js 加 1（ + + js），然后判断计数器变量 js 的值是否等于 10（js = = 10）。

⑥ 根据计数器变量(js)的值输出字形码。

⑦ 本次按键处理完成，将标志位清 0。

4. 单只数码管实例

在上一实例项目的基础上拆除 VD1 ~ VD9，并添加数码管 L1。如图 2-3-4 所示。

图 2-3-4　单只数码管实例

同时在 L1 上方，将印制板背面的“J2”处接通，为 L1 提供电源。如图 2-3-5 所示。

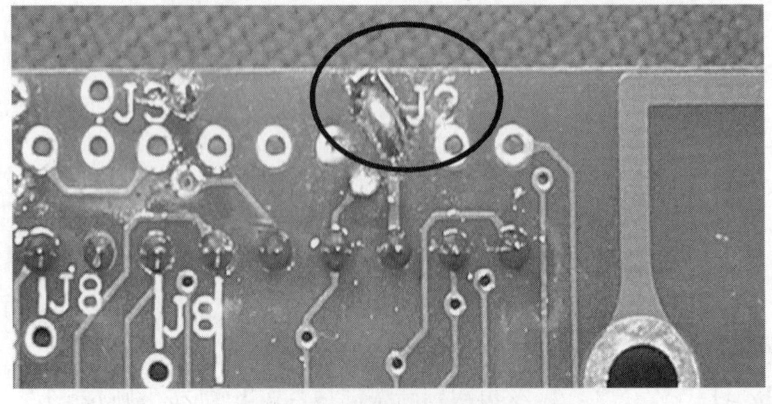

图 2-3-5　短接“J2”处

动手做一做

1. 组装电路或搭建仿真电路。
2. 编辑、编译上述程序。
3. 试运行程序，按下按键，观察运行结果。
4. 修改程序，使数码管显示16进制数，按动按键使数码管显示0～F。

提示A～F字形分别为 AbCdEF

二、多个数码管的静态显示

使用一个数码管就占用了CPU的8个输出端口，当系统需要使用多个数码管时CPU不可能为每只数码管提供8个端口，此时需要使用其他方法减少占用的CPU端口。本节介绍多个数码管显示时的静态接口方法。

1. 串并转换

减少占用CPU端口的基本方法是使用串并转换。上述程序中一只数码管的8个引脚占用CPU的8个端口，这种方法称为并行。并行输出数据速度较快，但占用了过多的CPU端口。而串行输出数据只需要占用CPU的3个端口就可实现多个数码管的信息输出，理论上串行方法可以驱动的数码管没有数量限制，但是接口电路较为复杂，程序也比较复杂，运行速度较慢。

利用移位寄存器将串行信号转换为并行信号是减少CPU端口的一种有效方法。CPU使用串行方式或者直接利用串行口将需要显示的数据、移位脉冲、锁存脉冲发送出来，接口电路中移位寄存器在移位脉冲的作用下将串行信号转换为并行，当全部数据都移至移位寄存器中后，锁存信号将移位寄存器中的内容锁存到锁存器中，并通过驱动电路驱动发光二极管（见图2-3-6）。在移位过程中锁存器锁存内容不变，数码管显示上一次输出数据。其过程可用图2-3-7表示。

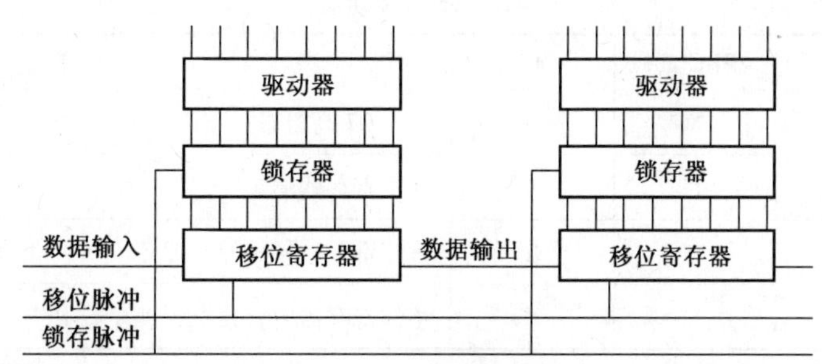

图2-3-6 使用移位寄存器扩展输出口

使用这种方法驱动数码管时，输出一次显示数据后，所有数码管可以一直保持显示。只有需要改变显示内容时才重新发送一次显示数据，因此这种方式也称为静态驱动方式。

74HC595是一片8位串入并出带锁存和推拉驱动、三态输出的移位寄存器，可以直接以灌电流或拉电流方式驱动发光二极管。它是一种常用的串入/并出驱动器件，其内部含有移位寄存器、锁存器和驱动器，如图2-3-8所示。其引脚和逻辑功能参见表2-3-4、表2-3-5。

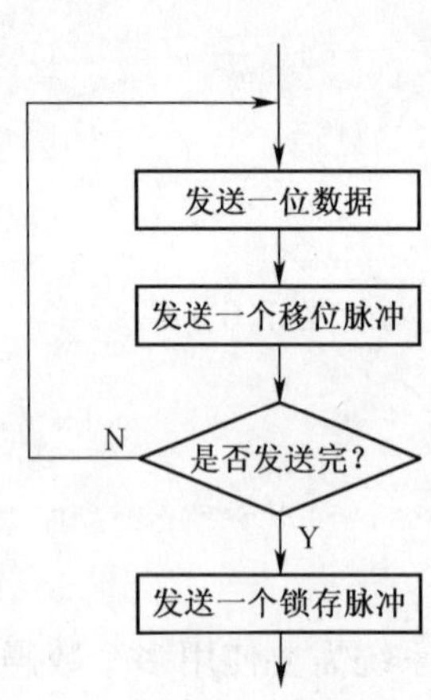

图 2-3-7 使用移位寄存器扩展输出口的数据发送流程

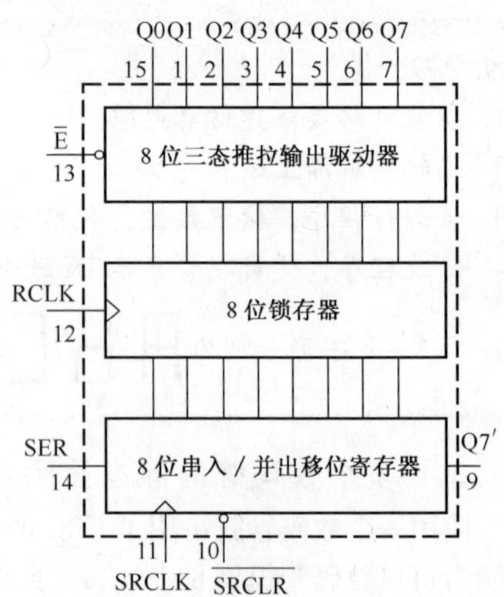

图 2-3-8 74HC595 逻辑功能框图

表 2-3-4 74HC595 外部引脚功能

引脚编号	名 称	功 能
14	SER	移位寄存器串行数据输入端
11	SRCLK	移位寄存器移位时钟脉冲端
10	$\overline{SRCLR}$	移位寄存器异步清除端
12	RCLK	锁存器锁存脉冲端
13	$\overline{E}$	三态输出允许端
15、1~7	Q0~Q7	输出端
9	Q7′	移位寄存器串行输出端

表 2-3-5 74HC595 逻辑功能

RCLK	SRCLK	SRCLR	E	功 能
X	X	X	H	Q0~Q7 高阻态
X	X	L	X	移位寄存器清零
X	↑	H	X	移位寄存器移位 $Q_n = Q_{n-1}$ Q0 = SER
↑	X	X	X	移位寄存器内容锁存到锁存器中

↑：上升沿，H：高电位 L：低电位 X：任意状态

使用时首先将串行数据通过 SER 和 SRCLK 移位到移位寄存器中，然后 RCLK 有效将 8 位数据一次锁存到锁存器中，如果输出允许端有效则数据由 Q0~Q7 端输出。

Q7′用于移位寄存器的串联使用，将 Q7′连接到下一级的 SER 端则可实现 $8 \times n$ 位串行数据的串/并转换，图 2-3-9 所示为三片 74HC595 的串联方法。

应当注意：使用移位寄存器实现串并转换时，首先移入的位对应输出位为 Q7，对于图 2-3-9 多片级联后首先移入的位在图中最右边，即离串行数据输入端最远的输出端。

使用 74HC595 驱动多只数码管的接口电路如图 2-3-10 所示。

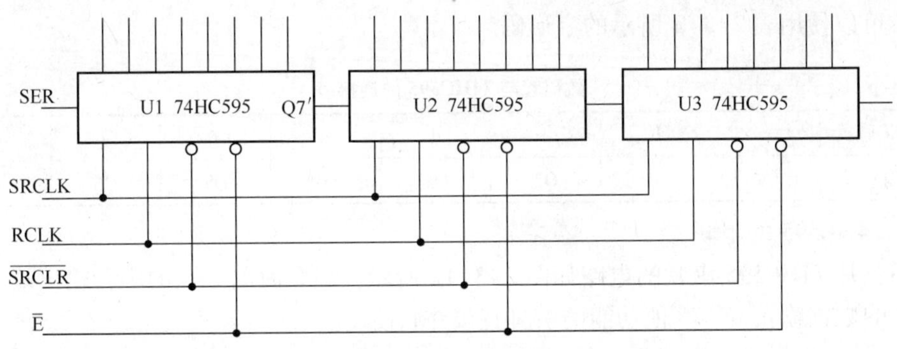

图 2-3-9 74HC595 的级联方法

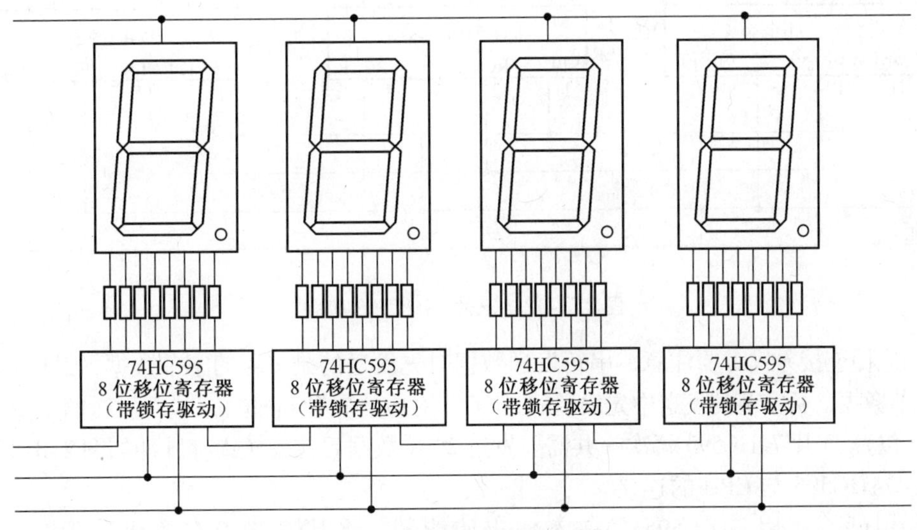

图 2-3-10 使用移位寄存器静态驱动数码管

使用静态驱动法能驱动的数码管数量取决于器件的驱动能力（移位脉冲和锁存脉冲的输出驱动），由于 HC 系列器件的输入电流一般小于 1μA，使用 89S52 直接驱动几十甚至上百片都没有问题。但是驱动的器件过多时每次输出所需要花费的时间较长。每只数码管都需要一只 74HC595，系统成本也较高。

2. 静态显示 6 只数码管

(1) 74HC595 与数码管的连接

由于 74HC595 具有相同的拉电流和灌电流驱动能力，故 74HC595 可以驱动共阳数码管，也可驱动共阴数码管。但是驱动两种不同类型数码管时字形码不同，本节以驱动共阳数码管为例。

图 2-3-11 为数码管与 74HC595 的连接方法，其管脚之间的对应关系如表 2-3-6 所示。根据连接

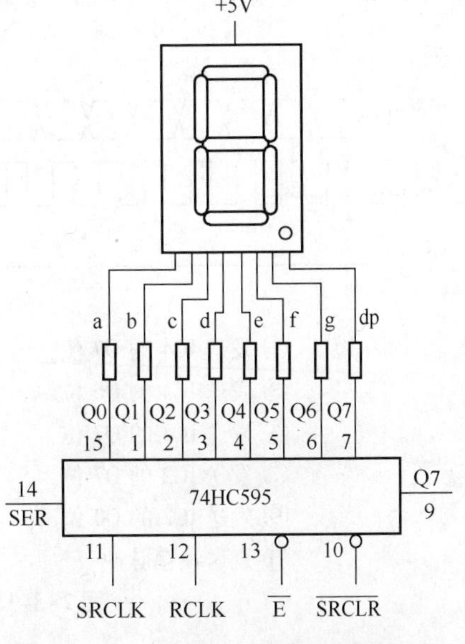

图 2-3-11 数码管与 74HC595 的连接

方法仍然可以使用表 2-3-3 所示的字形码。

表 2-3-6　数码管与 74HC595 的连接表

数码管笔画	a	b	c	d	e	f	g	dp
74HC59 输出位	Q0	Q1	Q2	Q3	Q4	Q5	Q6	Q7

（2）74HC595 的串联

使用三片 74HC595 串联的电路如图 2-3-12 所示。串联时前一片的串行输出端 Q7′，用做下一片的数据输入端。其他功能的引脚直接并联使用。

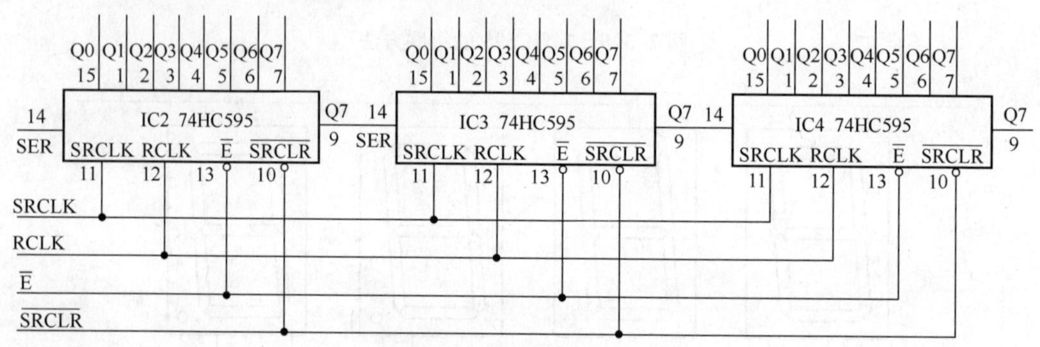

图 2-3-12　三片 74HC595 串联

使用这种连接方式时要注意，串行发送数据时先发送的是 IC4 的字节数据，最后发送的是 IC2 的字节数据。每字节的发送中先发送的是 Q7（对应数码管 dp 位），最后发送的是 Q0（对应数码管 a 位）。3 片 74HC595 每次一共需要发送 24 位数据后在发送锁存脉冲如图 2-3-13 所示。

（3）74HC595 与 CPU 的连接

本例中可不使用 74HC595 的三态输出使能端，将其连接为有效状态（接 0 状态）。74HC595 的清零端也不需使用，将其连接为无效状态（接 1 状态）。其他三个端口需要连接到 CPU 端口上，如图 2-3-14 所示。

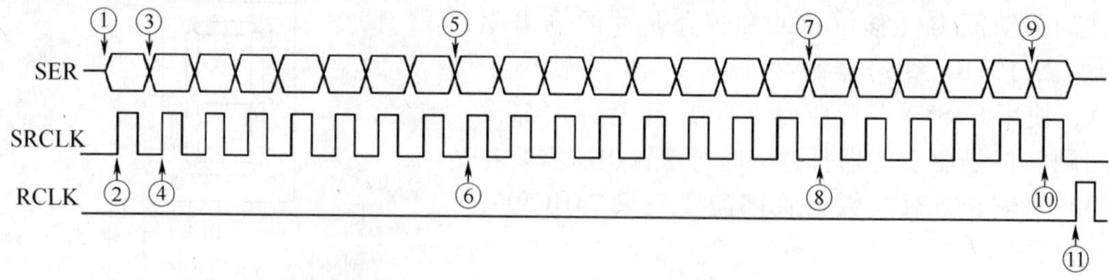

图中：
① 发送 IC4 的 Q7 位　　② 发送移位脉冲
③ 发送 IC4 的 Q6 位　　④ 发送移位脉冲
⑤ 发送 IC3 的 Q7 位　　⑥ 发送移位脉冲
⑦ 发送 IC2 的 Q7 位　　⑧ 发送移位脉冲
⑨ 发送 IC2 的 Q0 位　　⑩ 发送移位脉冲
⑪ 发送锁存脉冲

图 2-3-13　74HC595 数据发送时序图

连接完成后的电路如图 2-3-14 所示。对应的端口定义为：

```
sbit   HC595SER = P3^0;
sbit   HC595SRCLK = P3^1;
sbit   HC595RCLK = P3^2;
```

(4)程序清单

```
/*=========================================
dpjkz6-2.c 数码管静态显示
=========================================*/
#include <REG52.H>                   //指定头文件 REG52.H
#include <INTRINS.H>                 //指定头文件 INTRINS.H
#define uint   unsigned int
#define uchar unsigned char
sbit   HC595SER = P3^0;              //定义 74HC595 的数据端口
sbit   HC595SRCLK = P3^1;            //定义 74HC595 的移位脉冲端口
sbit   HC595RCLK = P3^2;             //定义 74HC595 的锁存脉冲端口

uchar  zxb[ ] = {0xc0,0xf9,0xa4,0xb0,0x99,0x92,0x82,0xf8,0x80,0x90};
                                     //定义字形码表
/*----------------------------------------------------------------
主函数
   ----------------------------------------------------------------*/
void main(void){
uchar x,i,j;
uchar  xsbuf[ ] = {0,1,2,3,4,5};     //①存放需要显示的内容
HC595SRCLK = HC595RCLK = 0;          //移位脉冲和锁存脉冲端清0
for(i = 0;i < 6;i + +)               //②循环 6 次发送 6 个字节
   {
    x = zxb[xsbuf[5i-]];             //③取出待显示的字形码
    for(j = 0;j < 8;j + +)           //④循环 8 次发送字形的 8 位
      {
      if(x&0x80)HC595SER = 1;        //⑤如果字形码的最高位为 1,则发送 1
         else HC595SER = 0;          //否则发送 0
      x = x < < 1;                   //⑥字形码向左移一位
      HC595SRCLK = 1;                //⑦发送移位脉冲上升沿
      HC595SRCLK = 0;                //发送移位脉冲下降沿
      }
   }
HC595RCLK = 1;                       //⑧发送锁存脉冲上升沿
HC595RCLK = 0;                       //发送锁存脉冲下降沿
while(1);                            //⑨程序停止
}
```

程序说明如下。

① 数组 xsbuf[]中存放需要显示的数据，注意存放顺序与显示位置的关系。xsbuf[0]中的内容显示在最左边，xsbuf[5]的内容显示在最右边。

② 外循环 6 次，每次发送一个字节。

③ xsbuf[5-i]得到每次需要显示的数字，注意循环次数与数组元素的对应关系：i=0时取出 xsbuf[5]，i=1 时取出 xsbuf[4]，i=5 时取出 xsbuf[0]。

zxb［xsbuf［5-i]］将取出的数据转换为字形码。

④ 内循环 8 次，每次发送一位。

⑤ x&0x80 用于检查 x 的最高位，其作用如下。

x	x.7	x.6	x.5	x.4	x.3	x.2	x.1	x.0
0x80	1	0	0	0	0	0	0	0
x&0x80	x.7	0	0	0	0	0	0	0

从上表可以看到 x&0x80 等于 0 说明 x.7=0，x&0x80 不等于 0 说明 x.7=1。

if（x&0x80）HC595SER=1；当 x.7==1 时，输出数据位=1。

⑥ x=x<<1：x 中的内容左移移位。

由于每次发送时都是发送 x.7 位，故每发送一次后将下一位移动至 x.7 位。

移位前	x.7	x.6	x.5	x.4	x.3	x.2	x.1	x.0
移位后	x.6	x.5	x.4	x.3	x.2	x.1	x.0	0

⑦ 发送移位脉冲。

⑧ 发送锁存脉冲。

⑨ while(1)；为空死循环，使程序停止在此处。

使用 Proteus 仿真时的结果如图 2-3-14 所示。

表 2-3-7　元件清单

编号	元件名称	类　别	子类别	结　果
U1	CPU	Microprocessor ICs	8051 Family	AT89C52
SM1 ~ SM6	共阳数码管	Optoelectronics	7-Segment Display	7SEG-MPX1-CA
R1 ~ R48	560Ω 电阻	Resistors	0.6W	MINRES 560R
U2 ~ U7	74HC595	TTL 74HC series	所有制造商	74HC595

3. 静态 6 只数码管实例

需要添加的元件如表 2-3-8 所示，实例图如图 2-3-15 所示，添加元件后电路板如图 2-3-16 所示。

表 2-3-8　静态显示元件

序号	名　称	符　号	规　格	用　途	备　注
1	集成电路块	IC2 ~ IC7	74HC595	数码管静态驱动	使用 16P IC 座安装
2	电阻	R2 ~ R49	390	限流电阻	
3	数码管	L2 ~ L6	25mm	显示管	使用单排插座安装

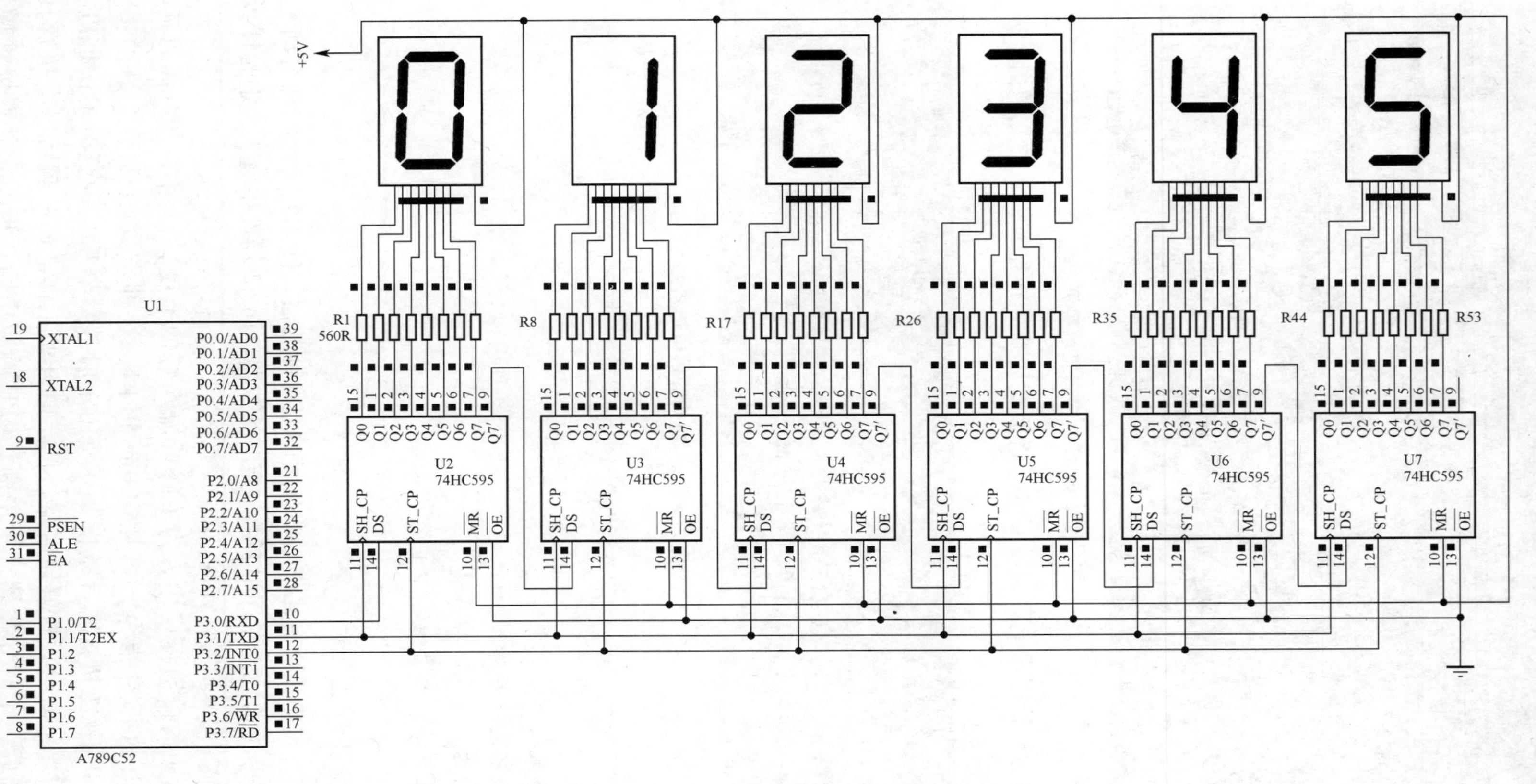

图 2-3-14 数码管静态驱动

图 2-3-15 静态显示实例

为了给各数码管提供电源，需要将电路板背后 6 处连接（J2 ~ J7），如图 2-3-16 所示（上一项目已连接 J2 处）。

图 2-3-16 数码管供电连接处

动手做一做

1. 组装电路或搭建仿真电路。
2. 编辑、编译上述程序。
3. 试运行程序，观察运行结果。
4. 修改程序，使数码管显示 F E D C B A。

三、定时计数器

51 系列单片机中设置有几个非常有用的定时计数器，使用它可以实现自动定时或对端口的脉冲计数等功能。51 器件中有两个定时计数器，而 52 器件中有 3 个定时计数器，本节介绍 51 器件中的两个定时计数器。

在上一章中的按键程序中，为了降低流水灯的速度，使用了 100ms 的延时，当时采用的方法时执行空指令，消耗 100ms 时间。这种方式浪费了大量的 CPU 时间，100ms 时间 CPU 就能执行几万条指令。使用定时计数器后这种延时工作可以交给定时器完成。当需要延时就设置好定时器，使定时开始工作。CPU 就可以去执行其他操作。当定时时间到后，定时计数器产生中断，CPU 响应中断，再回来处理按键操作。这样节约了大量的 CPU 工作时间。这时定时计数器就像一只闹钟，等到定时时间达到时，闹钟就响了。

1. 定时计数器的结构

定时计数器的结构可参考图 2-3-17 所示。从结构图可以看到定时计数器的核心部件为一个计数器，该计数器为一个加计数器。其余部件为计数器脉冲和计数控制部件，计数器对计数脉冲进行加计数，当计数器计满后使 TF0 位置 1，计数器回 0 继续计数。图中实线为计数脉冲通路，而虚线部分为计数控制信号通路。

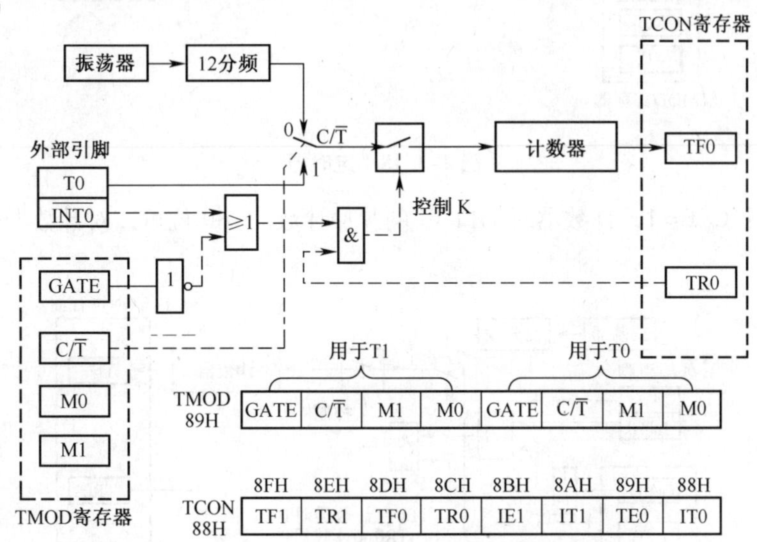

图 2-3-17 89S51 定时计数器 0

（1）计数器计数脉冲的来源

从图 2-3-14 中可以看到，计数器的计数脉冲有两个来源：一是内部振荡器经 12 分频后的时钟脉冲，二是外部引脚 T0 上的负脉冲。

当 $C/\overline{T}=1$ 时，外部引脚 T0 的脉冲为计数脉冲。对外部引脚脉冲计数时，就是一个实用的计数器。

而 $C/\overline{T}=0$ 时，计数器对内部时钟脉冲计数时，由于内部时钟脉冲是一个固定频率脉冲，计数器就成了一个定时器。当振荡器使用 12MHz 晶振时，计数脉冲频率为 1MHz，周期为 1μs。

（2）计数脉冲的控制

计数脉冲要送到计数器中，必须经过控制开关 K。开关 K 要接通必须满足以下几个条件。

① TR0 必须为“1”。TR0 又称为计数器 0 控制位。

② $\overline{GATE}=0$ 或 GATE = 1 并且外部引脚 $\overline{INT0}$ 为“1”。此时计数器是否计数可以由外部引脚 $\overline{INT0}$ 控制。GATE 位又称为闸门位，控制外部引脚信号能否进入计数器。

常见的两种使用方法。

① 定时器：$C/\overline{T}=0$ 计数器对内部时钟计数，GATE = 0。使用 TR0 位控制计时，当 TR0 = 0 计时停止，TR0 = 1 计时工作。当振荡器使用 12MHz 晶振时，每 1μs 计数器加 1。如图 2-3-18 所示。

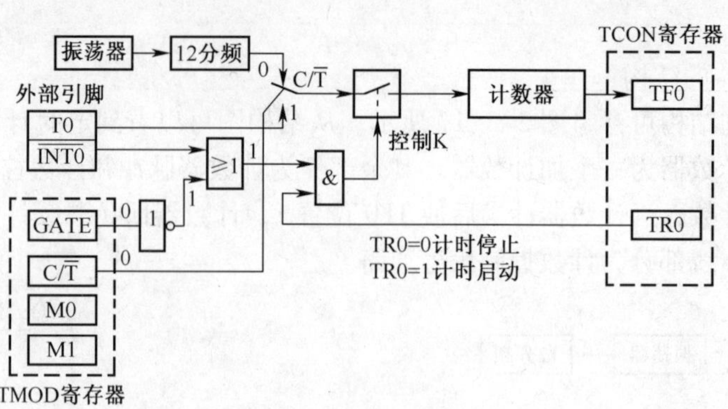

图 2-3-18　定时器

② 计数器：C/$\overline{T}$ = 1，计数器对端口 T0 的脉冲计数。TR0 位可以对计数器进行控制，如图2-3-19所示。

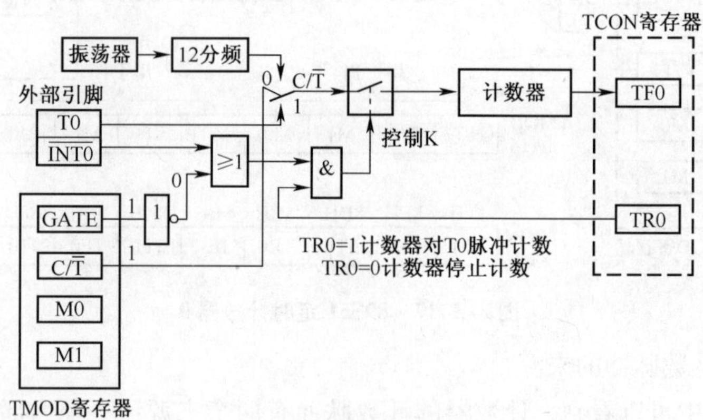

图 2-3-19　计数器

（3）计数器的计数状态

当计数器加计数计满溢出后标志位 TF0 置"1"。我们可以通过查询 TF0 的状态检查计数器是否产生溢出，但实际上用得更多的是使用中断方式。当计数器产生溢出后 TF0 置"1"，同时向 CPU 发出中断请求，利用中断处理程序完成对计数器溢出的处理。

（4）计数器的初值

如何将计数器设定为我们所需要的计数值呢？这是使用计数器时要关注的最主要问题。由于计数器是一个加法计数器，我们可以事先将计数器设定一个初值 X，计数器在 X 的基础上加计数，当计数器的值溢出时计数脉冲的个数为：

$$计数脉冲个数 = 计数器最大值 - 计数器初值\ X + 1$$

$$计数器的最大值 = 2^N - 1$$

式中，N 为计数器的位数。

由此得到：

$$计数器的初值 = 2^N - 计数脉冲个数$$

（5）计数器的最大计数值

计数器最大计数值由计数器的位数决定，其计数器为 2 个 8 位计数器。定时计数器 0 中为 TH0 和 TL0，定时计数器 1 中为 TH1 和 TL1。根据不同的需要，89S51 中对计数器设定了 4 种不同的计数方法，称为计数器的 4 种工作模式。下面以计数器 0 为例分析前 3 种计数模式，参见图 2-3-20。

模式 0：由 TL0 和 TH0 组成一个 13 位的计数器，由于 TL0 只使用了低 5 位，使得计数器的初值计算较为麻烦。例如：需要的计数脉冲个数为 1000 时：

$$计数器的初值 = 2^{13} - 1000 = 7192$$

将 7192 转换为二进制数为 1110000011000B。其中低 5 位为 11000 = 18H，高 8 位为 11100000 = 0E0H。这样 TL0 的初值为 18H，TH0 的初值为 0E0H，计数器从此初值开始计数，当计数计到 1111111111111B 后再计数一次，计数器状态变回 0000000000000B 同时产生一个溢出脉冲使 TF0 = 1。需要重复计数时需将初值重新装入。

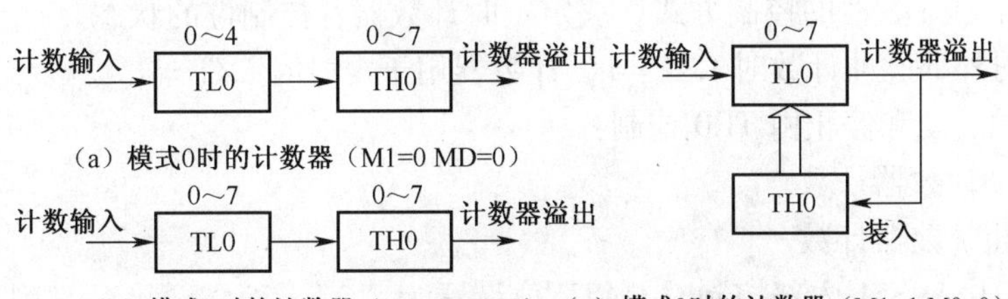

图 2-3-20　定时计数器中的计数模式

模式 1：由 TL0 和 TH0 组成一个 16 位计数器。对于计数器的初值只需要将高 8 位送到 TH0 中，低 8 位送到 TL0 中即可。

模式 2：实际应用中计数器经常需要不断的重复计数。例如，需要重复产生一个时间周期。用模式 0 及模式 1 方式的处理过程如下。

① 计数器计数溢出后向 CPU 发出中断。

② CPU 响应中断。

③ 进入中断处理程序。

④ 在中断处理程序中装入计数器的初值，计数器重新开始计数。

这一过程需要一定的时间，由于 CPU 响应中断的时间不是一个固定值，因此需要重复计数时每个周期的时间就不能十分准确。而模式 2 就能解决这一问题。

模式 2 只使用 TL0 用做计数器，当 TL0 产生溢出时，溢出信号同时将 TH0 中的数值送到 TL0 中(也称为装入)，这样计数器马上就能开始下一轮计数，而不受 CPU 响应中断的时间的影响，从而得到十分精确的周期。

因此使用模式 2 时需要将计算出来的初值同时送到 TL0 和 TH0 中。中断处理程序中不需要再向 TL0 送初值。

2. 定时计数器的使用

对定时计数器的工作模式进行控制时，需要对特殊存储器 TMOD 进行控制，TMOD 各位的含义为：

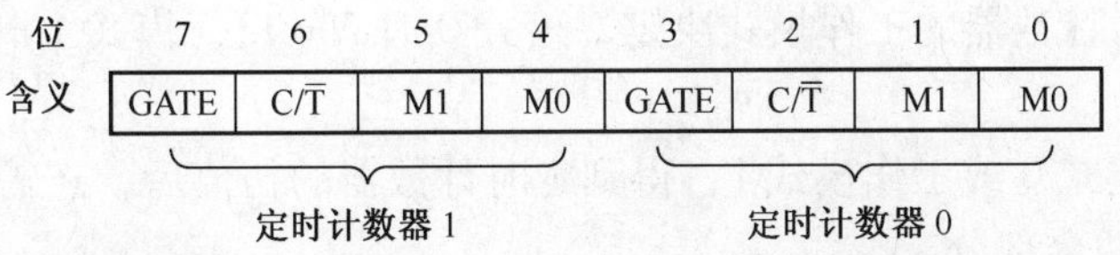

位	7	6	5	4	3	2	1	0
含义	GATE	C/$\overline{T}$	M1	M0	GATE	C/$\overline{T}$	M1	M0
	定时计数器 1				定时计数器 0			

使用定时计数器时需要对以上各位进行设置，由于 TMOD 不能进行位寻址，故只能将 TMOD 的各位设置好后使用 8 位二进制数对 TMOD 的各位同时写入。应当进行的几项工作如下，以定时计数器 0 用于定时器为例。

① 设定定时计数器的工作模式。

定时计数器 3 种工作模式的区别参见表 2-3-9。

表 2-3-9　定时计数器的三种工作模式

模式	M1，M0	最大计数值	最长定时时间（振荡器频率 = 12MHz）	定时精度
模式 0	0，0	$2^{13}=8192$	8.192ms	低
模式 1	0，1	$2^{16}=65536$	65.536ms	低
模式 2	1，0	$2^{8}=256$	256μs	高

② 根据对定时计数器的控制方式，决定定时计数器各控制位的状态。

a. 计数器对外部脉冲计数时 $C/\overline{T}=1$，计数器用于定时时 $C/\overline{T}=0$。

b. 计数器的启动和停止由 TR0 控制：

TR0 = 1 启动计数器计数

TR0 = 0 停止计数器计数

c. 计数器只由 89S51 内部控制时 GATE 位设置为“0”，而需要由外部引脚（$\overline{\text{INT0}}$）上的脉冲控制计数时将 GATE 位设置为“1”，此时 GATA 位就能控制是否允许外部引脚对计数器进行控制。

③ 写定时计数器的控制字。

定时计数器模式寄存器为 TMOD，使用前安排好各位的状态，然后将数据赋给 TMOD。例如：将定时计数器 0 设置为定时模式 1，定时计数器 1 设置为定时模式 0，根据图 2-3-21 分析可得到控制字为“01H”，设置 TMOD 可使用语句：TMOD = 0x01；实现。

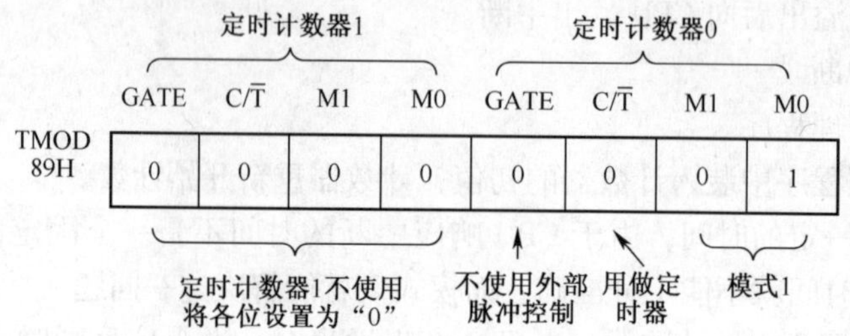

图 2-3-21　模式寄存器为 TMOD

④ 定时计数器初值的计算。

用做计数器时：

$$\text{定时计数器的初值} = 2^N - \text{计数值}$$

用做定时器时：

$$\text{定时计数器初值} = 2^N - \frac{\text{系统振荡频率}}{12} \times \text{定时时间}$$

式中，N 由定时计数器的工作模式决定，模式 0 时 $N=13$，模式 1 时 $N=16$，模式 2 时 $N=8$。

如果选用工作模式 0 或工作模式 1，得到定时计数器的初值后，还需将其分解为 TL0 的初值和 TH0 的初值两个部分。

在系统初始化时需要将计数器的初值写入 TL0 和 TH0 中，如果使用模式 0 或模式 1，当计数器发生溢出后还要再重新将初值写入 TL0 和 TH0。

例如，需要使用定时时间为 50ms。系统晶振为 12MHz，定时计数器的初值如下。

$$初值=2^{16}-\frac{12\times10^{6}}{12}\times50\times10^{-3}=0x10000-50000$$

当使用模式 1 时得到的初值需要分解成高 8 位和低 8 位。这些工作可以交给编译程序完成：

TH0 = （0x10000 - 50000） / 256；

TL0 = （0x10000 - 50000）% 256；

除号“/”完成的是整除操作，即除以 256 后只保留整数部分。除 256 的整数部分就是 16 位二进制数的高 8 位。

符号“%”表示取余操作，即除以 256 后保留余数部分。除 256 的余数部分就是 16 位二进制数的低 8 位。

注意：定时计数器使用模式 1 时，若初值 =0，频率使用 12MHz。此时得到此模式下的最长定时值：

$$0=2^{16}-\frac{12\times10^{6}}{12}\times最长定时$$

解之得：最长定时 =65. 535ms，因此使用定时计数器时最长延时不能超过 65. 5ms。

四、使用定时计数器控制的流水灯

项目：使用定时计数器延时完成流水灯控制。流动速度为 5Hz/s，即每只灯亮 0. 2s。

方案：使用定时计数器 0 产生 200ms 的计时，每次计时时间到后产生中断，中断处理程序中使显示位置移动一步。定时计数器的设置需要进行以下几项工作。

使用定时计数器 1，工作模式设定为模式 1。但是模式 1 最长延时仅为 65ms，需要得到 200ms 延时时，需要另设置一个计数器 js。将定时计数器的定时值设置为 50ms，每次计时到时后 js 加 1，计数器 js 到 4 后达到 200ms。

在上一章关于中断的内容中可以看到定时计数器 0 的中断号为 1，中断允许标志为 ET0，主程序中需要开放此中断。

计数器初值计算：

$$初值=2^{16}-\frac{12\times10^{6}}{12}\times50\times10^{-3}=0x10000-50000$$

为了调整时间方便，设置一个变量 s 保存定时计数器每次的计时值，其单位为 μs（微秒）。程序中赋值 50000。如果程序中改变变量 x 的数值就可改变定时值。

程序如下。

```
/*-----------------------------------------------------------------------
DPJKZ6-3. C   使用定时计数器的流水灯
-----------------------------------------------------------------------*/
#include <REG52. H>                    //指定头文件 REG52. H
#include <INTRINS. H>                  //指定头文件 INTRINS. H
#define uint   unsigned int
#define uchar unsigned char
uint s;
```

```
uchar sh,sl;
/*------------------------------------------------------------
主函数
-------------------------------------------------------------*/
void main(void){
TMOD=0x1;                  //定时计数器0为模式1
s=50000;                   //定时时间50ms
sh=(0x10000-s)/256;        //计算定时计数器初值高8位
sl=(0x10000-s)%256;        //计算定时计数器初值低8位
TH0=sh;                    //装入定时计数器初值高位
TL0=sl;                    //装入定时计数器初值低位
TR0=1;                     //启动定时计数器0
EA=1;                      //开总中断
ET0=1;                     //开定时计数器0中断
P0=0x7f;                   //设定显示初始状态
while(1);                  //主程序工作完成
}
/*====================================
定时计数器0中断处理
=====================================*/
void ctc0(void)interrupt 1 //定时计数器中断处理,中断号=1
{
static uchar js=0;         //设定静态计数变量
TH0=sh;                    //重设计数器初值高位
TL0=sl;                    //重设计数器初值低位
if(++js==4)                //计数器x加1,若计数器x等于4定时200ms到
  {
  P0=_cror_(P0,1);         //寄存器P0中内容右移一位并送回P0中
  js=0;                    //计数器x清0,重新开始计时
  }
}
```

关于静态变量做出如下的说明。

前面已经介绍过在函数中说明的变量为局部变量，只在本函数中有效。但是每次调用函数时局部变量的初始数值都为0。为了实现计数，希望每一次调用函数后变量的数值能保存下来，下一次调用时能继续使用上次一调用的数值，这时就需要使用静态变量(static)。本例中计数器js就必须使用静态变量，以便实现每次中断后能累计计数。

五、多个数码管的动态显示

1. 动态驱动法原理

动态驱动法将多只数码管的笔画段连接在一起，驱动电路将显示字形码（称为段码）

同时加在每只数码管上。各只数码管的公共端分别使用驱动器件驱动。任意一个时刻只有一只数码管的公共端被驱动（称为位码），故只有该数码管能显示。其他数码管由于公共端未被驱动，即使笔画端加有字型驱动也不会显示（见图 2-3-22）。

位码驱动电路不停的轮流驱动每一只数码管，段码驱动同时输出被驱动的数码管的段码，这样每只数码管轮流显示各自的字符。由于人眼具有视觉暂留特性，当每只数码管显示时间间隔小于 1/16 秒时人眼感觉不到闪动，看到的是每只数码管常亮。

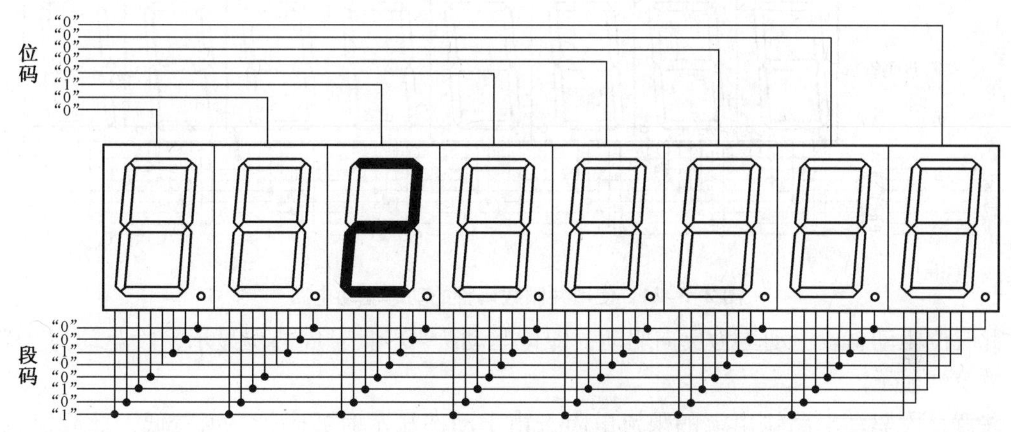

图 2-3-22 动态驱动法

如果动态驱动 N 只数码管，每只数码管的显示时间为 $1/N$，数码管的平均亮度也降为 $1/N$。当数码管过多时亮度太低，同时数码管较多时轮流显示的频率也要提高。根据实际经验使用动态驱动时一般不要超过16只数码管。即每只数码管的显示周期不要低于 1/16。

2. 动态驱动法的显示刷新程序

使用动态驱动法时，程序必须不停地输出位码和段码。一般在程序中使用定时中断，中断处理程序对数码管显示的驱动方法参见图 2-3-23。程序中设置一个当前显示位指针，存放当前显示位置，并定义一个存储区，存放当前需要在每一个数码管需要显示的数字，称为显示缓冲区。

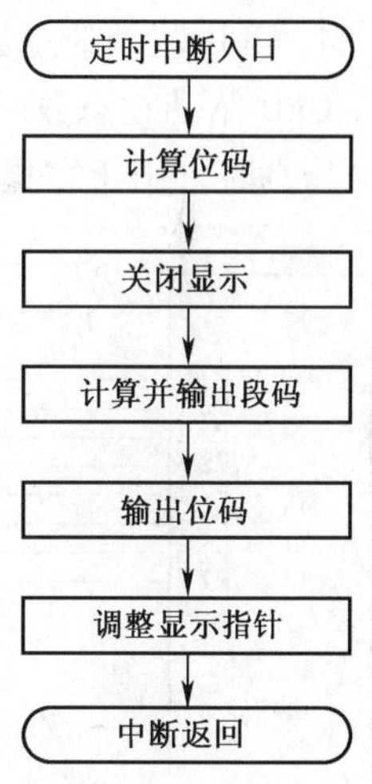

图 2-3-23 动态显示刷新

显示刷新工作在中断处理中完成，主程序中只需要将需要显示的内容存放到显示缓冲区中即可。

图中“关闭显示”处理框的作用：进入中断程序后准备显示下一位，但此时位码为当前位，如果不关闭显示直接输出段码，则会将下一位的段码送到当前显示位，尽管输出位码后显示会移至下一位，但会给人一种拖泥带水的感觉。关闭显示的方法是送出一个全灭显示的位码。

3. 使用共阳数码管的动态驱动电路

在动态驱动电路中，尽管段码驱动电路同时连接到了所有数码管但它只需要驱动数码管中的一个笔画段（小于 25mm 的数码管为一只发光二极管）。而位驱动电路则最多需要同时驱动一只数码管的 8 个笔画段。使用共阳数码管时数码管位驱动电路为拉电流负载，普通 LS、CMOS 集成电路器件的拉电流驱动能力都不足以驱动 8 只数码管，因此一般都采用分立元件(如 PNP 三极管)驱动(见图2-3-24)。

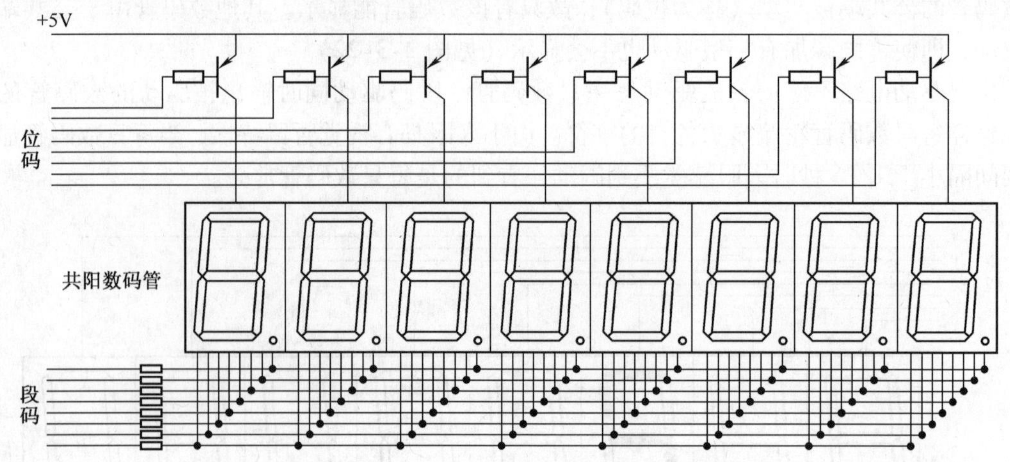

图 2-3-24　使用共阳数码管的动态驱动电路

此时位驱动与段驱动均为反向驱动，即位驱动为“0”时对应的位显示，段驱动为“0”时对应的笔画显示。

注意：段驱动电路输出端的限流电阻，由于动态显示时数码管亮度较低，此限流电阻阻值可适当减小，甚至取消。但调试程序时若动态扫描停止时间过长则可能会造成器件故障。

4. CPU 驱动动态数码管

CPU 驱动动态数码管的方法如图 2-3-25 所示，所需元件如表 2-3-10 所示。使用 Proteus 仿真时，由于它只仿真逻辑关系，故可以使用反相器直接替代驱动管。

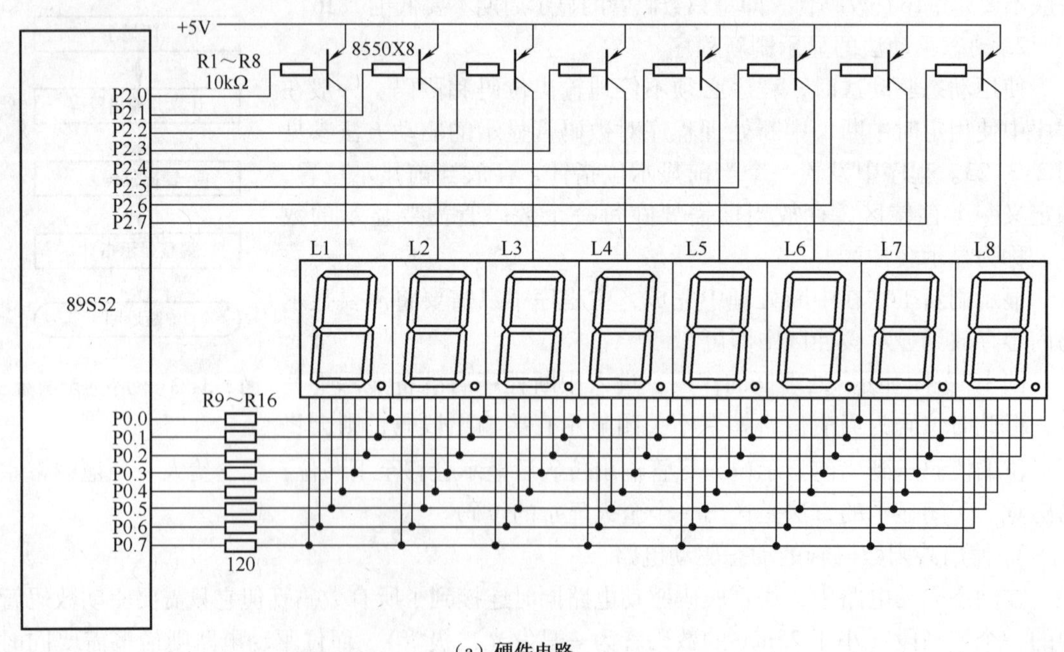

(a) 硬件电路

图 2-3-25　数码管驱动电路

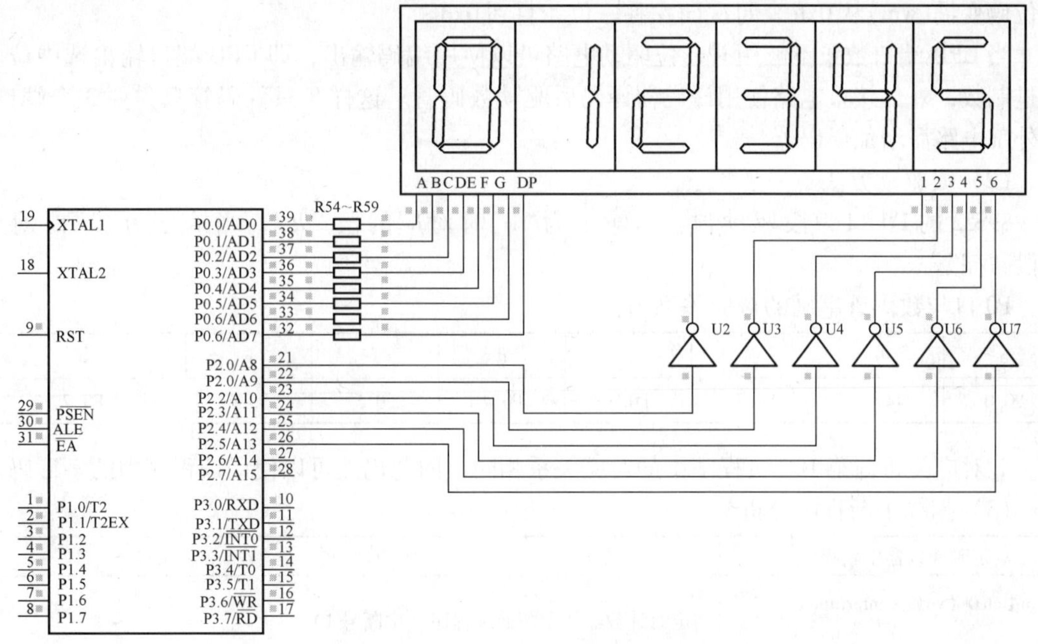

（b） Proteus 仿真电路

图 2-3-25 数码管驱动电路（续）

表 2-3-10 元件清单

编号	元件名称	类 别	子类别	结 果
IC1	CPU	Microprocessor ICs	8051 Family	AT89C52
SM	共阳数码管组	Optoelectronics	7-Segment Display	7SEG-MPX6-CA-BLUE
U1 ~ U6	反相器	Modeling Primitives	Digital	INVERTER

（1）位驱动方法

89S52 的 P2 口为位驱动口，当输出为“0”时对应的位被选中，显示字符。P2 端口的 8 个位中，任意时刻只能有一个输出为“0”，其他均为“1”。

本例中只使用了 6 只数码管，其位置与位码的对应关系如图 2-3-26 所示。

显示位置 xswz	0	1	2	3	4	5
位码 Wm	0xfe 11111110	0xfd 11111101	0xfb 11111011	0xf7 11110111	0xef 11101111	0xdf 11011111

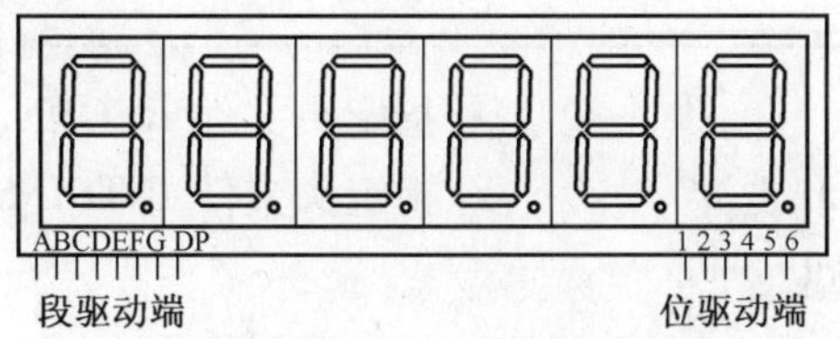

图 2-3-26 位置与位码

扫描过程中，设置显示位置计数器变量(xswz)从 0 开始，每次加 1，直到 5 后回 0。设置位码变量(wm)从0xfe，每次向左移一位，直到0xdf。

当CPU端口数量不够用时，位驱动电路可以使用编码输出，即CPU端口输出选中位的二进制数，外部接口电路使用译码器译码后驱动数码管。这样8只数码管只需要3个端口，但外部电路需增加译码器。

（2）段驱动方法

89S52的P0口为段驱动口，当输出为“1”时对应的段“灭”。当输出为“0”时对应的段“亮”。

P0口与数码管笔画的对应关系为：

a	b	c	e	d	f	g	h
P0.0	P0.1	P0.2	P0.3	P0.4	P0.5	P0.6	P0.7

此对应关系与第108页程序中的对应关系相同，因此仍然可以使用该程序中的字形码。

（3）扫描中断程序分析

定时计数器中断程序	程 序 说 明
void ctc0 （void） interrupt 1 {	定时计数器0中断处理程序（中断号1）
static uchar xswz =0，wm =0xfe；	设置显示位置计数器和位码变量初始值，注意此处变量需设置为静态变量，保证下次中断时能继续使用上次的数值
TH0 = sh； TL0 = sl；	恢复计数器初值
P2 =0xff；	关闭显示
P0 = zxb ［xsbuf ［xswz］］；	输出段码
P2 = wm；	输出位码
wm =_ crol_ （wm，1）；	位码左移一位
if （ + + xswz = =6） {xswz =0； wm =0xfe；} }	当显示位置计数器等于6，时一次扫描完成，恢复显示位置计数器和位码变量初始值

5. 动态数码管显示程序

```
/* ---------------------------------------------------------------------------
DPJKZ64. C   数码管动态显示
--------------------------------------------------------------------------- */
#include <REG52. H>                    //指定头文件 REG52. H
#include <INTRINS. H>                  //指定头文件 INTRINS. H
#define uint   unsigned int
#define uchar unsigned char
uint s;
uchar sh,sl;
```

```
uchar xsbuf[ ] = {0,1,2,3,4,5 };             //显示缓冲区
uchar zxb[ ] = {0xc0,0xf9,0xa4,0xb0,0x99,0x92,0x82,0xf8,0x80,0x90};//字形码
/* ------------------------------------------------------------
主函数
--------------------------------------------------------------*/
void main(void){
TMOD =0x1;
s =5000;                                     //定时器定时时间 5ms
sh = (0x10000-s)/256;
sl = (0x10000-s)%256;
TH0 = sh;
TL0 = sl;
TR0 =1;
EA =1;
ET0 =1;
while(1);
}

/* ====================================
定时计数器 0 中断处理
====================================*/
void ctc0(void)interrupt 1
{
static uchar xswz =0,wm =0xfe;
TH0 = sh;
TL0 = sl;
P2 =0xff;
P0 = zxb[xsbuf[xswz]];
P2 =wm;
wm    =_crol_(wm,1);
if( + +xswz = =6)
{xswz =0;
wm =0xfe;}
}
```

6. 数码管动态显示实例

将上一项目静态显示修改为动态显示，需修改的位置较多。

① 拆除 IC2 ~ IC7。

② 拆除印制板背面“J2”及“J7”共 6 处的连接。

③ 拆除 R10 ~ R49 共 40 只电阻（保留 IC2 周围的 R2 ~ R9 共 8 只电阻）。

④ 连接印制板背面标有“J8”处（一共40处），如图2-3-27所示。

（a）背面连接J8跳线拆除J2~J7跳线

（b）驱动三极管

图2-3-27　连接图中“J8”处

⑤ 安装电阻R54 ~ R59。

⑥ 安装三极管T1 ~ T6。

需要添加的元件如表2-3-11所示，添加元件后电路板如图2-3-28所示。

表2-3-11　动态显示元件

序号	名称	符号	规格	用途	备　注
1	电阻	R54 ~ R59	10K	驱动电阻	
2	三极管	T1 ~ T6	8550	驱动管	注意三极管引脚位置

图2-3-28　动态显示实例

六、简易时钟

使用上述数码管显示程序和硬件可以很方便地制作一个简易时钟，制作简易时钟需要添加以下内容。

① 时钟程序中需要产生一个秒脉冲。定时扫描的时间为5ms，添加一个计数器js，每次中断时加1。当js加到200时定时达到1s（5ms×200=1000ms=1s）。此时设置位变量mbz，通知主程序进行秒计数。

```
if (++js==200)
    {mbz=1;
    js=0;}
```

② 需要设置三个变量xs，f，m分别保存小时、分、秒的数值。

③ 主程序中设置时钟计数程序，框图及程序段如下。

程序框图	程　序

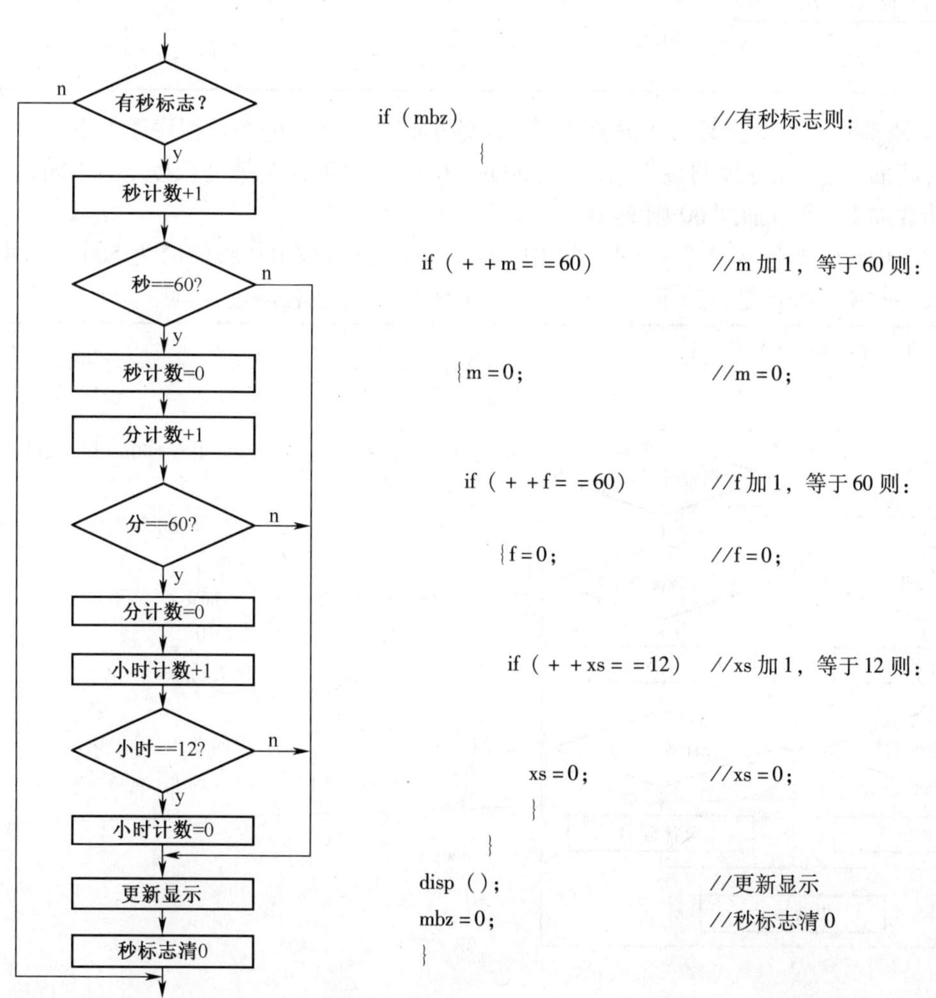


```
if (mbz)                      //有秒标志则:
    {
        if (++m==60)          //m加1，等于60则:
            {m=0;             //m=0;
                if (++f==60)  //f加1，等于60则:
                    {f=0;     //f=0;
                        if (++xs==12)  //xs加1，等于12则:
                            xs=0;      //xs=0;
                    }
            }
disp ();                      //更新显示
mbz=0;                        //秒标志清0
}
```

④ 显示函数将当前的时间保存到显示缓冲区中，框图及程序段如下。

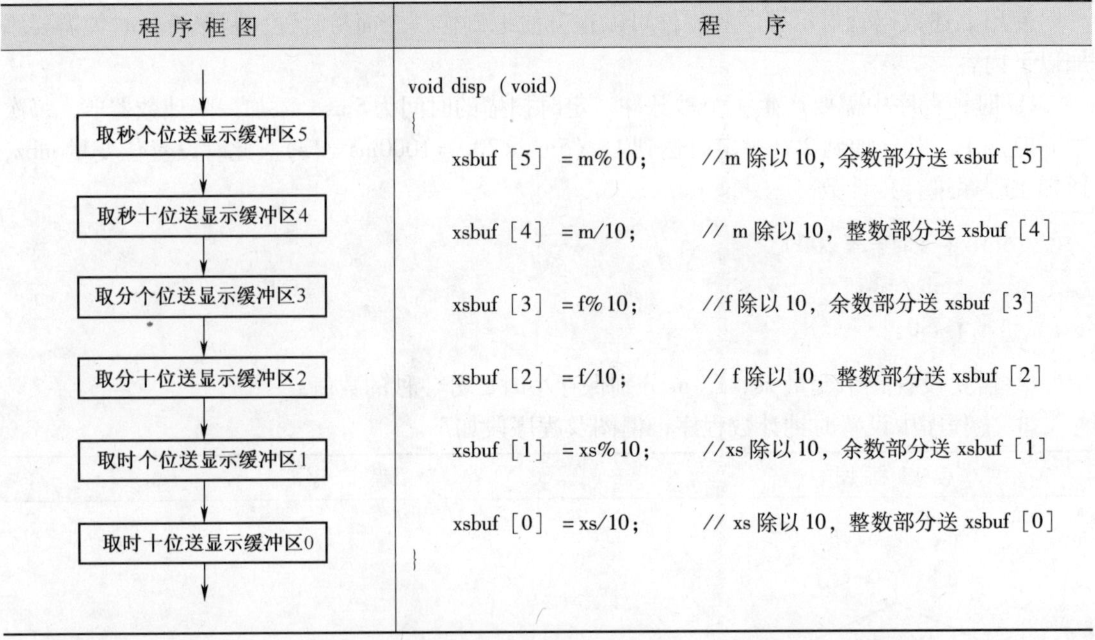

程序

```
void disp (void)
{
    xsbuf [5] = m%10;      //m除以10，余数部分送xsbuf [5]
    xsbuf [4] = m/10;      // m除以10，整数部分送xsbuf [4]
    xsbuf [3] = f%10;      //f除以10，余数部分送xsbuf [3]
    xsbuf [2] = f/10;      // f除以10，整数部分送xsbuf [2]
    xsbuf [1] = xs%10;     //xs除以10，余数部分送xsbuf [1]
    xsbuf [0] = xs/10;     // xs除以10，整数部分送xsbuf [0]
}
```

⑤ 为了调整时间，设置两个按键分别用于调整小时和分钟。框图及程序段如下。

调整时间的方法(以分钟调整为例)：每500ms检测一次调分按键是否按下（!jfaj)，若按下则分计数加1。若分加到60则f=0。

中断程序中计时变量js从0~199，共1000ms。每当js能被100整除时为500ms。故每当满足此条件时检测按键是否按下，若按下则设置bmbz通知主程序进行调整。

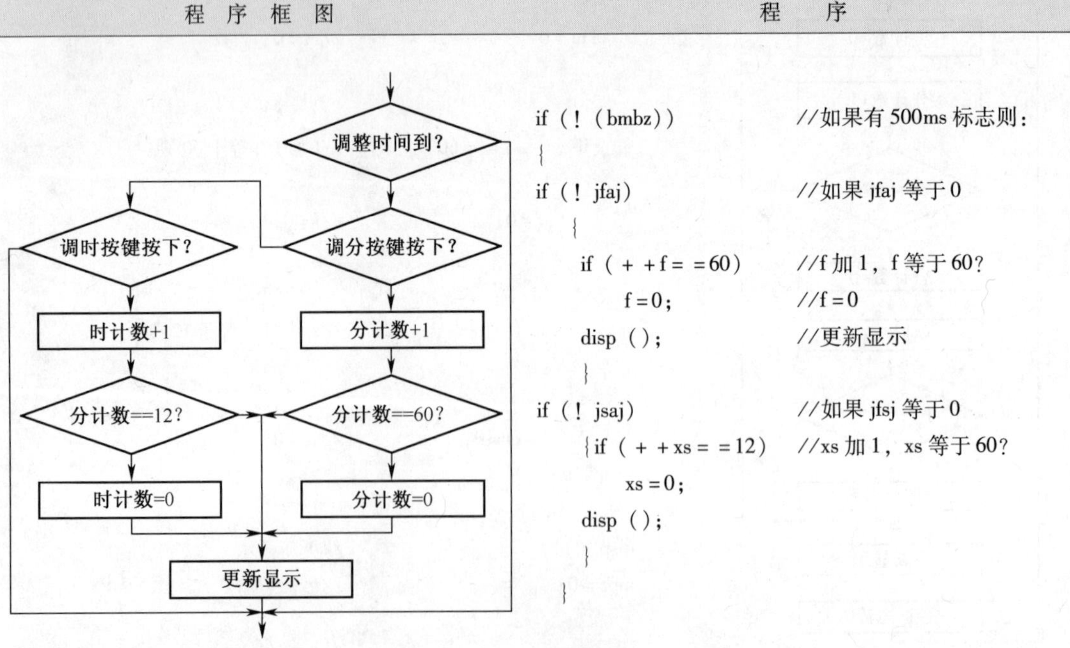

程序

```
if (! (bmbz))              //如果有500ms标志则:
{
if (! jfaj)                //如果jfaj等于0
  {
    if (++f==60)           //f加1，f等于60?
       f=0;                //f=0
    disp ();               //更新显示
  }
if (! jsaj)                //如果jfsj等于0
  {if (++xs==12)           //xs加1，xs等于60?
       xs=0;
    disp ();
  }
}
```

检测js能否被100整除:!(js%100)。当js除以100，余数为0时说明js能被100整除。

⑥ 简易时钟的完整程序清单。

```
/*--------------------------------------------------------------------------
DPJKZ65.C    简易时钟
--------------------------------------------------------------------------*/
#include <REG52.H>                        //指定头文件 REG52.H
#include <INTRINS.H>                      //指定头文件 INTRINS.H
#define uint  unsigned int
#define uchar unsigned char
uint s,js;                                //定义变量 s, js
uchar sh,sl;
uchar xsbuf[] = {0,0, 0,0, 0,0};          //显示缓冲区
uchar zxb[] = {0xc0,0xf9,0xa4,0xb0,0x99,0x92,0x82,0xf8,0x80,0x90};
uchar xs = 0,f = 0,m = 0;                 //小时计数 xs  分钟计数 f  秒计数 m
bit mbz;bmbz;                             //秒标志,半秒标志
sbit jsaj = P1^5;                         //调小时按键端口
sbit jfaj = P1^4;                         //调分钟按键端口
void disp(void);                          //显示更新函数声明
/*-----------------------------------------------------------
主函数
-----------------------------------------------------------*/
void main(void){
TMOD = 0x1;
s = 5000;                                 //5ms 中断定时
sh = (0x10000-s)/256;
sl = (0x10000-s)%256;
TH0 = sh;
TL0 = sl;
TR0 = 1;
EA = 1;
ET0 = 1;
while(1)
{

if(mbz)                                   //是否有秒标志?
    {
    if(++m==60)                           //秒计数+1,秒计数等于60?
        {m = 0;                           //秒计数=0;
        if(++f==60)                       //分钟计数+1,分计数等于60?
            {f = 0;                       //分钟计数=0
```

```
            if( + +xs = =12)          //小时计数+1,小时计数等于12?
               xs =0;                 //小时计数=0
            }
         }
      disp();                         //更新显示
      mbz =0;                         //秒标志清0
      }
//以下处理调整按键
if(bmbz)                              //有计时500ms标志
   {
   if(! jfaj)                         //调分按键是否按下?
      {
      if( + +f = =60)f =0;            //分钟计数+1,等于60时回0
      disp();                         //更新显示
      }
   if(! jsaj)                         //调时按键是否按下?
      {if( + +xs = =12)xs =0;         //小时计数+1,等于12时回0
      disp();                         //更新显示
      }
   bmbz =0;
   }
      }
}
/* = = = = = = = = = = = = = = = = = = = = = = = = = = = = = = = = = =
更新显示
= = = = = = = = = = = = = = = = = = = = = = = = = = = = = = = = = = */
void disp(void)
{
   xsbuf[5] =m%10;                    //取秒计数个位送显示缓冲区
   xsbuf[4] =m/10;                    //取秒计数十位送显示缓冲区
   xsbuf[3] =f%10;                    //取分钟计数个位送显示缓冲区
   xsbuf[2] =f/10;                    //取分钟计数十位送显示缓冲区
   xsbuf[1] =xs%10;                   //取小时计数个位送显示缓冲区
   xsbuf[0] =xs/10;                   //取小时计数十位送显示缓冲区
}
/* = = = = = = = = = = = = = = = = = = = = = = = = = = = = = = = = = =
定时计数器0中断处理
= = = = = = = = = = = = = = = = = = = = = = = = = = = = = = = = = = */
void ctc0(void)interrupt 1
```

```
{
static uchar xswz = 0, wm = 0xfe;
TH0 = sh;
TL0 = sl;
P2 = 0xff;
if( xswz = = 1 | xswz = = 3)                //当显示位置为 1 或 3 时显示小数点
  P0 = zxb[ xsbuf[ xswz ] ]&0x7f;
  else
    P0 = zxb[ xsbuf[ xswz ] ];
P2 = wm;
wm    = _crol_( wm, 1) ;
if( + + xswz = = 6)
{ xswz = 0;
wm = 0xfe; }
if( + + js = = 200)                         //秒计数器 js 加 1,当 js 等于 200(1s)时
{ mbz = 1;                                  //设置秒秒标志
js = 0; }                                   //秒计数器 js 回 0
if( ! (js%100) ) bmbz = 1;                  //当 js 整除 100 时(500ms)设置 500ms 标志
}
```

使用 Protues 软件仿真的结果如图 2-3-29 所示。

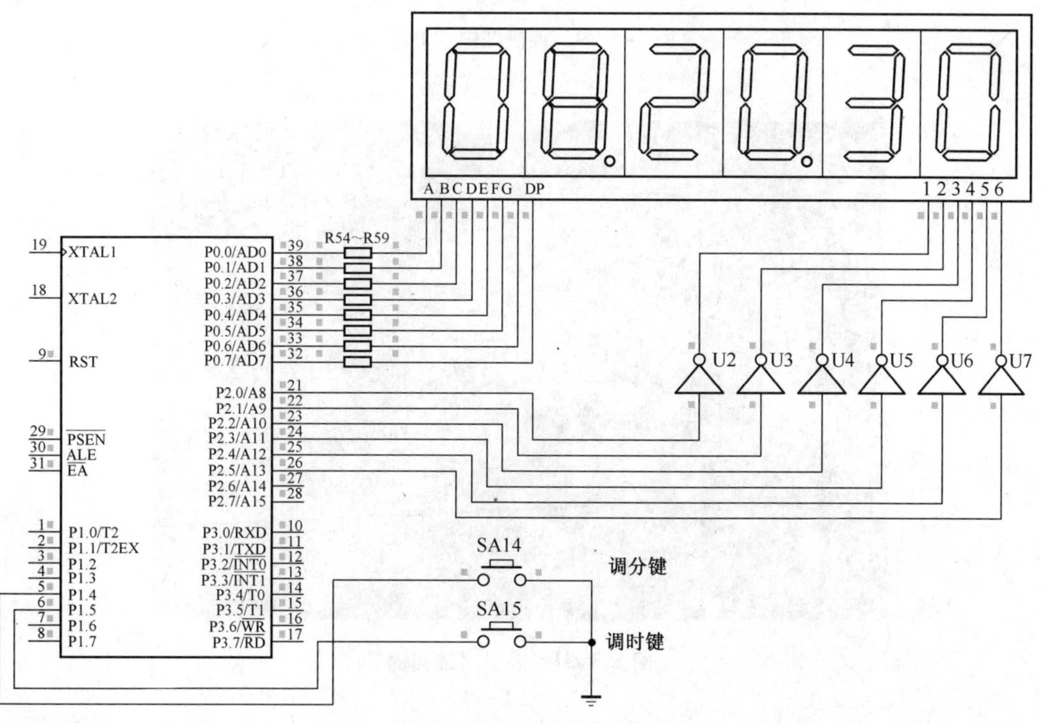

图 2-3-29 简易时钟 Proteus 仿真

> **动手做一做**
> 1. 组装电路或搭建仿真电路。
> 2. 编辑、编译上述程序。
> 3. 试运行程序，按下按键，观察运行结果。
> 4. 修改程序，使数码管显示为分-秒-百分秒。

⑦ 简易时钟实例。

在上一项目的基础上增加两只按键，实现简易时钟，连接印制板背面标有“J9”处，如图 2-3-30 所示。最终显示效果如图 2-3-31 所示。C 键为调分键，D 键为调时键。

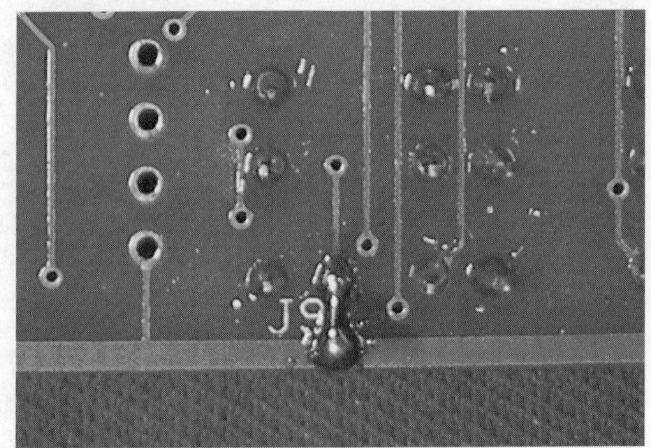

图 2-3-30　连接图中“J9”处

图 2-3-31　简易时钟实例

项目四　LCD 显示

LCD 液晶显示器是 Liquid Crystal Display 的简称，是目前最常见的显示器件之一。为了方便使用，LCD 厂家都将液晶屏、驱动电路和接口电路甚至常用的显示功能都做在一起，称为 LCD 模块(LCM)。使用时只需要按照接口规范传送数据和指令就可在 LCD 屏上显示所需要的内容。本章介绍两种常见的 LCM 的使用方法。

一、字符型 LCD 模块

1. LCD 显示模块介绍

LCD 显示模块是最常用的显示器件之一。根据结构不同，LCD 可分为以下几种。

① 根据显示方式可分为：字符型、点阵型以及专用符号型，如图 2-4-1 所示。

字符型 LCD 可以在屏幕上固定位置显示各种符号、数字和字母。根据屏幕显示内容的数量分为 8×1（1 行 8 个字符），16×1（1 行 16 个字符），16×2（2 行每行 16 个字符），40×2（2 行每行 40 个字符）等。其中 16×2 为最常用的型号。

点阵型 LCD 屏幕为显示点组成，这些显示点称为像素。显示点按行、列排列。单片机使用的点阵屏根据行列数可分为 128×64、192×64、240×160、320×240 等。点阵型 LCD 能控制每个点的显示，因此适用于需要显示图形以及汉字等场合。常见的计算机所使用的 LCD 显示屏都属于点阵屏，但是由于像素较多，一般需要专用的驱动器驱动。

专用符号型为专业厂家为自己的产品定制的 LCD，它能显示该产品所需要的各种字符和图形符号。

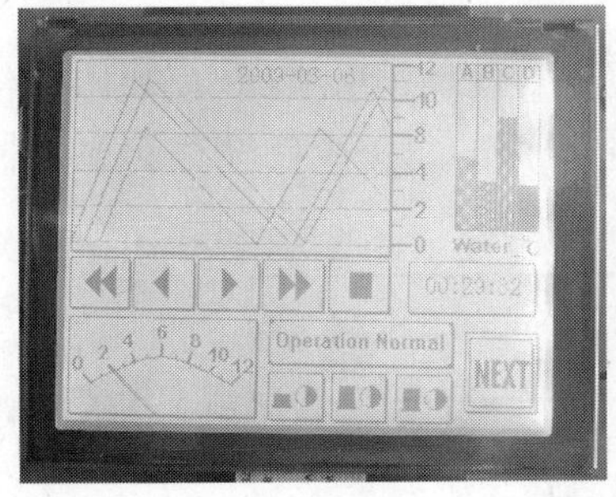

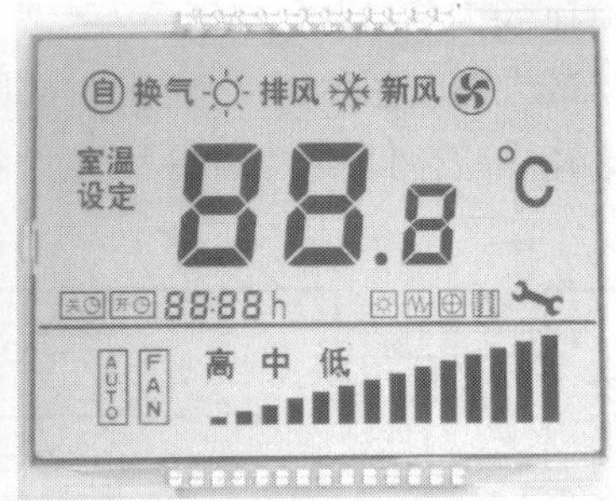

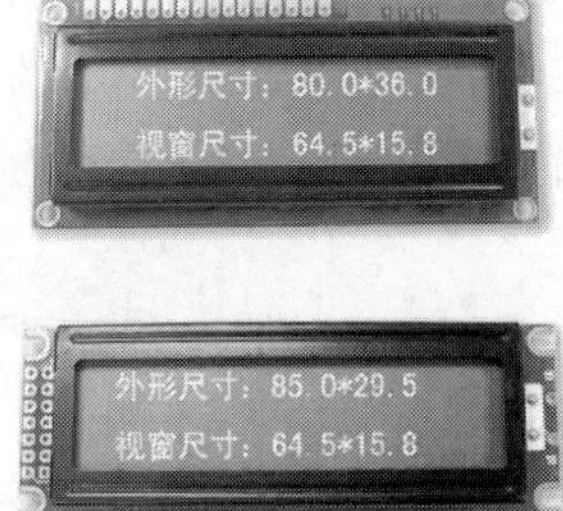

图 2-4-1　液晶显示模块

② 根据接口形式可分为串口驱动和并口驱动。

并口驱动方式使用 8 根数据线和几根控制线与单片机连接，传送数据速度较快但是占用单片机的端口较多。而串口方式只使用少数几根线，采用串行方式传送数据和指令。速度较慢但是占用单片机的端口较少。

③ 根据显示像素的颜色种类可分为单色型和彩色型。

④ 根据是否带有背光分为带背光和不带背光。

LCD 显示原理与 LED 不同，LCD 器件本身不发光，它是通过控制光线的反射或透射情况来显示内容。早期的部分单色 LCD 不带背光，这样就需要在较强的外界光线环境中才能看到显示内容。目前大部分 LCD 显示器都带有背光，即在液晶屏的背后安装有光源，这样即使在黑暗的环境中也能清楚的看清显示内容。大屏幕的 LCD 一般采用专用的高压背光灯管，而单片机驱动的小规模的 LCD 中一般采用 LED(发光二极管)用做背光光源。

本节以单色 16×2 字符型 LCD 为例介绍 LCD 显示屏的使用方法。

2. 16×2 字符型 LCD 的结构

(1) 16×2 字符型 LCD 的外观

字符型液晶显示模块（LCD 模块）是由字符型液晶显示屏 LCD、控制驱动电路 IC，少量阻容元件、结构件等装配在 PCB 板上而成，如图 2-4-2 所示。字符型液晶显示模块目前在国际上已经规范化，无论显示屏规格如何变化，其电特性和接口形式都是统一的。因此只要设计出一种型号的接口电路，在指令设置上稍加改动即可使用各种规格的字符型液晶显示模块。

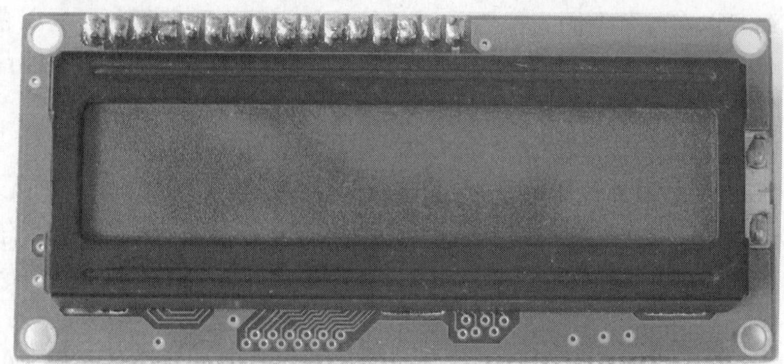

图 2-4-2　16×2 字符型 LCD 模块

(2) 16×2 字符型 LCD 模块的内部结构

字符型液晶显示模块的内部结构如图 2-4-3 所示。从图中可以看到，LCD 模块内部包含有两个存储器：一个称为显示缓冲存储器（DRRAM），它里面的每一个字节保存显示器

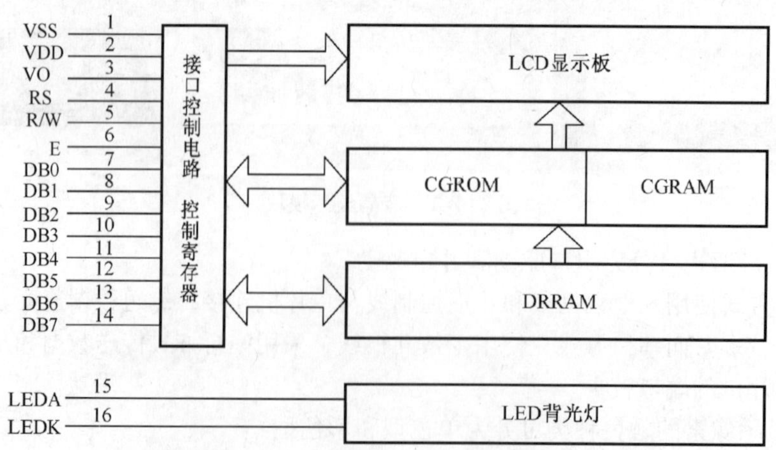

图 2-4-3　字符型液晶显示模块内部结构

上每一个位置需要显示符号的代码，用户修改其中的内容就修改了显示内容；另一个为字符发生器存储器（CGROM），它保存有显示每一个符号所需要的字形点阵数据即字形码，这个存储器是只读存储器。工作时 LCD 模块自动的根据 DRRAM 中存放的显示内容从 CGROM 中读出字形码，送到液晶屏显示字符。

控制电路须要在某位置显示时，首先由 DRRAM 中读出需要显示的字符代码，将代码送给 CGROM，由 CGROM 送出字形数据。这样就会在控制电路指定的位置显示出指定的符号。

CGROM 中的内容是固定不变，即字形是固定的。为了方便用户使用，电路中还预留了一部分 CGRAM，它的内容是可以由用户改变的，这样就可以用户自己编制的图形符号。

接口控制电路中还有一个控制寄存器，用于控制模块的工作方式。需要在 LCD 上显示内容时，需要通过接口读、写这两个存储器和控制寄存器来实现的。

控制寄存器中保存了当前 LCD 模块的工作状态，其具体内容如下。

位	7	6	5	4	3	2	1	0
内容	busy	D6	D5	D4	D3	D2	D1	D0

其中，最高位 busy(第 7 位)为 LCD 模块状态位，本位为 0 是说明 LCD 模块现在空闲，可以接受指令或数据，当本位为 1 是说明 LCD 模块现在忙，不能接受数据或指令。因此在向 LCD 模块发送命令或数据前都必须查询此位是否为 0。

其余的 7 位 D6 ~ D0 为当前数据存储器（DRRAM）读写的指针，即当前读写 DRRAM 的位置。

（3）16 ×2 字符型 LCD 模块的外部接口

16 ×2 字符型 LCD 模块的外部接口一般为 16 只引脚，它们的作用如表 2-4-1 所示。

表 2-4-1 字符型 LCD 模块的外部接口

引线号	符 号	电 平	功 能
1	VSS	0V	GND
2	VDD	5V ± 10%	电源电压：+5V
3	V0	0 – 5V	液晶驱动电压：调整 LCD 的对比度
4	RS	H/L	寄存器选择：1——数据寄存器；0——指令寄存器
5	R/$\overline{W}$	H/L	读、写操作选择：1——读；0——写
6	E	H/L	使能信号 ENABLE
7 ~ 14	DB0 ~ DB7	H/L	数据总线
15	LEDA	+5V	背光 LED 阳极
16	LEDK	0V	背光 LED 阴极

（4）16 ×2 字符型 LCD 模块与 CPU 的连接方法

LCD 模块与 CPU 的连接有多种方法，图 2-4-4 为一种直接连接的方案。图中可调电阻 PR3 为 LCD 屏对比度调整用，R62 为背光 LED 限流电阻。

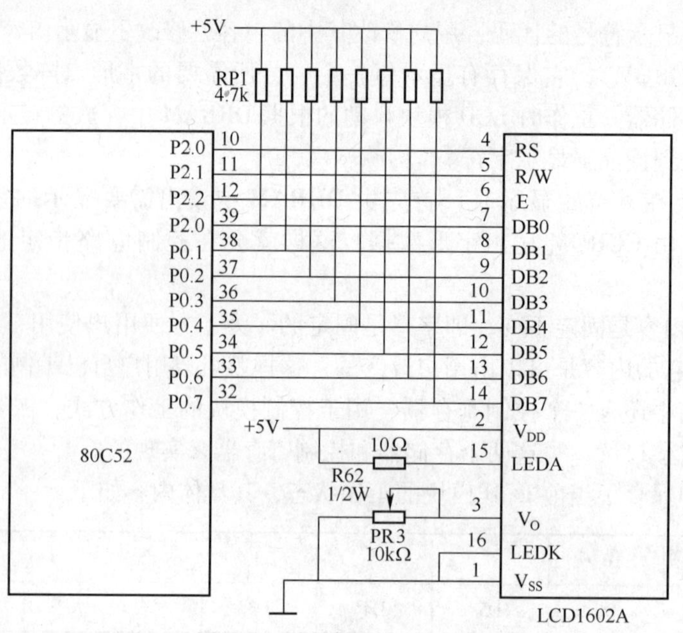

图 2-4-4　LCD 模块与 CPU 的连接

数据端口连接到 CPU 的 P0 口，由于 P0 口为 OC 输出，故连接外电路时需要安装上拉电阻 RP1。按照图 2-4-4 的连接方法，程序中作如下定义。

```
#define   LCD1602DB    P0            //定义 LCD1602DB 为 LCD 的数据接口
sbit      LCD1602E = P2^2            //定义 LCD1602E 为 LCD 模块的 E 端
sbit      LCD1602RW = P2^1           //定义 LCD1602RW 为 LCD 模块的 R/W 端
sbit      LCD1602RS = P2^0           //定义 LCD1602RS 为 LCD 模块的 RS 端
```

3. LCD 模块的读写方法

(1) LCD 模块的操作种类

LCD 模块的读写共有 4 种操作，分别由 RS 和 R/W 位决定，如表 2-4-2 所示。

表 2-4-2　　**LCD 模块的读写**

RS	R/W	E	功　能	说　明
0	0	下降沿	写指令代码 向 LCD 模块发送命令，命令内容见后面	RS＝0，$R/\overline{W}=0$，E 的下降沿将数据总线上的命令写入 LCD 模块中 将命令字节放在数据总线上，然后使 E 产生一个下降沿，命令就送到了 LCD 模块中
0	1	高电平	读忙标志和地址指针（AC）的数值	RS＝0，$R/\overline{W}=1$，E 为高电平时，由数据总线上读出 LCD 模块中控制寄存器的状态。用于检查 LCD 模块当前的工作状态
1	0	下降沿	写数据 向 LCD 模块发送数据，数据格式内容见后面	RS＝1，$R/\overline{W}=0$，E 的下降沿将数据总线上的数据写入 LCD 模块的存储器中 将数据字节放在数据总线上，然后使 E 产生一个下降沿，数据就送到了 LCD 模块中

续表

RS	R/$\overline{W}$	E	功　能	说　明
1	1	高电平	读数据	RS=1，R/$\overline{W}$=1，E 为高电平时，由数据总线上读出 LCD 模块中控制存储器的数据

由上表可以看到：

① RS 为命令和数据控制，当 RS=0 时读写控制电路中的控制寄存器，即写命令、读状态，当 RS=1 时读写的为 LCD 模块中数据存储器中的数据；

② R/$\overline{W}$ 为读写控制，当 R/$\overline{W}$=0 时为写状态，数据或命令写入 LCD 模块中，当 R/$\overline{W}$=1时为读状态，从 LCD 模块中读出状态或数据。

（2）LCD 模块的写操作

根据 LCD 模块技术资料提供的资料，LCD 模块的写入操作时序如图 2-4-5 所示。

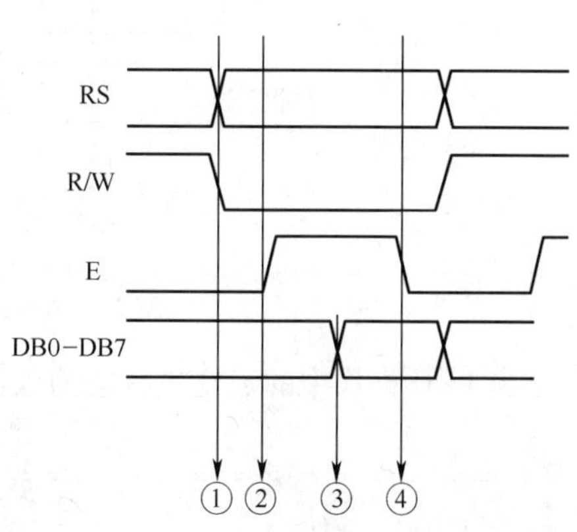

图 2-4-5　LCD 模块的写入操作时序

根据图 2-4-5 所示，LCD 模块的写入操作分为 4 步。

① RS 端根据需要设置为 1 或 0。读写命令时置 0，读写数据时置 1。然后将 R/$\overline{W}$ 设置为 0（写操作）。

② 将允许端 E 设置为 1。

③ 将需要写入 LCD 模块的数据或命令送到数据端口。

④ 将允许端 E 设置为 0。

完成以上 4 步操作就完成了将数据写入 LCD 模块，写 LCD 模块的函数如下。

```
/*====================================
写 LCD1602 操作
入口：x=0 为写入命令，x=1 为写入数据 y 为需要写入的内容
出口：无
====================================*/
void  lcd1602w (bit x, uchar y)
{
lcd1602bf ();                //写入前判断 LCD1602 是否忙
LCD1602RS=x;                 //设置写入命令还是写入数据
LCD1602RW=0;                 //时序图中①
LCD1602E=1;                  //时序图中②
LCD1602DB=y;                 //发送内容，时序图中③
LCD1602E=0;                  //时序图中④
}
```

（3）LCD 模块的读操作

LCD 模块的读出操作时序如图 2-4-6 所示，LCD 模块的读出操作分为 4 步。

① RS 端根据需要设置为 1 或 0。读命令时置 0，读数据时置 1。然后将 R/$\overline{W}$ 设置为 1

（读操作）。

② 将允许端 E 设置为 1。

③ 从数据端口读数据 LCD 模块的数据或状态。

④ 将允许端 E 设置为 0。

完成以上 4 步操作就完成了读出 LCD 模块数据。

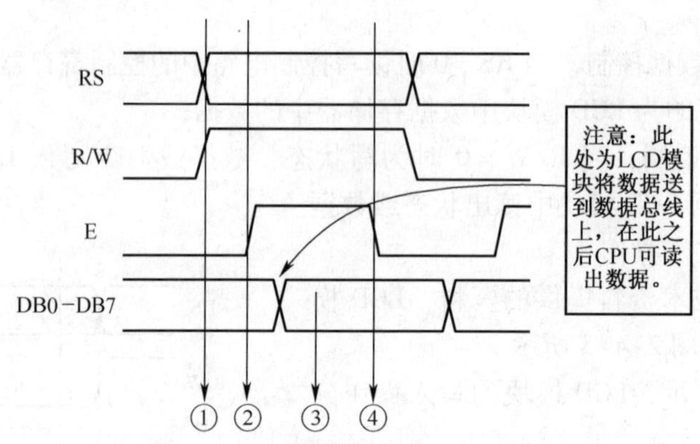

图 2-4-6　LCD 模块的读出操作时序

读出 LCD 模块中的数据或状态的函数如下。

```
/*====================================
读 LCD1602 操作
入口:x=0 为读出状态,x=1 为读出数据
出口:函数返回读出的内容
=====================================*/
uchar   lcd1602r(bit x)
{
uchar y;
lcd1602bf();        //读出前判断 LCD1602 是否忙
LCD1602RS=x;        //设置读出数据还是读出状态
LCD1602RW=1;        //时序图中①
LCD1602E=1;         //时序图中②
LCD1602DB=0xff;  //由于 51 系列单片机的端口为准双向端口,用做输入前必须先输出 1
y=LCD1602DB;        //读出内容,时序图中③
LCD1602E=0;         //时序图中④
return(y);
}
```

（4）判忙程序

LCD 模块执行每一条命令都需要一定的时间，向 LCD 模块写数据时如果 LCD 模块正忙则不能执行命令，因此每次对 LCD 模块操作前都需要判断 LCD 模块是否空闲。程序如下。

```
/*=======================================
LCD1602 判忙操作
入口:无
出口:不忙返回
=======================================*/
void  lcd1602b(void)
{
uchar y;
while(1)               //循环读状态,直到不忙
  {
  LCD1602RS=0;       //设置读出状态
  LCD1602RW=1;       //时序图中①
  LCD1602E=1;        //时序图中②
  LCD1602DB=0xff;   //由于51系列单片机的端口为准双向端口,用做输入前必须先输出1
  y=LCD1602DB;      //读出内容,时序图中③
  LCD1602E=0;        //时序图中④
  if(!(y & 0x80))  return;  如果y的最高位为0则返回
  }
}
```

4. LCD 模块命令

LCD 模块共有 11 条命令，其格式与功能如表 2-4-3 所示。

表 2-4-3　　LCD 模块命令功能

	RS	R/W	DB7	DB6	DB5	DB4	DB3	DB2	DB1	DB0
1 清屏	0	0	0	0	0	0	0	0	0	1
	功能说明：清除屏幕显示内容									
2 光标返回	RS	R/W	DB7	DB6	DB5	DB4	DB3	DB2	DB1	DB0
	0	0	0	0	0	0	0	0	1	—
	功能说明：地址指针(AC)=0，光标回左上角									
3 输入方式	RS	R/W	DB7	DB6	DB5	DB4	DB3	DB2	DB1	DB0
	0	0	0	0	0	0	0	1	I/D	S
	功能说明：设置光标、画面移动方式 其中I/D=1：数据读、写操作后，地址指针（AC）自动增一 I/D=0：数据读、写操作后，地址指针（AC）自动减一 S=1：数据读、写操作，画面平移 S=0：数据读、写操作，画面不动									

续表

<table>
<tr><td rowspan="3">4 显示控制</td><td>RS</td><td>R/W</td><td>DB7</td><td>DB6</td><td>DB5</td><td>DB4</td><td>DB3</td><td>DB2</td><td>DB1</td><td>DB0</td></tr>
<tr><td>0</td><td>0</td><td>0</td><td>0</td><td>0</td><td>0</td><td>1</td><td>D</td><td>C</td><td>B</td></tr>
<tr><td colspan="10">功能说明：设置显示、光标及闪烁开关
其中D 表示显示开关：D＝1 为开，D＝0 为关
C 表示光标开关：C＝1 为开，C＝0 为关
B 表示闪烁开关：B＝1 为开，B＝0 为关</td></tr>
<tr><td rowspan="3">5 光标画面位移</td><td>RS</td><td>R/W</td><td>DB7</td><td>DB6</td><td>DB5</td><td>DB4</td><td>DB3</td><td>DB2</td><td>DB1</td><td>DB0</td></tr>
<tr><td>0</td><td>0</td><td>0</td><td>0</td><td>0</td><td>1</td><td>S/C</td><td>R/L</td><td>—</td><td>—</td></tr>
<tr><td colspan="10">功能说明：光标、画面移动，不影响 DRRAM
其中S/C＝1：画面平移一个字符位
S/C＝0：光标平移一个字符位
R/L＝1：右移；R/L＝0：左移</td></tr>
<tr><td rowspan="3">6 功能设置</td><td>RS</td><td>R/W</td><td>DB7</td><td>DB6</td><td>DB5</td><td>DB4</td><td>DB3</td><td>DB2</td><td>DB1</td><td>DB0</td></tr>
<tr><td>0</td><td>0</td><td>0</td><td>0</td><td>1</td><td>DL</td><td>N</td><td>F</td><td>—</td><td>—</td></tr>
<tr><td colspan="10">功能说明：工作方式设置（初始化指令）
其中DL＝1：8 位数据接口； DL＝0：4 位数据接口
N＝1：两行显示； N＝0：一行显示
F＝1：5×10 点阵字符； F＝0：5×7 点阵字符</td></tr>
<tr><td rowspan="3">7 CG RAM 地址设置</td><td>RS</td><td>R/W</td><td>DB7</td><td>DB6</td><td>DB5</td><td>DB4</td><td>DB3</td><td>DB2</td><td>DB1</td><td>DB0</td></tr>
<tr><td>0</td><td>0</td><td>0</td><td>1</td><td>AC5</td><td>AC4</td><td>AC3</td><td>AC2</td><td>AC1</td><td>AC0</td></tr>
<tr><td colspan="10">功能说明：设置 CG RAM 地址。A5 ~ A0＝0 ~ 3FH
下次读写数据寄存器时，读写此地址数据</td></tr>
<tr><td rowspan="3">8 DD RAM 地址设置</td><td>RS</td><td>R/W</td><td>DB7</td><td>DB6</td><td>DB5</td><td>DB4</td><td>DB3</td><td>DB2</td><td>DB1</td><td>DB0</td></tr>
<tr><td>0</td><td>0</td><td>1</td><td>AC6</td><td>AC5</td><td>AC4</td><td>AC3</td><td>AC2</td><td>AC1</td><td>AC0</td></tr>
<tr><td colspan="10">功能说明：设置 DD RAM 地址
下次读写数据寄存器时，读写此地址数据
DD RAM 地址与显示位置的对应关系见后</td></tr>
<tr><td rowspan="3">9 读状态值</td><td>RS</td><td>R/W</td><td>DB7</td><td>DB6</td><td>DB5</td><td>DB4</td><td>DB3</td><td>DB2</td><td>DB1</td><td>DB0</td></tr>
<tr><td>0</td><td>1</td><td>BF</td><td>AC6</td><td>AC5</td><td>AC4</td><td>AC3</td><td>AC2</td><td>AC1</td><td>AC0</td></tr>
<tr><td colspan="10">功能说明：读忙 BF 值和地址计数器 AC 值
其中 BF＝1：忙；BF＝0：准备好
AC 值意义为最近一次地址设置（CG RAM 或 DD RAM）定义</td></tr>
<tr><td rowspan="3">10 写数据</td><td>RS</td><td>R/W</td><td>DB7</td><td>DB6</td><td>DB5</td><td>DB4</td><td>DB3</td><td>DB2</td><td>DB1</td><td>DB0</td></tr>
<tr><td>1</td><td>0</td><td>D7</td><td>D6</td><td>D5</td><td>D4</td><td>D3</td><td>D2</td><td>D1</td><td>D0</td></tr>
<tr><td colspan="10">功能说明：根据最近设置的地址性质，数据写入 DD RAM 或 CG RAM 内</td></tr>
<tr><td rowspan="3">11 读数据</td><td>RS</td><td>R/W</td><td>DB7</td><td>DB6</td><td>DB5</td><td>DB4</td><td>DB3</td><td>DB2</td><td>DB1</td><td>DB0</td></tr>
<tr><td>1</td><td>1</td><td>D7</td><td>D6</td><td>D5</td><td>D4</td><td>D3</td><td>D2</td><td>D1</td><td>D0</td></tr>
<tr><td colspan="10">功能说明：根据最近设置的地址性质，从 DD RAM 或 CG RAM 数据读出</td></tr>
</table>

5. 在 LCD 屏上显示字符的方法

(1) 初始化

使用 LCD 显示字符前需要对 LCD 模块进行初始化，初始化工作需要使用以下几条语句，如表 2-4-4 所示。

表 2-4-4　　初始化语句

作用	语　句	说　明
工作方式设置	lcd1602w（0，0x38）	0x38 的含义：8 位数据接口，两行显示，5×7 点阵 基本指令 6　0 0 1 DL N F — — 功能设定　0 0 1 1 1 0 0 0　0x38 8 位数据（DL） 两行显示（N） 5×7点阵（F）
输入方式设置	lcd1602w（0，0x06）	0x06 的含义：写数据后地址指针自动加 1，画面不动 基本指令 3　0 0 0 0 0 1 I/D S 输入方式　0 0 0 0 0 1 1 0　0x06 地址自动加 1（I/D） 画面不动（S）
显示控制	lcd1602w（0，0x0c）	0x0c 的含义：开显示，关闭光标，关闭闪烁 基本指令 4　0 0 0 0 1 D C B 显示控制　0 0 0 0 1 1 0 0　0x0c 显示开（D） 光标关（C） 闪烁关（B）
显示初始化	lcd1602w（0，0x01）	0x01 的含义：清除屏幕内容，光标在左上角

(2) 将字符显示在指定位置

在 LCD 屏上显示字符时只需要将需显示的字符的 ASCII 码写入该位置对应的 DDRAM 中。LCD 显示位置与 DDRAM 的对应位置如图 2-4-7 所示。

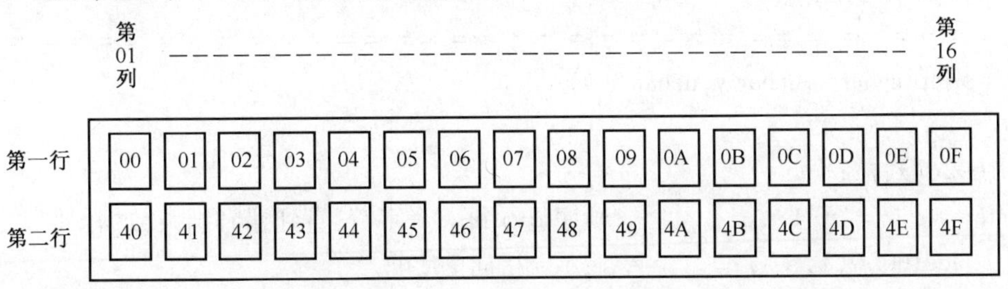

图中数字为 DDRAM 存储器地址

图 2-4-7　16X2LCD 模块 DDRAM 与显示位置

写入 ASCII 码前先要设定地址指针，然后再写入 ASCII 码。根据设置每写入一个字符后地址指针会自动加 1。

设置地址指针的命令为（见命令 8）

DB7	DB6	DB5	DB4	DB3	DB2	DB1	DB0
1	AC6	AC5	AC4	AC3	AC2	AC1	AC0

即 DB7 = 1，DB6 ~ DB0 根据需要设置，如设置第一行第一列时为

10000000B = 0x80

而设置第二行第六列时为 0x80 + 0x40 + 0x05 = 00xc5

写入地址指针的函数如下。

```
/*=====================================
写 LCD1602 地址指针
入口： x 列坐标 0 ~ 15(从左向右)
       y 行坐标 =0 第一行(上) =1 第二行(下)
=====================================*/
void lcd1602d(char x,char y)
{
uchar a
a = x + y * 0x40 + 0x80;
lcd1602w(0,a);
}
```

设定好地址指针后，就可以将需要显示的 ASCII 码送到 LCD 模块中，由于已经设定指针自动加 1，因此写入多个字符时可以连续显示。

显示字符的函数如下。

```
/*=====================================
LCD1602 显示字符串
入口:x 显示位置列(0 ~ 15)   y 显示位置行(0 ~ 1)
     s 待显示字符串数组地址
出口:LCD 屏上显示
=====================================*/
void print(uchar x,uchar y,uchar *s)
{
lcd1602d(x,y);
while(*s ! ='\0')            //顺序显示每一个字符,直到遇到结束数据'\0'
     {lcd1602w(1,*s);        //显示 s 指向的字符
     s++;
     }
}
```

此函数共有 3 个形参：uchar x，uchar y，uchar *s。前两个 x 与 y 为指定字符串显示的起点位置。第三个带“*”号的变量 s 称为指针变量。它指定了需要显示的字符串存放的

地址。

6. 指针的基本概念

指针是 C 语言中的一种数据类型，这种类型的变量中保存的是数据的地址，而不是数据本身。uchar *s 表示 s 为指向 uchar 类型数据的指针。例如我们可以定义一个数组 xsbuf1 [ ]

uchar xsbuf1 [ ] = {" HELLO!"};

此数组中保存了一个字符串" HELLO!"，此字符串在存储器中的存放方式如下。

	存储器地址	内容	代表的字符	数组元素名
xsbuf1	0100H	01001000	“H”	xsbuf1[0]
	0101H	01000101	“E”	xsbuf1[1]
	0102H	01000101	“L”	xsbuf1[2]
	0103H	01001100	“L”	xsbuf1[3]
	0104H	01001111	“0”	xsbuf1[4]
	0105H	00100001	“!”	xsbuf1[5]
	0106H	00000000	“\0”	结束标志

此数组一共保存了 6 个元素，占用了 7 个字节。若第一个字节在存储器中的地址为 0100H，则此数组占用了 0100H ~ 0106H 共 7 个存储器字节空间。其中最后一个元素为结束标志，其 ASCII 码为 0x00(“00000000B”)，称为空字符。这个 ASCII 码在计算机的键盘上和显示器上都无法显示。而符号'\ **0**'代表了这个空字符。

注意：计算机键盘和屏幕上的空格实际上是一个字符，其 ASCII 码为 0x20。

数组名称 xsbuf1 表示了此数组的第一个字符的地址（0100H），而数组元素名 xsbuf1[0] 表示了数组的第一个元素“H”。

使用函数显示某个字符串时，要将待显示的字符串使用参数带到函数中，但是由于字符串的长度是不一定的，故参数的数量也就不一定。实际使用中我们不必将每一个数组元素都使用参数带到函数中，而只需要将数组的第一个元素的地址带到函数中。在函数处理过程中从这个地址开始，取出每一个地址中的内容显示出来，直到遇到结束表示为止。这样函数的参数只需要地址变量就行。这个地址变量就是指针。

uchar *s 表示 s 为一个指针，它保存的是一个地址。而 *s 就是这个地址中的内容。

s++；表示将地址指针加 1，即指向下一个数据。

调用函数的方法为：

print（0，0，xsbuf1）；

注意：不能写成：print（0，0，xsbuf1 [0]）；这里 xsbuf1 [0] 是数组的第一个元素，而不是地址。

C 语言中还有一个取变量地址的运算符“&”，使用这个运算符就可以得到变量的地址，例如可以使用 print（0，0，&xsbuf1 [0]）；调用 print 函数。

例如：某学校二年级 1 班在教学楼 301 教室。

定义一个班级变量 b 并对其赋值 b =“二年级 1 班”则 b 就代表了这个班级。

使用 *j 定义一个班级变量，并对其赋值 *j =“二年级 1 班”，则 *j 代表了这个班级，但是j代表了301教室。

那么前面定义的b在哪个教室呢？可以使用取变量地址的运算符“&”。&b就是班级b的教室，即变量b的地址，则&b的内容为301教室。

结论：uchar b；说明了一个uchar型变量，b表示这个变量的值。

uchar *j；说明了一个uchar型指针变量，j只是这个变量的地址，称为指针。

j为指针或地址（教室），*j表示指针变量的值。(教室里的班级)

b为一般变量（班级），&b表示一般变量的地址。(班级所在的教室)

7. 字符型LCD显示程序

项目：在LCD1602上显示两行文字：上行显示“HELLO”，下行显示“welcome!”

程序清单如下。

```
/*=====================================
dpjkz71.c LCD1602 显示
=====================================*/
#include <reg52.h>
#define uint   unsigned int
#define uchar   unsigned char
#define LCD1602DB P0                       //定义 LCD1602DB 为 LCD 的数据接口
sbit   LCD1602E = P2^2   ;                 //定义 LCD1602E  为 LCD 模块的 E 端
sbit   LCD1602RW = P2^1   ;                //定义 LCD1602RW 为 LCD 模块的 R/W 端
sbit   LCD1602RS = P2^0   ;                //定义 LCD1602RS 为 LCD 模块的 RS 端

void  lcd1602w(bit x, uchar y);            //说明 LCD1602 写函数
uchar  lcd1602r(bit x);                    //说明 LCD1602 读函数
void   lcd1602b(void)   ;                  //说明 LCD1602 判忙函数
void   lcd1602d(char x,char y)   ;         //说明 LCD1602 位置函数
void   print(uchar,uchar,uchar *);

void main()
{
uchar xsbuf1[] = {"HELLO!"};               //上行显示字符串,见说明
uchar xsbuf2[] = {"welcome!"};             //下行显示字符串
lcd1602w(0,0x38);                          //LCD1602 初始化
lcd1602w(0,0x06);
lcd1602w(0,0x0c);
lcd1602w(0,0x01);
print(0,0,xsbuf1);                         //第一行从头开始显示"HELLO!"
print(7,1,xsbuf2);                         //第二行从第八格开始显示"welcome!"
while(1);                                  //停机
  }
```

说明：**uchar xsbuf1 [ ] = {" HELLO！"}；**

定义数组 **xsbuf1 [ ]**，并在其中顺序保存字符串：**" HELLO！"** 的 **ASCII** 码

8. Proteus 仿真的结果

Proteus 仿真结果如图 2-4-8 所示。

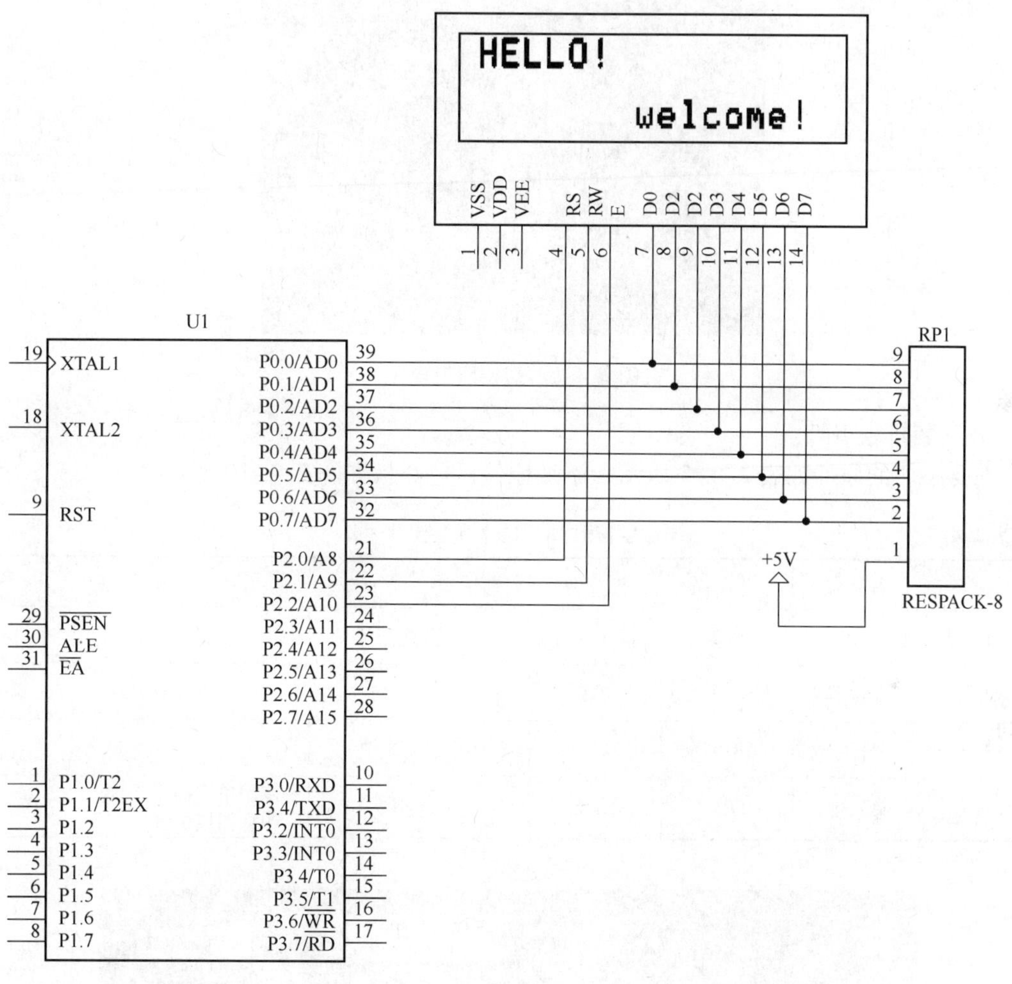

图 2-4-8 LCD1602 仿真结果

9. 字符型 LCD 实例（实例 9）

① 电路板上拆除 IC2 ~ IC7。

② 拆除 L1 ~ L6 6 只数码管。

③ 拆除 T1 ~ T6 6 只三极管及电阻。

④ LCD1602 处安装 20P 单排插座（安装 20P 插座可与 LCD12864 共用）。

⑤ 安装限流电阻 R62。

⑥ 安装对比度调整电位器 PR3。

⑦ 短接 R2 ~ R9（印制板背面标注“J10” 处，共 8 处），如图 2-4-9 所示。

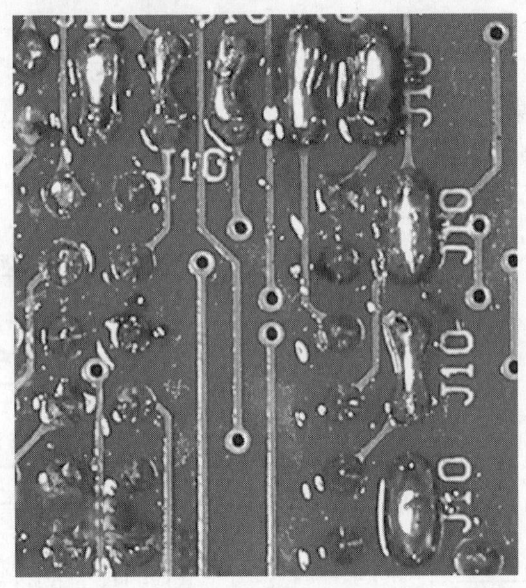

图 2-4-9 短接限流电阻

⑧ 安装排阻 RP1。

需要添加的原件如表 2-4-5 所示，添加原件后电路板如图 2-4-10 所示。

表 2-4-5 字符型 LCD1602 所需元件

序号	名 称	符 号	规 格	用 途	备 注
1	电阻	R62	10Ω	LCD 背光限流	
2	电位器	PR3	10kΩ	LCD 对比度调节	
3	排阻	RP1	4.7kΩ×8	P0 口上拉电阻	
4	显示屏	LCD	1602	显示	使用单排插座连接 注意插接位置

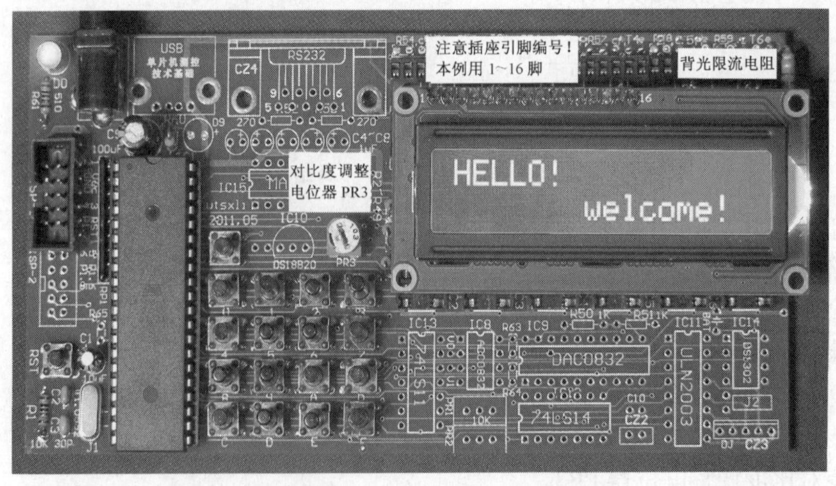

图 2-4-10 字符型 LCD 实例

动手做一做

1. 组装电路或搭建仿真电路。
2. 编辑、编译上述程序。
3. 试运行程序，观察运行结果。
4. 修改显示内容，自己决定显示内容和显示位置。

二、点阵型 LCD 模块

点阵型 LCD 模块又称图形 LCD 模块，如图 2-4-11 所示。它不同于字符型模块只能在固定位置显示字符。点阵型 LCD 模块可以在任意位置显示任意符号，甚至各种图形。当系统需要显示汉字时就必须使用点阵型 LCD 模块。

1. 点阵型 LCD 模块介绍

点阵型 LCD 的规格是以行点与列点的数量来表示的，例如 12864 表示该 LCD 每行有 128 个点，共有 64 行。用于显示汉字时，由于每个汉字需要使用 16×16 个点，故每行可以显示 8 个汉字，一共可以显示 4 行。

由于点阵型 LCD 可以由用户任意控制每一个点的显示，因此在 128×64 的点阵上可以任意显示文字和图形。

为了方便显示汉字，许多点阵型 LCD 模块内部除了带有 ASCII 字符的字形码外还带有 16×16点阵的汉字字形码，称为汉字字库。使用时只需要向 LCD 模块发送汉字内码就可以直接在液晶屏上显示汉字，使用非常方便。

根据接口类型点阵型 LCD 模块分为并行接口和串行接口，有些 LCD 模块同时具备这两种接口，以方便用户选用。

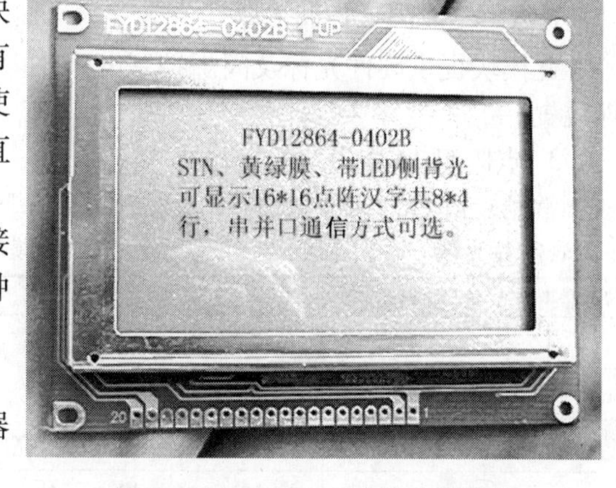

图 2-4-11 128×64 点阵液晶模块

2. 点阵型 LCD 模块的结构

使用点阵 LCD 模块时，需要关心的存储器有如下几种。

（1）显示数据 RAM（DDRAM）

模块内部显示数据 RAM 提供 64×2 个字节空间，显示汉字时每 2 个字节存放一个汉字的代码，最多可控制 4 行 16 字(64 个字)的中文字型显示。显示半角 ASCII 字符时，每个字符占用一个字节，最多可控制 4 行 32 个 ASCII 字符显示。

显示汉字时 DDRAM 地址与显示屏对应位置如表 2-4-6 所示。

表 2-4-6 DDRAM 地址与显示屏对应位置

列 行	0	1	2	3	4	5	6	7
0	80H	81H	82H	83H	84H	85H	86H	87H
1	90H	91H	92H	93H	94H	95H	96H	97H
2	88H	89H	8AH	8BH	8CH	8DH	8EH	8FH
3	98H	99H	9AH	9BH	9CH	9DH	9EH	9FH

例如，需要在屏幕第 0 行第 3 列显示一个汉字时，只须要将汉字代码送到 DDRAM 的 83H 单元中即可。

（2）字形库

模块内部有 3 个字形库，分别是半角英文数字型(16 ×8)HCGRAM 字型、中文字形(16 ×16)CGROM 以及用户自定字形（16 ×16）CGRAM。

需要显示的字符代码为 02H ~ 7FH（ASCII 码）时显示半角英文数字字形（16 ×8 点阵 HCGRAM 中字形）。计算机中中文字符的代码是采用两个字节表示的，为了区别中文字形代码和 ASCII 码，中文字符代码的最高位为 1(ASCII 字符码最高位为 0)，LCD 模块中字符代码为 A1 及以上时自动将下一个字节的代码组成一个 2 字节代码，显示中文字形（16 ×16 点阵 CGROM 中字形）。而当字符代码为 00 时自动与下一字节的代码组成一个 2 字节代码，显示用户自定义字形库（16 ×16 点阵 CGRAM 中字形），用户自定义字形只有 4 个代码（分别是 0000、0002、0004 和 0006）。

（3）图形数据 RAM（GDRAM）

当处于绘图模式时，GDRAM 中的每一位对应屏幕上的一个点。程序改变 RAM 中的数据就可改变屏幕上的图形。

（4）地址计数器 AC

地址计数器是用来贮存 DDRAM/CGRAM 之一的地址，它可由设定指令暂存器来改变，之后只要读取或是写入 DDRAM/CGRAM 的值时，地址计数器的值就会自动加“1”，当 RS 为“0”而 R/W 为“1”时，地址计数器的值会被读取到 DB6 ~ DB0 中。

（5）光标/闪烁控制电路

此模块提供硬件光标及闪烁控制电路，由地址计数器的值来指定 DDRAM 中的光标或闪烁位置。

3. 点阵型 LCD 模块的接口

常见点阵型 LCD 模块的接口为 20 只引脚，各引脚的功能如表 2-4-7 所示。

表 2-4-7　　LCD 模块的接口

管脚号	管脚名称	电平	管脚功能描述
1	VSS	0V	电源地
2	VCC	+3 ~ +5V	电源正
3	V0	—	对比度（亮度）调整
4	RS（CS）	H/L	RS＝“H”，表示 DB7 ~ DB0 为显示数据 RS＝“L”，表示 DB7 ~ DB0 为显示指令
5	R/W（SID）	H/L	R/W＝“H”，E＝“H”，数据被读到 DB7 ~ DB0 R/W＝“L”，E＝“H→L”，DB7 ~ DB0 的数据被写到 IR 或 DR
6	E（SCLK）	H/L	使能信号
7 ~ 14	DB0 ~ DB7	H/L	三态数据线
15	PSB	H/L	H：8 位或 4 位并口方式，L：串口方式（见注 1）
16	NC	—	空脚
17	$\overline{\text{RESET}}$	H/L	复位端，低电平有效（见注 2）
18	VOUT	—	LCD 驱动电压输出端
19	A	VDD	背光源正端（+5V）
20	K	VSS	背光源负端

注 1：如在实际应用中仅使用并口通信模式，可将 PSB 接固定高电平。

注 2：模块内部接有上电复位电路，因此在不需要经常复位的场合可将该端悬空。

可以看到，除 15 脚选择接口方式外其他引脚与 LCD1602 基本相同。RS、R/W、E 三个控制引脚的功能和使用方法也基本相同。

4. 点阵型 LCD 模块的命令

模块控制芯片提供两套控制命令，基本指令和扩充指令如表 2-4-8、表 2-4-9 所示。

表 2-4-8　　基本指令表（RE = 0：基本指令）

指　令	指　令　码									
	RS	R/W	D7	D6	D5	D4	D3	D2	D1	D0
1. 清除显示	0	0	0	0	0	0	0	0	0	1
	功能：将 DDRAM 填满"20H"，并且设定 DDRAM 的地址计数器（AC）到"00H"									
2. 地址归位	0	0	0	0	0	0	0	0	1	—
	功能：设定 DDRAM 的地址计数器（AC）到"00H"，并且将光标移到开头原点位置；这个指令不改变 DDRAM 的内容									
3. 进入点设定	0	0	0	0	0	0	0	1	I/D	S
	功能：指定在数据的读取与写入时，设定光标的移动方向及指定显示的移位									
4. 显示状态开/关	0	0	0	0	0	0	1	D	C	B
	功能：D = 1：整体显示 ON　C = 1：光标 ON　B = 1：光标位置反白允许									
5. 光标或显示移位控制	0	0	0	0	0	1	S/C	R/L	—	—
	功能：设定光标的移动与显示的移位控制位；这个指令不改变 DDRAM 的内容									
6. 功能设定	0	0	0	0	1	DL	—	RE	G	—
	功能：DL = 0：4 位数据　DL = 1：8 位数据 RE = 1：扩充指令操作　RE = 0：基本指令操作 G = 1/0：绘图开关									
7. 设定 CGRAM 地址	0	0	0	1	AC5	AC4	AC3	AC2	AC1	AC0
	功能：设定 CGRAM 地址									
8. 设定 DDRAM 地址	0	0	1	0	AC5	AC4	AC3	AC2	AC1	AC0
	功能：设定 DDRAM 地址（显示位址） 第一行：80H ~ 87H　第二行：90H ~ 97H 第三行：88H ~ 8FH　第四行：98H ~ 9FH									
9. 读取忙标志和地址	0	1	BF	AC6	AC5	AC4	AC3	AC2	AC1	AC0
	功能：读取忙标志（BF）可以确认内部动作是否完成，同时可以读出地址计数器（AC）的值									
10. 写数据到 RAM	1	0	数据							
	功能：将数据 D7 ~ D0 写入到内部的 RAM（DDRAM/CGRAM/IRAM/GRAM）									
11. 读出 RAM 的值	1	1	数据							
	功能：从内部 RAM 读取数据 D7 ~ D0　（DDRAM/CGRAM/IRAM/GRAM）									

表 2-4-9　　扩充指令表（RE = 1：扩充指令）

指　令	指　令　码									
	RS	R/W	D7	D6	D5	D4	D3	D2	D1	D0
1. 待命模式	0	0	0	0	0	0	0	0	0	1
	功能：进入待命模式，执行其他指令都可终止待命模式									
2. 卷动地址开关开启	0	0	0	0	0	0	0	0	1	SR
	功能：SR = 1：允许输入垂直卷动地址　SR = 0：允许输入 IRAM 和 CGRAM 地址									

续表

<table>
<tr><th rowspan="2">指　令</th><th colspan="10">指　令　码</th></tr>
<tr><th>RS</th><th>R/W</th><th>D7</th><th>D6</th><th>D5</th><th>D4</th><th>D3</th><th>D2</th><th>D1</th><th>D0</th></tr>
<tr><td rowspan="2">3. 反白选择</td><td>0</td><td>0</td><td>0</td><td>0</td><td>0</td><td>0</td><td>0</td><td>1</td><td>R1</td><td>R0</td></tr>
<tr><td colspan="10">功能：选择 2 行中的任一行作反白显示，并可决定反白与否。初始值 R1R0 = 00，第一次设定为反白显示，再次设定变回正常</td></tr>
<tr><td rowspan="2">4. 睡眠模式</td><td>0</td><td>0</td><td>0</td><td>0</td><td>0</td><td>0</td><td>1</td><td>SL</td><td>—</td><td>—</td></tr>
<tr><td colspan="10">功能：SL = 0：进入睡眠模式　SL = 1：脱离睡眠模式</td></tr>
<tr><td rowspan="2">5. 扩充功能设定</td><td>0</td><td>0</td><td>0</td><td>0</td><td>1</td><td>CL</td><td>—</td><td>RE</td><td>G</td><td>0</td></tr>
<tr><td colspan="10">功能：CL = 0/1：4/8 位数据
RE = 1：扩充指令操作　RE = 0：基本指令操作　G = 1/0：绘图开关</td></tr>
<tr><td rowspan="2">6. 设定绘图 RAM 地址</td><td>0</td><td>0</td><td>1</td><td>AC6
0</td><td>AC5
0</td><td>AC4
0</td><td>AC3
AC3</td><td>AC2
AC2</td><td>AC1
AC1</td><td>AC0
AC0</td></tr>
<tr><td colspan="10">功能：设定绘图 RAM　先设定垂直（行）地址 AC6AC5…AC0
再设定水平（列）地址 AC3AC2AC1AC0
需要将以上 16 位地址连续写入，即连续写两次地址，先行后列。</td></tr>
</table>

5. 点阵型 LCD 模块的基本操作

对 LCD12864 模块的操作与前面的 LCD1602 基本相同，主要有以下几项基本操作。

(1) 初始化

使用 LCD12864 模块前都必须进行初始化操作，初始化项目可根据需要选择，如果仅仅只是在屏幕上显示汉字则需要进行以下几项操作。

① lcdw (0, 0x30);　　　//8 位数据接口 基本指令操作

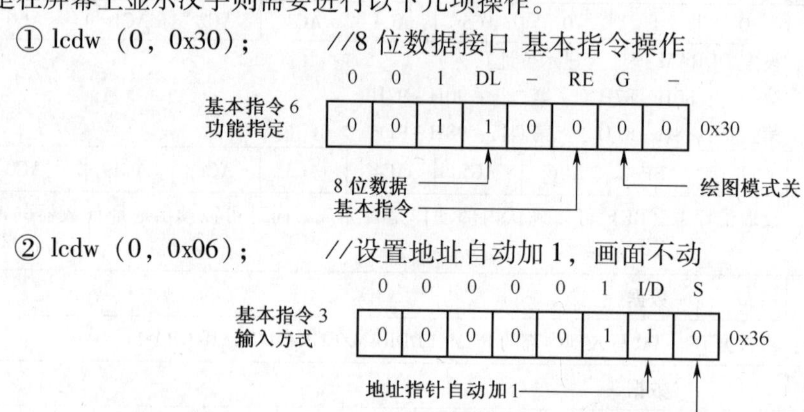

② lcdw (0, 0x06);　　　//设置地址自动加 1，画面不动

③ lcdw (0, 0x0c);　　　//整体显示，光标关闭，反白关闭

0 0 0 0 1 D C B

基本指令 4
点设置
0 0 0 0 1 1 0 0 0x0c

开显示
关光标
关闪烁

④ lcdw (0, 0x01);　　　//清除显示

(2) 判忙

每次对 LCD12864 操作前都必须检查模块是否处在忙状态，否则操作可能出现无效。

```
/*======================================
LCD 判忙操作
入口:无
出口:不忙返回
======================================*/
void  lcdbf(void)
{
uchar y;
while(1)           //循环读状态,直到不忙
{
LCDRS =0;          //设置读出状态
LCDRW =1;          //设置读
LCDE =1;         //设置允许
LCDDB =0xff;     //由于 51 系列单片机的端口为准双向端口,用做输入前必须先输出 1
y = LCDDB;       //读出 LCD 模块数据
LCDE =0;         //关闭允许
if(!(y & 0x80))  return;  如果 y 的最高位为 0,则返回
}
}
```

(3) 从 LCD 模块读数据

读出函数与 LCD1602 的读出函数基本相同。

```
/*========================================
读 LCD 操作
入口:x =0 为读出状态,x =1 为读出数据
出口:函数返回读出的内容
========================================*/
uchar  lcdr(bit x)
{
uchar y;
lcdbf();           //读出前判断 LCD 是否忙
LCDRS = x;         //设置读出数据还是读出状态
LCDRW =1;          //设置读
LCDE =1;           //设置允许
LCDDB =0xff;       //由于 51 系列单片机的端口为准双向端口,用做输入前必须先输出 1
y = LCDDB;         //读出模块内容
LCDE =0;           //关闭允许
return(y);
}
```

(4) 向 LCD 模块写数据

写函数与 LCD1602 的写函数基本相同。

```
/*==================================
写LCD操作
入口：x=0为写入命令，x=1为写入数据 y为需要写入的内容
出口：无
==================================*/
void  lcdw (bit x, uchar y)
{
lcdbf ();            //写入前判断LCD是否忙
LCDRS=x;             //设置写入命令还是写入数据
LCDRW=0;             //设置写
LCDE=1;              //设置允许
LCDDB=y;             //发送内容到模块
LCDE=0;              //关闭允许
}
```

(5) 设定字符显示位置

由于位置对应的地址不同，显示位置设置函数与 LCD1602 不同，函数如下。

```
/*==================================
写LCD地址指针
入口:x 列坐标0~7(从左向右)
     y 行坐标0~3(从上向下)
==================================*/
void lcdd(char x,char y)
{
uchar a[]={0x80,0x90,0x88,0x98}  ;     //定义每行的起始地址
lcdw(0,a[y]+x);                        //每行的起始地址+列坐标=实际地址
}
```

函数采用数组保存了每一行的首地址，根据行号取得首地址后再加上列地址就得到实际的地址。

(6) 在指定位置显示 ASCII 字符

在屏幕上显示字符时，先设置显示位置，然后发送待显示的字符。函数如下。

```
void  lcdwa(uchar x,uchar y,uchar a)
{
lcdd(x,y);
lcdw(1,a);
}
```

显示 ASCII 字符串的方法与 LCD1602 中相同。由于已经设置了地址自动加 1，显示字符串时，先发送位置，然后顺序发送字符代码。

(7) 在指定位置显示汉字

由于一个汉字代码具有两个字节，显示汉字时与显示ASCII字符串基本相同。

```
/*==================================
LCD显示字符串
入口：x显示位置列（0~7）  y显示位置行（0~3）  （s待显示字符串数组地址）
出口：LCD屏上显示
==================================*/
void print (uchar x, uchar y, uchar *s)
{
lcdd (x, y);
while (*s != '\0')
     {lcdw (1, *s);
    s++;
    }
}
```

6. 汉字显示程序

项目：在屏幕上显示四行文字。

HELLO! welcome! 单片机控制技术 武汉铁路技师学院

程序如下。

```
/*=====================================
dpjkz2-4-2.c LCD12864汉字显示
=====================================*/
#include <reg52.h>
#define uint   unsigned int
#define uchar   unsigned char
#define LCDDB P0                           //定义LCDDB为LCD的数据接口
sbit  LCDE = P3^2  ;                       //定义LCDE  为LCD模块的E端
sbit  LCDRW = P3^1  ;                      //定义LCDRW为LCD模块的R/W端
sbit  LCDRS = P3^0  ;                      //定义LCDRS为LCD模块的RS端

void  lcdw (bit  , uchar);                 //说明LCD写函数
void   lcdbf (void)   ;                    //说明LCD判忙函数
void  lcdd (uchar  , uchar)   ;            //说明LCD位置函数
void  print (uchar, uchar, uchar *);       //说明LCD字符串显示函数
```

```
uchar xsbuf1 [] = {" HELLO!"};
uchar xsbuf2 [] = {" welcome!"};
uchar xsbuf3 [] = {" 单片机控制技术"};
uchar xsbuf4 [] = {" 武汉铁路技师学院"};
void main ()
{
lcdw (0, 0x30);              //8 位数据接口 基本指令操作
lcdw (0, 0x06);              //设置地址自动加1, 画面不动
lcdw (0, 0x0c);              //整体显示, 光标关闭, 反白关闭
lcdw (0, 0x01);              //清除显示
print (0, 0, xsbuf1);        //第一行显示 HELLO!
print (0, 1, xsbuf2);        //第二行显示 welcome!
print (0, 2, xsbuf3);        //第三行显示 单片机控制技术
print (0, 4, xsbuf4);        //第四行显示 武汉铁路技师学院
while (1);                   //停机
}
```

注意：本程序未包含子函数，使用时需将前述的子函数加入。

动手做一做

1. 组装电路或搭建仿真电路。
2. 编辑、编译上述程序。
3. 试运行程序，观察运行结果。
4. 修改显示内容，自己决定显示内容和显示位置。

7. 点阵型 LCD 显示汉字实例（实例 10）

将 LCD1602 更换为 LCD12864，注意引脚位置和方向。电路板如图 2-4-12 所示。

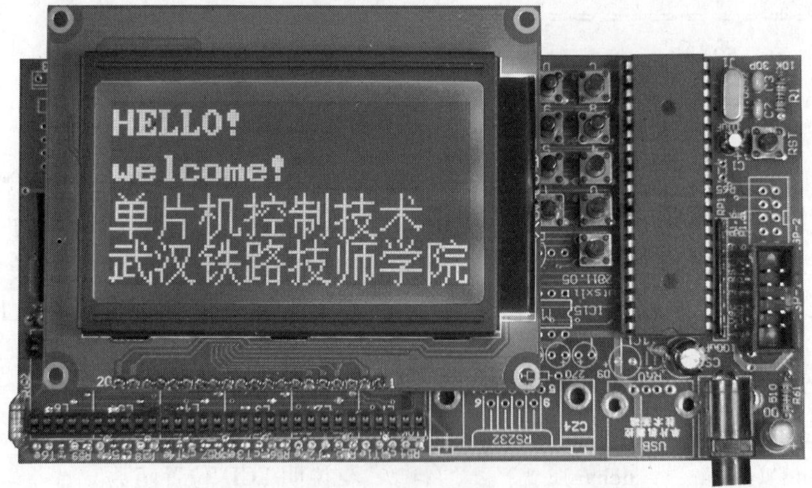

图 2-4-12　点阵型 LCD 显示汉字实例

8. 画图

（1）进入图形模式

如果需要在屏幕上显示图形，则需要发送命令使 LCD 模块进入绘图状态。使用基本命令 6 中 G = 1。同时显示图像时也需要先发送 GDRAM 地址，由于发送 GDRAM 地址需要使用扩充指令，因此还需要设定使用扩充指令——基本命令 6 中的 RE = 1。这样进入图形模式需要发送命令：lcdw（0，0×36）；

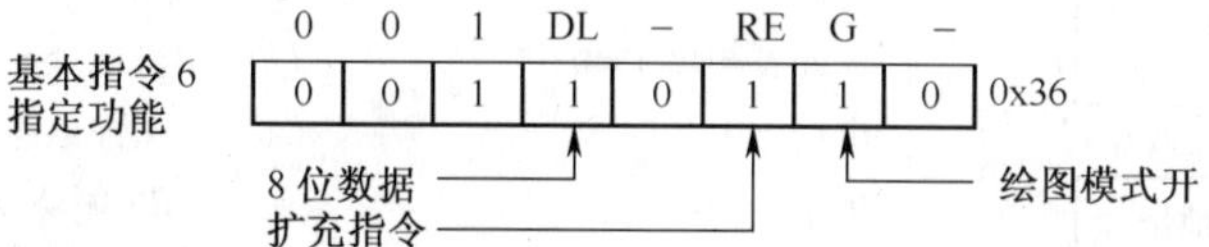

（2）作图方式

计算机中的图形分成点阵图与矢量图两类。

① 点阵图：图形由若干行和若干列的小点组成，单色图像每一个点有亮和灭两个状态。LCD12864 屏上有 128（列）×64（行）个点，每个点对应一位二进制数，8 个点的数据组成一个字节。128×64 点阵的图形需要 128×8 = 1024 个字节（1K 字节）。这些数据保存在文件中时就是计算机中的 BMP 文件。LCD 模块显示点阵图形时，先设计图形点阵数据，然后顺序将这些数据发送到 GDRAM 中。

② 矢量图：图形由点、直线、曲线等组成。显示矢量图形时先设计好在屏幕上画点、画线、画圆、画弧线等子函数，然后根据需要调用这些函数实现在屏幕上画出需要的图形。

使用矢量图形的程序比较复杂，本书省略。

（3）GDRAM 存储器与屏幕点的对应关系

在 LCD 屏上画图 GDRAM 的地址与屏幕上点的对应关系如图 2-4-13 所示。

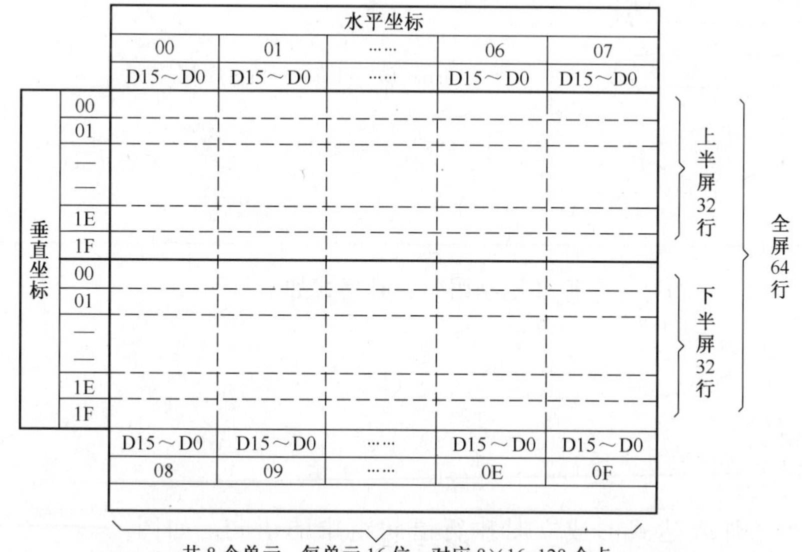

注意：GDRAM 中保存数据的单位为字，每字为两个字节，16 位（D15～D0）。

图 2-4-13　GDRAM 的地址与屏幕上点的对应关系

（4）显示点阵图形

图像数据保存时为从左向右，然后从上向下。根据图 2-4-13 所示，发送图像数据时先设定行地址0，然后从列地址0开始顺序发送数据，共发送16个字节。然后行地址加1，再从列地址0开始顺序发送16个字节，直到行地址为0x1f，发送完上半屏数据。然后重复上述操作，但是每列的列地址从0x8开始。

程序框图	程序清单

程序框图：

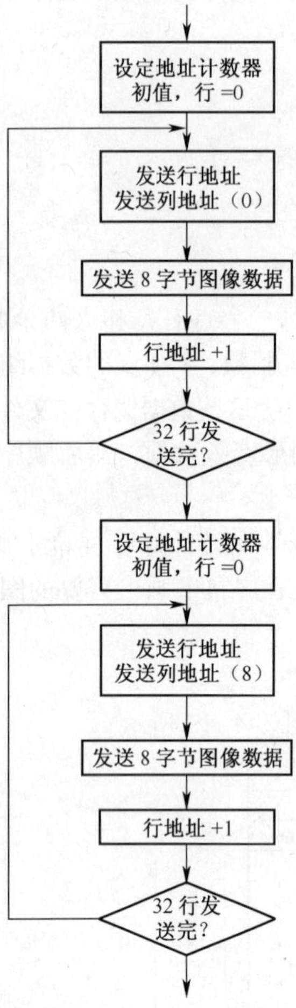

- 设定地址计数器初值，行=0
- 发送行地址 发送列地址（0）
- 发送8字节图像数据
- 行地址+1
- 32行发送完？
- 设定地址计数器初值，行=0
- 发送行地址 发送列地址（8）
- 发送8字节图像数据
- 行地址+1
- 32行发送完？

程序清单：

```
void lcdp (void)
{
uchar r=0, i=0;                  //行地址r   字节计数器i
uint j=0;                        //图像数组计数指针j
do {                             //do 循环
    lcdw (0, r+0x80);            //发送16位地址，先发行地址
    lcdw (0, 0+0x80);            //再发送列起始地址（起始地址0）

    for (i=0; i<16; i++)         //循环16次
      lcdw (1, pbuf [j++]);      //发送16字节图形数据

} while (++r<32);                //直到32行

r=0;        //行地址=0

do {

    lcdw (0, r+0x80);            //发送16位地址，先发行地址
    lcdw (0, 8+0x80);            //再发送列起始地址（起始地址8）

    for (i=0; i<16; i++)
       lcdw (1, pbuf [j++]);

    } while (++r<32);

}
```

do循环是C51中的另一种循环控制语句，其格式如下。

```
do
{
[语句组];
} while (<条件表达式>);
```

功能：当条件表达式的成立时执行语句组中的语句，如图2-4-14所示。

do循环与当循环(while)的区别在于，do循环先执行语句组，再判断条件，而当循环是先判断条件然后再执行语句组。当循环中的语句组有可能一次都不执行，而do循环的语句组最少要执行一次。

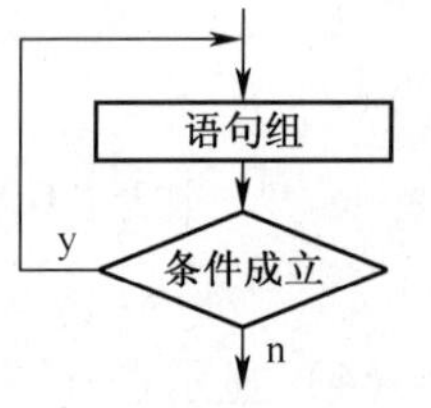

图2-4-14　do循环

（5）项目——LCD12864 屏幕显示点阵图像

使用点阵方式显示图片时先需要将待显示的图像转换为数组，这一过程可以借助计算机软件完成，例如 Image2Lcd. exe、LCD 点阵字模提取及转换工具等软件。这类软件在互联网上都能找到。

在 LCD 屏上显示图片的程序如下。

```
/*==========================================
dpjkz7 -3. c LCD12864 图形显示
==========================================*/
#include <reg52. h>
#define uint   unsigned int
#define uchar   unsigned char
#define LCDDB P0                    //定义 LCDDB 为 LCD 的数据接口
sbit   LCDE = P3^2    ;             //定义 LCDE 为 LCD 模块的 E 端
sbit   LCDRW = P3^1    ;            //定义 LCDRW 为 LCD 模块的 R/W 端
sbit   LCDRS = P3^0    ;            //定义 LCDRS 为 LCD 模块的 RS 端

void   lcdw(bit x, uchar y);        //说明 LCD 写函数
void    lcdbf(void)    ;            //说明 LCD 判忙函数
void    lcdd(char x,char y)    ;    //说明 LCD 位置函数
void       lcdp(void);              //说明显示图片函数

uchar   code   pbuf[] = {           //定义图像数据，code 表示此数组保存在程序存储器
                                    //(代码区)中
0x00,0x00,0x00,0x04,0x00,0x00,0x00,0x00,0x00,0x00,0x00,0x00,0x00,0x00,
/*此处省略了若干行,完整程序可以从网上下载,也可使用上述软件生成数据*/
0x00, 0x00, 0x00, 0x00, 0x00, 0x00, 0x00, 0x00, 0x00, 0x00, 0x00, 0x00, 0x00, 0x00,
0x00,0x00
};
void main()
{
lcdw(0,0x30);       //设定 8 位数据接口 使用基本指令
lcdw(0,0x01);       //清除屏幕显示内容
lcdw(0,0x36);       //设定 8 位数据接口 使用扩充指令,开启绘图功能
lcdp();             //显示图片
while(1);           /停机
}
/*==========================================
LCD 显示图片
==========================================*/
```

```
void lcdp(void)
{
uchar r = 0,c = 0,i = 0;
uint j = 0;
do {
      lcdw(0,r + 0x80);
      lcdw(0,0 + 0x80);
      for(i = 0;i < 16;i + +)
            lcdw(1,pbuf[j + +]);
      } while( + +r < 32);
r = 0;
do {
      lcdw(0,r + 0x80);
      lcdw(0,8 + 0x80);
      for(i = 0;i < 16;i + +)
            lcdw(1,pbuf[j + +]);
      } while( + +r < 32);
}
```

由于 Proteus 中没有带汉字库的 128 × 64 点阵 LCD 显示屏，它所提供的 128 × 64 点阵 LCD 显示屏也与上例不同，故本实例未做 Proteus 仿真。

9. 点阵型 LCD 显示图像实例

实例如图 2-4-15 所示。

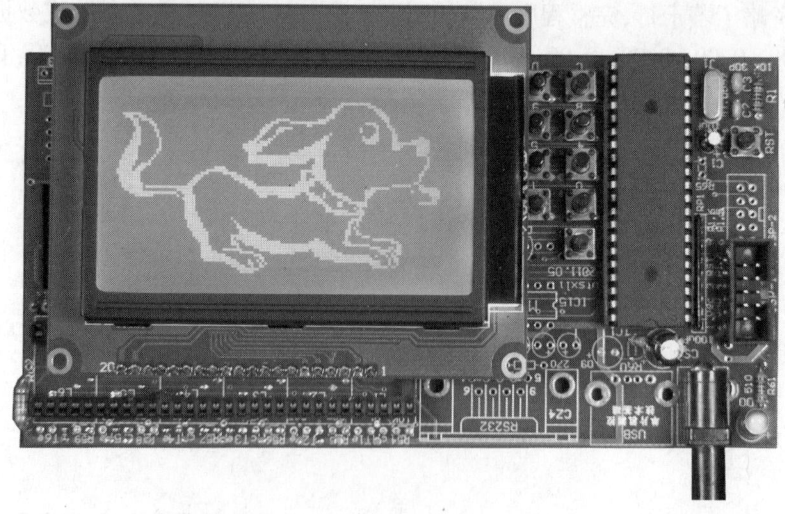

图 2-4-15　点阵型 LCD 显示图像实例

动手做一做

1. 组装电路或搭建仿真电路。
2. 编辑、编译上述程序。
3. 试运行程序，观察运行结果。
4. 使用其他图像数据，显示它的图像。

项目五　速 度 测 量

速度测量是自动控制系统中不可缺少的技术，速度测量方法中最常见的是转速测量，通过转速换算成物体运动速度。本章介绍单片机控制系统中常用的转速测量方法。

一、转速测量原理

1. 转速传感器

转速测量方法很多，常见的有模拟式和数字式两大类。由于计算机控制系统的普及，目前常见的测量方法为数字式。而数字式又分为以下几种。

（1）光电码盘式

光电码盘式的基本方法如图 2-5-1 所示。在需要测量转速的转轴上安装一个圆盘，圆盘上按一定角度涂成白色与黑色。在圆盘旁边安装一只发光管和一只光敏管。工作时发光管发出的光线照射在圆盘上然后反射光敏管中。这样当光线照在白色区域，就会有光线反射回光敏管中，而光线照射在黑色区域就基本没有光线反射回光敏管。随着圆盘的转动，光敏管就会产生与转速成正比的脉冲。单片机接收到这些脉冲后就能计算出圆盘的转速。

通常检测光线用的发光管和光敏管做在一个封装中，使用时直接成对使用。如图 2-5-2 所示。

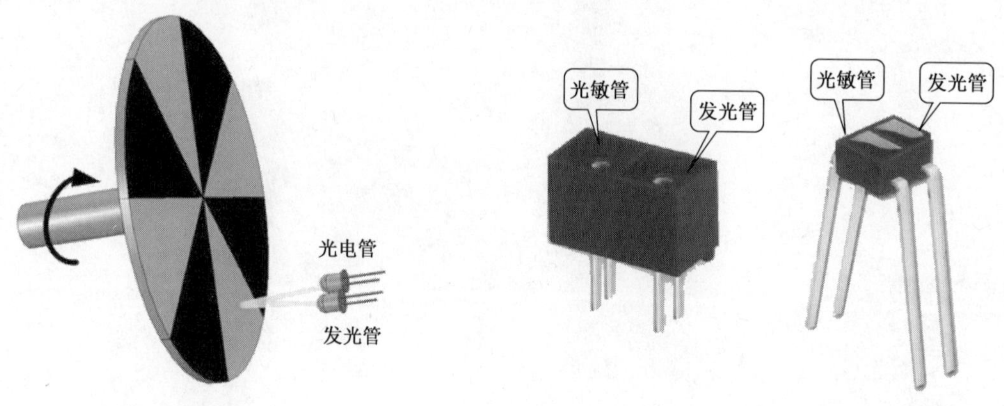

图 2-5-1　光电码盘　　　图 2-5-2　反射式光电探头

（2）光栅式

光栅式的基本方法如图 2-5-3 所示。在需要测量转速的转轴上安装一个圆盘，圆盘外边按一定规律开有若干个齿状光栅。在圆盘两边各安装一只发光管和一只光敏管。工作时发光管发出的光线通过圆盘上光栅后照射到光敏管中。这样当光线照在光栅开口处时，就会有光线照射到光电管中，而光线照射在光栅未开口处就没有光线照射光敏管。随着圆盘的转动，光敏管就会产生与转速成正比的脉冲。单片机接收到这些脉冲后就能计算出圆盘的转速。

检测光线用的发光管和光敏管也做在一个封装中，使用时直接成对使用。如图 2-5-4 所示。

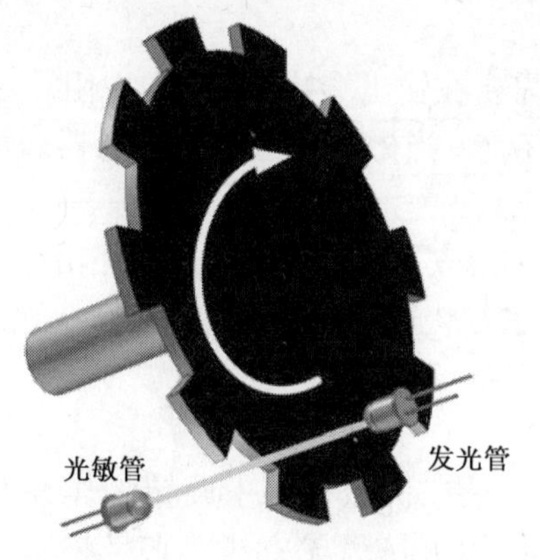

图 2-5-3 光栅式转速检测

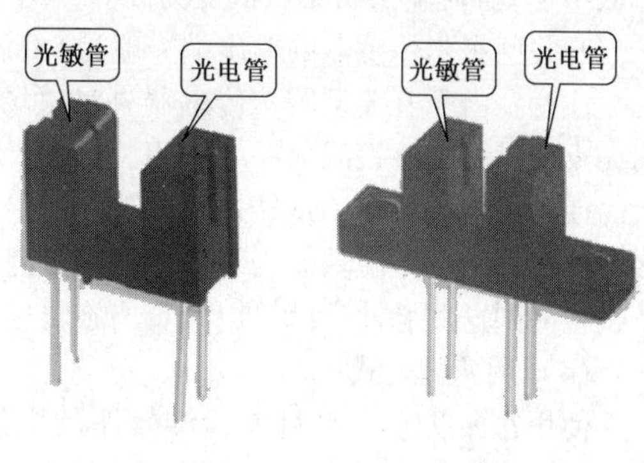

图 2-5-4 直射式光电探头

（3）霍尔传感器式

霍尔元件是一种检测磁场的传感器，目前常见的霍尔元件都集成了信号处理电路，称为集成霍尔传感器。其特性分为开关型输出和线性输出两种。

线性输出的霍尔传感器当无外界磁场时输出电压为 1/2VCC 左右。使用磁铁 S 极靠近传感器表面时输出电压逐渐降低。改用磁铁的 N 极靠近传感器表面时输出电压逐渐升高。其特性如图 2-5-5 所示。

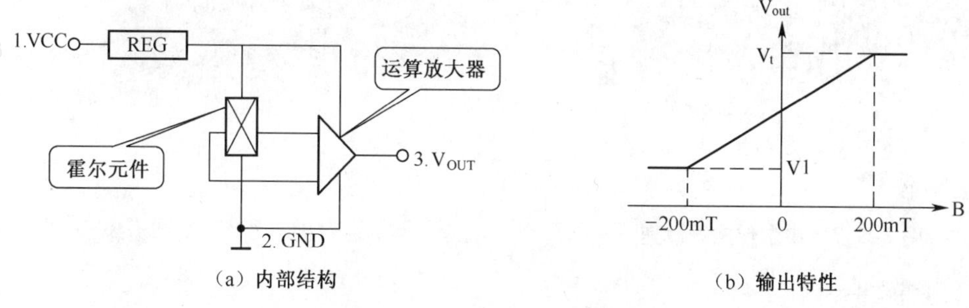

（a）内部结构　（b）输出特性

图 2-5-5 线性输出型霍尔传感器

线性输出的霍尔传感器主要用于测量磁场强度，而用于速度传感器的霍尔传感器为开关型输出。开关型输出的霍尔传感器其输出状态为逻辑状态，即只有“0”和“1”两种状态。其外部特性如图 2-5-6 所示。

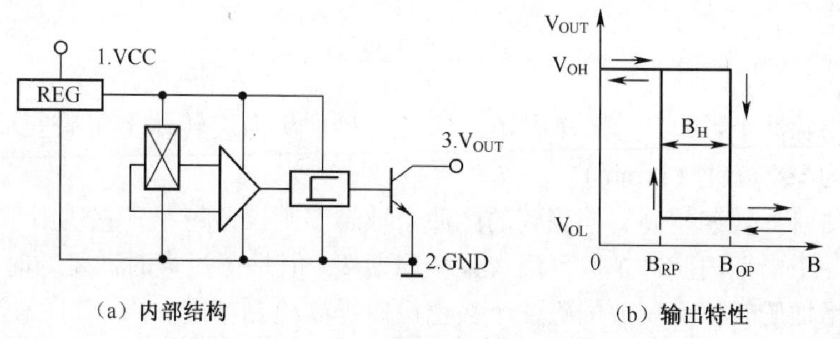

（a）内部结构　（b）输出特性

图 2-5-6 开关输出型霍尔传感器

从输出特性可以看到，当磁场强度增大超过 B_{OP} 时输出状态从高降为低；而当磁场强度

降低小于 B_{RP} 时输出状态从低变为高。

开关型霍尔传感器的输出端一般为 OC 输出，故需要在输出端接一个上拉电阻。

注意：由于开关型霍尔传感器只对磁场的 N 极有效，当磁铁靠近霍尔传感器表面，输出无反应时可换磁铁的另一端使用。

使用霍尔传感器测量转速时，需要在待测旋转物体上安放若干磁铁，或使用沿圆周分布多个磁极的圆环型磁铁。当物体旋转时，磁铁经过霍尔传感器表面时，输出一个低脉冲。单片机检测到这些脉冲后就可以计算出旋转速度，如图 2-5-7 所示。

（4）测速齿轮式

使用霍尔传感器是目前检测转速的常用方法，但是在机械设备中旋转物体经常是铁磁物质，对磁场影响较大，因此在此类设备中经常使用测速齿轮方法。它是将霍尔传感器和磁铁一起安装在测速传感器的探头内由于不能形成磁路，霍尔传感器并不能检测到磁场。当测速齿轮旋转到齿面靠近探头表面时形成磁路，霍尔传感器检测到磁场输出为“0”。而测速齿轮槽面靠近探头表面时不能形成磁路，霍尔传感器检测不到磁场输出为“1”。如图 2-5-8 所示。

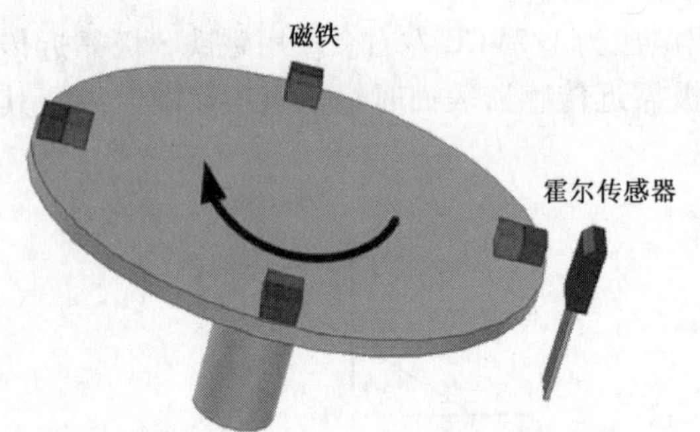

图 2-5-7　霍尔传感器测速

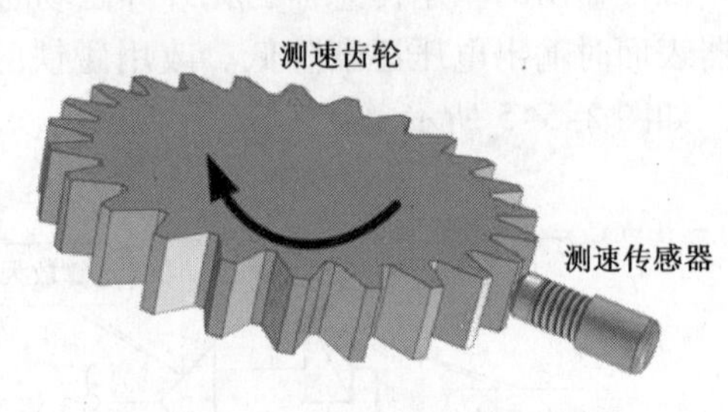

图 2-5-8　测速齿轮

2. 转速测量

无论使用哪种方法，数字式转速传感器获得的都是与转速成正比的脉冲信号，如何根据脉冲信号的频率计算出转速呢？实际使用有两种计算方法。

（1）测频法(M 法)

测频法就是测量脉冲信号的频率，再根据频率计算转速。若在采样时间(T)内检测到 m 个脉冲，则转速为

$$n = \frac{60 \times m}{T \times H}$$

式中，m 为脉冲个数；T 为采样周期，单位为秒；H 为旋转体上每周安放的磁铁个数；转速 n 的单位为 转/分钟（r/min）。

使用测频法时，转速越高，检测到的脉冲个数越多则误差越小，它适用于转速较高的场合。为了增加一个周期内脉冲个数可增大采样周期 T，但是 T 过大时需要的时间越长，获得结果也越慢。增加旋转体上安放的磁铁个数也可以提高检测精度。

（2）测周期法(T 法)

测周期法就是测量每个脉冲之间的时间间隔，根据时间间隔计算旋转一周所需要的时间，然后换算出转速。计算方法为

$$n = \frac{60}{t \times H}$$

式中，t 为检测到的两个脉冲之间的时间间隔，单位为秒（s）；H 为旋转体上每周安放的磁铁个数；转速 n 的单位为 转/分钟（r/min）。

使用测周期法时，t 越大则计算误差越小，它适用于转速较低的场合。为了提高精度，可以减少旋转体上安放的磁铁个数。

（3）等精度法（M/T 法）

以上两种测速方法各有特点，转速高时使用测频法测量误差较小，而转速低时使用测周期法测量误差较小。为了提高测量精度减少误差人们提出了一种等精度的测量方法，称为 M/T 法。这种方法可参考有关资料，本书不作介绍。

二、单片机转速测量方法

转速测量时系统必须提供一个时间基准，使用测频法时需要一个标准的采样周期，而使用测周期法时需要提供一个准确的计时时间值，单片机中可以利用定时计数器来实现。本节介绍使用单片机测量转速的基本方法。

1. 测频法

（1）测频法硬件

使用测频法时需要同时使用两个定时计数器，定时计数器 0 负责对输入脉冲计数，定时计数器 1 负责控制采样周期。如图 2-5-9 所示。

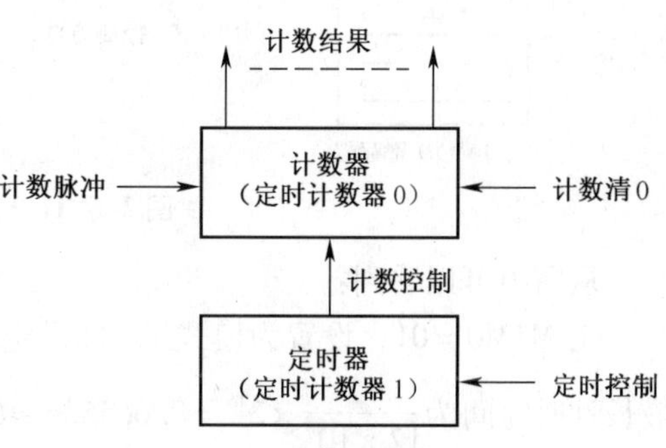

图 2-5-9 测频法硬件原理

测频时硬件工作过程如下。

① 使计数器清 0。

② 启动定时器，同时计数控制端使计数器开始计数。

③ 定时器定时时间到后计数控制端使计数器停止计数。

④ 读出计数器的计数结果，计算实际转速。

定时计数器 0 用做计数器，其设置方法如图 2-5-10 所示。

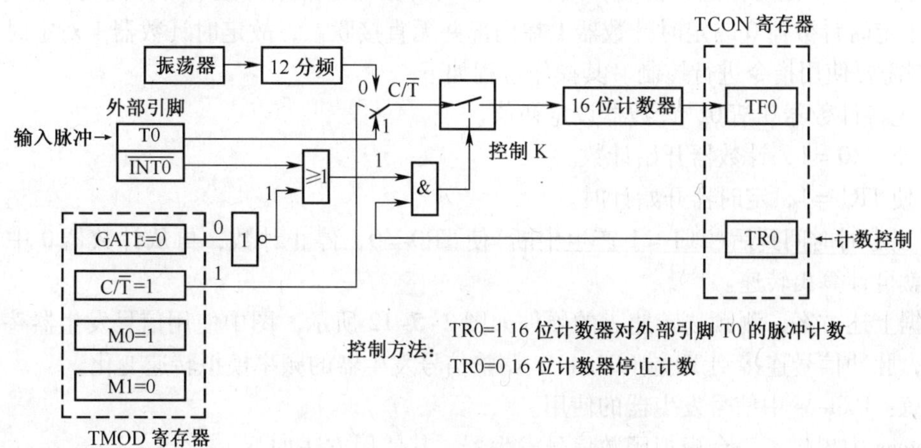

图 2-5-10 定时计数器 0 的模式

从图中可以看到：

① M1M0 =01，设置为模式 1。即设定计数器为 16 位计数器。

② $C/\overline{T}$ =1 使计数器对引脚 T0 上的脉冲计数。

③ GATE =0 使 INT0 引脚不影响计数。

④ 传感器检测到的计数脉冲连接到 T0 引脚上。

⑤ 由 TR0 对计数器进行控制，当 TR0 =0 时计数器输入断开，停止计数。当 TR0 =1 时外部引脚 T0 的脉冲送到计数器进行计数。

定时计数器 1 用于定时，其设置方法如图 2-5-11 所示。

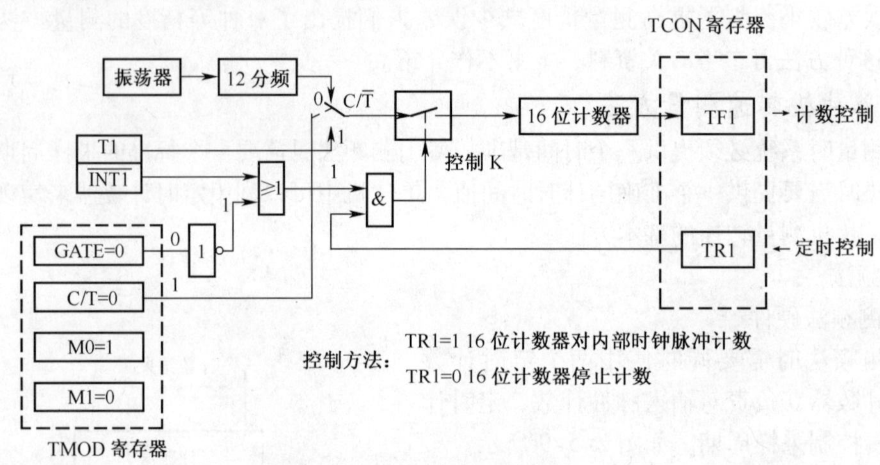

图 2-5-11　定时计数器 1 的模式

从图中可以看到：

① M1M0 =01，设置为模式 1。即设定计数器为 16 位计数器。当晶振频率为 12MHz 时，最长计时时间为$\frac{12}{12\times10^6}\times2^{16}=0.065536\approx65\text{ms}$。

② $C/\overline{T}$ =0 使计数器对内部脉冲计数（定时）。

③ GATE =0 使$\overline{\text{INT1}}$引脚不影响计数。

④ 由 TR1 对定时器进行控制，当 TR1 =1 时计数器 1 开始计数（开始定时）。

由于定时计数器 0 与定时计数器 1 在内部并无直接联系，故定时计数器 1 对定时计数器 0 的控制需要使用指令进行控制。其操作过程如下。

① 先将计数器 0 清 0，计数器设定初值。

② 使 TR0 =1，计数器开始计数。

③ 使 TR1 =1，定时器开始计时。

④ 当定时时间到后(TF1 =1 产生中断)使 TR0 =0，停止计数，再从计数器 0 中读出计数值，就可计算出转速。

根据上述方案，测频法转速表的硬件如图 2-5-12 所示。图中使用信号发生器替代转速传感器，脉冲信号连接到 T0 端(P3.4)。调整信号发生器的频率模拟转速变化。

注意：Proteus 中信号发生器的使用。

Proteus 中提供了一台虚拟函数信号发生器，其使用方法如下。

① 放置信号发生器。

在工作区放置一台信号发生器的方法如图 2-5-13 所示。

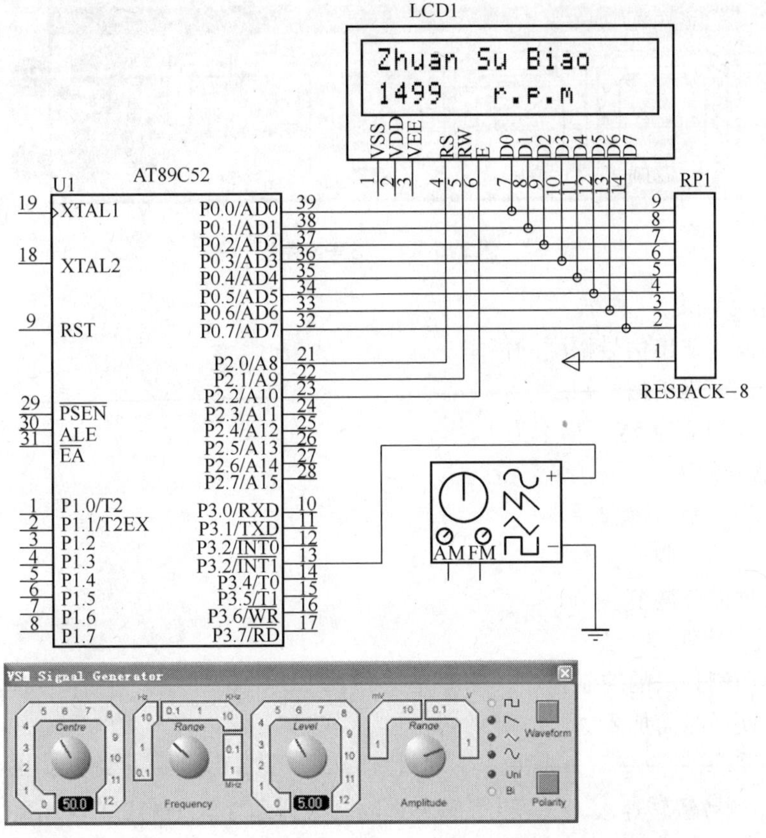

图 2-5-12 测频法转速表

a. 单击模式工具栏中仪表工具(图中①处)。

b. 在对象选择窗口中选择信号发生器 SIGNAL GENERATOR(图中②处)。

c. 单击工作窗口，放置信号发生器。

② 连接信号发生器。

信号发生器有 4 个端口，其功能如下。

a. 信号输出正端（图中④)。

b. 信号输出负端，一般接地（图中⑤)。

c. 调幅信号输入端，不用时接地（图中⑥)。

d. 调频信号输入端，不用时接地（图中⑦)。

③ 调节信号波形。

系统仿真时，信号发生器的外观如图 2-5-14 所示，如果工作窗口未出现此仪器，可从菜单中打开。

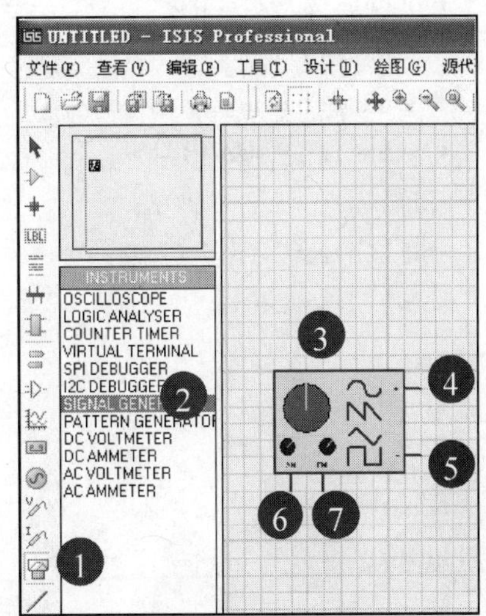

图 2-5-13 放置信号发生器

“调试”—“VSM Signal Generator”

图中按钮①为波形选择按钮，可在“方波”、“锯齿器”、“三角波”、“正选波”中选择一个波形，所选择的波形对应的指示灯亮。

图中按钮②为波形极性选择，可选择单极波形（Uni）或者双极波形（Bi）。

本例中选择单极性方波。

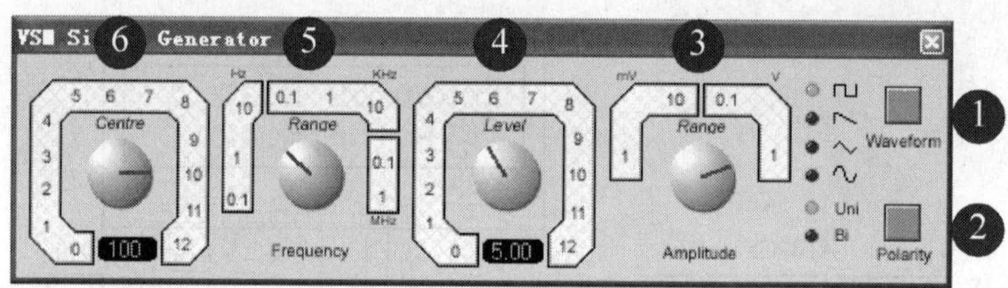

图 2-5-14　信号发生器

① 调节信号幅度。

图中③处调节输出信号幅度的倍率。

图中④处调节输出信号幅度。

本例中幅度调节为 5V，倍率为 1。

② 调节信号频率。

图中⑤处为频率倍率选择。

图中⑥处为频率调节。

本例可根据需要调节。

(2) 测频法软件

以下为使用测频法的控制程序，测量结果使用 LCD1602 显示。程序中有关 LCD1602 的函数均省略，使用时需加入。

```
/*======================================
dpjkz81. c 测频法转速表,最高转速 9999r/min,采样周期为 1s,12MHz 晶振
======================================*/
#include <reg52.h>
#define uint unsigned int
#define uchar unsigned char
#define LCD1602DB P0                    //定义 LCD1602DB 为 LCD 的数据接口
sbit LCD1602E = P2^2;                   //定义 LCD1602E 为 LCD 模块的 E 端
sbit LCD1602RW = P2^1;                  //定义 LCD1602RW 为 LCD 模块的 R/W 端
sbit LCD1602RS = P2^0;                  //定义 LCD1602RS 为 LCD 模块的 RS 端

uint T,m;                               //T 保存采样周期,单位为 μs(微秒)
                                        //m 为计数器的计数值(定时计数器 0 为 16 位计数器)
uchar H,sh,sl;                          //H 为旋转体上磁铁个数,sh、sl 为定时器初值
bit bz;                                 //转速计算标志

void lcd1602w(bit x , uchar y);         //说明 LCD1602 写函数
void lcd1602b(void);                    //说明 LCD1602 判忙函数
void lcd1602d(char x ,char y);          //说明 LCD1602 位置函数
void print(uchar ,uchar ,uchar * );     //说明 LCD1602 字符显示函数

void main( )
```

```
{
uchar xsbuf1[ ] = {"Zhuan Su Biao!"};  //上行显示名称
uchar xsbuf2[ ] = {"r. p. m"};         //下行显示单位
uchar jg[ ] = {"9999"};                //测量结果
uint n;                                //计算转速时的中间值
TMOD = 0x15;                           //见说明①
T = 50000;                             //定时中断时间为 50ms
H = 4;                                 //旋转体上安放 4 个磁铁,每圈 4 个脉冲
sh = (65536 - T)/256;                  //计算定时器初值,高 8 位
sl = (65536 - T)%256;                  //计算定时器初值,低 8 位
TH1 = sh;                              //设定定时计数器 1 初值
TL1 = sl;
TH0 = 0;                               //设定定时计数器 0 初值
TL0 = 0;
EA = 1;                                //开总中断
ET1 = 1;                               //开定时计数器 1 中断
TR1 = 1;                               //启动定时计数器 1,开始计时定时
TR0 = 1;                               //启动定时计数器 0,开始计数
lcd1602w(0,0x38);                      //LCD1602 初始化
lcd1602w(0,0x06);
lcd1602w(0,0x0c);
lcd1602w(0,0x01);
print(0,0,xsbuf1);
print(7,1,xsbuf2);
while(1)
    {
    if(bz)                       //bz 等于 1,表示已取得测量数据,开始计算转速
        {
        n = 60 * m;              /n = (60 * m)/(T * H)根据设定采样时间 T 为 1s
        n = n/H;                 //求出转速值 n。
        jg[3] = n%10 + 0x30;     //n 的个位数值转换为 ASCII 码放到 jg[3]中②
        n = n/10;                //n 整除 10,去掉个位
        jg[2] = n%10 + 0x30;     // n 的个位数值(转速的十位)转换为 ASCII 码放到
                                 //jg[2]中
        n = n/10;                //n 整除 10,去掉个位
        jg[1] = n%10 + 0x30;     //n 的个位数值(转速的百位)转换为 ASCII 码放到
                                 //jg[1]中
        n = n/10;                //n 整除 10,去掉个位
        jg[0] = n%10 + 0x30;     //n 的个位数值(转速的千位)转换为 ASCII 码放到
                                 //jg[0]中
```

```
            print(0,1,jg);                    //显示转速
            bz =0;                            //本次测量结果处理完清标志 bz
            }
        }
}
/*= = = = = = = = = = = = = = = = = = = = = = = = = = = = = = = = = =
定时计数器 1 中断处理
= = = = = = = = = = = = = = = = = = = = = = = = = = = = = = = = = = */
void ctc1(void)interrupt 3
{
static uchar x =0;                          //每次中断为 50ms,每中断 20 次为 1s,
TH1 = sh;                                   //恢复定时器初值
TL1 = sl;
TR1 =1;                                     //再次启动定时
if( ++x ==20)                               //中断达到 20 次,见说明③
    {
    TR0 =0;                                 //停止计数器 0 计数
    m = TH0 * 256 + TL0;                    //取得计数值
    TH0 =0;                                 //计数器清 0,准备下一次计数
    TL0 =0;
    TR0 =1;                                 //启动计数器 0
    bz =1;                                  //设定 bz 通知主程序已取得采样数据
    x =0;                                   //重新开始计算 20 次中断
    }
}
```

说明

① TMOD =0x15;的含义:

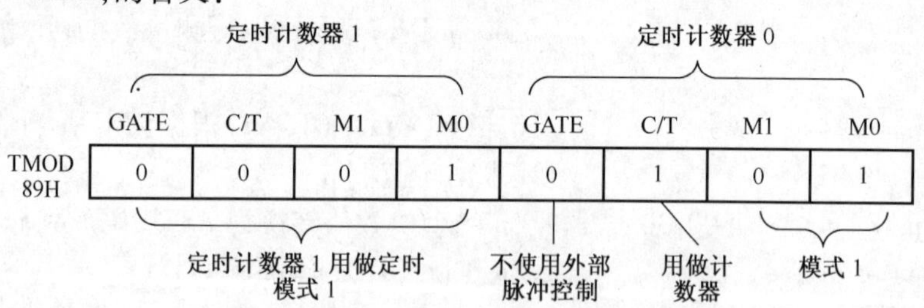

② 显示缓冲区中存放的应当为显示字符的 ASCⅡ码,此处计算结果为数值。将一位数值转换为 ASCⅡ码的方法:数值 +0x30。

③“ ++x ==20 ”表示一个复合运算，首先执行 x 加 1（ ++x)，然后再判断 x 是否等于 20。

注意：与“x++ ==20”的区别，“x++ ==20”是先判断 x 是否等于 20，再执行 x 加 1 (x++)。使用此表达式时，定时计数进行了 21 次。

2. 测周期法

测周期法需要测量输入脉冲的周期，可以采用两次中断法，其方法如下。

a. 输入脉冲下降沿产生中断（第一次中断）。

b. 中断程序启动定时计数器定时。

c. 下一个输入脉冲下降沿产生中断（第二次中断）。

d. 中断程序停止定时计数器的计数，读出计数器的计数值，并将计数器清 0，准备下一次计数。

e. 将计数值转换为转速。

（1）测周期法硬件

根据上述方案，速度传感器输入信号需连接到外部中断口 $\overline{INT0}$ 或 $\overline{INT1}$，图 2-5-15 所示为硬件连接方案，使用信号发生器模拟速度传感器，并将其连接到 $\overline{INT1}$ 端口（P3.3）。

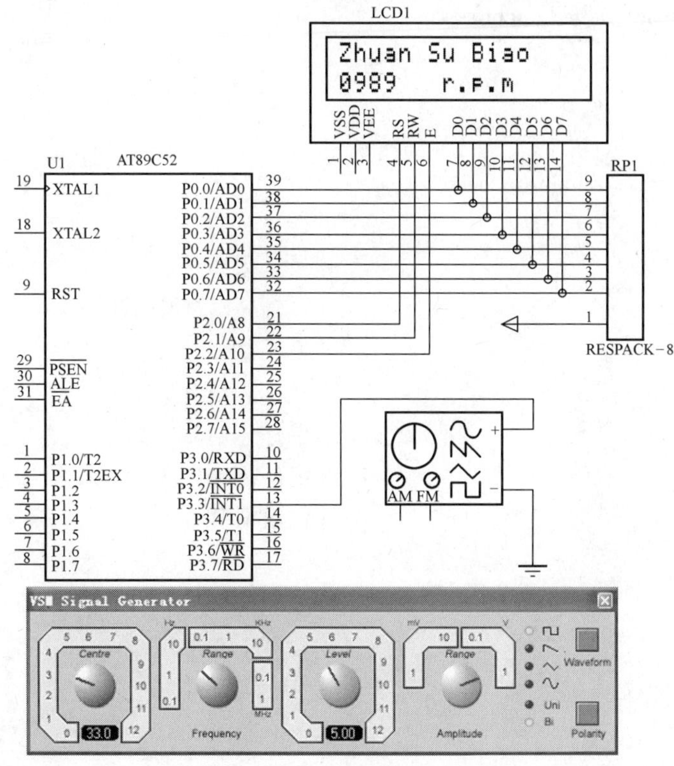

图 2-5-15 测周期法硬件

（2）测周期法程序

```
/*==================================
dpjkz82.c 测周期法转速表 12M 晶振 旋转体每周安装两个磁铁
==================================*/
#include <reg52.h>
#define uint unsigned int
#define uchar unsigned char
#define LCD1602DB P0          //定义 LCD1602DB 为 LCD 的数据接口
#define H 3E+7                //见说明①

sbit LCD1602E = P2^2;         //定义 LCD1602E 为 LCD 模块的 E 端
```

```
sbit LCD1602RW = P2^1;  //定义 LCD1602RW 为 LCD 模块的 R/W 端
sbit LCD1602RS = P2^0;  //定义 LCD1602RS 为 LCD 模块的 RS 端

uint t;                     //保存计数器的计数值
bit cybz,jgbz;            //采样标志 cybz  =0 为第一次中断 =1 为第二次中断
                          //结果标志 jgbz  =0 测量结果已经处理完 =1 测量结果未处理
void  lcd1602w(bit x , uchar y);       //说明 LCD1602 写函数
void  lcd1602b(void);                  //说明 LCD1602 判忙函数
void  lcd1602d(char x ,char y);        //说明 LCD1602 位置函数
void  print(uchar ,uchar ,uchar * );

void main( )
{
uchar xsbuf1[ ] = {"Zhuan Su Biao"};  //上行显示名称
uchar xsbuf2[ ] = {"r. p. m"};        //下行显示单位
uchar jg[ ] = {"9999"};               //测量结果
uint n;                               //计算转速时的中间值
TMOD =0x01;                           //见说明②
cybz =0;                              //采样标志清 0
jgbz =0;                              //结果标志清 0
IT1 =1;                               //设定外部中断 1 为下降沿中断,见说明③
TH0 =0;                               //计数值清 0
TL0 =0;
EA =1;                                //开总中断
EX1 =1;                               //开外部中断 1
lcd1602w(0,0x38);                     //LCD1602 初始化
lcd1602w(0,0x06);
lcd1602w(0,0x0c);
lcd1602w(0,0x01);
print(0,0,xsbuf1);
print(7,1,xsbuf2);
while(1)
   {
   if(jgbz)                           //有 jgbz 标志 表示已取得测量数据
      {
      n = H/t;                        //求出转速值 n
      jg[3] = n%10 +0x30;
      n = n/10;
      jg[2] = n%10 +0x30;
      n = n/10;
```

```
            jg[1] = n%10 + 0x30;
            n = n/10;
            jg[0] = n%10 + 0x30;
            print(0,1,jg);
            jgbz = 0;
            }
        }
  }
/* = = = = = = = = = = = = = = = = = = = = = = = = = = = = = = = = = = =
外部中断 1 中断处理
= = = = = = = = = = = = = = = = = = = = = = = = = = = = = = = = = = = */
void ex1(void)interrupt 2                  //外部中断 1 的中断号为 2
{
if(! cybz)                                 //无 cybz 标志为第一次中断
    {
    cybz = 1;                              //置采样标志,下一次中断为第二中断
    TR0 = 1;                               //启动定时计数器 1 计数
    }
else                                       //有 cybz 标志为第二次中断
    {
    t = TH0 * 256 + TL0;                   //取计数器的计数值
    TR0 = 0;                               //停止计数器计数
    TH0 = 0;                               //计数器清 0
    TL0 = 0;
    cybz = 0;                              //清采样标志,下一次中断为第一中断
    jgbz = 1;                              //置结果标志
    }
}
```

说明

① 测周期法的转速计算公式为 $n = \dfrac{60}{t \times H}$

式中,t 为转速脉冲周期,当使用 12MHz 晶振时,t 的单位为 μs,转速计算公式为

$$n = \frac{60}{t \times 10^{-6} \times H} = \frac{60 \times 10^6}{H} \times \frac{1}{t}$$

由于$\dfrac{60 \times 10^6}{H}$在程序工作中不会发生变化,因此在编译过程中事先计算出结果,程序中直接使用此结果$\dfrac{60 \times 10^6}{H} = 30\ 000\ 000 = 3E + 7$,可以加快程序的执行速度。(注:3E + 7 表示 3×10^7,这是 C 语言中表达幂的方法。)

② **TMOD = 0x01**;设定定时计数器 **0** 为模式 **1**,**16** 位定时器。

值得注意的是，上述程序中存在一个严重的问题，当系统使用12MHz晶振时，定时计数器的计数脉冲周期为1μs，16位计数器的最大计数值为$2^{16}=65\ 536$，即最长时间为65.5ms。当计数脉冲的周期大于65.5ms时在两个脉冲之间定时计数器就会发生溢出错误。

这样使用16位计数器的最低测量转速为

$$n_{\min}=\frac{60\times10^6}{H}\times\frac{1}{t_{\max}}=\frac{60\times10^6}{H}\times\frac{1}{2^{16}-1}\approx458\text{r/min}$$

为了扩大计数范围，需要增加计数器的位数，但是51系列单片机中计数器最大只能为16位，因此我们需要再设置一个8位计数器js，每当计数器发生溢出时计数js加1，这样就将计数器扩大为24位。最低转速为

$$n_{\min}=\frac{60\times10^6}{H}\times\frac{1}{t_{\max}}=\frac{60\times10^6}{H}\times\frac{1}{2^{24}-1}\approx1.8\text{r/min}$$

同时，当转速低于最低转速时，不显示测量结果以避免显示错误数据。

动手做一做

1. 搭建仿真电路。
2. 编辑、编译程序。
3. 试运行程序，观察运行结果。
4. 调整信号发生器频率，观察最低、最高转速。

项目六　A/D、D/A 转换

计算机和数字电路处理的信息都是数字量（Digital，简称 D），而实际中的物理量大多数为模拟量（Analog，简称 A），如温度、压力、电流、电压等。处理这些物理量时需要将它们转换为数字量，处理完成后得到的结果又需要从数字量转换为模拟量。因此 A/D 转换和 D/A 转换是一个计算机控制系统不可缺少的部分，如图 2-6-1 所示。

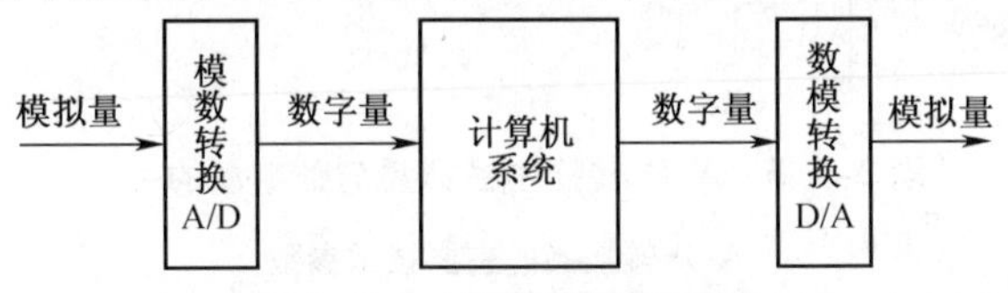

图 2-6-1　计算机控制系统

一、A/D 转换实例

1. A/D 转换原理

模拟量是连续变化的量，将模拟量的大小用数值表示出来就是将模拟量进行了量化。A/D 转换器的功能就是将模拟量量化，用 N 位二进制数表达出来，如图 2-6-2 所示。例如：电池电压为 1.5V，温度为 28℃……

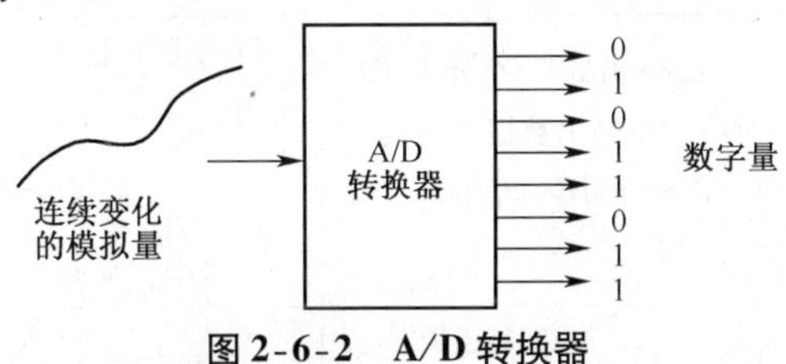

图 2-6-2　A/D 转换器

由于模拟量是连续变化的，具有无穷多个状态，而数字量是有限的，不可能将模拟量的所有状态表达出来。A/D 转换器输出的数字量并不是代表模拟量的一个点，而是一个区间。例如，人们测量气温时只保留整数部分，而小数部分四舍五入。当气温为 28℃时并不是说气温就是 28℃，而是在 27.5 ~ 28.4℃范围内。这个范围的大小称为量化误差，使用整数表示温度，小数四舍五入时这个范围的大小为 ±0.5℃。如果测量人体的体温时需要保留一位小数，量化误差就为 ±0.05℃。

例如，某 A/D 转换器将 0 ~ 5V 电压转换位 3 位二进制数，其转换关系如图 2-6-3 所示。

2. A/D 转换器的主要技术指标

常见 A/D 转换的主要技术参数如表 2-6-1 所示。

3. 输入电压与输出数据的对应关系

例如，5V 量程的 3 位 A/D 转换器量化区间为 0.667V。输入电压与输出数据的对应关系如表 2-6-2 所示。

对于一个 N 位 A/D 转换器，参考电压为 U_{REF}，则输入模拟电压与转换结果数据之间的关系为

$$输入模拟电压 \pm \frac{1}{2}\text{LSB} = \text{LSB} \times 转换结果 = \frac{2 \times U_{REF}}{2^N - 1} \times 转换结果$$

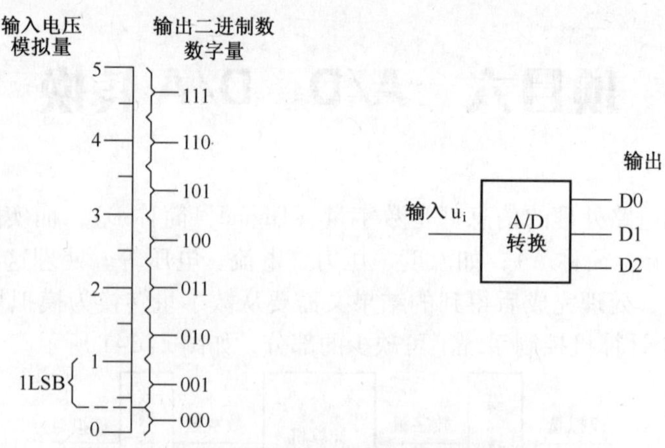

图 2-6-3　A/D 转换中模拟量与数字量的关系

表 2-6-1　A/D 转换器的主要技术参数

序号	名　称	说　明	例
1	量程	模拟量输入范围 分为单极性输入和双极性输入	单极性：0 ~ 5V　0 ~ 10V　双极性：－5V ~ +5V大部分 A/D 转换器输入电压范围可由用户提供的参考电压 U_{REF} 设定
2	位数	转换结果的位数 有二进制位数和十进制位数两种	二进制位数：4 位、8 位、12 位、16 位
3	量化区间	将“量程”划分为若干个小区间，每个小区间对应一个输出数据，就实现了A/D 转换，这一个小区间称为“量化区间”，记为 LSB	目前常用的 A/D 转换器的“量化区间”的大小为 量化区间（LSB）$=\dfrac{2\times 量程}{2^{N+1}-1}$ 式中，N 表示 A/D 转换器的位数
4	分辨率	分辨率是指 A/D 转换器所能分辨的模拟输入信号的最小变化量。即量化区间的大小 LSB 有时简单地用 A/D 转换器的位数 N 来间接代表分辨率。如 8 位分辨率、12 位分辨率	8 位单极性 0 ~ 5V 输入的 A/D 转换器，能分辨的最小输入信号是 $1\text{LSB}=\dfrac{2\times 5}{2^{8+1}-1}=0.0196=19.6\text{mV}$ 12 位双极性 －5V ~ +5V 输入的 A/D 转换器，能分辨的最小输入信号是 $1\text{LSB}=\dfrac{2\times 10}{2^{13}-1}=0.00244$ $=2.44\text{mV}$
5	量化误差	量化区间 1LSB { +1/2LSB 量化数值 −1/2LSB 量化误差 = ±1/2 LSB	8 位单极性 0 ~ 5V 输入的 A/D 转换器分辨率为 19.6mV。量化误差为 ±9.8mV
6	绝对精度	理想情况下转换误差仅为量化误差，但是由于各种其他原因实际误差大于量化误差，实际误差称为转换精度。一般用 LSB 表示	部分厂商的资料中给出的转换精度为量化误差以外的转换误差，如某转换器转换误差为 ±1/4 LSB，故绝对精度为 （±1/4 LSB）+（±1/2 LSB）=（±3/4 LSB）

续表

序号	名　称	说　明	例
7	转换时间	完成一次转换所需时间，不同类型的AD转换器转换时间差别较大	ADC0809 转换时间为 116μs ADC0832 转换时间为 32μs
8	输出接口	输出电压多数为 TTL 电平 输出方式有并行、串行两种方式	并行方式传送速度较快，但占用较多的端口，串行方式的传送速度较慢，但占用的端口较少
9	工作温度	工作温度会对运算放大器和 A/D 转换器中的电阻网络产生影响，只有在一定的温度范围内，才能保证额定的精度指标	较适合的转换器工作温度为 -40℃ ~ +85℃，一般为 0 ~ 70℃

表 2-6-2　　3 位 5V 量程 A/D 转换器输入电压与输出数据的关系

输入电压范围	对应区间	输出数值
0 ~ 0.333V	0 ~ 1/2 LSB	000
0.333 ~ 1V	1LSB ± 1/2LSB	001
1 ~ 1.667V	2LSB ± 1/2LSB	010
1.667 ~ 2.333V	3LSB ± 1/2LSB	011
2.333 ~ 3V	4LSB ± 1/2LSB	100
3 ~ 3.667V	5LSB ± 1/2LSB	101
3.667 ~ 4.333V	6LSB ± 1/2LSB	110
4.333 ~ 5V	7LSB ± 1/2LSB	111

如：一个 8 位 A/D 转换器，U_{REF} = 5.00V 时输入电压与转换结果的对应关系如下。

输入电压中间值	输入电压最小值	输入电压最大值	转换结果
0	0	0.01V	0
0.02V	0.01V	0.03V	1
0.04V	0.03V	0.05V	2
0.08V	0.07V	0.09V	4
0.16V	0.15V	0.17V	8
0.31V	0.30V	0.32V	16
0.62V	0.62V	0.64V	32
1.25V	1.24V	1.26V	64
2.50V	2.50V	2.51V	128
4.99V	4.98V	5.00V	255

4. ADC0832

有许多单片机内部已经集成了 A/D 转换器件，但是 51 系列的单片机内部没有 A/D 部分，因此使用 51 系列的单片机如果需要检测模拟量时需要在外部添加 A/D 器件。本节以 ADC0832 为例介绍 A/D 转换方法。

(1) ADC0832 介绍

ADC0832 是美国国家半导体公司生产的一种 8 位分辨率、双通道 A/D 转换芯片，即可以检测两路模拟量。它体积小、兼容性、性价比高，目前已经有很高的普及率。ADC0832

的外观如图 2-6-4 所示，其引脚及其功能如表 2-6-3 所示。

ADC0832 没有单独的参考电压端，它直接使用电源电压为参考电压，因此 A/D 转换的误差也就与电源电压的误差有关。

JR45AB
ADC
0832CCN

图 2-6-4　ADC0832 外观

（2）ADC0832 的端口

ADC0832 的 CH0 与 CH1 为模拟量输入端，当电源电压为 5V 时，输入电压范围为 0 ~ 5V。为了满足不同场合的需要，ADC0832 有 4 种输入方式，如表 2-6-4 所示。

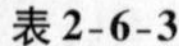

表 2-6-3　ADC0832 引脚

引脚号	名称	功能	引脚号	名称	功能
1	CS	片选	5	DI	数据输入端
2	CH0	输入模拟量通道 0	6	DO	数据输出端
3	CH1	输入模拟量通道 1	7	CLK	时钟端
4	GND	电源地	8	VCC	电源正

表 2-6-4　ADC0832 输入方式

方式	CH0	CH1	说　明
0	差分输入 + 端	差分输入 - 端	输入电压正极接 CH0，负极接 CH1。转换电压 $V = V_{CH0} - V_{CH1}$
1	差分输入 - 端	差分输入 + 端	输入电压正极接 CH1，负极接 CH0。转换电压 $V = V_{CH1} - V_{CH0}$
2	单端输入		输入电压正极接 CH0，负极接地。转换电压 $V = V_{CH0}$
3		单端输入	输入电压正极接 CH1，负极接地。转换电压 $V = V_{CH1}$

从表 2-6-2 可以看到，ADC0832 使用差分输入时为单通道 A/D 转换器，而使用单端输入时可实现双通道 A/D 转换。

ADC0832 与 CPU 的连接方法示例如图 2-6-5 所示。从图中可以看到，ADC0832 与 CPU 的连接应当有 4 根线：CS、DI、DO、CLK。由于 DI 与 DO 不会同时工作，因此人们常常将其连接在一起然后连接到单片机的端口，这样 ADC0832 只需要占用单片机的 3 个端口。

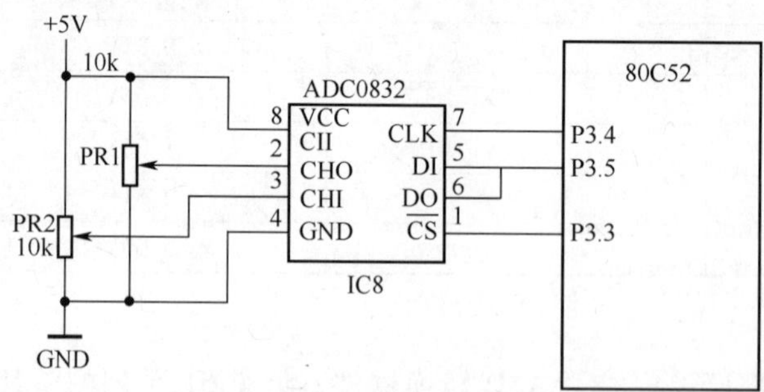

图 2-6-5　ADC0832 的连接

图中 PR1、PR2 为测试用电位器，调整电位器触头位置即可改变 ADC0832 的输入电压。

根据图中连接方式，程序中可以对 ADC0832 的端口定义如下。

```
sbit ADCCS = P3^3;            //定义 ADCCS 为 ADC0832 的片选端 CS
```

```
sbit ADCCLK = P3^4;          //定义 ADCCLK 为 ADC0832 的时钟端 CLK
sbit ADCDI = P3^5;           //定义 ADCDI 为 ADC0832 的输入端 DI
sbit ADCDO = P3^5;           //定义 ADCDO 为 ADC0832 的数据输出端 DO(与 DI 端共用)
```

（3）ADC0832 的时序及读写程序

由于 ADC0832 使用了串行接口，读写时程序比较复杂。一般使用串行接口的器件都提供了接口时序图，看懂了接口时序图就能编写接口程序。ADC0832 的时序如图 2-6-6 所示。

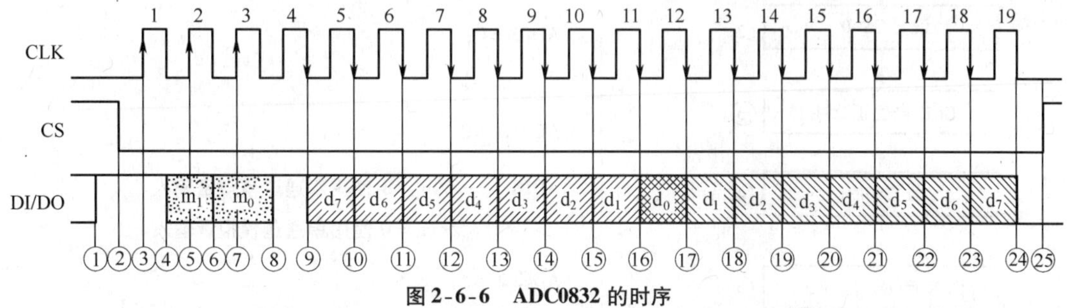

图 2-6-6 ADC0832 的时序

图中▦表示从 CPU 向 ADC0832 发送的数据，而▨表示 ADC0832 向 CPU 发送的数据。

从时序图可以看到：

① ADC0832 读写期间 CS 必须为低电位；

② CLK 前 3 个脉冲上升沿由 DI 线向 ADC0832 写入输入方式的控制数据。

第一个脉冲时 DI 必须为“1”，使 ADC0832 启动。

第 2、3 两个脉冲写入 ADC0832 的输入方式，4 种输入方式共有两位二进制数，m_0 和 m_1。其对应关系如下所示。

方式	m_1	m_0	CH0	CH1
0	0	0	差分输入 + 端	差分输入 - 端
1	0	1	差分输入 - 端	差分输入 + 端
2	1	0	单端输入	无效
3	1	1	无效	单端输入

③ CLK 第 4 ~ 11 个脉冲的下降沿由 DO 线读入 ADC0832 的转换数据，高位在前。

④ CLK 第 12 ~ 18 个脉冲的下降沿由 DO 线读入 ADC0832 的转换数据，低位在前。

ADC0832 输出数据时先发由高到低发送 8 位数据，然后反过来由低到高发送 8 位数据，但是 d0 位只发送一次。

根据时序图，ADC0832 的控制程序如下。

注意

① 程序中分两次循环读取 8 位数据，第一次读取时先发送时钟脉冲再读取数据。第二次读取数据时先读数据再发送脉冲。这样在第一个循环读数的最后一次读数与第二个循环读数的第一次读数之间没有发送时钟脉冲，这两次读数实际读取的是同一个数据 d0。这是读取这种 d0 只发送一次而其他位发送两次的数据格式的关键之处，如图 2-6-7 所示。

② 第一个循环读数时由于先读取高位，故每次读到的数放到低位，然后每次将读到的数据向高位移动一位(左移)，如图 2-6-8(a)所示。而第二个循环读数时由于先读取低位，故

程序框图	程序清单（使用双通道输入方式）
图中带圈数字对应时序图中的带圈数字位置	bit Adc0832（bit channel） {
设置 DI=1 ①	uchar i=0，ndat=0；　//注意 dat 为全局变量 ADCLK=0； ADDI=1；
设置 CS=0 ②	ADCS=0；
CLK 产生正脉冲 1 ③	ADCLK=1； ADCLK=0；
设置 DI=1 ④	ADDI=1；//m_1=1 使用双通道模拟量输入 //m_1=0 使用单通道模拟量输入
CLK 产生正脉冲 2 ⑤	ADCLK=1； ADCLK=0；
设置 DI=通道号 ⑥	ADDI=channel；　//设定通道号 m_0
CLK 产生正脉冲 3 ⑦	ADCLK=1； ADCLK=0； ADDO=1；　//输入前先写 1
准备 8 次循环	for（i=0；i<8；i++） {
CLK 产生正脉冲 4～11 ⑨～⑯	ADCLK=1； ADCLK=0；
读入数据，并保存	dat=dat<<1；　//数据向高位移动 dat|=ADDO；　//读入数据到 dat 的最低位
8 次循环完否？（n：返回；y：继续）	}
准备 8 次循环	for（i=0；i<8；i++） {
读入数据，并保存	ndat=ndat>>1；　//数据向低位移动 if（ADDO）ndat|=0x80； //读入数据到 ndat 的最高位
CLK 产生脉冲 12～19 ⑰～㉔	ADCLK=1； ADCLK=0；
8 次循环完否？（n：返回；y：继续）	
CS 置 1 ㉕	ADCS=1；

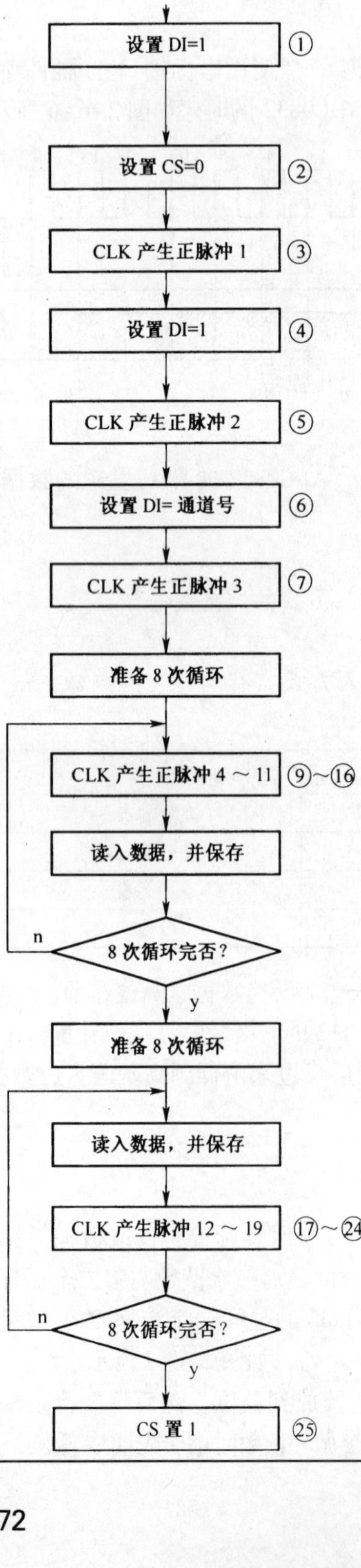

续表

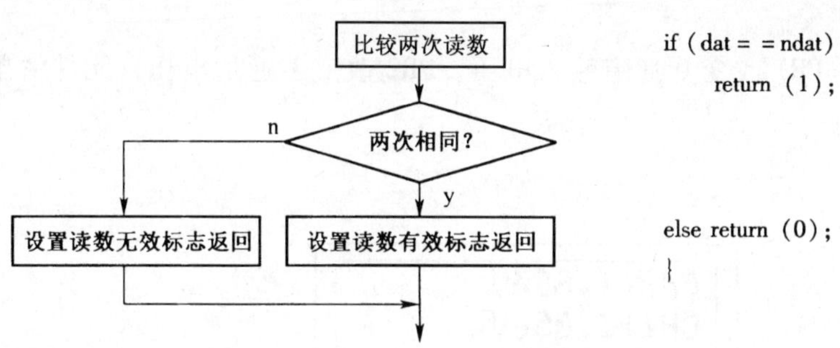

每次读到的数放到高位，然后每次将读到数据向低位移动一位(右移)，如图 2-6-8(b)所示。

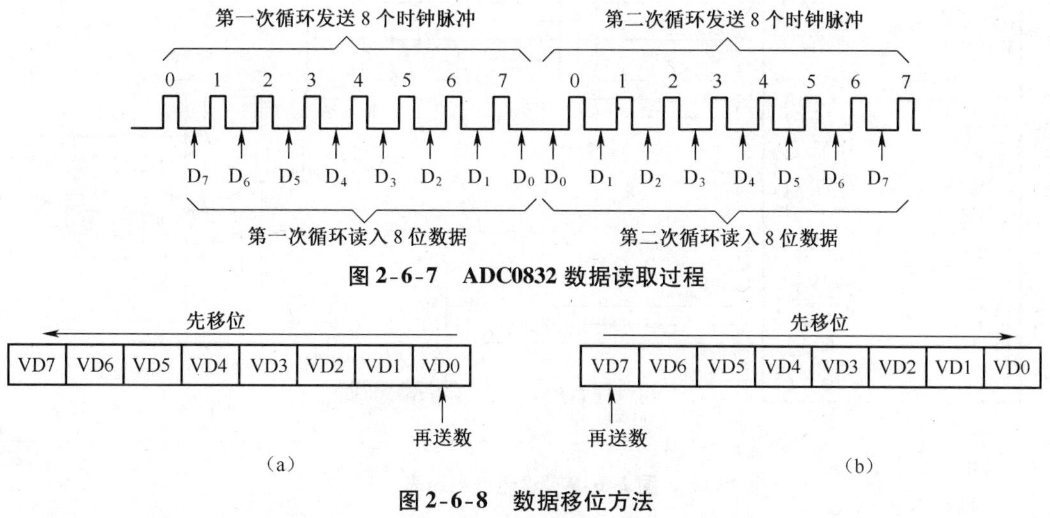

图 2-6-7 ADC0832 数据读取过程

图 2-6-8 数据移位方法

读者可自行考虑：为什么必须先移位再送数据?

(4) 标度变换

ADC0832 的输出数据范围为 0x00 ~ 0xff，它对应 0 ~ 5V 输入电压，为了使转换结果能直观的显示出来，需要将 0x00 ~ 0xff 的数据转换为 0. 0 ~ 5. 0V。这种转换称为标度转换。

如果测量结果为 X，转换后的结果为 Y，则它们之间的关系为

$$Y = \frac{5.0}{0\text{xff}}X = \frac{5}{255}X = 0.0196X$$

单片机中进行小数运算十分不方便，为了简化计算我们将系数 0. 0196 改为 196，这样相当与结果大了 10 000 倍。将结果转换为十进制数后只需移动小数点 4 位，就能得到正确结果。

将转换结果乘以 196，显示时在第一位数后加上小数点，这样就可以只采用整数运算得到标度转换的结果，注意此时结果的最大值为 0xff × 196 = 255 × 196 = 49 980，故结果应当为 uint 类型数据。

5. 双通道电压表

项目：使用 ADC0832 和 lcd1602 制作双通道电压表，每通道输入电压 0 ~ 5V。

（1）硬件连接

如图 2-6-9 所示，PR1 改变 0 通道输入电压，PR2 改变 1 通道电压，元件清单如表 2-6-5所示。

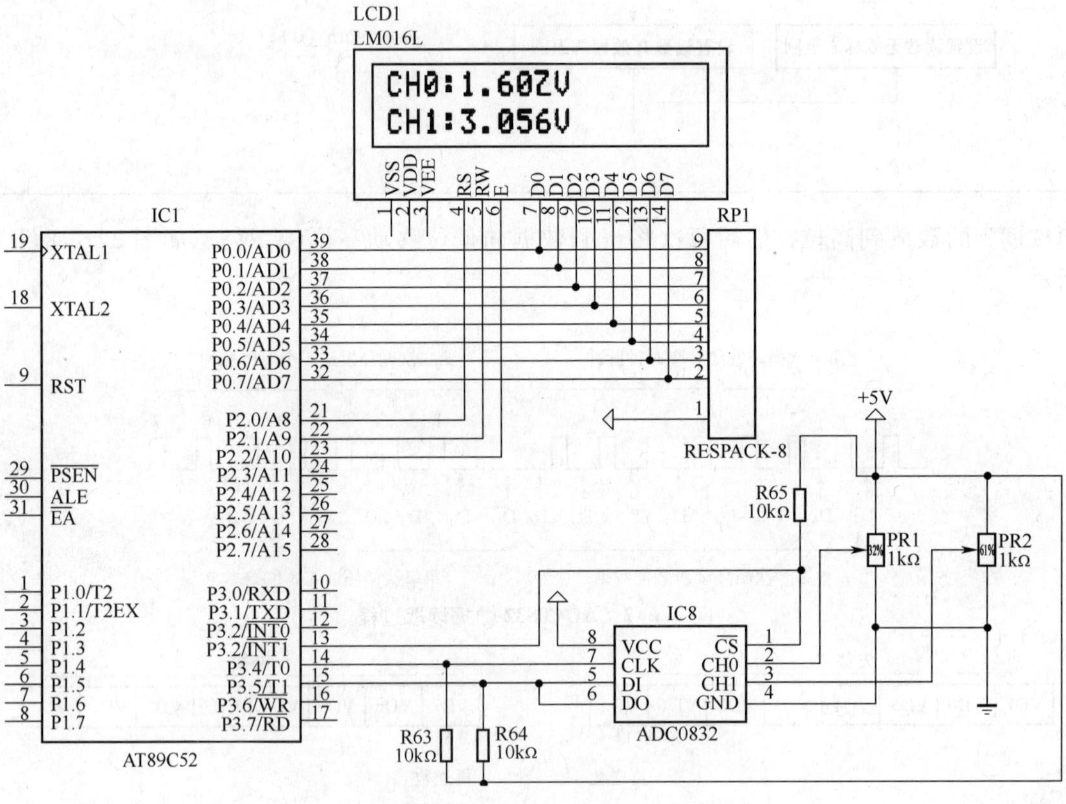

图 2-6-9 双通道电压表

表 2-6-5 元件清单（仅新出现的元件）

编号	元件名称	类别	子类别	结果
U2	模数转换器	Data Converters	A/D Converters	ADC0832
RP1	排阻	Resistors	Resistors Packs	RESPACK-8
PR1 PR2	可调电阻	Resistors	Variable	POT-HG

（2）程序清单

```
/*=======================================
dpjkz9-1.c adc0832 双通道电压表
=======================================*/
#include <reg52.h>
```

```
#define uint unsigned int
#define uchar unsigned char
#define LCD1602DB P0                    /定义 LCD1602DB 为 LCD 的数据接口
sbit LCD1602E = P2^2    ;               //定义 LCD1602E 为 LCD 模块的 E 端
sbit LCD1602RW = P2^1    ;              //定义 LCD1602RW 为 LCD 模块的 R/W 端
sbit LCD1602RS = P2^0    ;              //定义 LCD1602RS 为 LCD 模块的 RS 端

sbit ADCLK = P3^4 ;                     //定义 ADC0831 CLK 接口
sbit ADDO = P3^5                        //定义 ADC0832 DO 接口
sbit ADDI = P3^5    ;                   //定义 ADC0832 DI 接口
sbit ADCS = P3^3    ;                   //定义 ADC0832 CS 接口

uint d = 0;                             //保存测量结果进行标度转换
uchar dat;                              //ADC0832 测量结果

voidlcd1602w (bit x , uchar y) ;        //说明 LCD1602 写函数
ucharlcd1602r (bit x);                  //说明 LCD1602 读函数
void lcd1602b (void) ;                  //说明 LCD1602 判忙函数
void lcd1602d(char x ,char y) ;         //说明 LCD1602 位置函数
bit adc0832(bit);                       //说明 ADC0832 函数
void print(uchar ,uchar ,uchar * );     //说明显示结果函数

void main ( )
{
uchar code xsbuf1[ ] = {"CH0: "};       //上行显示通道 0
uchar code xsbuf2[ ] = {"CH1: "};             //下行显示通道 1
uchar code xsbuf3[ ] = {"error!"};            //显示出错信息
uchar xsbuf[6];                               //显示测量结果用缓冲区
lcd1602w(0,0x38);                             //LCD1602 初始化
lcd1602w(0,0x06);
lcd1602w(0,0x0c);
lcd1602w(0,0x01);
print(0,0,xsbuf1);                            //第一行显示"CH0:"
print(0,1,xsbuf2);                            //第二行显示"CH1:"
while (1)
   {for (i = 0;i < 2;i + + )                  //两个通道循环进行检测
        {                                     //结果正确:
        if (adc0832(i))                       //读取 ADC0832 转换数据,i 为通道号
              {d = dat * 196;                 //标度转换,见以下说明
```

```
            xsbuf[0] = d/10000 + 0x30;          //取第一位(最高位),转换为 ASCII 码
            d = d%10000;                        //去掉最高位
            xsbuf[1] = '.';                     //显示小数点
            xsbuf[2] = d/1000 + 0x30;           //取第二位,转换为 ASCII 码
            d = d%1000;                         //去掉第二位
            xsbuf[3] = d/100 + 0x30;            //取第三位,转换为 ASCII
            d = d%100;                          //去掉第三位
            xsbuf[4] = d%10 + 0x30;             //取个位,转换为 ASCII
            xsbuf[5] = 'V';                     //单位 V
            print(4,i,xsbuf);                   //显示结果
            }
        else print(4,i,xsbuf3);                 //结果错误显示出错信息
        }
    }
  }

bit adc0832(bit channel)
{
uchar i = 0, ndat = 0;            // 注意 dat 为全局变量
ADCLK = 0;
ADDI = 1;                         //设置 DI = 1
ADCS = 0;                         //设置 CS = 0
ADCLK = 1;                        //产生 CLK1
ADCLK = 0;
ADDI = 1;                         //m1 = 1 使用双通道模拟量输入
ADCLK = 1;                        //产生 CLK2
ADCLK = 0;
ADDI = channel;                   //设定通道号 m0
ADCLK = 1;                        //产生 CLK3
ADCLK = 0;
ADDO = 1;                         //输入前先写 1
for(i = 0;i < 8;i + +)            //连续 8 次读入数据
  {
  ADCLK = 1;                      //产生 CLK4 ~ 11
  ADCLK = 0;
  dat = dat < <1;                 //数据向高位移动
  dat| = ADDO;                    //读入数据到 dat 的最低位
  }
for (i = 0;i < 8;i + +)           //连续 8 次读入数据
```

```
    {
    ndat = ndat > >1;                  //数据向低位移动
    if (ADDO) ndat | =0x80;            //读入数据到 ndat 的最高位
    ADCLK =1;                          //产生 CLK12 ~19
    ADCLK =0;
  }
  ADCS =1;                             //设置 CS =1
  if (dat = = ndat)                    //检查两次读数是否一致
    return (1);                        //数据正确返回 1
  else return (0);                     //数据错误返回 0
}
```

说明：标度转换及显示格式转换如表 2-6-6 所示，表中以检测数据为 0x80 为例分析转换过程。数字 0 ~9 对应的 ASCII 为 0x30 ~0x39，因此将数字加 0x30 就得到了数字的 ASCII 码。

注意：最后一位 8 被丢掉了，由于 5V 电压范围的 8 位 AD 转换的精度为 20mV（0.02V）左右，小数点后第 3、4 位已无实用价值。

6. 双通道电压表实例

①安装上拉电阻 R63，R64，R65。

②安装电压调整电位器 PR1，PR2。

需要添加的原件如表 2-6-7 所示，添加原件后电路板如图 2-6-10 所示。

表 2-6-6　标度转换示例

程序		举例
d = dat * 196;	//标度转换	dat = 0x80 = 128　　d = dat * 196 = 25088
xsbuf[0] = d/10000 +0x30;	//取第一位(最高位)	d/10000 = 25088/10000 = 2（"/"为整除符号）
	//并转换为 ASCII 码	d/10000 +0x30 = 0x32 = '2'('2'表示 ASCII 字符"2")
d = d% 10000;	//去掉最高位	d% 10000 = 25088% 10000 = 5088 d = 5088 ("%"为取模运算,即取除法运算的余数)
xsbuf[1] = '.';	//显示小数点	
xsbuf[2] = d/1000 +0x30;	//取第二位,转换为 ASCII 码	d/1000 = 5088/1000 = 5　d/1000 +0x30 = 0x35 = '5'
d = d% 1000;	//去掉第二位	d% 1000 = 5088% 1000 = 88　　d = 088
xsbuf[3] = d/100 +0x30;	//取第三位,转换为 ASCII	d/100 = 88/100 = 0　　d/100 +0x30 = 0x30 = '0'
d = d% 100;	//去掉第三位	d% 100 = 88% 100 = 88　　d = 88
xsbuf[4] = d/10 +0x30;	//取第四位,转换为 ASCII	d/10 = 8　　d/10 +0x30 = 0x38 = '8'
xsbuf[5] = 'V';	//单位 V	xsbuf[ ] = '2.508V'

表 2-6-7　双通道电压表所需元件

序号	名称	符号	规格	用途	备注
1	电阻	R63 ~ R65	10kΩ	上拉电阻	
2	电位器	PR1，PR2	10kΩ	调节输入电压	
3	集成块	IC8	ADC0832	模数转换器	

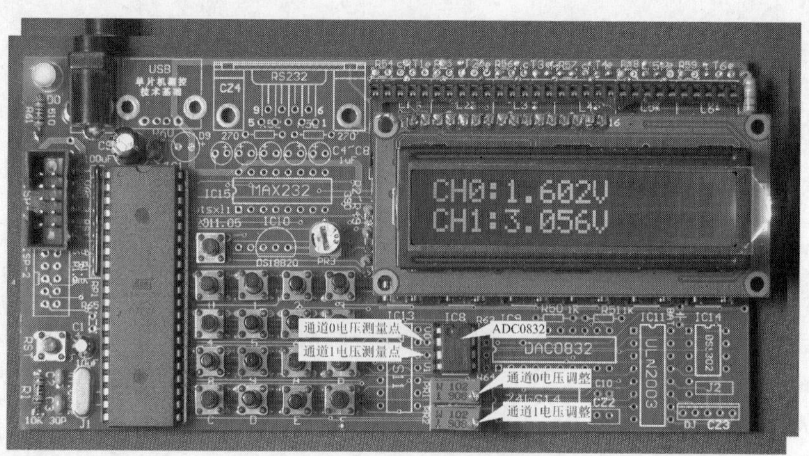

图 2-6-10 双通道电压表实例

动手做一做

1. 组装电路或搭建仿真电路。
2. 编辑、编译上述程序。
3. 试运行程序，调整电位器 PR1 和 PR2 观察运行结果，使用电压表在 V0、V1 处检测电压与 LCD 显示结果对照。
4. 如果测量范围为 0 ~ 20V，硬件及软件如何修改？试一试！

   提示：硬件在输入端加电阻分压，软件须修改标度变换。

二、D/A 转换实例

1. D/A 转换原理

D/A 转换器就是将输入的数字量转换为模拟量输出，如图 2-6-11 所示。

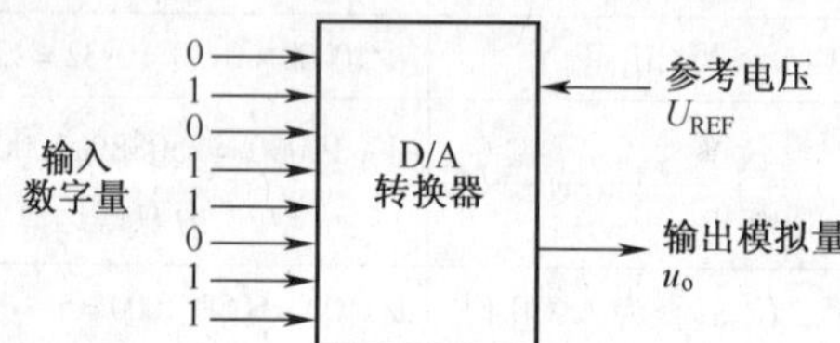

图 2-6-11 D/A 转换器示意图

D/A 转换器的输入二进制数与输出电压的对应关系为

$$u_o = -U_{REF} \times \frac{n}{2^N}$$

式中，U_{REF}为参考电压；N 为输入数字量的位数；n 为实际输入的二进制数。

例如，某 D/A 转换器将 3 位二进制数转换为 0 ~ 5V 电压，其转换关系如表 2-6-8 所示。

表 2-6-8 3 位 D/A 转换器输出电压

序号	输入二进制数	输出电压
7	111	$U_{REF} \times \frac{7}{2^3} = 5V \times \frac{7}{8} = 4.375V$

续表

序号	输入二进制数	输出电压
6	110	$U_{REF}\times\frac{6}{2^3}=5V\times\frac{6}{8}=3.75V$
5	101	$U_{REF}\times\frac{5}{2^3}=5V\times\frac{5}{8}=3.125V$
4	100	$U_{REF}\times\frac{4}{2^3}=5V\times\frac{4}{8}=2.5V$
3	011	$U_{REF}\times\frac{3}{2^3}=5V\times\frac{3}{8}=1.875V$
2	010	$U_{REF}\times\frac{2}{2^3}=5V\times\frac{2}{8}=1.25V$
1	001	$U_{REF}\times\frac{1}{2^3}=5V\times\frac{1}{8}=0.125V$
0	000	$U_{REF}\times 0=5V\times\frac{0}{8}=0V$

从上表可以看到，D/A 转换器输出的模拟量不可能是连续的，它只有 2^N 个取值。N 越大（输入二进制数的位数越多）取值就越多，每两个值之间的差别越小。

2. D/A 转换器的主要技术指标

（1）分辨率

分辨率是指最小输出电压与最大输出电压之比，即

$$分辨率=\frac{U_{REF}\frac{1}{2^N}}{U_{REF}\frac{2^N-1}{2^N}}=\frac{1}{2^N-1}$$

上例中 3 位 D/A 转换器的分辨率为$\frac{1}{2^N-1}=\frac{1}{7}=0.143$。

转换器的输入二进制数位数越多，分辨率值越小，输出电压的分辨能力越强。例如 12 位的 D/A 转换器的分辨率为$\frac{1}{2^N-1}=\frac{1}{4095}=2.442\times10^{-4}$。

对于实际使用的器件人们常常用输入二进制数的位数表示 D/A 转换器的分辨率，常用的有 8 位 D/A 转换器、10 位 D/A 转换器、12 位 D/A 转换器。

（2）转换误差

D/A 转换器输入二进制数与输出电压之间的关系是一个理论值，实际的器件受各种因素影响，输出电压与理论值存在着误差，这种误差称为转换误差。转换误差越小转换精度越高，但器件的成本也越高。

（3）转换速度

D/A 转换器从输入数字量到转换成稳定的模拟输出电压所需要的时间称为转换速度。不同的 DAC 其转换速度也是不相同的，一般约在几微秒到几百微秒的范围内。

3. D/A 转换器件

D/A 转换器件的种类非常多，下面介绍一种常见的 DAC0832。

（1）DAC0832

DAC0832 是采用 CMOS 工艺制成的单片电流输出型 8 位数/模转换器。如图 2-6-12 所示。

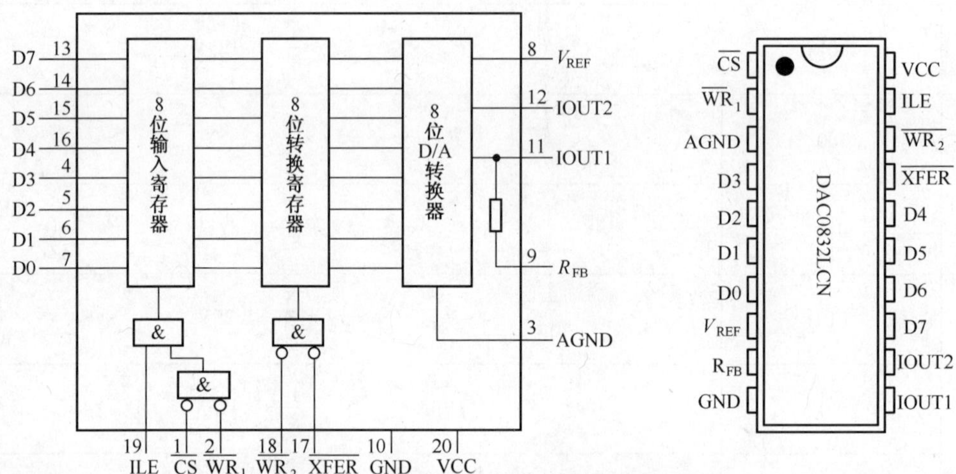

图 2-6-12　DAC0832 内部结构框图与外观

$D_0 \sim D_7$：数字信号输入端。

ILE：输入寄存器允许，高电平有效。

$\overline{CS}$：片选信号，低电平有效。

$\overline{WR_1}$：写信号 1，低电平有效。

$\overline{XFER}$：传送控制信号，低电平有效。

$\overline{WR_2}$：写信号 2，低电平有效。

IOUT1、IOUT2：电流输出端。

R_{FB}：集成在片内的外接运放的反馈电阻。

V_{REF}：基准电压(－10 ~ 10V)。

VCC：电源电压(＋5 ~ ＋15V)。

AGND：模拟电路部分地。

NGND：数字电路部分地。

如果电路精度要求较高，模拟地与数字地必须分开连接，到电源部分再连接到一起。当精度要求不高时可直接连接到一起。

DAC0832 中有两个数据寄存器，当前输出的模拟量为转换寄存器中的数据转换结果，而输入寄存器可以保存下一个需要转换的数据。两个寄存器分开使用时称为双缓冲方式，而两个寄存器同时使用时为单缓冲方式。当需要使用多个 D/A 转换器同步输出模拟量时使用双缓冲模式。本节中只使用一路 D/A 转换输出，故可以只使用单缓冲方式。

（2）使用说明

①DAC0832 为电流输出，一般电路要求输出为电压，所以还必须经过一个外接的运算放大器转换成电压，元件清单如表 2-6-9 所示，常见的使用方法如图 2-6-13 所示，图中使用了最常见的运算放大器 LM324。

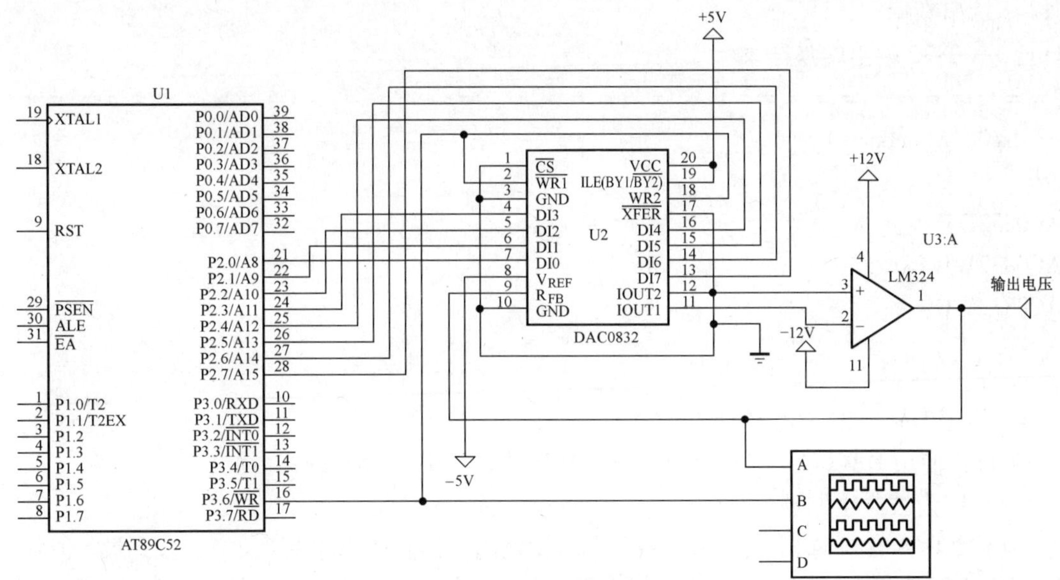

图 2-6-13 dac0832 的连接

表 2-6-9 元件清单（仅新出现的元件）

编号	元件名称	类别	子类别	结果
U2	数模转换器	Data Converters	D/A Converters	DAC0832
U3	运算放大器	Operational Amplifiers	Quad	LM324

从上图可以看到，进行 D/A 转换时只需要将数据由 P2 口送出，再在 P3.0 端口上产生一个负脉冲，使 $\overline{\text{WR1}}$、$\overline{\text{WR2}}$有效就能完成 D/A 转换。

图中各端口的定义如下：

```
#define DAC0832D P2                    //定义 DAC0832 的数据端口
sbit DAC0832WR = P3^6   ;              //定义 DAC0832 的写控制端口
```

②输出电压。

$$U_o = -U_{REF} \times \frac{n}{2^N}$$

式中，n 为输入的二进制数，N 为 D/A 转换器的位数，U_{REF}为参考电压。

当参考电压为正值时，输出电压为负值。而需要使用正电压输出时，参考电压须为负值。图 2-6-13 中参考电压使用了 -5V，故输出电压为

$$U_o = 5 \times \frac{n}{2^N} = 5 \times \frac{n}{256}$$

(3) DAC0832 控制方法

使用单缓冲方式控制 DAC0832 比较简单，首先将输出数据发送到并行端口，然后将各个使能端设置为有效状态，DAC0832 就能完成 D/A 转换。

```
/* ========================================
DAC0832 控制
```

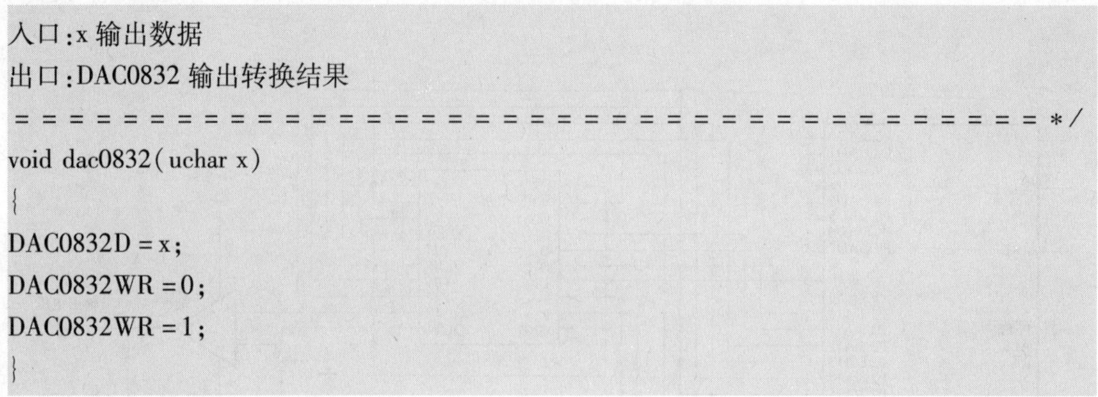

```
入口:x 输出数据
出口:DAC0832 输出转换结果
=========================================*/
void dac0832(uchar x)
{
DAC0832D = x;
DAC0832WR = 0;
DAC0832WR = 1;
}
```

4. 使用 DAC0832 产生锯齿波

项目：使用 DAC0832 制作一个锯齿波发生器，产生 0～5V 的锯齿波。

（1）锯齿波产生原理

为了使 D/A 转换输出波形为锯齿波，需要使输出的数据从 0x00 每次加 1，直到最大值 0xff。然后数据再回 0x00。反复以上过程就能实现输出锯齿波形。理想的锯齿波上升沿应当是平滑上升，但是使用 DAC 产生的锯齿波的上升沿实际上是有许多小台阶组成的，当台阶的数量较多时上升沿就近似平滑上升。使用 8 位 DAC 时小台阶数量最多为 255 级，如图 2-6-14 所示。

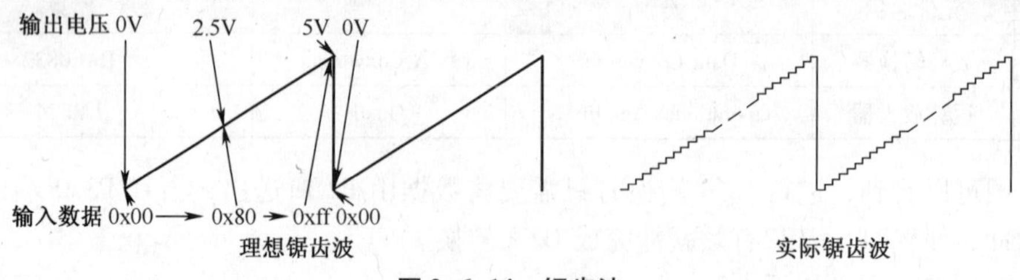

图 2-6-14　锯齿波

（2）锯齿波发生器程序

```
程序清单如下。
/*=========================================
dpjkz9-2.c 锯齿波发生器 1
=========================================*/
#include <reg52.h>
#include <absacc.h>
#include <INTRINS.H>                //指定头文件 INTRINS.H
#define uint unsigned int
#define uchar unsigned char
#define DAC0832D P2                 //定义 DAC0832 的数据端口
sbit DAC0832WR = P3^6 ;             //定义 DAC0832 的写控制端口

void dac0832(uchar ) ;              //函数 dac0832 说明

void main ( )
```

```
{
uchar n;
while (1)
  {
  for (n=0;n<255;n++)
       {dac0832(n);
       }
  }
}
```

(3) 锯齿波发生器输出波形

图 2-6-15 为锯齿波发生器的实际输出波形。

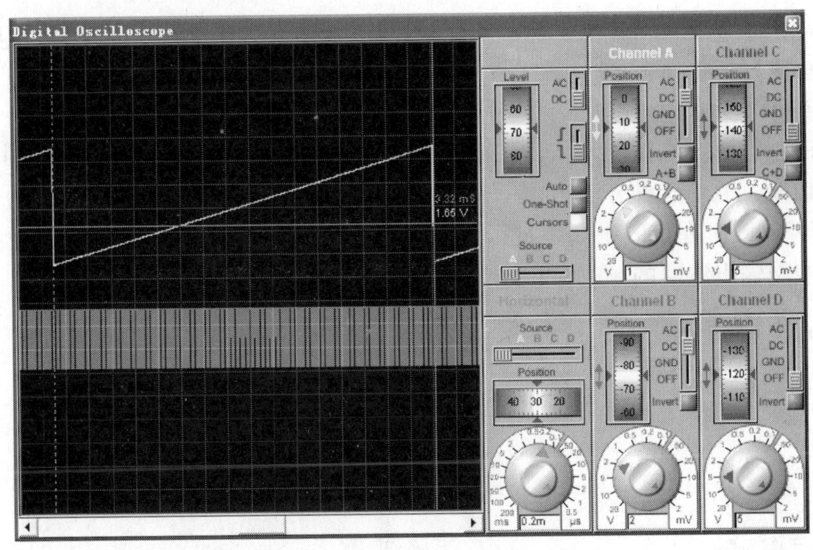

图 2-6-15 锯齿波发生器输出结果

从图中可以看到，锯齿波的周期为 3.32ms，其频率为 300Hz 左右，图中 A 通道为输出锯齿波，B 通道为数据传送脉冲。

5. 正弦波发生器

项目：使用 DAC0832 产生一个幅度、频率可以控制的正弦波。

根据以上原理使用 DAC 转换器件可以产生各种函数波形，由程序计算出波形的幅度值，再由 DAC 器件将幅度数值转换为模拟量就可得到该函数的波形。但是单片机的运算速度较慢，对于一些比较复杂的波形使用数学运算的方法得到幅度数值时运算复杂，输出波形的频率较低。为了提高运算效率，可以采用查表方法，将函数波形的数值事先计算出来，存放在存储器中。使用时不需要复杂的计算只需要从数组中读出数据即可。

(1) 正弦波函数的数值表

正弦函数的数值为（+1～-1），由于单片机中使用带符号数时运算速度较慢，本例中使用单片机产生如下函数波形：

$$y = F\sin(\omega t) + F$$

这样函数 y 的结果范围为(0～2F)。将 ωt(0～360°)分成若干个区间，求出每个区间的 y 值。区间分得越小波形精度越高，但是数据越大，最高频率也越低。本例中按每 2°为一个区间，这样就得到了正弦函数表 sin[ ]，共有 180 个数据。数据定义如下。

uchar code sin[ ] = {128,132,137,141,146,150,154,159,163,167,171,176,180,184,
188,191,195,199,203,206,210,213,216,219,222,225,228,231,233,236,238,240,
242,244,246,247,249,250,251,252,253,254,254,255,255,255,255,255,254,254,
253,252,251,250,249,247,246,244,242,240,238,236,233,231,228,225,222,219,
216,213,210,206,203,199,195,192,188,184,180,176,172,167,163,159,155,150,
146,141,137,133,128,124,119,115,111,106,102,97,93,89,85,81,77,73,69,65,61,
57,54,50,47,43,40,37,34,31,28,25,23,20,18,16,14,12,10,9,7,6,5,4,3,2,2,1,1,
1,1,1,2,2,3,4,5,6,7,9,10,12,14,16,18,20,23,25,28,30,33,36,40,43,46,50,53,
57,60,64,68,72,76,80,84,88,93,97,101,106,110,114,119,123,128}

注意：51 机的内部数据存储器比较小，不能保存此表，此表需要存放在程序存储器中，故定义时指定了存储位置为 code 。

(2) 频率控制方法

使用上述锯齿波发生器的方法产生波形时，在每次输出数据前延时一定时间就可以降低输出波形的频率，但是这种方法占用了 CPU 的全部工作时间。为了提高 CPU 的效率，可以将 D/A 转换控制安排在定时中断中进行，每中断一次进行一次 D/A 转换。这样控制中断的定时值就能控制输出波形的频率。程序如下。

```
void ctc0 (void) interrupt 1                //定时计数器 0 中断处理
{
TH0 = sh;                                   //设置计时初值
TL0 = sl;
DAC0832D = sin [n];                         //输出数据
DAC0832WR = 0;                              //产生脉冲
DAC0832WR = 1;
if (n++ == 180) n = 0;                      //计数器加 1
}
```

程序中设置变量 n，每次中断时从函数表中取出第 n 个数据输出，然后指向下一个数据。这样在主程序中改变计时器的初值（sh、sl）就可以改变输出波形的频率。

(3) 幅度控制方法

上述程序中，输出数据直接使用了函数表中的数据，这样输出波形的幅度达到最大值。当需要控制输出幅度时，需要将函数表中的数据乘上一个系数(1～0)。但是小数运算比较费时间，可以采用百分比的方法运算。程序中设置一个百分比变量 f(100～0)。程序从函数表中读出数据后乘上这个百分比变量，再除以 100 就得到实际的数据，然后再输出此数据。这样改变 f 的数值就可改变输出波形的幅度。当 $f=50$ 时，输出波形的幅度降低为最大幅度的一半。

程序修改如下。

说明

```
/*=====================================
定时计数器0中断处理
=====================================*/
void ctc0 (void) interrupt 1
{
uint x;                      //见说明①
TH0 = sh;
TL0 = sl;
x = (uint)sin[n] * f;        //见说明②
x = x/100;                   //见说明③
DAC0832D = (uchar)x;         //见说明④
DAC0832WR = 0;
DAC0832WR = 1;
if (n++ == 180) n = 0;
}
```

① 由于幅度运算中读出函数值后再乘以最大为100的系数，故结果为uint类型，此处定义一个变量x保存此中间结果。

② (uint)为强制类型转换，由于函数值sin[n]为uchar类型，此处需转换为uint类型。

③ 变量x乘上系数f后再除以100。

④ 变量x为uint类型，但输出数据为uchar类型，此处还需将类型转换为uchar类型。

（4）正弦波发生器程序

程序清单如下。

```
/*=====================================
dpjkz9-3.c 正弦波发生器
=====================================*/
#include <reg52.h>
#include <absacc.h>
#include <INTRINS.H>                  //指定头文件INTRINS.H
#define uint unsigned int
#define uchar unsigned char
#define DAC0832D P2
sbit DAC0832WR = P3^6 ;              //定义LCD1602RW为LCD模块的R/W端
uchar f;                             //f:幅度控制变量
uint s;                              // s: 周期控制变量
uchar sh,sl;                         //sh、si定时器初值
uchar n;                             //当前输出波形的相位
uchar code sin[] = {128,132,137,141,146,150,154,159,163,
/*====此处省略=======*/
```

```
119,123,128} ;

/* ========================================
主函数
========================================*/
void main (void) {
TMOD = 0x1;
s = 200;                          //设定输出波形周期
sh = (0x10000 - s)/256;           //计算定时计数器初值
sl = (0x10000 - s)%256;
f = 50;                           //设定输出波形幅度为50%
n = 0;
TH0 = sh;
TL0 = sl;
TR0 = 1;                          //启动定时计数器
EA = 1;                           //开中断
ET0 = 1;
while (1);
}
```

注意：程序中未包含中断处理程序 ctc0，使用时需要加入该函数。

程序运行结果如图 2-6-16 所示。

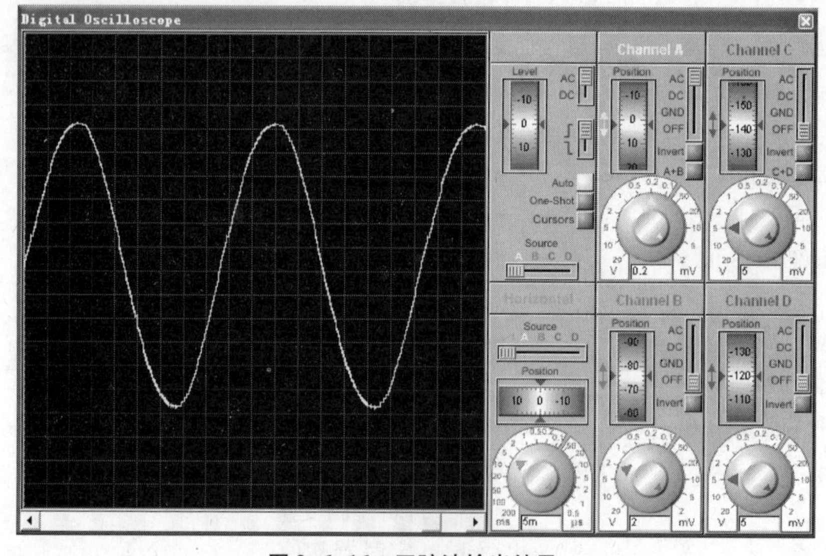

图 2-6-16　正弦波输出结果

6. D/A 转换器实例

使用上述方式实现 D/A 转换，其输出电压与参考电压极性相反。为了得到正极性的输出信号需要使用负极性的参考电压，在实际工作中需要添加一组负电源，使用不太方便。使用 DAC0832 时可以将参考电压加在输出端，而从参考电压端得到输出电压，这样参考电压与输出电压同极性。按照图 2-6-17 所示连接方法，IOUT1 端接 2.5V，其 D/A 转换的输出为

$$U_o = 2.5 \times \frac{n}{256} \mathrm{V}$$

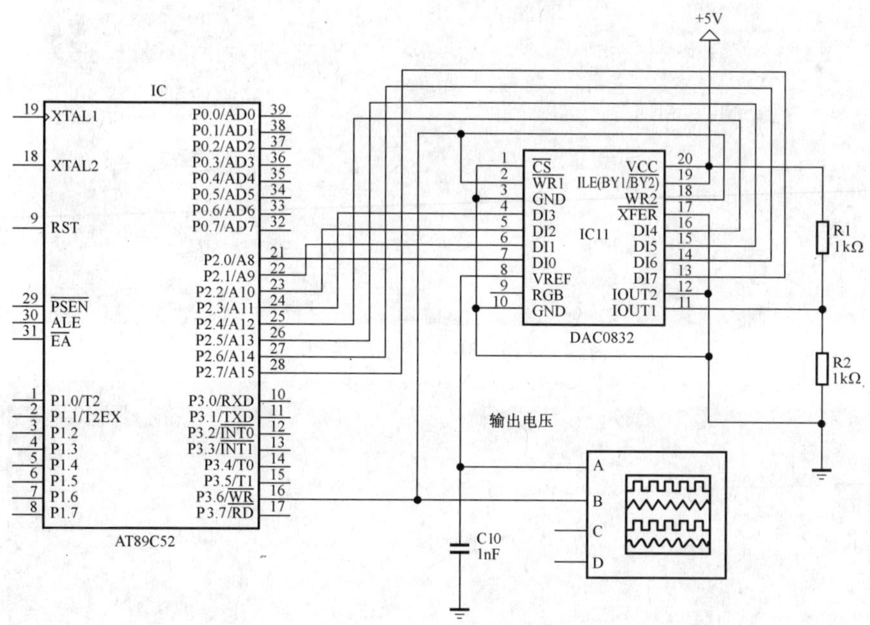

图 2-6-17　DAC 单电源使用方法

由于本例仅用于观察输出波形，故输出端未添加驱动电路，实际工作中需要在输出端添加一组放大电路，用于驱动负载，具体方法此处不再讨论。

D/A 转换器实例操作如下。

① 安装上拉电阻 R50，R51。

② 安装 DAC0832。

③ 为了输出波形比较平滑，输出添加一只电容 C10。

④ 为了观察输出波形，在 CZ2 处连接一台示波器。

需要添加的元件如表 2-6-10 所示，添加元件后电路板如图 2-6-18 所示。

表 2-6-10　DAC0832 实例所需元件

序号	名称	符号	规格	用途	备注
1	电阻	R50 ~ R1	1kΩ	提供 2.5V 参考电压	
2	电容	C10	1nF	滤波	
3	集成块	IC11	DAC0832	数模转换器	

图 2-6-19 为 D/A 转换器实现函数信号发生器的输出结果。

图 2-6-18　D/A 转换器实例

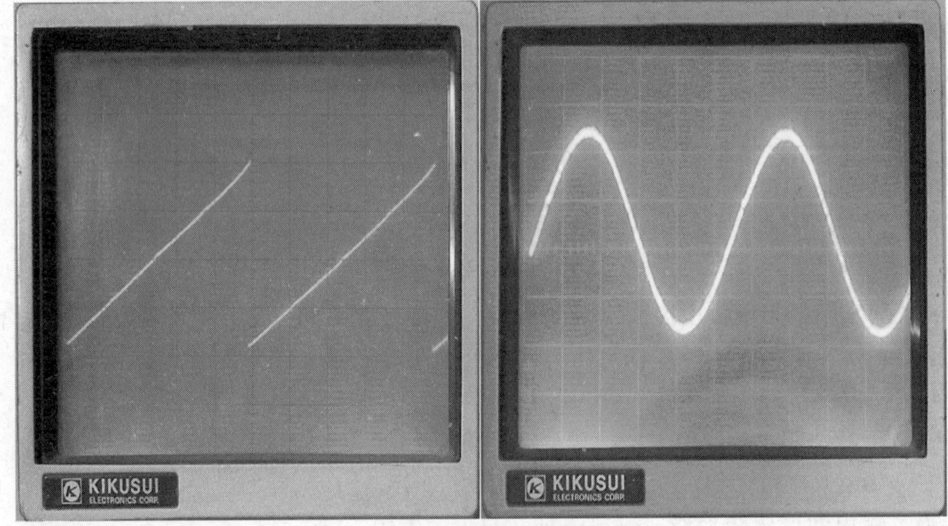

图 2-6-19　输出结果

动手做一做

1. 组装电路或搭建仿真电路。
2. 编辑、编译上述程序。
3. 试运行程序，使用示波器观察运行结果。
4. 调整周期和幅度观察运行结果。

*5. 试产生一个频率和幅度可控制的三角波。

项目七　温度检测

温度检测是自动控制系统中经常使用的测量技术，温度的检测方法有多种，常用的有热电阻式、热敏电阻式、热电偶式、PN 结型、辐射型及石英谐振型等。它们都是基于温度变化引起其物理参数（如电阻值、热电势等）的变化的原理。随着测量技术的不断发展，出现了适用于高温、强磁场干扰等恶劣环境的光纤温度传感器。

本章以热电阻传感器和集成数字式温度传感器为例介绍温度检测的基本方法。

一、热电阻式温度检测

1. PT100 温度传感器介绍

热电阻温度传感器是利用金属导体的温度系数特性，当温度升高时金属的电阻率升高，电阻值增大。通过检测阻值就可以计算出温度值。常用的中低温测温用热电阻传感器为铂电阻 PT100，测温范围可达 -20℃ ~ +600℃。市场上各种温度控制仪的温度探头许多都采用了 PT100。其外形如图 2-7-1 所示。

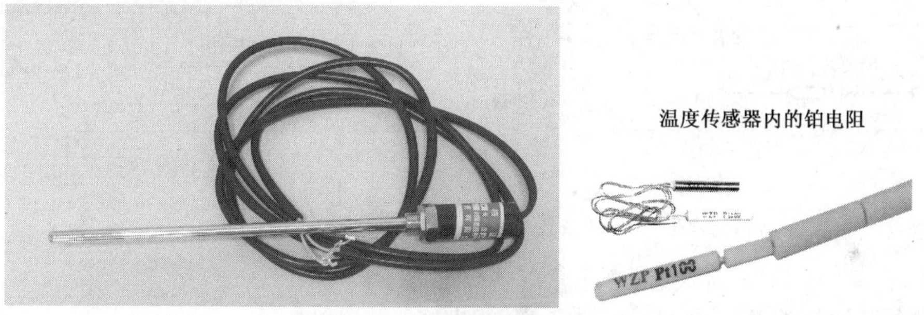

图 2-7-1　温度传感器外形

铂电阻是采用金属铂丝制作的电阻，当温度在 0 ~ 650℃时其阻值与温度的关系为

$$R_t = R_0 \ (1 + At + Bt^2)$$

式中，R_0 为 0℃时电阻值（PT100 为 100Ω）；R_t 为 t℃时电阻值；t 为温度值；A 为系数，$A = 3.9684 \times 10^{-3}$；$B$ 为系数，$B = -5.847 \times 10^{-7}$。

对于 PT100 如果忽略高次方项可得：

$$R_t = 100 \ (1 + 3.9684 \times 10^{-3} t) \ \Omega$$

当温度为 0℃和 100℃时 PT100 的阻值分别为 $R_0 = 100\Omega$、$R_{100} = 139\Omega$。

使用热电阻温度传感器时应当注意，为了检测电阻值，需要有电流流过传感器。流过传感器的电流会使传感器本身发热，因此会产生测量误差。为了减少器件的测量误差应尽量减小传感器的工作电流，对于 PT100 一般要求其电流不大于 5mA 。

2. PT100 信号放大电路

测量电路一般使用电桥，PT100 为一个桥臂，如图 2-7-2 所示。当 $R_t = 139\Omega$ 时，电桥的输出电压为

$$U_1 = 12\text{V} \cdot \frac{Rt}{Rt + R1} - 12\text{V} \cdot \frac{R3}{R3 + R2}$$

$$=12\left(\frac{139}{10000+139}-\frac{100}{10100}\right)=45.7\text{mV}$$

当温度为 0℃时电桥平衡输出 $U_1=0\text{V}$，温度为 100℃时 $U_1=45.7\text{mV}$ 。

图 2-7-2 测温电桥

工作时 PT100 位于测温环境中，与系统有较长的连接线，其连接线本身的电阻也会受到温度的影响而发生变化，图 2-7-3(a)中 PT100 的两条连接线完全处与测量桥臂 AC 中，当连接线电阻发生变化时必然会影响测量结果。为了减小连接线电阻变化带来的测量误差，一般 PT100 都做成三线式，即 PT100 的某一端使用两根导线引出，三根导线材料、长度完全相同。将三线 PT100 按照图 2-7-3(b)的方式接入电桥中，三个导线电阻分别位与 AC、BC 两个桥臂和一个引出线中，当导线电阻发生变化时同时影响 AC、BC 两个桥臂，A、B 点电位同时变化而电桥的输出 U_1 基本不变，从而消除了导线电阻对测量结果的影响。

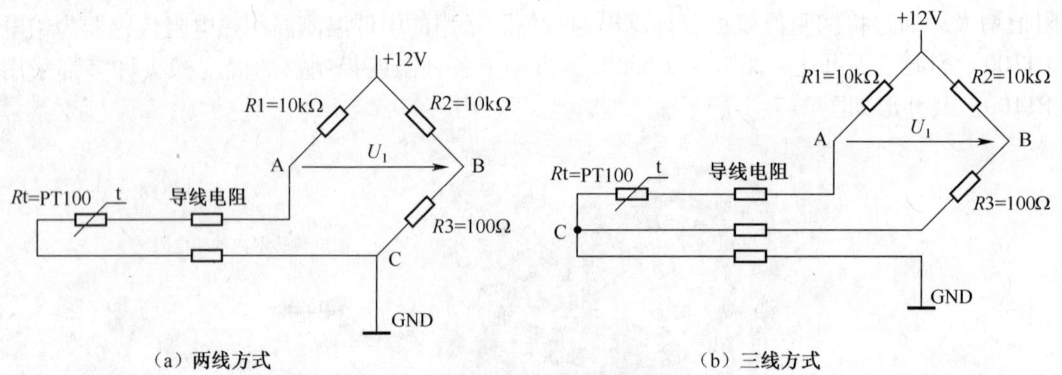

图 2-7-3 PT100 的连接方法

电桥输出的数据为模拟量(0～45mV)，为了送到单片机中处理需要将其转换为数字量。即需要进行 A/D 转换，某些 A/D 转换器能直接对 0～45.7mV 的模拟量进行转换。为了简单起见我们仍然使用前面使用过的 A/D 转换器，这样就需要对其进行放大，对测量精度要求较高时需要使用测量放大器。本章采用了市场上最常见的运算放大器——LM324，将 0～45.7mV 电压放大为0～5V，电路如图 2-7-4 所示。实际工作中经常采用多个运放组成的测量放大器，本例中为了简化分析只采用单级运放组成的放大电路。

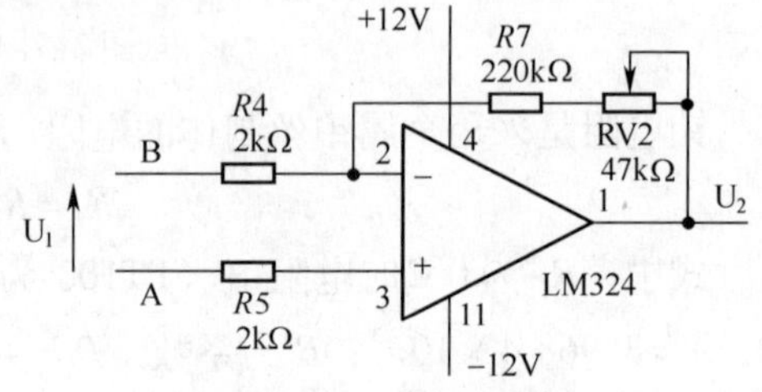

图 2-7-4 放大电路

此电路为运算放大器同相放大电路，电路增益为

$$K=\frac{5000}{45.7}=1+\frac{R_7}{R_4}$$

当 $R4$ 取 2kΩ 时：

$$R5=\left(\frac{5000}{45.7}-1\right)\times R4=(109.4-1)\times 2\text{k}\Omega=2167.8\text{k}\Omega$$

$R5$ 取 220kΩ，考虑到实际运算放大的参数的误差，$R5$ 使用 220kΩ 电阻与 50K 可调电阻串联，工作中可对增益进行微调。当输入为 0～45.7mV 时输出为 0～5V。

3. 温度测量电路

简单的测量及放大电路如图 2-7-5 所示。

① 图中 RV1 为电桥平衡调节，当温度为 0℃时电桥输出应当为 0V，但是由于各个元件参数的误差可能造成输出电压不为零，此时调整 RV1 使电桥达到平衡，运算放大器输出为 0V。

② 运算放大器输入端 R5、R6、C1、C2 组成两级 RC 滤波电路减小输入信号的干扰。

③ RV2 为增益调整，当温度为 100℃时使运算放大器输出为 5V。

④ ADC 仍然使用 ADC0832，单通道输入。

⑤ 输出显示器件使用 LCD1602。

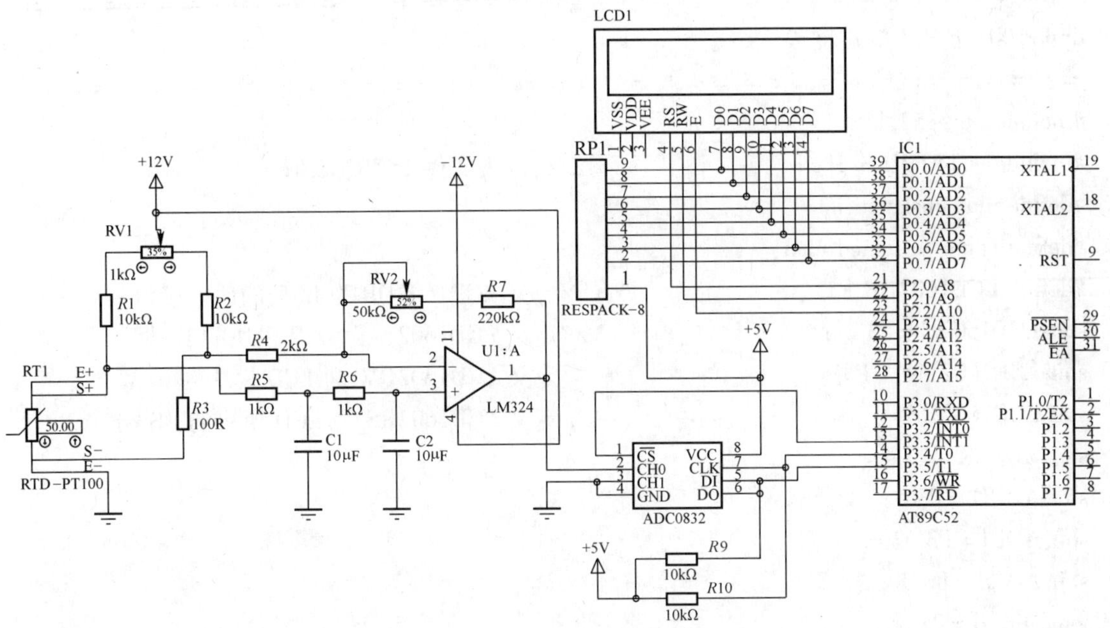

图 2-7-5 铂电阻温度计

Proteus 中可以使用搜索的方法查找元器件，单击图 2-7-6 中①处（P），弹出元器件选择窗口，在关键字输入栏②中输入关键字即可查到相关元器件。

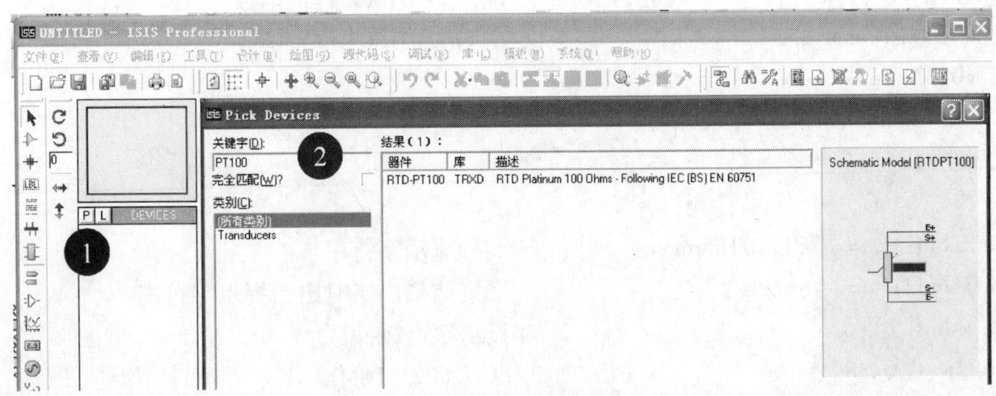

图 2-7-6 查找元器件

4. 程序分析

本例中程序与 ADC 程序基本相同，由 ADC0832 采集到数据后需要实现标度变换，即将 0x00 ~ 0xff 转换为 0 ~ 100℃。

$$显示数据 = \frac{100}{255} \times 采集数据 = 0.392 \times 采集数据$$

采集数据最大 255，乘以 392 后为 99 960，超出了 uint 的数据范围，因此变量 d 需要说明为 long uint 类型，但是 dat 为 uint 类型。此处(long uint)为强制类型转换，dat * 392 使用长整型数据（long uint）运算。

完整程序如下。

```
/*========================================
dpjkz1001.c PT100 温度表
========================================*/
#include <reg52.h>
#include <INTRINS.H>                    //指定头文件 INTRINS.H
#define uint unsigned int
#define uchar unsigned char
#define LCD1602DB P2                    //定义 LCD1602DB 为 LCD 的数据接口
sbit LCD1602E = P3^2 ;                  //定义 LCD1602E 为 LCD 模块的 E 端
sbit LCD1602RW = P3^1 ;                 //定义 LCD1602RW 为 LCD 模块的 R/W 端
sbit LCD1602RS = P3^0 ;                 //定义 LCD1602RS 为 LCD 模块的 RS 端
sbit ADCLK = P3^4 ;
sbit ADDO = P3^5;
sbit ADDI = P3^5 ;
sbit ADCS = P3^3 ;
long uint d = 0;
uchar dat;
void lcd1602w (bit x , uchar y) ;       //说明 LCD1602 写函数
uchar lcd1602r (bit x);                 //说明 LCD1602 读函数
void lcd1602b (void) ;                  //说明 LCD1602 判忙函数
void lcd1602d(char x ,char y) ;         //说明 LCD1602 位置函数
bit adc0832(void) ;
void print(uchar ,uchar ,uchar * );
void main ( )
{
uchar xsbuf1[ ] = {"PT100Thermometer"}; //上行显示字符串
uchar xsbuf2[ ] = {"error! "};          //采集结果出错时出错提示字符串
uchar xsbuf[7];                         //显示字符缓冲区
lcd1602w(0,0x38);                       //LCD1602 初始化
lcd1602w(0,0x06);
```

```
lcd1602w(0,0x0c);
lcd1602w(0,0x01);
lcd1602d(0,0);                          //定位左上角
print(0,0,xsbuf1);                      //显示上行字符
while (1)
{       if (adc0832())                  //启动数据采集,如果采集数据正确
        { d = (long uint)dat * 392;     //采集数据乘 392 (注 1)
        xsbuf[0] = d/100000 +0x30;      //显示数据的百位
        d = d%100000;                   //去掉数据的百位
        xsbuf[1] = d/10000 +0x30;       //显示数据的十位
        d = d%10000;                    //去掉数据的十位
        xsbuf[2] = d/1000 +0x30;        //显示数据的个位
        d = d%1000;                     //去掉数据的各位
        xsbuf[3] ='. ';                 //显示小数点
        xsbuf[4] = d/100 +0x30;         //显示第一位小数
        xsbuf[5] =0xdf;                 //显示温度符号"℃"
        xsbuf[6] ='C';
        print(5,1,xsbuf);               //显示结果
        }
      else print(5,1,xsbuf2);           //显示出错信息
      }
  }
void print(uchar x,uchar y,uchar  * s)
{
uchar i =0;
lcd1602d(x,y);
while (s[i]! = '\0')
        {lcd1602w(1,s[i]);
        i + +;
        }
}

bit adc0832(void)
{
uchar i =0, ndat =0;                // 注意 dat 为全局变量
ADCLK =0;
ADDI =1;
ADCS =0;
ADCLK =1;
```

```
ADCLK =0;
ADDI =1;
ADCLK =1;
ADCLK =0;
ADDI =0;                          //设定通道号 m0
ADCLK =1;
ADCLK =0;
ADDO =1;                          //输入前先写 1
for(i =0;i <8;i + +)
      {
      ADCLK =1;
      ADCLK =0;
      dat = dat < <1;             //数据向高位移动
      dat| = ADDO;                //读入数据到 dat 的最低位
      }
for (i =0;i <8;i + +)
      {
      ndat = ndat > >1;           //数据向低位移动
      if(ADDO) ndat| =0x80;
                                  //读入数据到 ndat 的最高位
      ADCLK =1;
      ADCLK =0;
}
ADCS =1;
if (dat = =ndat)
      return(1);
else  return(0);
}
```

仿真运行结果如图 2-7-7 所示。

程序运行后需要进行标度调整。

① 校零：首先调整 PT100 的温度为 0℃，然后调整 RV1 使得显示温度为 0℃。

② 校满度：调整 PT100 的温度为 100℃，然后调整 RV2 使得温度显示为 99.9℃。

注意：由于运算误差，当 ADC 输出最大 5V 时经标度计算得到的温度为 99.9℃。

③ 检查线性度：调整 PT100 的温度为 50℃，观察温度显示是否为 50℃，否则说明 A/D 转换器线性误差较大。

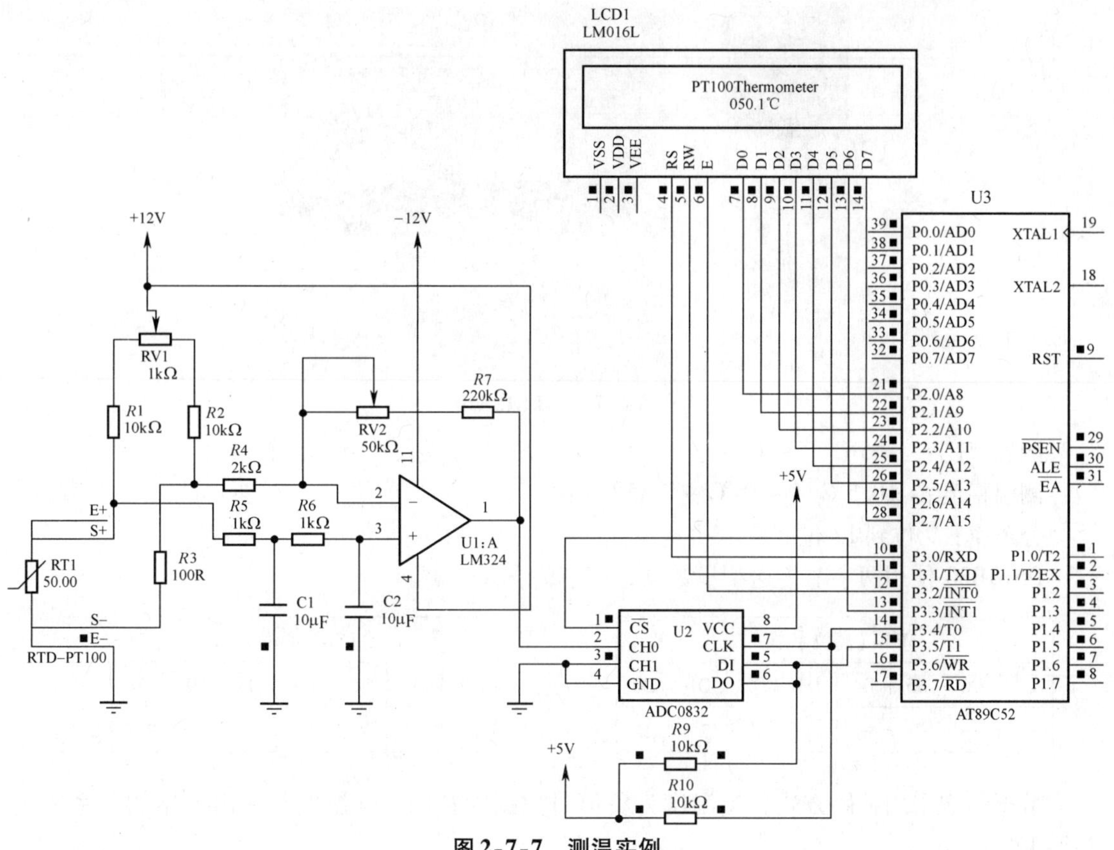

图2-7-7 测温实例

动手做一做

1. 组装电路或搭建仿真电路。
2. 编辑、编译上述程序。
3. 试运行程序，试调零、调满度，观察运行结果。

二、单总线数字式测温电路

目前市场上有多种集成温度传感器，它将温度传感器和放大电路集成到一个芯片中，使用非常方便。特别是近年来的单总线数字式温度传感器，直接使用一根数据线用数字量方式传送测温数据，具有电路结构简单，抗干扰能力强的优点。但是使用编程略显复杂。本节介绍 dallas 公司的单总线数字式温度传感器 DS18B20 的使用方法。

DS18B20 使用单总线方式（1 - wire）传送数据，在一根信号线上最多可连接 8 个器件，这样只用一根信号线就可以检测 8 个点的温度。本书只介绍单点测温的方法。

1. DS18B20 介绍

（1）外观

DS18B20 外部有 3 只引脚，如图 2-7-8 所示，分别是：GND 地、DQ 数据线和 VDD 电源正。

（2）主要参数

工作电压：+3 ~ +5.5V。

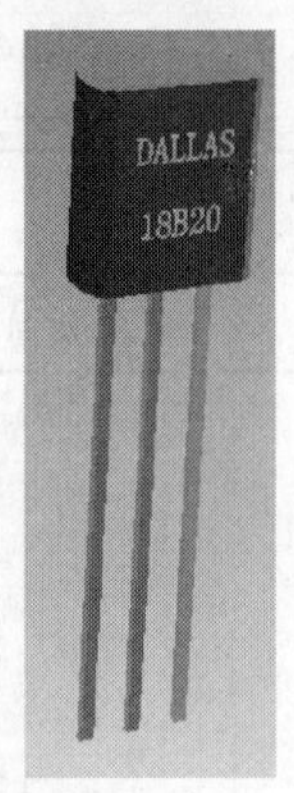

图 2-7-8　DS18B20

测温范围：−55℃ ~ +165℃。

测温精度：±0.5℃（−10℃ ~ +85℃）。

分辨率：9 位到 12 位。

DS18B20 使用两字节传送测量数据，字节的含义如下。

MSB（高位字节）							
D7	D6	D5	D4	D3	D2	D1	D0
—	—	—	—	—	2^6	2^5	2^4

LSB（低位字节）							
D7	D6	D5	D4	D3	D2	D1	D0
2^3	2^2	2^1	2^0	2^{-1}	2^{-2}	2^{-3}	2^{-4}

数据传送采用补码方式，当温度为负值时数据为补码。其温度与输出数据的关系如表 2-7-1所示。

表 2-7-1　DS18B20 输出

温度	输出数据（二进制）	输出数据（十六进制）
+125℃	0000 0111 1101 0000	07D0H
+85℃	0000 0101 0101 0000	0550H（注）
+25.0625℃	0000 0001 1001 0001	0191H
+10.125℃	0000 0000 1010 0010	00A2H
+0.5V	0000 0000 0000 1000	0008H
0℃	0000 0000 0000 0000	0000H
−0.5℃	1111 1111 1111 1000	FFF8H
−10.125℃	1111 1111 0101 1110	FF5EH
−25.0625℃	1111 1110 0110 1111	FF6FH
−55℃	1111 1100 1001 0000	FC90H

注：电源接通后未进行检测前温度的默认值为 0550H，即 85℃。

2. 内部存储器

（1）只读存储器 ROM

只读存储器内容为厂家写入，用户不能修改，主要保存本器件的代码及编号，如表 2-7-2。

表 2-7-2　　ROM 内容

字节	内容	数值
0	器件代码	19H
1	器件编号 1	每个器件都有不同编号。当多片器件连接在同一总线上时用于区分不同器件
2	器件编号 2	
3	器件编号 3	
4	器件编号 4	
5	器件编号 5	
6	器件编号 6	
7	CRC 校验码	由以上 7 个字节计算得到

（2）随机存储器 RAM

随机存储器 RAM 共有 9 个字节，其内容可读可写，但是断电后数据丢失，如表 2-7-3 所示。

表 2-7-3　　RAM 内容

字节	内容	数值
0	温度测量结果低位	（上电时为 50H）
1	温度测量结果高位	（上电时为 05H）
2	报警温度设定值高位	上电时由 EEPROM 中读出
3	报警温度设定值低位	上电时由 EEPROM 中读出
4	器件设置参数	上电时由 EEPROM 中读出
5	系统保留使用 1	0FFH
6	系统保留使用 2	0CH
7	系统保留使用 3	10H
8	CRC 校验码	由前 8 个字节计算得到

（3）非易失存储器 EEPROM

非易失存储器断电后可以保持数据不丢失，共有 3 个字节。用于保存 RAM 中第 2、3、4 位设置的数值。

3. 时序图

由于单总线只有一条数据线，读写 DS18B20 是靠数据线中脉冲时间（称为读写时隙）进行识别的，共有 3 种时序。

（1）复位

对 DS18B20 操作前都需要对 DS18B20 进行复位操作，复位操作时序如图 2-7-9 所示。

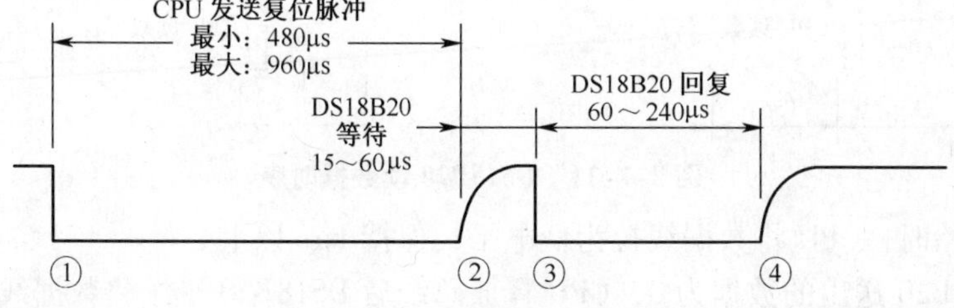

图 2-7-9　DS18B20 复位操作

操作过程如下。

① CPU 将数据线拉为低电平（输出 0），并保持 480～960μs。

② CPU 释放总线（输出 1）后上拉电阻将数据线拉为高电平。

③ 如果数据线上存在 DS18B20 器件则 15～60μs 后将数据线拉为低电位，并保持 60～240μs。

④ DS18B20 释放总线后，上拉电阻将数据线拉为高电平。

（2）写数据进 DS18B20

将数据写进 DS18B20 有两种时序：一个写“1”，一个写“0”，如图 2-7-10 所示。

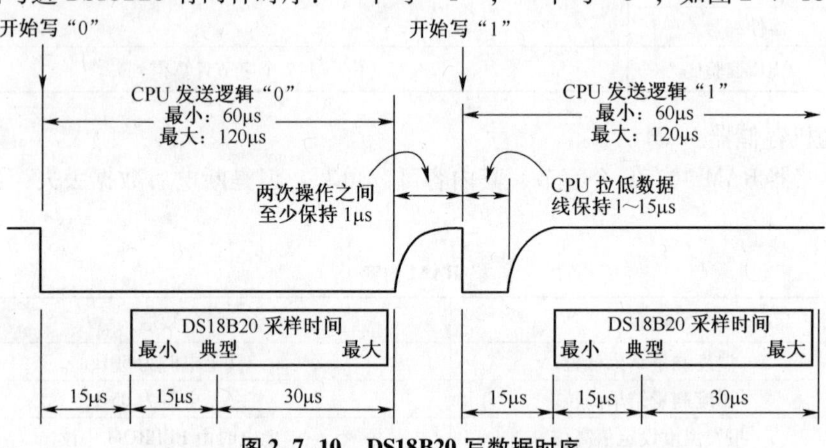

图 2-7-10　DS18B20 写数据时序

① 写“0”时 CPU 将总线拉低 60～120μs 即可，其间第 15～60μs DS18B20 采集数据线状态，典型时间为第 30μs 采集数据。

② 写“1”时 CPU 先将总线拉低 1μs 时间以上，然后释放并保持共 60～120μs。由于 DS18B20 在第 15～60μs 其间采集数据线状态，故第 15μs 前一定要释放总线。

③ 两次操作之间至少需要间隔 1μs。

（3）从 DS18B20 读出数据（如图 2-7-11 所示。）

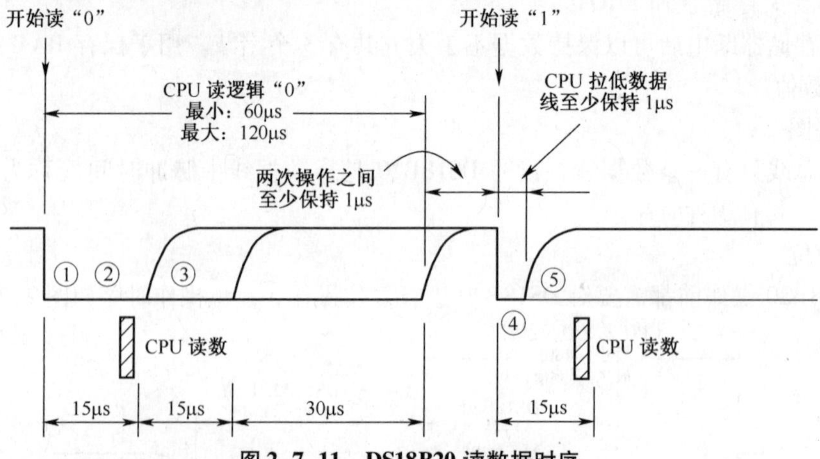

图 2-7-11　DS18B20 读数据时序

① 读数开始时，CPU 将数据线拉为低电平，保持 1μs 以上。

② 若 DS18B20 送出的数据为 0，CPU 释放总线后 DS18B20 继续将数据线拉低为逻辑 0。

③ DS18B20 拉低数据总线 15～60μs 以后释放数据线，上拉电阻将数据线拉为高电平。

因此 CPU 必须在 15μs 内读取数据总线数据。

④ 同①。

⑤ 若 DS18B20 送出的数据为 1，CPU 释放总线后 DS18B20 也释放总线，数据线被上拉电阻拉为高电平。

4. DS18B20 连接方法

使用 DS18B20 时有两种连接方法。

（1）单独供电

DS18B20 使用电源单独供电，各个器件的数据线一起并连接到 CPU 的数据端口上，数据线需要使用一只 4.7kΩ 的电阻接电源正端，称为上拉电阻，如图 2-7-12 所示。

由于器件有单独的供电电源，工作中不需要考虑 DS18B20 的供电，控制较为简单。

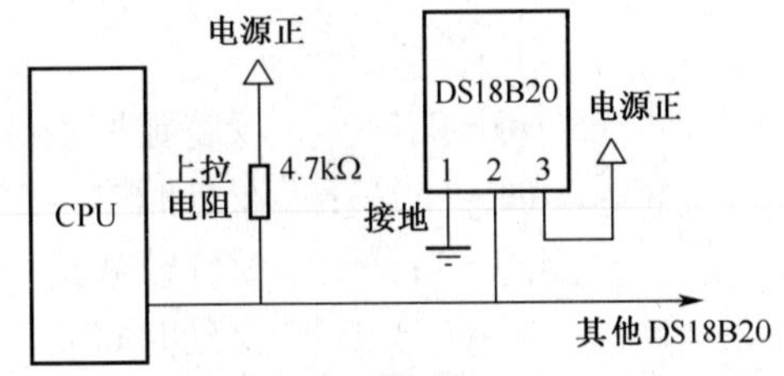

图 2-7-12　DS18B20 的连接

（2）寄生电源供电

DS18B20 可以使用数据线直接对器件供电，当器件进行温度转换或内部数据传送时 CPU 释放数据线，数据线由上拉电阻提供高电位向 DS18B20 供电如图 2-7-13(a) 所示，这样可以节省一根电源线。但是数据线上如果挂有多只器件时，通过上拉电阻供电就不足，此时可以使用一只 MOSFET（场效应）管将数据线拉到正电源上，这种方式称为强制上拉，如图 2-7-13(b)所示。

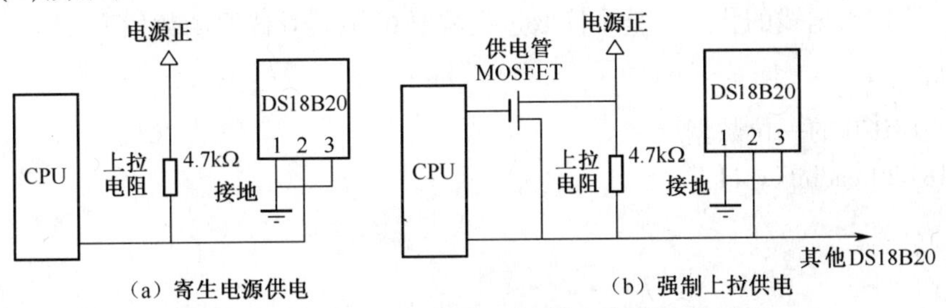

图 2-7-13　DS18B20 供电方式

使用寄生电源供电时可以减少一条线路，但是当 DS18B20 内部工作时数据线不能进行其他操作，使用强制上拉时还需使 MOSFET 管导通，控制工作稍显复杂。

本教材只介绍单独供电方式。

5. DS18B20 读写函数

（1）定时函数

从时序图可以看到，操作单总线时定时十分重要，函数 delay（int us）完成定时任务。

```
/ * 定时函数,
入口参数 μs ,使用 12MHz 晶振时延时时间 = 10 + 8 * μs  * /
void delay( uchar us)
{
uchar i;
  for(i = us ; i >0 ; i - - ) ;
}
```

当系统使用12M晶振时调用此函数产生的延时时间为（10+8*μs）微秒，最长延时时间为10+8*255=2050μs。

（2）复位函数

```
/*复位函数
对DS18B20复位,每次对DS18B20操作前都需要先进行复位操作。*/
bit DS18B20reset ( void )
    {
        bit i;
        DQ=0;          //将数据线拉为低电平
        delay(59) ;    //延时10+59*8 ≈ 480μs
        DQ=1;          //释放数据线
        delay(7);      //延时60μs
        i=DQ;          //读数据线状态
        delay(59);     //延时480μs
        return(i);     //返回复位结果(i=0表示检测到器件,i=1表示未检测到器件。)
    }
```

（3）读位函数

根据DS18B20读位时序要求，读位时先将数据线拉低，保持1μs以上，然后释放数据线。15μs内读取数据线的状态。整个读取过程需要60μs。其读取函数如下。

```
/*读位函数
读取DS18B20的一位数据 */
bit DS18B20readbit(void)
{
bit j;
DQ=0;          //拉低数据线
_nop_();       //空操作保证拉低总线的时间不少于1μs（注）
DQ=1;          //释放数据线
_nop_();
j=DQ;          //读取数据线状态
delay(7);      //延时60μs
return (j);    //返回读取到的数据
}
```

注：语句_ nop_ （）；表示一个空操作，CPU停止一个指令周期，当使用12MHz晶振时为1μs。此处插入此指令保证数据线拉为低电位的时间不少于1μs。

（4）读字节函数

根据单总线数据传送规定，从数据线上读取数据时从低位到高位，每次读取一位。使用以下3个步骤将读取到的8位数据组织成一个字节。

① 将保存数据的存储器向右移动一位。

语句为：j> > =1；

② 读取到的数据送到存储器的高位。

由于数据右移位时，移入高位的数据为 0。故如果读取数据为 0 则不做任何操作，而读取数据为 1 时需要将存储器高位置 1。

语句为：if（DQ）j| =0x80；

③ 重复上述两个步骤共 8 次，如图 2-7-14 所示。

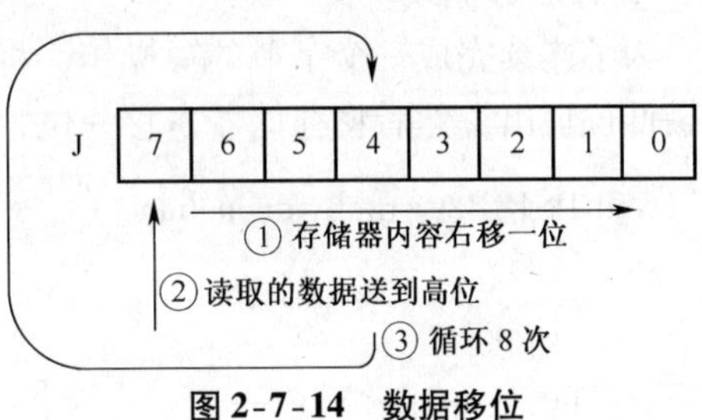

图 2-7-14　数据移位

```
/＊读字节函数
从数据总线上连续读 8 位数据(一个字节)＊/
uchar DS18B20readbyte(void)
{
    uchar i,j;
    for (i =0;i <8;i + +)
        {
        DQ =0;                  //拉低数据线
        j > > =1;               //①存储器右移
        DQ =1;                  //释放数据线
        _nop_( );
        if (DQ) j| =0x80;       //②如果数据线为“1”,则存储器最高位置 1。注
        delay(7)                //延时 60μs
        }                       //③循环 8 次
        return(j);              //返回读取到的数据
    }
```

注：j| =0x80 为 j=j| 0x80 的简化表示方法，其作用是将 j 中的内容与 0x80 按位进行或运算，其运算结果如图 2-7-15 所示。

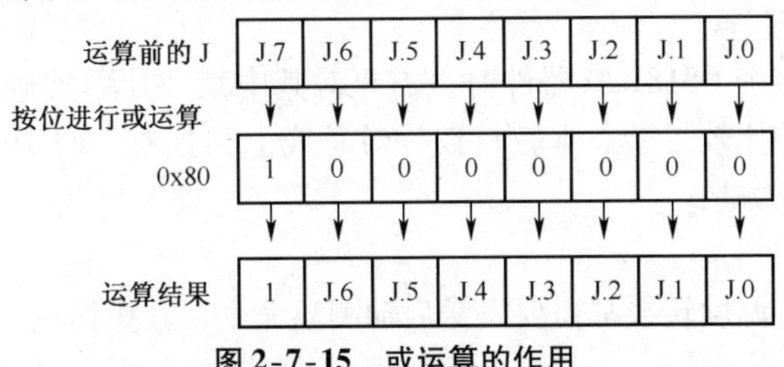

图 2-7-15　或运算的作用

（5）写字节函数

根据单总线数据传送规定，写字节时从低位到高位每次写一位。其过程如下。

① 拉低数据线。

② 若写 1 时释放数据线，外部上拉电阻将数据线拉为高电位，若写 0 时保持拉低数据线。

③ 保持状态 60μs。

④ 释放数据线。

为了连续完成一个字节的写操作，将待写数据保存在存储器中，每次写数据时将存储器的最低位写出，然后将存储器右移一位，循环 8 次后就完成了写字节操作。

```
void DS18B20writebyte( uchar x)
{
    uchar i;
    for (i =0;i <8;i + +)
      {
      DQ =0;                  //①拉低数据线
      if (x&0x1) DQ =1;       //②写 1 时释放数据线 注
      delay(7);               //③延时 60μs
      DQ =1;                  //④释放数据线
      x > > =1;               //存储器内容右移一位
      }                       //循环 8 次
}
```

注：（x&0x1）表示将 x 中的内容与 0x1 按位进行与运算，其结果是 x 中的最低位保持不变，而其他位均为 0。当 x 中内容最低位为 0 时 x&0x1 = 0 ；当 x 中内容最低位为 1 时 x&0x1 = 1，如图 2-7-16 所示。

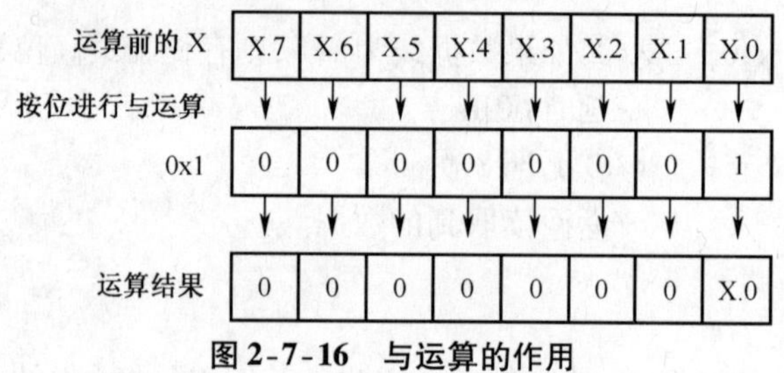

图 2-7-16　与运算的作用

应当注意的是此操作只取运算结果，并不改变 x 的内容。

6. DS18B20 操作过程

当单总线上挂有多个 DS18B20 器件时，需要对其中某一片单独进行控制和分别读取每一片的数据。此类操作比较复杂。本教材仅针对总线上只挂有一只 DS18B20 器件时对器件进行控制和读取的操纵方法。

（1）启动测温

DS18B20 每次进行温度转换都需要发送启动测温命令，其操作过程函数如下。

```
void DS18B20start( void )
  {
  DS18B20reset( );                //DS18B20 复位
  DS18B20writebyte(0xCC);         //写命令 0xCC(跳过 ROM 匹配)
  DS18B20writebyte(0x44);         //写命令 0x44(启动测温)
  }
```

（2）读取温度数值

DS18B20 完成温度转换操作需要经过 750ms，送出启动命令后需要等待 750ms 才能读出温度数据。对于单片机系统来说 750ms 是一个相当长的时间，为了检测 DS18B20 是否完成温度转换，可以对 DS18B20 读一个数据位，若读出的数据为 0 说明温度转换过程没有完成，若读出的数据为 1 说明温度转换已经完成，可以执行读数操作。

```
void DS18B20get(void)
    {
    while( ! DS18B20readbit() );            //读数据位,若读出数据为 0 则等待。(注 1)
    DS18B20reset();                         //DS18B20 复位
    DS18B20writebyte(0xCC);                 //写命令 0xCC(跳过 ROM 匹配)
    DS18B20writebyte(0xbe);                 //写命令 0xbe(读 DS18B20 中存储器数据)
    T[0] = DS18B20readbyte( );              //读第一字节(温度数据低位)
    T[1] = DS18B20readbyte( );              //读第二字节(温度数据高位)(注 2)
}
```

注 1：此处为一个 while 空循环，其条件为 DS18B20readbit （） 的返回结果等于 0，（!DS18B20readbit()相当于 DS18B20readbit() < >1），因此当温度转换未完成时执行空循环，直到读出数据为 1，即温度转换完成。

注 2：DS18B20 中的数据存储器共有 9 个字节，其中第 1、2 个字节为温度转换结果，最后一字节为前 8 个字节的循环冗余校验码（CRC 码），是数据通讯中常用的一种校验算法。使用 CRC 校验码可以有效的判别出数据在传输过程中是否发生了错误，从而保障了传输数据的可靠性。本书中简化了操作过程，不进行 CRC 校验计算，因此只读出前两字节温度数据。

7. 数值转换

（1）补码转换

由于 DS18B20 中温度数值使用补码存放，当温度为正值时转换数值直接就是温度数值。而当温度为负值时需要对温度数值进行求补运算。

求补码的运算方法是先求反再加 1。对于 8 位数据 T 求反码运算的方法为

```
T = 255 - T;
```

求 8 位数据 T 求补码的运算方法为

```
T = 256 - T;
```

对于 16 位数据可以分别对高 8 位求反码、对低 8 位求补码得到。但是当低 8 位求补码的结果为 0 时说明低 8 位向高 8 位发生了进位，此时高 8 位需要求补码。操作过程如下。

```
f = 0;                          //设置符号标志 f = 0 为正数 f = 1 为负数
if (T[1] > 127)                 //判断是否负数 T[1] > 127 时为负数
    {                           //负数处理(求补)
    T[0] = 256 - T[0];          //低 8 位求补码
    if (T[0])                   //如果低 8 位求补结果不为 0
```

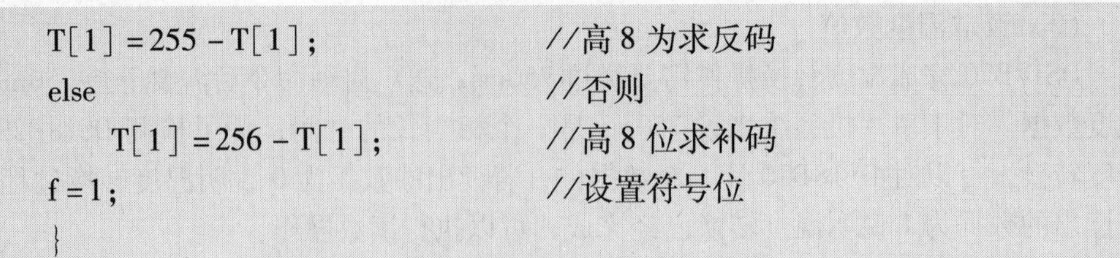

```
    T[1] = 255 - T[1];             //高 8 为求反码
    else                           //否则
        T[1] = 256 - T[1];         //高 8 位求补码
    f = 1;                         //设置符号位
    }
```

（2）数位转换

DS18B20 的温度转换结果可以为 9、10、11、12 位 4 种精度，默认情况下为 12 位，其中 4 个小数位，8 个整数位。若温度数据表示如下。

	整数部分								小数点	小数部分			
温度数值	Z7	Z6	Z5	Z4	Z3	Z2	Z1	Z0	·	X0	X1	X2	X3

12 位数据在两个字节中的分布如下。

高位字节 T［1］								低位字节 T［0］							
—	—	—	—	Z7	Z6	Z5	Z4	Z3	Z2	Z1	Z0	X0	X1	X2	X3

为了处理方便可以将小数部分和整数部分分开，小数部分保存在低位字节中，而整数部分保存在高位字节中，处理过程如下。

①i = T［0］&0xf;　　　　　//暂存低 4 位小数

T［0］中内容与 00001111 相与，其结果保留小数部分。

处理前 T［0］									处理后									
Z3	Z2	Z1	Z0	X0	X1	X2	X3	→	0	0	0	0	X0	X1	X2	X3	→	i

结果保存在变量 i 中

② T［0］> > =4;　　　　//T［0］中内容右移 4 位得到整数的低 4 位

处理前 T［0］									处理后 T［0］									
Z3	Z2	Z1	Z0	X0	X1	X2	X3	→	0	0	0	0	Z3	Z2	Z1	Z0	→	T［0］

③T［1］< < =4; //T［1］中内容左移 4 位，得到整数的高 4 位

处理前 T［1］									处理后 T［0］									
0	0	0	0	Z7	Z6	Z5	Z4	→	Z7	Z6	Z5	Z4	0	0	0	0	→	T［1］

④T［1］ =T［1］ | T［0］; //拼合后得到完整的整数数据

将 T［0］与 T［1］按位相或：

T［1］	Z7	Z6	Z5	Z4	0	0	0	0		T［1］ | T［0］									
T［0］	0	0	0	0	Z3	Z2	Z1	Z0	→	Z7	Z6	Z5	Z4	Z3	Z2	Z1	Z0	→	T［1］

（3）小数转换

对于 12 位转换结果的小数位为 16 进制小数，其对应关系为 0000 ~ 1111 对应 0.0 ~ 0.9。为了处理方便可以将其转换为 0 ~ 9，显示时将其显示在小数位即可。处理方法为小数字节乘以 10 除以 16。

8. 程序清单

```
/* = = = = = = = = = = = = = = = = = = = = = = = = = = = = = = = = = = = = = = = = = = = =
dpjkz1002. c DS18B20 温度表
= = = = = = = = = = = = = = = = = = = = = = = = = = = = = = = = = = = = = = = = = = = = */
#include  < reg52. h >
#include  < INTRINS. H >                    //指定头文件 INTRINS. H
#define uint unsigned int
#define uchar unsigned char
#define LCD1602DB P0                      //定义 LCD1602DB 为 LCD 的数据接口
sbit LCD1602E = P3^2 ;                    //定义 LCD1602E 为 LCD 模块的 E 端
sbit LCD1602RW = P3^1 ;                   //定义 LCD1602RW 为 LCD 模块的 R/W 端
sbit LCD1602RS = P3^0 ;                   //定义 LCD1602RS 为 LCD 模块的 RS 端

sbit DQ = P3^3 ;

uchar T[2];

voidlcd1602w (bit x , uchar y) ;          //说明 LCD1602 写函数
uchar   lcd1602r (bit x);                 //说明 LCD1602 读函数
void    lcd1602b (void) ;                 //说明 LCD1602 判忙函数
void    lcd1602d(char x ,char y) ;        //说明 LCD1602 位置函数
void    print(uchar ,uchar ,uchar * );

void    delay(uchar );
bit     DS18B20reset ( void );
uchar   DS18B20readbyte(void);
void    DS18B20writebyte(uchar);
void    DS18B20start(void);
void    DS18B20get(void);
bit     DS18B20readbit(void);

void main ( )
{
uchar i,f;
uchar xsbuf1[ ] = {"DS18B20 WDB"}         //上行显示字符串
uchar xsbuf[8];
lcd1602w(0,0x38);                         //LCD1602 初始化
lcd1602w(0,0x06);
lcd1602w(0,0x0c);
```

```
lcd1602w(0,0x01);
lcd1602d(0,0);
print(0,0,xsbuf1);
DS18B20start( );                          //启动 DS18B20 测温
while (1)
    {
    DS18B20get( );                        //读取 DS18B20 的测温结果
    DS18B20start();                       //启动下一次测温
    f=0;                                  //符号标志清 0
    if (T[1]>127)                         //判断是否负数
        {                                 //负数处理(求补)
        T[0]=256-T[0];                    //低 8 位求补
        if (T[0])                         //高 8 位求补码
            T[1]=255-T[1];
        else
            T[1]=256-T[1];
        f=1;                              //设置符号位
        }
    i=T[0]&0xf;                           //暂存低 4 位小数
    T[0]>>=4;                             //去掉小数部分
    T[1]<<=4;                             //结果高位左移四位
    T[1]=T[1]|T[0];                       //拼合整数部分
    if (f)                                //判断符号位
        xsbuf[0]=0x2d;                    //负数显示"-"号
        else
        xsbuf[0]=0x20;                    //正数显示空格
    xsbuf[1]=T[1]/100+0x30;               //取百位
    T[1]=T[1]%100;                        //去掉百位
    xsbuf[2]=T[1]/10+0x30;                //取十位
    xsbuf[3]=T[1]%10+0x30;                //取个位
    if (xsbuf[1]==0x30)                   //如果百位为 0 则不显示
        {
        xsbuf[1]=0x20;                    //百位显示空格
        if (xsbuf[2]==0x30)               //如果十位也为 0 则不显示
            xsbuf[2]=0x20;                //十位显示空格
        }
    xsbuf[4]='.';                         //显示小数点
    xsbuf[5]=i*10/16+0x30;                //处理小数
    xsbuf[6]=0xdf;                        //显示温度符号
```

```
    xsbuf[7] = 'C';
    print(3,1,xsbuf);  //显示结果
    }
}

/*========================================
DS18B20 程序
========================================*/
/*========================================
延时程序
入口:μs
延时时间 10 +8 * μs 微秒
========================================*/
void delay(uchar μs)
{
uchar i;
for(i = us ; i>0 ; i--) ;
}

/*========================================
DS18B20 复位程序
入口:无
出口:返回 0 检测到器件,返回 1 未检测到器件
========================================*/
bit DS18B20reset ( void )
{
bit i;
DQ = 0;      //将数据线拉为低电平
delay(59) ;              //延时 10 +59 * 8  =480μs
DQ = 1;                  //释放数据线
delay(7);                //延时 60μs
i = DQ;                  //读数据线数据
delay(59);               //延时 480μs
return(i);               //返回结果
}

/*========================================
DS18B20 读字节函数
入口:无
```

```
出口:读取字节内容
========================================*/
uchar DS18B20readbyte( void)
{
uchar i,j;
for (i=0;i<8;i++)                   //循环8次读8位数据
    {
    DQ=0;                           //拉低数据线
    j>>=1;                          //数据右移一位
    DQ=1;                           //释放数据线
    _nop_( );
    if (DQ) j|=0x80;                //读取数据位
    delay(7);                       //延时60s
    }
return(j);                          //返回结果
}

/*========================================
DS18B20 写字节函数
入口:待写字节内容
出口:无
========================================*/
void DS18B20writebyte( uchar x)
{
uchar i;
for (i=0;i<8;i++)                      //循环8次
    {
    DQ=0;                              //拉低数据线
    if (x&0x1) DQ=1;                   //写数据位
    delay(7);                          //延时60μs
    DQ=1;                              //释放数据线
    x>>=1;                             //结果右移一位
    }
}

/*========================================
DS18B20 启动温度转换函数
入口:无
出口:无
```

```
========================================*/
void DS18B20start( void )
{
DS18B20reset( );                  //复位
DS18B20writebyte(0xCC);           //发送命令 0xCC
DS18B20writebyte(0x44);           //发送命令 0x44
}

/*========================================
DS18B20 读温度函数
入口:无
出口:温度数据存放全局变量 T[0] T[1]
========================================*/
void DS18B20get( void)
{
while(! DS18B20readbit( ) );      //检测转换是否完成
DS18B20reset( );                  //复位
DS18B20writebyte(0xCC);           //发送命令 0xCC
DS18B20writebyte(0xbe);           //发送命令 0xbe
T[0] = DS18B20readbyte( );        //读温度低 8 位
T[1] = DS18B20readbyte( );        //读温度高 8 位

}
/*========================================
DS18B20 读位函数
入口:无
出口:数据线上读取的一位数据
========================================*/
bit DS18B20readbit( void)
{
bit j;
DQ =0;                       //拉低数据线
_nop_( );                    //保证拉低总线的时间不少于 1μs
DQ =1;                       //释放数据线
_nop_( );
j = DQ;                      //读取数据线数据
delay(7);                    //延时 60μs
return (j);                  //返回读取到的数据
}
```

9. 仿真结果

仿真结果如图 2-7-17 所示。

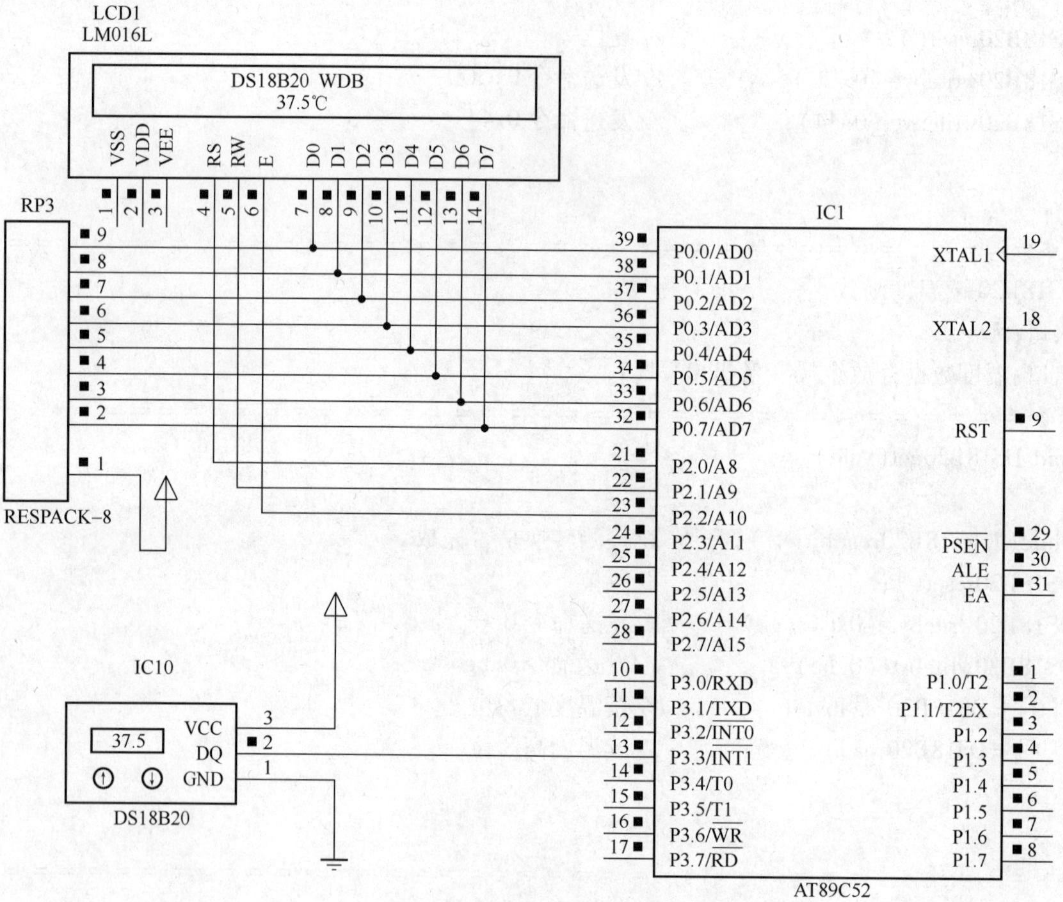

图 2-7-17　数字温度计

由于 89C52 器件 P3 口内部有上拉电阻，因此数据线上未安装上拉电阻。

10. 数字温度计实例

① 拆除上一项目中 DAC0832 及各有关电阻。

② 安装 DS18B20。

需要添加的元件如表 2-7-4 所示，添加元件后电路板如图 2-7-18 所示。

表 2-7-4　　双通道电压表所需元件

序号	名称	符号	规格	用途	备注
1	温度传感器	IC10	DS18B20	检测温度	

图 2-7-18 数字温度计实例

动手做一做

1. 组装电路或搭建仿真电路。
2. 编辑、编译上述程序。
3. 试运行程序，调整 DS18B20 的温度数值，观察显示结果。
4. 设置一个报警灯，当温度超过 80℃ 时灯亮报警。

项目八　步进电机控制

运动控制是计算机控制中的一个重要方面，小功率的运动控制中多数使用步进电机实现，本章介绍小功率步进电机的控制方法。

一、步进电机简介

1. 步进电机基础知识

步进电动机是将电脉冲信号转换成角位移或直线位移的控制电机，在自动控制系统中用作执行元件。给步进电动机输入一个电脉冲信号时，它就转过一定的角度或移动一定的距离。由于其输出的角位移或直线位移可以不是连续的，因此称为步进电动机。当步进驱动器接收到一个脉冲信号，它就驱动步进电机按设定的方向转动一个固定的角度，称为步距角，它的旋转是以固定的角度一步一步运行的。可以通过控制脉冲个数来控制角位移量，从而达到准确定位的目的；同时可以通过控制脉冲频率来控制电机转动的速度和加速度，从而达到调速的目的。图 2-8-1 为几种步进电机的图片。

图 2-8-1　步进电机

2. 步进电机的种类

（1）步进电机的种类

步进电机的分类方式很多，常见的分类方式有按相数、按产生力矩的原理、按输出力矩的大小和结构进行分类。

（2）按相数分类

步进电机按相数（即磁极对数）可分为二相、三相、四相、五相、六相等。相数越多，步距角越小，输出转矩越大，但结构也越复杂。

（3）按力矩产生的原理分类

步进电机根据磁场建立方式可分为反应式、永磁反应式和混合式三类。

反应式步进电机的定子有励磁绕组，而转子用软磁材料制成无绕组，由被励磁的定子绕组产生反应力矩实现步进运动。

永磁反应式步进电机的定子和转子均有励磁绕组（或转子用永磁材料制成），由电磁力矩实现步进运动，具有输出转矩大、步距角小和额定电流小等优点，缺点是转子容易失磁，导致电磁转矩下降。

混合式步进电机是反应式与永磁式步进电机的混合，结合了两者的优点有逐步取代反应式步进电机的趋势。

(4) 按输出力矩的大小分类

根据步进电机输出力矩的大小可分为快速步进电机和功率步进电机两类。快速步进电机，输出力矩一般为0.07~4Nm，用于带动小型精密机床的工作台（如线切割机床）。功率步进电机输出力矩在5~50Nm以上，可以直接驱动工作台。

3. 步进电机结构和基本工作原理

如图2-8-2所示，步进电机由定子1和转子3两部分组成。定子铁芯由硅钢片叠压而成，定子绕组绕置在定子铁芯6个均匀分布的齿上，在直径方向上相对的两个齿上的线圈串联在一起，构成一相控制绕组，共有三相定子绕组，称为三相步进电机。转子用软磁材料制成无绕组。

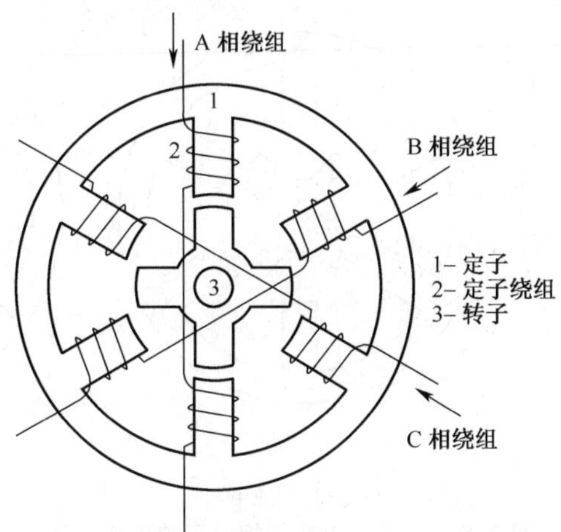

图2-8-2 三相反应式步进电机原理图

工作原理如图2-8-3所示，当A相绕组通以直流电流时，会在AA′方向上产生一磁场，A相绕组的磁力线为保持磁阻最小，给转子施加电磁力矩，使转子的1、3齿与定子AA′磁极对齐，如图2-8-3(a)所示。若A相断电，B相通电，产生新的磁场，其电磁力矩又吸引转子的2、4齿与BB′磁极对齐，此时，转子顺时针转过30°，如图2-8-3(b)所示。若A、B相断电，C相通电，电磁力矩又吸引转子的1、3齿与CC′磁极对齐，转子再沿顺时针转过30°，如图2-8-3(c)所示。依此类推，若三相定子绕组顺序通电，转子则不停地转动。

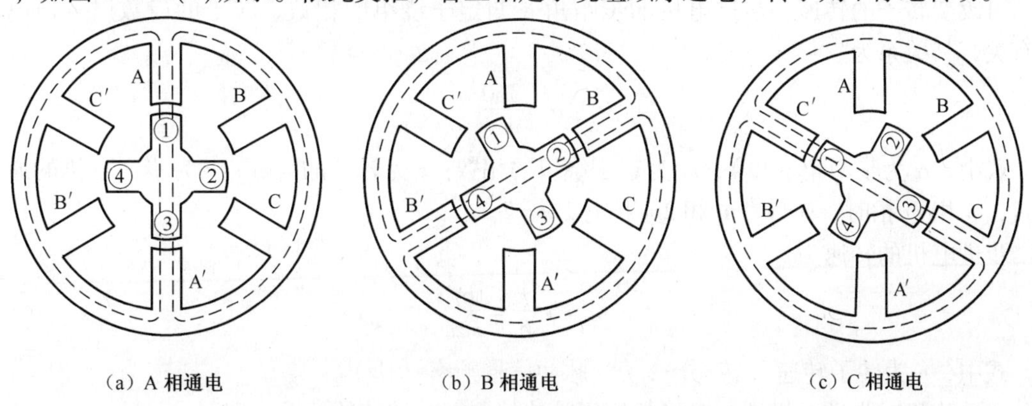

(a) A 相通电　　(b) B 相通电　　(c) C 相通电

图2-8-3 步进电机三相单三拍工作原理

定子绕组的通断电状态每改变一次，其转子转过的角度，称为步距角α。如图2-8-3所示，步距角α为30°。如果定子绕组按A→B→C→A…的顺序通电，步进电机的转子便连续

地以每步30°逆时针转动。若通电顺序改为A→C→B→A…，则步进电机的转子便连续地以每步30°顺时针转动。以上通电方式中，通电状态循环一周需要改变三次，每次只有单独一相控制绕组通电，称之为三相单三拍运行方式。由于单独一相控制绕组通电时容易使转子在平衡位置附近来回摆动——振荡，会使运行不稳定，因此实际上很少采用三相单三拍的运行方式。

如果定子绕组按 AB → BC → CA→ AB→…或 AC → CB → BA→ AC→…方式通电，则称为双三拍通电方式，步距角仍为30°，如图2-8-4所示。双三拍工作方式由于工作过程中始终保持有一相定子绕组通电，可有效克服单三拍绕组通电切换瞬间失去自锁转矩而导致失步的现象，所以平衡性更好，故在实际工作过程中多采用双三拍工作方式。

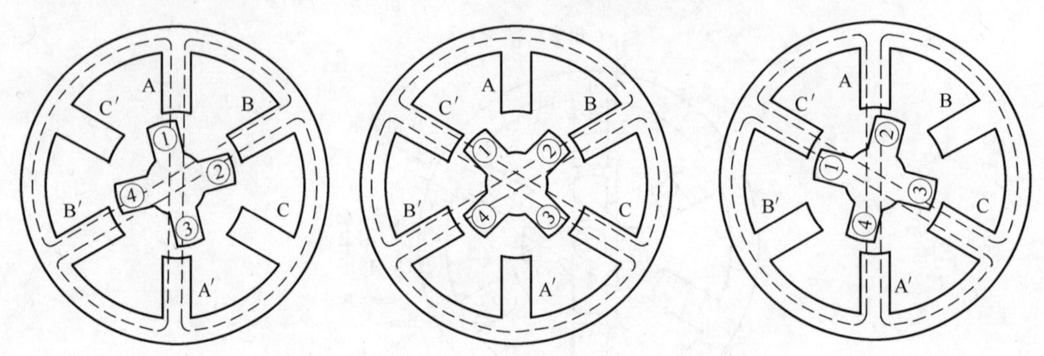

(a) AB 相通电　(b) BC 相通电　(c) CA 相通电

图2-8-4　步进电机三相双三拍工作原理

如果定子绕组按 A → AB → B → BC → C → CA → A …或按 A → AC → C→ CB →B→ BA →A…顺序通电，称为三相六拍方式，如图2-8-5所示以三相六拍通电方式工作，当A相通电转为A和B同时通电时，转子的磁极将同时受到A相绕组产生的磁场和B相绕组产生的磁场的共同吸引，转子的磁极则停在A和B两相磁极之间，此时步距角为15°，减小一半。

由此可见，改变定子绕组的通电顺序，可改变电机的旋转方向。改变定子绕组通电的频率，可改变转子的转速。步进电机的步距角 α 与定子绕组的相数、转子的齿数以及通电方式有关，其关系为

$$\alpha = \frac{360}{mzk}$$

式中，α 为步距角（度）；m 为定子绕组的相数；z 为转子的齿数；k 为步进电机的通电方式，m 相 m 拍时，$k=1$；m 相 $2m$ 拍时，$k=2$。

步进电机的转速为

$$n = \alpha \frac{f}{6} = \frac{6f}{mzk}$$

式中，n 为转子转速（转/分）；f 为脉冲信号频率（Hz）。

在单片机对步进电机控制时经常使用脉冲的周期与转速的关系，即

$$n = \alpha \frac{f}{6} = \alpha \frac{1}{6t}$$

式中，t 为脉冲周期（单位：秒）。

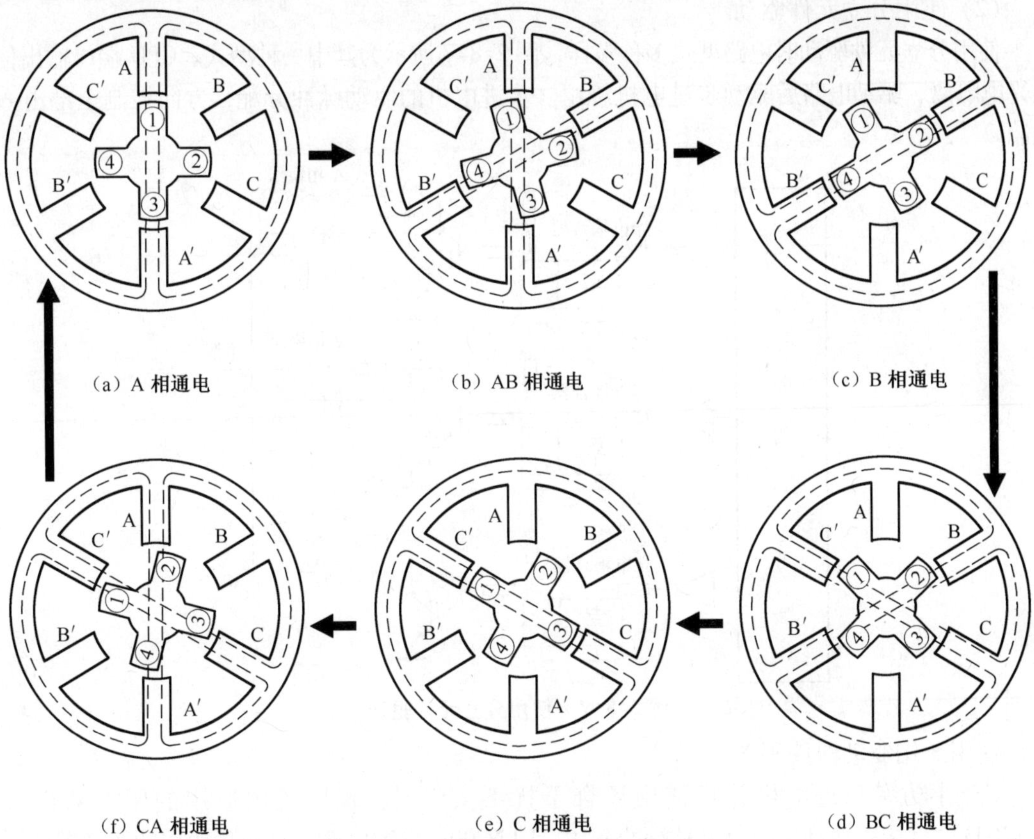
A
B
C
A′
B′
C′
(a) A 相通电
(b) AB 相通电
(c) B 相通电
(d) BC 相通电
(e) C 相通电
(f) CA 相通电

图 2-8-5　步进电机三相六拍工作原理

二、步进电机驱动方法

一般情况下步进电机不能使用 CPU 端口直接驱动，需要使用驱动电路驱动。不同的步进电机的功率相差很大，因此驱动电路也有很大差别。

1. 驱动方式

(1) 使用专用驱动器件

市场上有许多用于驱动步进电机的专用集成电路和模块，其中包含有脉冲分配器、驱动电路等。单片机只提供步进脉冲和正、反转控制信号，步进脉冲的产生与停止、步进脉冲的频率和个数都可用软件控制。较大功率的步进电机基本上都采用这种方式，如图 2-8-6 所示。

步进电机
驱动模块
CPU
电平
转换
触发脉冲
电平
转换
旋转方向
控制
脉
冲
分
配
驱
动
电
路
步进电机

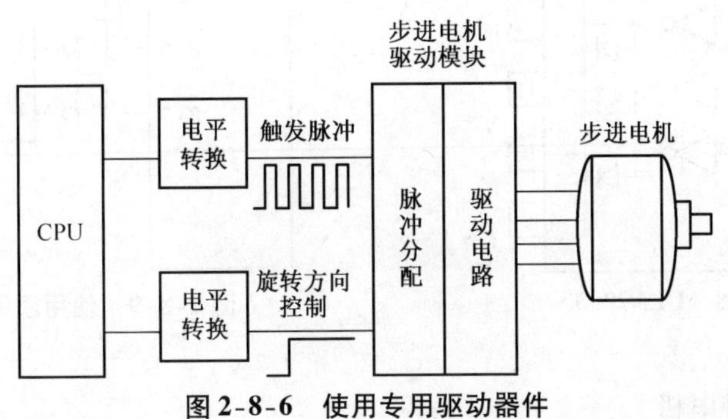

图 2-8-6　使用专用驱动器件

（2）使用分立元件驱动

使用分立元件驱动时电路型式多种多样，图2-8-7所示为其中一种型式。CPU端口输出信号经光电隔离、驱动电路后驱动步进电机绕组。步进电机的驱动脉冲分配，方向控制全部由CPU控制。

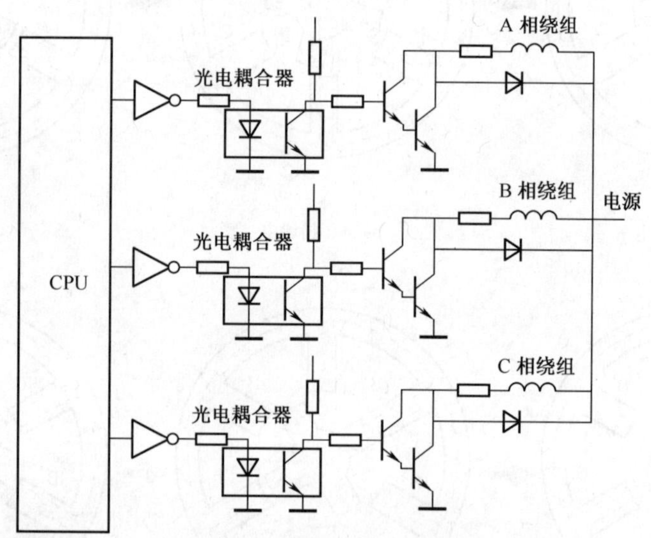

图2-8-7 使用分立元件驱动

（3）使用通用驱动器件驱动

对于小功率步进电机并且使用场合干扰不太强时，直接使用通用的驱动器件（如ULN2003）直接驱动是一种简单易行的方法。ULN2003（MC1413）是一种通用的驱动器件，其内部连接及逻辑图如图2-8-8所示。ULN2003共包含7个反相驱动器（OC输出），输入为TTL逻辑或5V电压的CMOS逻辑，每个输出端最大灌电流为200mA，但7个输出端总电流不得超过500mA。最大负载电压为50V。第9脚为测试端，接地时7个输出端的输出都有效，第9脚接正电源时内部二极管可用作续流二极管，用于驱动感性负载，如图2-8-9所示。

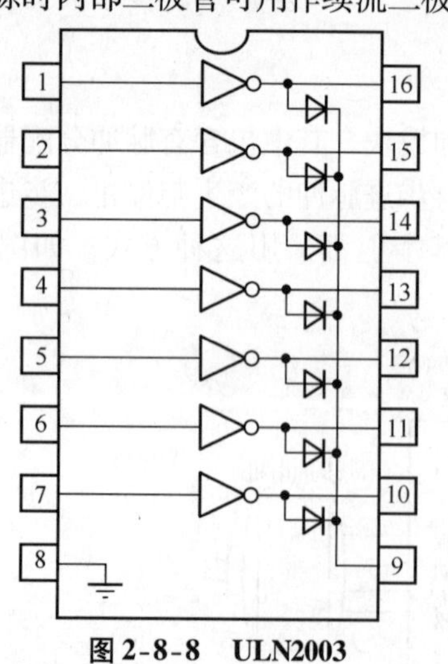

图2-8-8 ULN2003

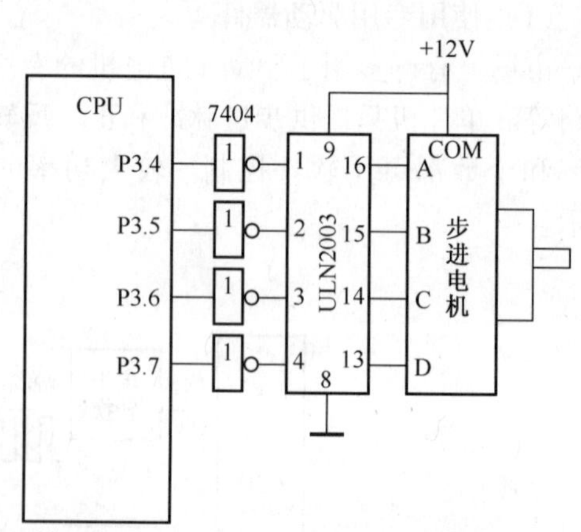

图2-8-9 使用通用驱动器件驱动

2. 控制方式

（1）仿真用步进电机

Protues软件中的步进电机模型为STEPPER，其默认参数如下。

电机相数：4。

工作电压：12V。

步距角：90°（4 相 4 拍），当使用 4 相 8 拍时为 45°。

最大转速：360rpm。

绕组电阻：120Ω。

绕组电感：100mH。

（2）控制字

本例中对步进电机的控制采用 4 相 8 拍方式。根据连接方式，对电机每一拍的控制使用的控制字如表 2-8-1 所示。

表 2-8-1　控制字内容

端口	P3.7	P3.6	P3.5	P3.4	P3.3	P3.2	P3.1	P3.0	控制字
绕组	D 相	C 相	B 相	A 相	—	—	—	—	
第 1 拍	1	1	1	0	1	1	1	1	0xef
第 2 拍	1	1	0	0	1	1	1	1	0xcf
第 3 拍	1	1	0	1	1	1	1	1	0xdf
第 4 拍	1	0	0	1	1	1	1	1	0x9f
第 5 拍	1	0	1	1	1	1	1	1	0xbf
第 6 拍	0	0	1	1	1	1	1	1	0x3f
第 7 拍	0	1	1	1	1	1	1	1	0x7f
第 8 拍	0	1	1	0	1	1	1	1	0x6f

根据表 2-8-1，控制字数组为

```
uchar zz [ ] = {0xef, 0xcf, 0xdf, 0x9f, 0xbf, 0x3f, 0x7f, 0x6f};
```

（3）方向控制

控制电机转动时按照一定的时间顺序读出控制字，送到 P1 口就可以控制电机转动。改变控制字的读出顺序就可以改变电机的旋转方向。

（4）定时控制

根据电机参数，若电机转速控制在 1～360r/min，对应的脉冲周期为

$$t=\frac{\alpha}{6n}=\frac{45}{6n}\times 1000\ (\mathrm{ms})$$

当 $n=1$ 时，$t=7500\mathrm{ms}$。

当 $n=360$ 时，$t=21\mathrm{ms}$。

由于步进电机定时时间较长，定时使用中断方式，设置定时计数器 0 定时 1ms，作为定时的基准。另设一个软件计数器对定时值进行计数，每次中断时计数器减 1，计数器减为 0 时输出一个控制字，从而实现对步进电机的控制。

3. 控制程序

（1）定时中断处理程序

定时中断处理程序框图如图 2-8-10 所示。定时计数器设定每一毫秒中断一次。

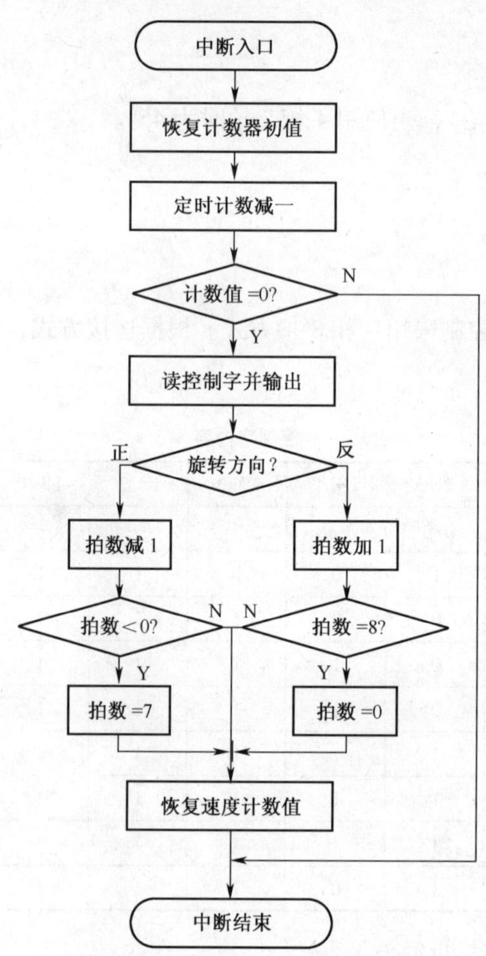

图 2-8-10　定时中断处理程序框图

（2）程序清单

```
/*==========================================
dpjkz1101.c 步进电机控制 1
==========================================*/
#include <reg52.h>
#include <INTRINS.H>                //指定头文件 INTRINS.H
#define uint unsigned int
#define uchar unsigned char

uint sd,s;        //定义变量用于速度定时值计算
bit fx;           //定义变量用于方向控制
uchar zz[] = {0xef,0xcf,0xdf,0x9f,0xbf,0x3f,0x7f,0x6f};      //控制
uchar sh,sl;                  //定义变量用于保存定时器初值

void main()
{
```

```
TMOD = 0x1;                    //定义定时计数器工作模式
s = 100;                       //速度 = 100r/min(范围为 1 ~ 360)
sd = 7500/s;                   //计算定时计数值
sh = (0x10000 - 1sd)/256;      //1ms 定时用计数器初值
sl = (0x10000 - 1sd)%256;
TH0 = sh;                      //设定计数器初值
TL0 = sl;
fx = 0;                        //设定方向
TR0 = 1;                       //启动定时计数器
EA = 1;                        //开中断
ET0 = 1;
while (1);                     //本例中主程序任务完成,放置一个空循环
}
/ * = = = = = = = = = = = = = = = = = = = = = = = = = = = = = = = = = = = =
定时计数器 0 中断处理
= = = = = = = = = = = = = = = = = = = = = = = = = = = = = = = = = = = = = * /
void ctc0 (void) interrupt 1
{
static uchar i;                    //定义静态变量 i,用于记拍数(0 ~ 7)
static uint t = 1;                 //定义静态变量 t,用于计时间
TH0 = sh;                          //定时常数(定时时间 1ms)
TL0 = sl;
t - -;                             //计时值减 1
if (t = =0)                        //当计时值为 0 时输出电机控制字,否则退出
    {
    P1 = zz[i];                    //读控制字并输出
    if (fx)                        //修改拍数
        {
        i - -;                     //正转时拍数减 1
        if (i = =255) i =7;        //调整 i
        }
    else
        {
        i + +;                           //反转时拍数加 1
        if (i = =8) i =0;                //调整 i
        };
    t = sd;                                //恢复速度计时值
    }
}
```

三、带手动控制调速、换向的步进电机控制

1. 按键检测与处理

（1）硬件

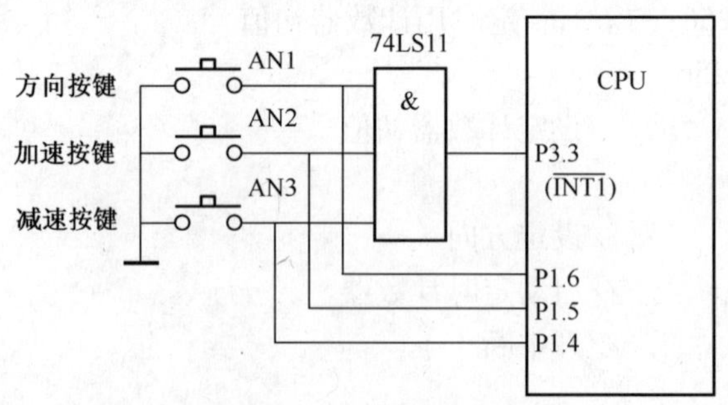

图 2-8-11　按键输入电路

硬件连接如图 2-8-11 所示。当有按键按下时，与门 74LS11 的输出变为 0，产生一个外部中断。CPU 响应中断后，分别检查 P1.4 ~ P1.6 的状态，查询按下的按键。

（2）按键处理框图与处理程序

框　　图	程　　序

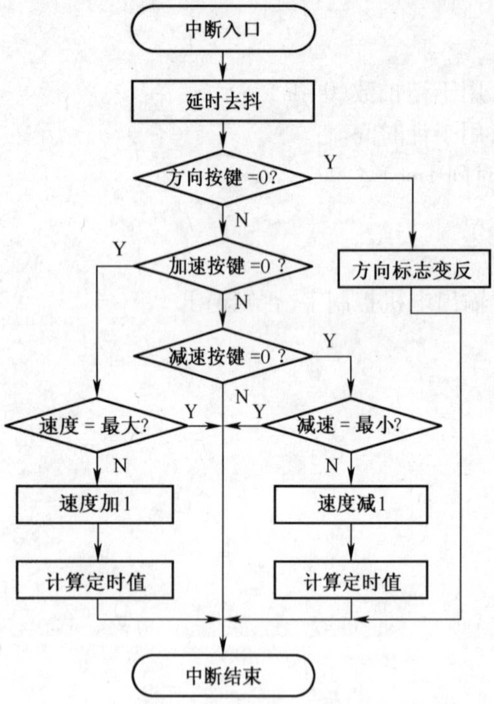 中断入口
延时去抖
方向按键 =0? (Y → 方向标志变反；N ↓)
加速按键 =0 ? (Y → 速度 = 最大?；N ↓)
减速按键 =0 ? (Y → 减速 = 最小?；N ↓)
速度 = 最大? (Y ↓ 中断结束；N → 速度加 1 → 计算定时值)
减速 = 最小? (Y ↓ 中断结束；N → 速度减 1 → 计算定时值)
中断结束
	void ajcl (void) interrupt 2　// 外部中断 1
	{
	delay10ms (1);　　//延时 10ms 消除抖动
	if (! FXAJ) fx = ! fx;　　//方向按键按下 方向标志变反
	if (! INTAJ)　　//加速按键按下
	　if (s < 360)　　//是否达到最大速度?
	　　{s + +;　　//速度加一
	　　sd = 7500/s;　　//计算定时值
	　　}
	if (! DECAJ)　　//减速按键按下
	　if (s > 1)　　//速度达到最小?
	　　{s - -;　　//速度减一
	　　sd = 7500/s;　　//计算定时值
	　　}
	}

2. 速度显示

直接使用 LCD1602 显示速度数值和电机旋转方向。

3. 程序清单

```
/* = = = = = = = = = = = = = = = = = = = = = = = = = = = = = = = = = = = = = = = =
dpjkz1102. c 步进电机控制 2
```

```
=============================================*/
#include <reg52.h>
#include <INTRINS.H>                        //指定头文件 INTRINS.H
#define uint unsigned int
#define uchar unsigned char
#define LCD1602DB P0                        //定义 LCD1602DB 为 LCD 的数据接口
sbit LCD1602E = P2^2 ;                      //定义 LCD1602E 为 LCD 模块的 E 端
sbit LCD1602RW = P2^1 ;                     //定义 LCD1602RW 为 LCD 模块的 R/W 端
sbit LCD1602RS = P2^0 ;                     //定义 LCD1602RS 为 LCD 模块的 RS 端

sbit FXAJ = P1^6 ;
sbit INTAJ = P1^5 ;
sbit DECAJ = P1^4 ;

void  lcd1602w (bit x , uchar y) ;          //说明 LCD1602 写函数
void  lcd1602b (void) ;                     //说明 LCD1602 判忙函数
void  lcd1602d(char x ,char y) ;            //说明 LCD1602 位置函数
void  print(uchar ,uchar ,uchar * );

uint sd,s;
bit fx;
uchar zz[] = {0xef,0xcf,0xdf,0x9f,0xbf,0x3f,0x7f,0x6f};
uchar sh,sl;

void main ( )
{
uchar xsbuf1[] = {"Zhuan Su Biao"}; //上行显示字符串
uchar xsbuf[] = {"su =        RPM fx = "};
TMOD =0x1;
s =100;
sd =7500/s;
sh = (0x10000 - 1sd)/256;
sl = (0x10000 - 1sd)%256;
TH0 = sh;
TL0 = sl;
TR0 =1;
EA =1;
ET0 =1;
EX1 =1;                             //开放外部中断 1
```

```
IT1 =1;                         //设置外部中断0为下降沿触发
lcd1602w(0,0x38);               //LCD1602 初始化
lcd1602w(0,0x06);
lcd1602w(0,0x0c);
lcd1602w(0,0x01);
lcd1602d(0,0);                  //定位左上角
print(0,0,xsbuf1);
while (1)
{
xsbuf[3] = s/100 +0x30;         //显示速度百位
xsbuf[4] = (s%100)/10 +0x30;    //显示速度十位
xsbuf[5] = s%10 +0x30;          //显示速度个位
if (fx)                         //判断当前方向
    xsbuf [14] ='Z';            //显示正转
else
    xsbuf[14] ='F';             //显示反转
print(0,1,xsbuf);               //显示结果
}
}

/*=======================================
延时函数,调用时提供参数 x,延时时间为 x * 10ms
=======================================*/
void delay10ms( uint x)
{
uint n,m;
for (n=0; n< x;n++)
    for (m=0;m<2000;m++);
}
/*=======================================
按键中断处理程序
=======================================*/
void ajcl ( void ) interrupt 2                  // 外部中断 1
{
delay10ms(1);                                   //延时 10ms 消除抖动
if (! FXAJ) fx=! fx;
if (! INTAJ)
    if (s<360)
        {s++;
```

```
        sd = 7500/s;
        }
if (! DECAJ)
    if (s > =0)
        {s - -;
        sd = 7500/s;
        }
}

/* = = = = = = = = = = = = = = = = = = = = = = = = = = = = = = = = = = = =
定时计数器 0 中断处理
= = = = = = = = = = = = = = = = = = = = = = = = = = = = = = = = = = = = = */
void ctc0 (void) interrupt 1
{
static uchar i = 0;
static uint j = 1;
TH0 = sh;
TL0 = sl;
j - -;
if (j = =0)
    {
    P3 = zz[i];
    j = sd;
    if (fx)
        {
        i - -;
        if (i = =255) i = 7;
        }
    else
        {
        i + +;
        if (i = =8)
            i = 0;
        };
    j = sd;
    }
}
```

4. Protues 仿真运行（如图 2-8-12 所示）

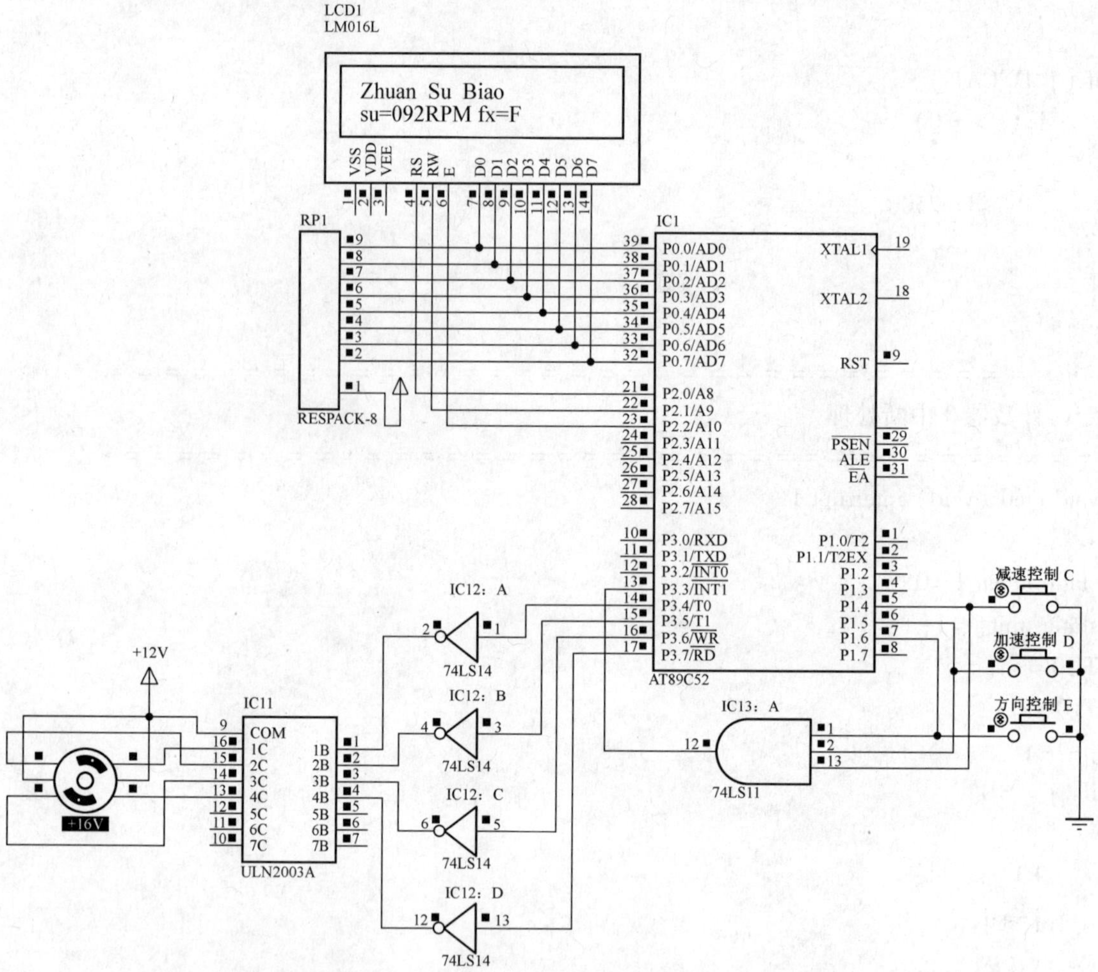

图 2-8-12　步进电机控制

5. 步进电机控制实例（实例 15）

本实例使用的步进电机为 5 线 4 相 5V 减速步进电机，使用 4 相 8 拍驱动时步进角度为 5.625°。由于步进电机本身带有1/64的减速器，故输出轴的步进角度为 5.625/64。绕组接线如图 2-8-13所示。

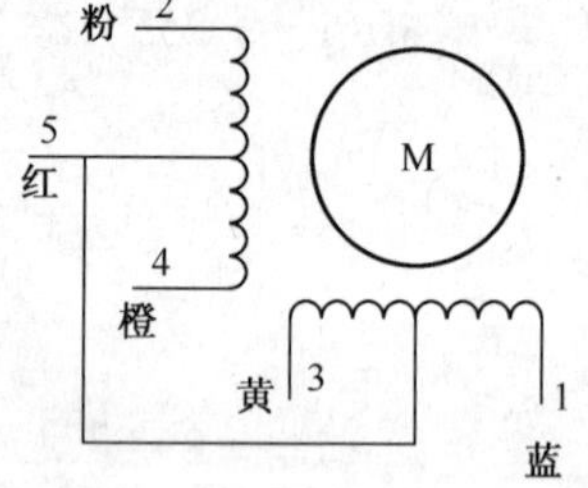

图 2-8-13　绕组接线图

电机直径：28mm，最高频率：100Hz，绕组直流电阻：50Ω(+7%)，输出转矩：300 (gf. cm)。

需要添加的元件如表 2-8-2 所示，添加元件后电路板如图 2-8-14所示。

表 2-8-2　双通道电压表所需元件

序号	名称	符号	规格	用途	备注
1	集成块	IC12	74LS14	反相器	
2	集成块	IC11	ULN2003	驱动器	
3	步进电机	DJ	5V	电机	使用 CH2.5 连接

本例中使用 3 个按键，并且使用中断方法检测按键，需要将电路板上“J9”处短接。如图 2-8-15 所示。

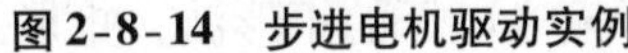

图 2-8-14 步进电机驱动实例

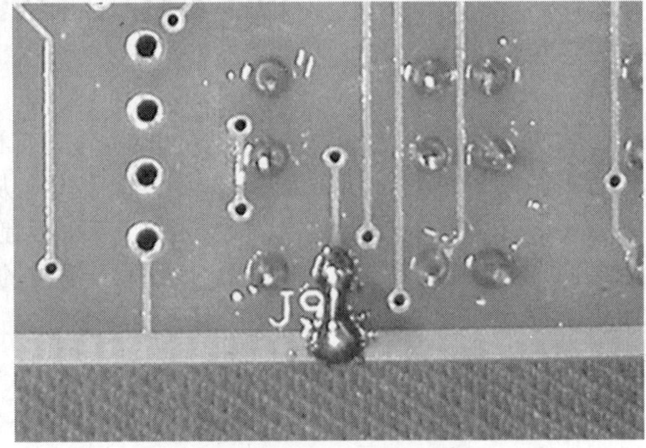

图 2-8-15 短接 J9 处

动手做一做

1. 组装电路或搭建仿真电路。
2. 编辑、编译上述程序。
3. 试运行程序，调整方向和速度观察电机运行状态。
4. 使用示波器观察 4 相信号波形。
5. 修改程序，使用 4 相 4 拍方式运行。

项目九　PWM 控制

脉冲宽度调制（Pulse Width Modulation，简称 PWM）是利用数字输出来对模拟电路进行控制的一种非常有效的技术，广泛应用在从测量、通信到功率控制与变换的许多领域中。许多微控制器内部都包含有 PWM 控制器。例如，Microchip 公司的 PIC16C67 内含两个 PWM 控制器。但是 MCS51 基本系列的 CPU 中并没有 PWM 控制器，本章介绍使用软件来实现 PWM 的控制方法。

一、PWM 基本原理

PWM 是利用开关电路来调整直流电压，图 2-9-1 所示为 PWM 的原理示意图。图中斩波管在控制脉冲的作用下导通、截止。负载上得到幅度等于输入电压的矩形波，矩形波的平均值与波形的导通和截止时间有关。若导通时间等于截止时间则输出电压的平均值为输入电压的 1/2。

一个矩形波的波形如图 2-9-2 所示，其中正脉冲的持续时间与脉冲总周期的比值称为占空比（D）。根据定义可以看到占空比的数值范围为 0 ~ 1，使用百分比表示时为 0% ~ 100%。当正脉冲的时间为周期的一半时占空比为 50%，此时矩形波为方波。

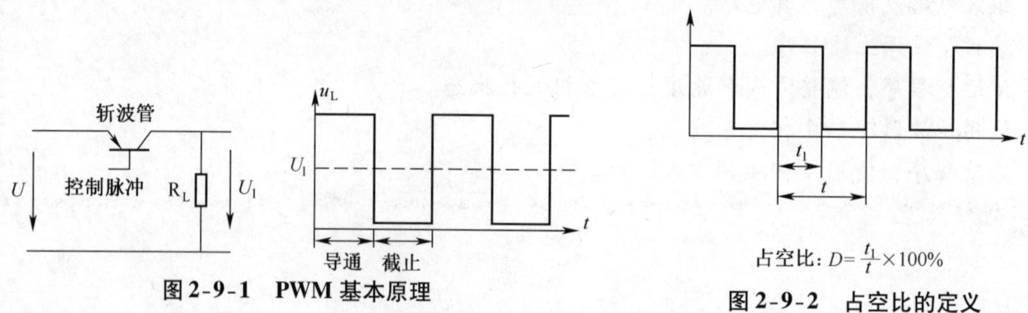

图 2-9-1　PWM 基本原理

图 2-9-2　占空比的定义

矩形波的平均值取决于波形的幅度和占空比，当波形幅度一定时，若占空比小矩形波的平均值就较小，占空比较大时矩形波的平均值就大。因此改变占空比就能改变输出直流电压得平均值，如图 2-9-3 所示。

改变占空比有两种方法：一是改变正脉冲时间（t_1），而周期（t）保持不变，这种方式称为定频调宽式（PWM）；另一种是保持正脉冲时间（t_1）不变，而调整周期（t）的时间，这种方式称为定宽调频式（PFM），如图 2-9-4 所示。

由于 PWM 方式中占空比改变时输出波形的频率保持不变，对输出信号进行滤波比较方便，因此人们常用 PWM 方式。

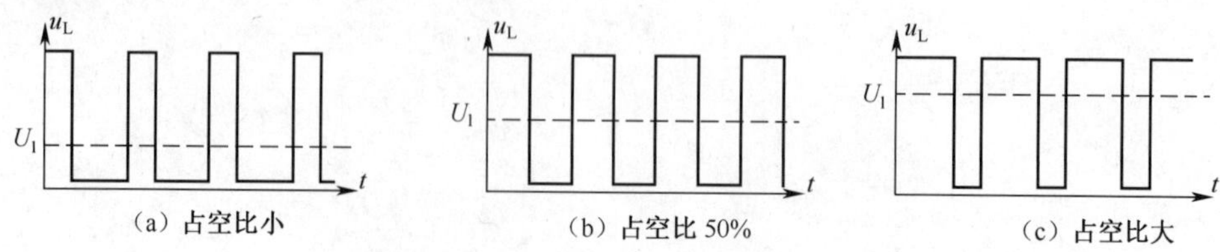

图 2-9-3　占空比对矩形波平均值的影响

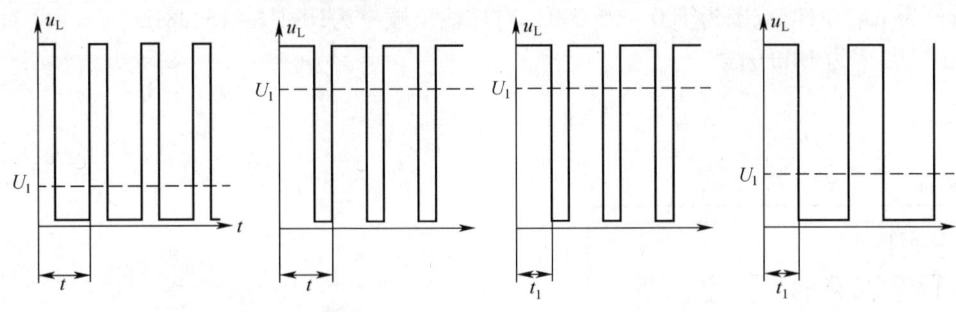

图 2-9-4　占空比控制方式

二、PWM 调光灯

1. MCS51 的 PWM 控制方式

MCS51 系列器件中没有直接进行 PWM 控制的功能，我们可以使用软件定时的方法控制输出波形的占空比，达到对输出波形进行 PWM 控制的目的。可以轮流使用两个时间常数 t_1 和 t_2 对定时器进行定时控制。当使用 t_1 时控制端输出高电位，使用 t_2 时控制端输出低电位，这样控制端就输出一个矩形波。如果改变 t_1 的大小就改变了正脉冲宽度，同时改变 t_2 使 t_1+t_2保持不变，这样就实现了 PWM 控制，如图 2-9-5 所示。

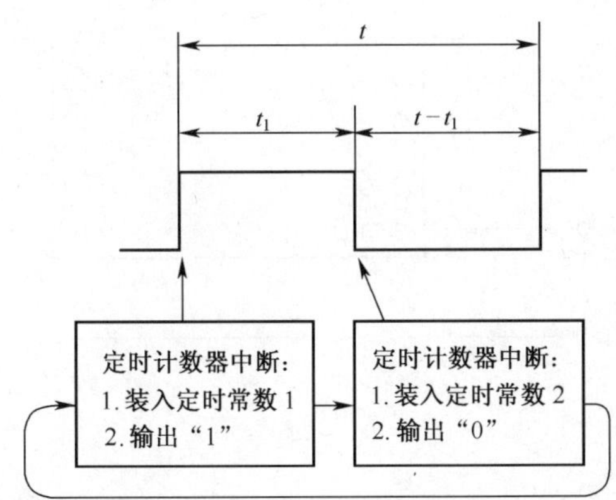

图 2-9-5　改变占空比的方法

2. PWM 调光灯

本节使用 PWM 方式控制一只发光二极管，改变输出波形的占空比调整发光二极管的亮度。

(1) 硬件电路

硬件电路如图2-9-6 所示，输出端为 P3.7 驱动一只发光二极管。电路中继续使用 LCD1602 显示当前的参数，安排了 4 只按钮分别用于调整输出波形的周期和占空比。图中放置了一台示波器用于观察输出波形。系统的晶振频率设置为 12MHz。

（2）时间控制方式

为了达到控制输出波形的周期和占空比的目的，可以设置两个变量。t 为保存周期数值，单位为 μs，取值范围为 100 ~ 65 000，对应输出频率为10kHz ~ 15. 38Hz。$t=100$ 对应周期 100μs，频率为 10kHz。

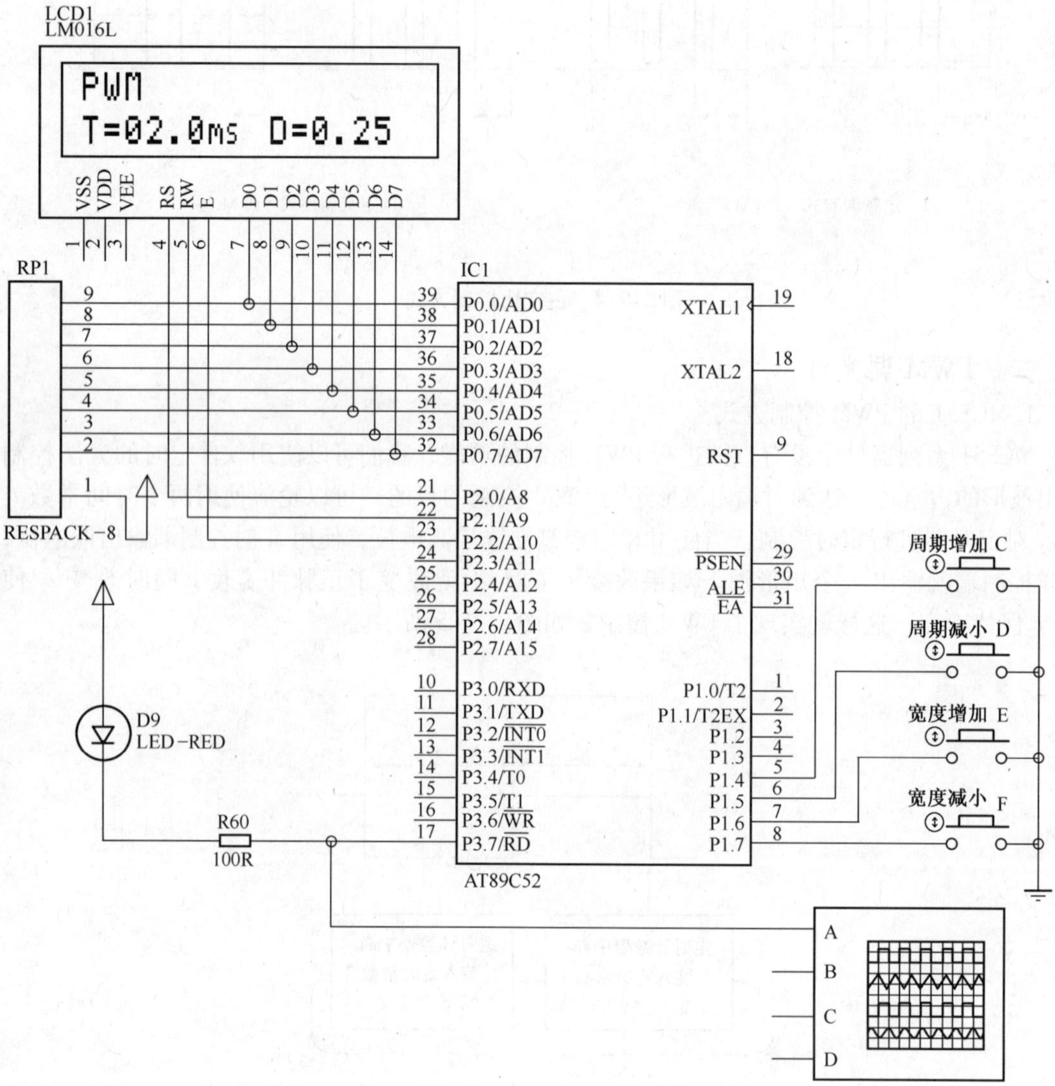

图 2-9-6　PWM 调光灯

由于 t 使用 uint 类型数据，其最大值为 65 535，t 取 65 000 对应周期 65ms，频率为 15. 38Hz。t_1：保存正脉冲时间，单位为微秒(μs)。

根据 PWM 原理需保证 $t_1 < t$，其占空比为 $d = t_1/t * 100\%$。

t_1 与 t 均使用 uint 类型数据，在单片机中进行 $t_1/t*100$ 时，由于 $t_1 < t$，执行 t_1/t 后结果为 0，得不到正确结果。若改为 t_1*100/t，先执行 t_1*100，这样当 $t_1 > 655$ 时就会出现溢

出，造成结果错误，这种错误编译系统是无法发现的。本程序中采用的方法是$t_1/(t/100)$，这样就不会出错了。

根据 MCS51 机定时计数器的原理可知，当发生定时计数器中断，CPU 响应中断。进入中断后，中断处理程序需要保存中断前主程序的一些信息，这些工作称为保护现场，以便于中断结束后能正确返回被中断的程序，使用 C51 语言时这些工作都由 C51 的编译系统为我们完成。现场保护完成后，执行中断处理程序，本例中首先判断标志，然后恢复计数器初值，此时计数器重新从初值开始计数。中断处理程序继续完成其他工作。其他工作完成后还要恢复现场，返回被中断的程序。这些工作都需要一定的时间，如果定时计数器的定时时间非常短，中断处理程序还未返回，定时计数器时间到了再次发生中断，此时 CPU 不会立即响应此中断，需等到执行完子程序返回调用程序并执行一条指令后再响应此中断，造成定时时间误差较大。因此定时计数器的定时时间不能过短，同时中断子程序中尽可能少做工作减少中断子程序的执行时间。本例中最短时间设置为 100。

（3）程序清单

①定时器中断处理程序框图。

框　图	程　序

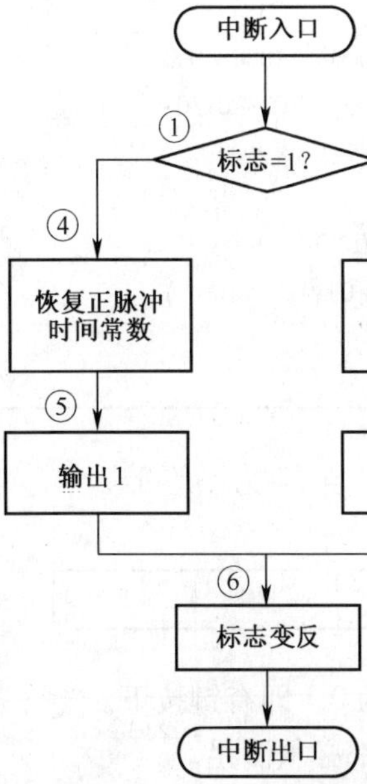

```
void ctc0 (void) interrupt 1
{
1   if (f)          //根据标志判断恢复时间常数
2       {TH0 = sh;    //恢复负脉冲时间常数
        TL0 = sl;
3       P07 = 0;      //输出0
        }
4   else
        {TH0 = sh1; //恢复正脉冲时间常数
        TL0 = sl1;
        P07  = 1;       //输出1
5
        }
6   f = !f;           //标志变反
}
```

②主循环程序框图。

框　图	程　序

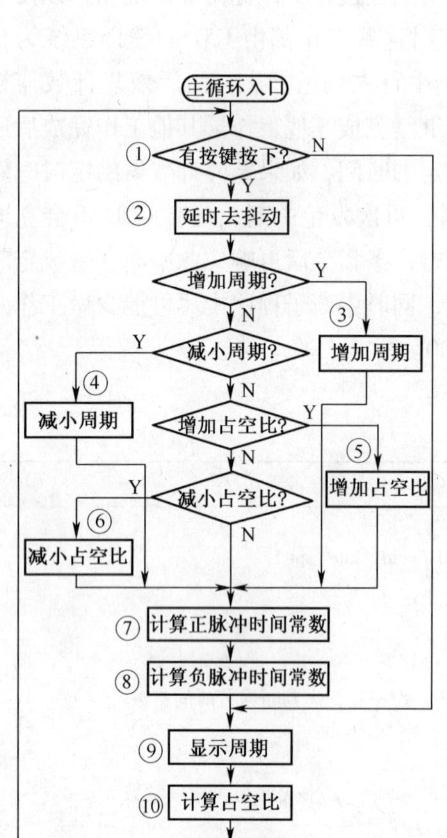


```
1   while (1) {
    if ( (P3 | 0x0f) ! = 0xff)          (注1)
2     { delay10ms (10);
3     if (! INTT && t<65000)
        t = t + 100;        (注2)
4   if (! DECT && t>100 && t>t1 + 100)
          t = t- 100;       (注3)
5     if (! INTT1 && t1 < t-100)
          t1 = t1 + 100;         (注4)
6     if (! DECT1 && t1 > 100)
          t1 = t1 - 100;         (注5)
7     d = 0x10000- t1;
      sh1 = d/256;       sl1 = d%256;
8     d = 0x10000- (t- t1);
      sh = d/256;      sl = d%256;
      }
9     xsbuf [2]  = t/10000 + 0x30;
      xsbuf [3]  =  (t%10000) /1000 + 0x30;
      xsbuf [5]  =  (t%1000) /100 + 0x30;
10    d = t1/ (t/100);
      xsbuf [13]  = d/10 + 0x30
11    xsbuf [14]  = d%10 + 0x30;
      print (0, 1, xsbuf); }
```

注1：逻辑运算符“|”为按位进行或运算，条件运算符“! =”为不等于。

4个按键连接在P1口的高4位，P1 | 0x0f得到：

P1.7	P1.6	P1.5	P1.4	1	1	1	1

如果结果不为0xff，说明P3.7 ~ P3.4中至少有一个为0，即有键按下。

注2：逻辑运算符“&&”表示两个条件相与，即两个条件都必须满足。

条件1：(! INTT) 表示INTT为0，即INTT按键按下。

条件2：$t<65\ 000$ 表示 t 必须小于65 000，即 t 小于65 000时才增加 t。

注3：(! DECT && $t>100$ && $t>t_1+100$) 表示减小周期时必须同时满足3个条件。

条件1：(! DECT) 表示DECT为0，即DECT按键按下。

条件2：$t>100$ 表示 t 必须大于100，即 t 大于100时才减小 t。

条件 3：$t > t1 + 100$ 表示 t 必须大于 $t1 + 100$。

注 4、注 5 大家自行分析。

③ 程序清单。

```
/ * -----------------------------------------------------------------------------------------
DPJKZ2-9-1. C
-------------------------------------------------------------------------------------------
/#include  <reg52. h>
#include  <INTRINS. H>                          //指定头文件 INTRINS. H
#define uint unsigned int
#define uchar unsigned char
#define LCD1602DB P0                            //定义 LCD1602DB 为 LCD 的数据接口
sbit LCD1602E = P3^2;                           //定义 LCD1602E 为 LCD 模块的 E 端
sbit LCD1602RW = P3^1;                          //定义 LCD1602RW 为 LCD 模块的 R/
                                                  W 端
sbit LCD1602RS = P3^0;                          //定义 LCD1602RS 为 LCD 模块的 RS 端
sbit P37  =  P3^7;                              //定义输出端口位
uint t1,t;                                      //定义定时变量
uchar sh,sl,sh1,sl1;                            //两组定时计数器初值
bit f = 1;                                      //定义标志位
sbit INTT = P1^4;                               //增加周期按钮
sbit DECT = P1^5;                               //减小周期按钮
sbit INTD = P1^6;                               //增加占空比按钮
sbit DECD = P1^7;                               //减小占空比按钮
void      lcd1602w (bit x , uchar y);           //说明 LCD1602 写函数
void      lcd1602b (void);                      //说明 LCD1602 判忙函数
void      lcd1602d(char x ,char y);             //说明 LCD1602 位置函数
void      print(uchar ,uchar ,uchar * );
void   delay100ms( uint );
/ * -----------------------------------------------------------------------------------------
主函数
------------------------------------------------------------------------------------------ * /
void main (void) {
uint d;
uchar xsbuf1[ ] = {"PWM"};
uchar xsbuf[ ] = {"T = 12. 30mS D = 0. 50 "};
TMOD = 0x1;                                     //设置定时计数器模式
t = 10000;                                      //设置周期初值
t1 = 5000;                                      //设置正脉冲时间初值
sh1 = (0x10000 - t1)/256;                       //设置正脉冲时间常数
```

```
sl1 = (0x10000 - t1)%256;
sh = (0x10000 - (t - t1))/256;   //设置负脉冲时间常数
sl = (0x10000 - (t - t1))%256;
TH0 = sh1;                       //设置定时计数器初值
TL0 = sl1;
P37 = 1;                         //输出 1
TR0 = 1;                         //启动定时计数器
EA = 1;                          //开总中断
ET0 = 1;                         //开定时计数器中断
lcd1602w(0,0x38);
lcd1602w(0,0x06);
lcd1602w(0,0x0c);
lcd1602w(0,0x01);
lcd1602d(0,0);
print(0,0,xsbuf1);
while (1)                                          //主循环
    {
    if ((P1|0x0f) ! = 0xff)                        //检查有无按键按下
        {
        delay10ms(10);                             //延时消除抖动
        if (! INTT && t<65000) t = t + 10;         //增加周期按键处理
        if (! DECT && t>100 && t>t1 +10) t = t - 10;//减小周期按键处理
        if (! INTD && t1 <t - 10) t1 = t1 +10;     //增加占空比按键处理
        if (! DECD && t1 >10) t1 = t1 - 10;        //减小占空比按键处理
        d = 0x10000 - t1;                          //计算正脉冲时间常数
        sh1 = d/256;
        sl1 = d%256;
        d = 0x10000 - (t - t1);                    //计算负脉冲时间常数
        sh = d/256;sl = d%256;
        }
   xsbuf[2] = t/10000 +0x30;            //显示周期数值
   xsbuf[3] = (t%10000)/1000 +0x30;
   xsbuf[5] = (t%1000)/100 +0x30;
        d = t1/(t/100);                            //计算占空比
        xsbuf[13] = d/10 +0x30;                    //显示占空比
        xsbuf[14] = d% 10 +0x30;
        print(0,1,xsbuf);
        }
}
/* = = = = = = = = = = = = = = = = = = = = = = = = = = = = = = = = = = = = = = =
定时计数器 0 中断处理
```

```
======================================*/
void ctc0 (void) interrupt 1
{ if (f)                         //根据标志判断恢复哪一个时间常数
        {TH0 = sh;               //恢复负脉冲时间常数
        TL0 = sl;
        P37 =0;                  //输出 0
        }
else
        {TH0 = sh1;              //恢复正脉冲时间常数
        TL0 = sl1;
        P37 =1;                  //输出 1
        }
f = ! f;                         //标志变反
}
```

④程序仿真运行结果如图 2-9-7 所示。

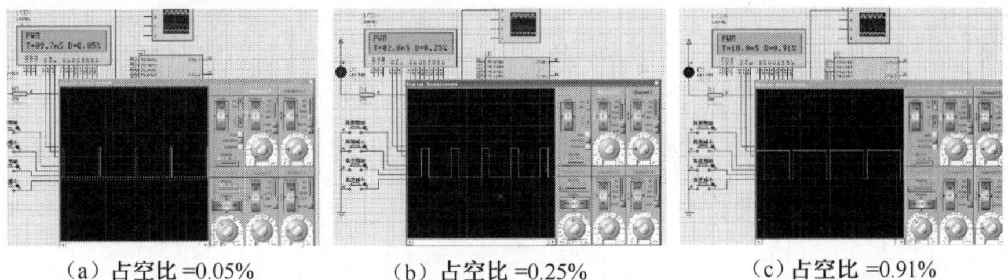

（a）占空比 =0.05%　（b）占空比 =0.25%　（c）占空比 =0.91%

图 2-9-7　PWM 程序仿真运行结果

3. PWM 调光灯实例

电路板上需增加的元件为 R60 和 D9 电路实物如图 2-9-8 所示。

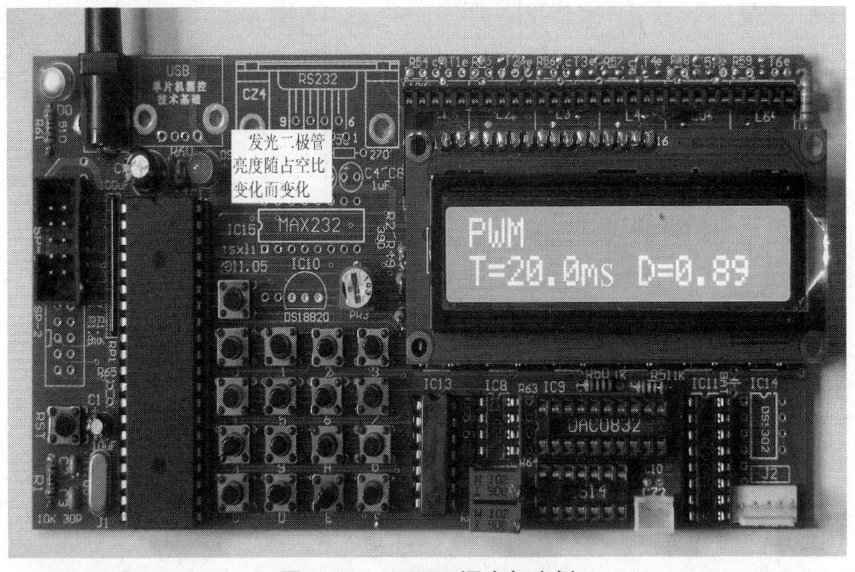

图 2-9-8　PWM 调光灯实例

动手做一做

1. 组装电路或搭建仿真电路。
2. 编辑、编译上述程序。
3. 试运行程序，调整周期和占空比用示波器观察输出波形变化。
4. 组装实际电路，运行程序观察发光二极管亮度变化。

三、PWM控制直流电机

1. 直流电机的调速方法

由于小型直流电机的电流一般都超出了CPU的直接驱动能力，使用PWM控制小型直流电机时需要使用驱动电路，图2-9-9所示为一种比较简单的小功率直流电机的驱动方法。当CPU输出为1时VT2导通、VT1导通，电机得电。当CPU输出为0时VT2截止、VT1也截止电机不得电。因此电机的转速与占空比成正比，改变占空比就能调节电机的转速。

由于直流电机为电感性负载，当VT1关断时电机电感需要释放能量造成较高的自感电势，此电势有可能损坏VT1。电路中添加VT1，使自感电势构成放电通路，保护VT1。故VT1称为续流二极管。

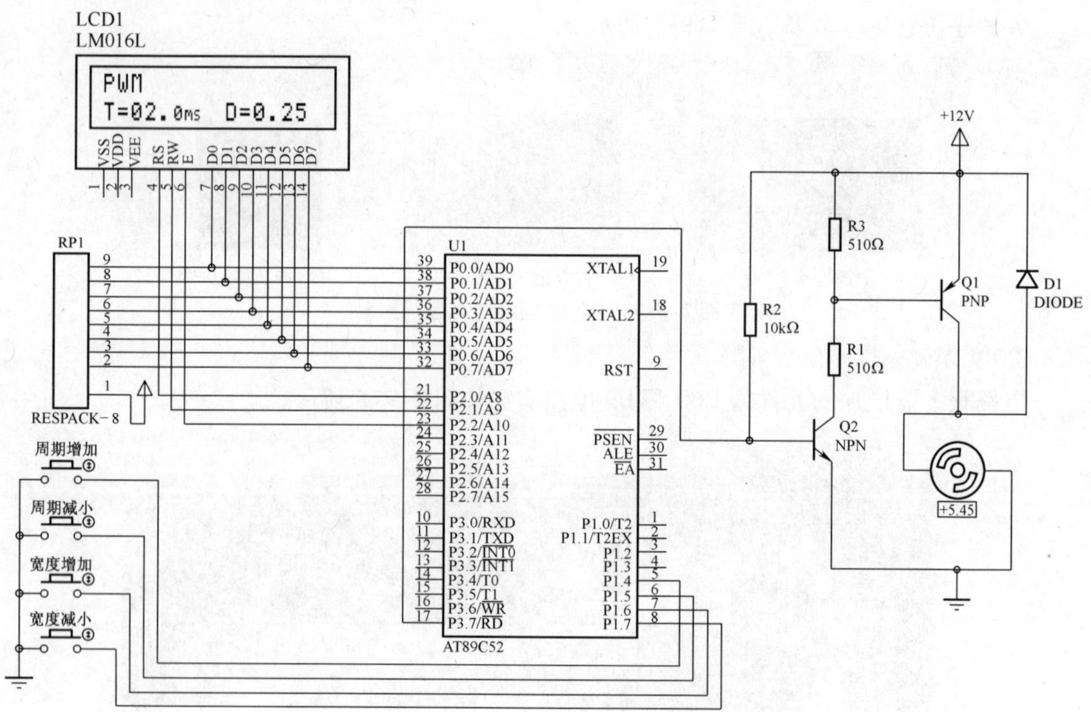

图2-9-9 小功率直流电机的PWM驱动方法

动手做一做

1. 组装电路或搭建仿真电路。
2. 编辑、编译上述程序。
3. 试运行程序，调整周期和占空比观察电机转速变化。

2. 直流电机旋转方向的控制方法

(1) H 桥原理

上例中通过调节占空比可以改变电机的转速但是不能改变电机旋转方向，如果要改变直流电机的旋转方向，必须改变加在直流电机两端电压的极性。目前经常采用的是 H 桥方法，如图 2-9-10 所示。由于 4 只控制用三极管和电机组成一个 H 形状，故称为 H 桥。当 VT1、VT4 导通 VT2、VT3 截止时电机正向旋转，当 VT2、VT3 导通 VT1、VT4 截止时电机反向旋转。H 桥中上下两个桥臂的器件一定不能同时导通，如 VT1 与 VT2 不能同时导通，VT3 与 VT4 不能同时导通，如图 2-9-10 所示。

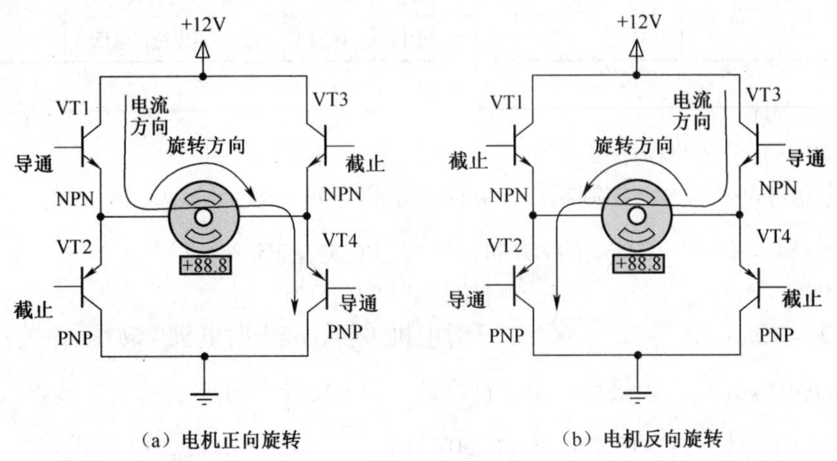

(a) 电机正向旋转　　(b) 电机反向旋转

图 2-9-10　H 桥原理图

目前有许多 H 桥集成驱动电路，本例采用简单的分立元件组成的 H 桥，如图 2-9-11 所示。

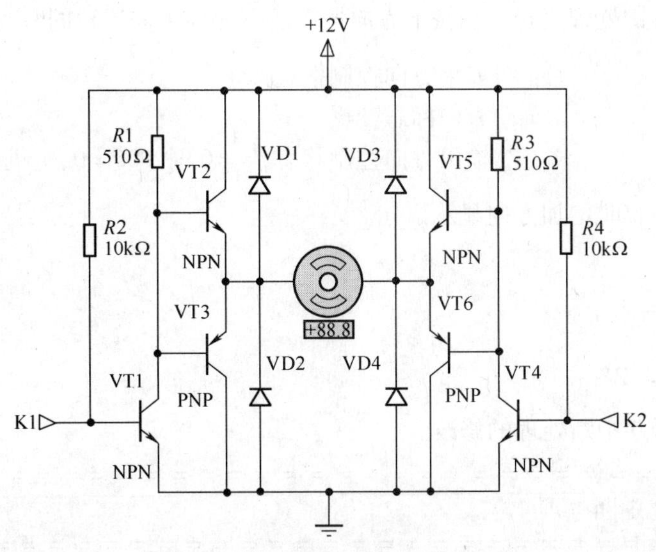

图 2-9-11　分立元件 H 桥

根据图 2-9-11 分析，输入端 K1 及 K2 对电机的控制作用如表 2-9-1 所示。系统对 H 桥控制方法如下。

① 输出信号控制 K1，正转时使 K1 = 0，反转时使 K1 = 1。

② PWM 信号控制 K2 对电机进行调速，正转时占空比越大转速越高，反转时占空比越大转速越低。实际使用中可以采用反转时将 PWM 输出波形反相，这样转速与占空比都保持正比关系。

表 2-9-1　　　　H 桥工作原理

输入端 K1	VT1	VT2	VT3	输入端 K2	VT4	VT5	VT6	电机转向	电机速度
0	截止	导通	截止	1	导通	截止	导通	电机得电正转	与占空比成正比
				0	截止	导通	截止	电机失电	
1	导通	截止	导通	1	导通	截止	导通	电机失电	与占空比成反比
				0	截止	导通	截止	电机得电反转	

（2）控制程序

限于篇幅下面仅介绍程序修改处。

① 变量说明中增加方向控制端口、方向变量和方向按键变量。

```
sbit   FXKG = P3^3;           //方向控制按键安装在 P3.3 端口
sbit   P06 = P0^6;            //方向控制端口为 P0.6
bit    fx = 0;                //fx = 0 时电机正转,fx = 1 时电机反转
```

② 主程序中 xsbuf[ ] 中最后一个字符位显示当前旋转方向。

```
uchar xsbuf[ ] = {"T = 12.3ms D = 0.50Z"};
```

③ 由于增加了一个按键，按键判断语句改为：

```
if ((P3|0x07) != 0xff)
```

④ 增加方向按键处理语句。当按下方向按键后方向标志变反，同时改变输出端口状态。

```
if (! FXKG)             //如果方向控制按键按下
{fx = ! fx;             //方向标志变反
 P06 = fx;}             //输出方向控制状态,fx = 0 时 P06 = 0,电机正转
```

⑤ 输出显示内容时增加方向显示语句。

```
if (fx)
  xsbuf[15] = 'F';
  else
  xsbuf[15] = 'Z';
```

⑥ 定时计数器 0 中断处理的修改。

```
/*=====================================
定时计数器 0 中断处理
=====================================*/
void ctc0 (void) interrupt 1
{if (f)
          {TH0 = sh;
          TL0 = sl;
          P07 = 0^fx;} // 注 1
```

```
else
        { TH0 = sh1 ;
        TL0 = sl1 ;
        P07 = 1^fx ; }
f = ! f; }
```

注 1：符^为异或运算，当 *fx* = 0 时 0^*fx* = 0，当 *fx* = 1 时 0^*fx* = 1，故 Δ^*fx* 不改变输出状态。而 1^*fx* 的作用为：当 *fx* = 0 时 1^*fx* = 0，故 1^*fx* 改变了输出状态，实现反向旋转时 PWM 波形变反。

实际运行仿真结果如图 2-9-12 所示。

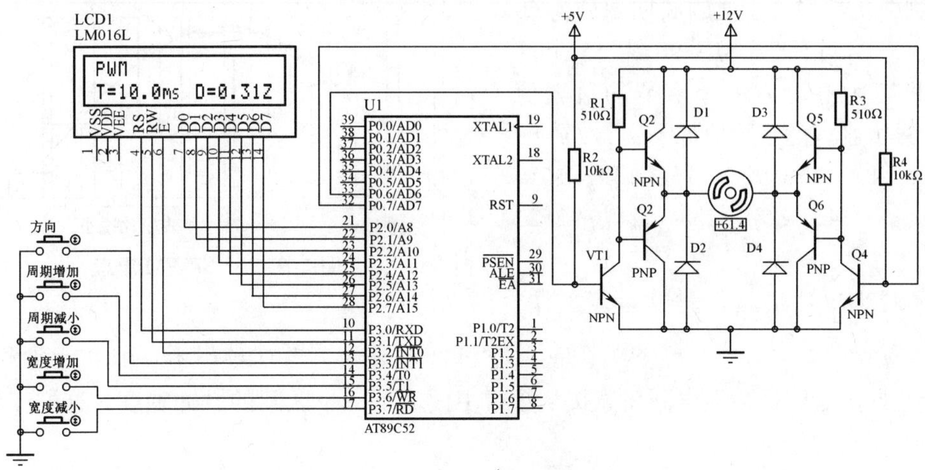

图 2-9-12　H 桥直流电机驱动电路

动手做一做

1. 组装电路或搭建仿真电路。
2. 完成完整程序的编辑、编译。
3. 试运行程序，调整周期和占空比观察电机转速和方向变化。
4. 修改程序解决此程序中存在两个问题。

（1）按下方向按键时间稍长就会出现连续翻转现象。

提示：增加一个标志位，当按键按下后改变一次方向，同时标志位置 1。当标注位为 1 时不再改变方向。当按键松开后清标志位。这样保证，每按一次按键，方向只改变一次。

（2）按下方向按键后立即改变电机电源极性，这在实际工作中是不容许的。需要改变旋转方向前必须先降低转速，当转速接近零后再改变方向。试修改程序实现此功能。

四、SPWM 方法

使用 PWM 可以实现 D/A 转换的功能，本节介绍使用 PWM 技术输出正弦波的方法，称为 SPWM 技术。在进行 PWM 控制时，使占空比按照正弦波的规律变化，输出电压的平均值也就按照正弦规律变化。当正弦波幅度达到最大时占空比达到最大，当正弦波幅度较小时占空比减小，实现了 SPWM。

1. 正弦波幅度与占空比

为了实现 SPWM 我们可以将正弦波的一个周期分解为若干个区间，每个区间为一个 PWM 周期，其占空比与正弦波在这个区间的波形面积成正比，即按照正弦波的平均值设置占空比，当正弦波幅度为 0 时占空比为 0，当正弦波幅度达到最大时占空比为 1，如图 2-9-13所示。从图中可以看到区间分得越小实际波形越接近理想正弦波，区间分得越大实际波形与理想波形相差越大，谐波成分越大。但区间越小 PWM 的频率越高，受大功率器件和 PWM 发生器性能等多种因素的影响 PWM 区间不可能太小。

实现进行 SPWM 控制时需要计算出 sin$x$ 函数在本区间的平均值，单片机中完成此类运算比较费时，一般采用查表法。事先将 sin$x$ 函数数值计算出来，存放在数组中，使用时根据 x 的值从表中直接读取函数值。

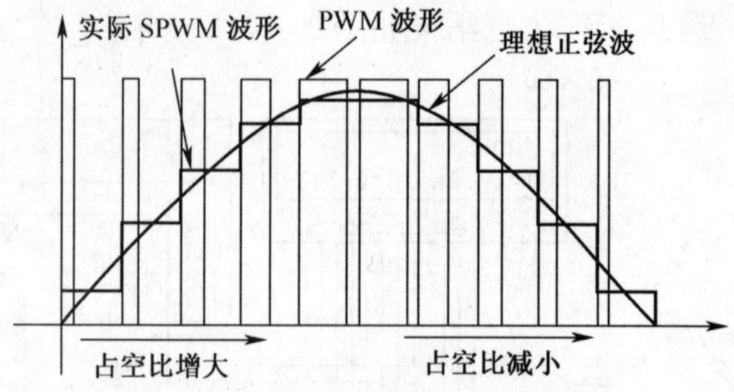

图 2-9-13　SPWM 原理

本例中我们将正弦波的周期划分为 60 个区间，根据对称性，0～90 为 15 个区间，区间最大值设为一个字节的最大值 255，则每个区间的平均值如下：

{13，40，66，92，116，139，161，181，198，214，228，238，247，252，255}

为了减小单片机工作时的运算工作，程序中设置一个数组，将 0～180°之间 30 个区间的脉冲宽度计算出来存放在一个数组中，共 60 个数据。定时计数器中断后直接从数组中读取下一个区间的脉冲宽度，这样工作速度最快。

2. SPWM 控制程序

（1）脉冲宽度计算

如果产生一个固定的正弦波，脉冲宽度数组的数组可以实现计算出来直接存放在数组中。但是如果程序中需要改变正弦波的频率或幅度则需要在主程序中进行计算。以后如果需要改变频率或幅度则重新计算。

本例中为了提高正弦波的频率，定时计数器只使用低八位（TL0）、高八位（TH0）设置为 0xff。每个周期的宽度设置为 255，这样：

正脉冲定时器初始值 = 256 - 本区间正弦波函数值

负脉冲定时器初始值 = 255 - 正脉冲定时器初始值

（2）定时计数器中断处理程序

定时计数器中断后需要完成以下三项工作。

①从定时器初值数组中读取下一个区间的数值。

```
TH0 = 0xff;
TL0 = scb[t];//t 为定时器初值数组指针
```

②控制输出端状态。

```
            if (t%2)          // t%2 =1 表示输出负脉冲,否则输出正脉冲
                P07 =0^fx; //正半周时输出 0,负半周时输出 1。
            else
                P07 =1^fx; //正半周时输出 1,负半周时输出 0。
```

③调整定时器初值数组指针，当数据读完后从头再读。

```
    if (t<60)              //共 60 个数据
         t++;              //调整指针,指向下一个数据
      else
        {t=0;              //指针回 0
        fx=! fx;           //改变方向(正负半周)
        P06=fx;            //控制输出方向
        }
```

（3）程序清单

```
/*------------------------------------------------------------------------------
DPJKZ12-4.C
------------------------------------------------------------------------------*/
#include <reg52.h>
#include <INTRINS.H>                //指定头文件 INTRINS.H
#define uint unsigned int
#define uchar unsigned char

sbit    P07 = P0^7 ;
sbit    P06 = P0^6;
bit     fx =0;
uchar   t =0;
uchar code sin[]={13,40,66,92,116,139,161,181,198,214,228,238,247,252,255};
uchar scb[60];
/*------------------------------------------------------------------------------
主函数
------------------------------------------------------------------------------*/
void main (void) {
uchar i,j =0;
TMOD =0x1;
for (i =0;i<15;i++)                  //计算 0~90°区间的初值数组
   {scb[j] =256-sin[i];               //计算正脉冲数值
   scb[j+1] =255-scb[j];              //计算负脉冲数值
```

```
j = j + 2;                          //调整数值数组指针
  }
  for (i = 14;i < 15;i--)           //计算 90° ~180°区间的初值数组
    {scb[j] =256 - sin[i];
    scb[j + 1] =255 - scb[j];
    j = j + 2;
    }
  TH0 = 0xff;
  TL0 = 0;
  TR0 = 1;
  EA = 1;
  ET0 = 1;
  P07 = 1;
  P06 = fx;
  while (1);
  }
  /* = = = = = = = = = = = = = = = = = = = = = = = = = = = = = = = = = = = =
  定时计数器 0 中断处理
  = = = = = = = = = = = = = = = = = = = = = = = = = = = = = = = = = = = = */
  void ctc0 (void) interrupt 1
  {
  TH0 = 0xff;
  TL0 = scb[t];
  if (t % 2)
    P07 = 0^fx;
  else
    P07 = 1^fx;
  if (t < 60)
    t + +;
    else
    {t = 0;
    fx = ! fx;
    P06 = fx;
    }
  }
```

（4）程序仿真结果

①空载电路图如图 2-9-14 所示。

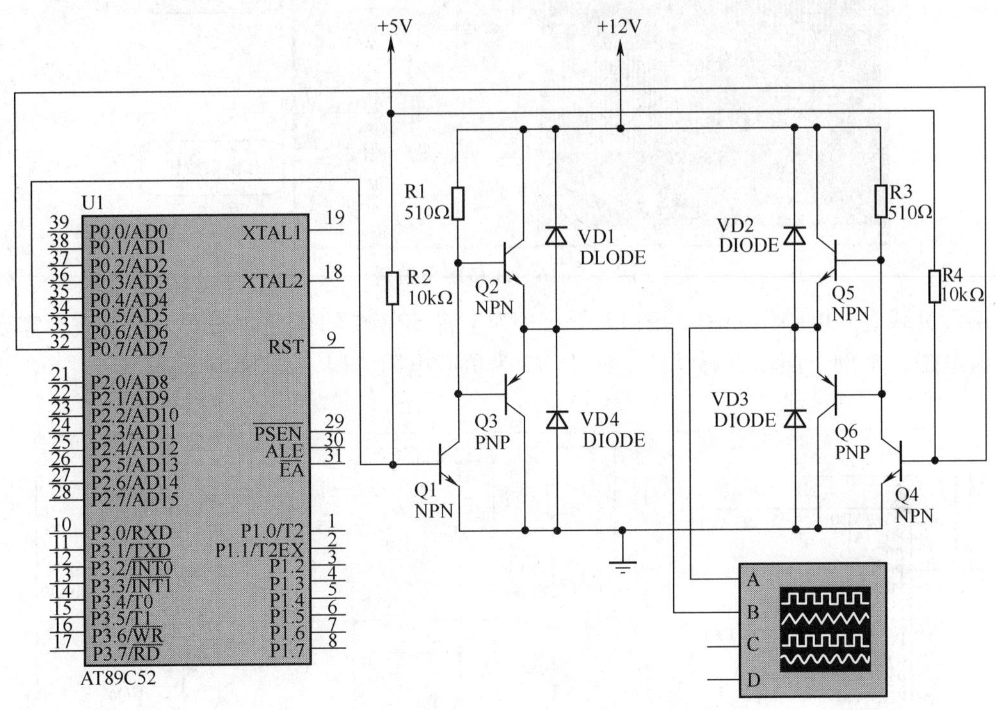

图 2-9-14 空载 H 桥实验

②输出端波形如图 2-9-15 所示，图中 A 通道为 PWM 波形，B 通道为正负半周控制波形。

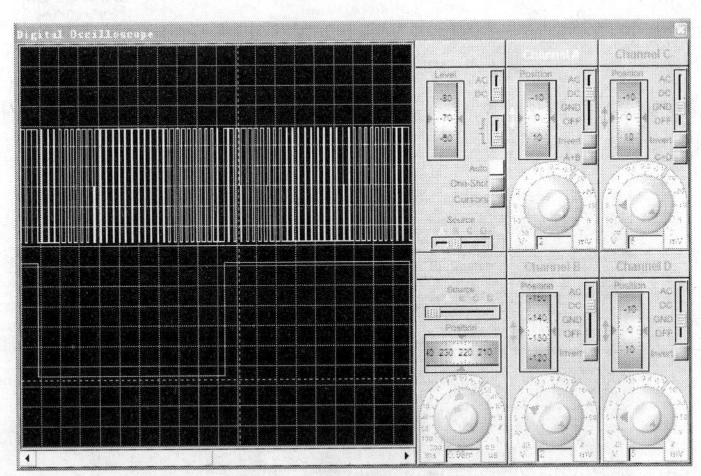

图 2-9-15 H 桥控制波形

③输出电压波形，如图 2-9-16 所示。图中示波器使用 A + B 模式，同时 B 通道反向。示波器显示 A-B 的波形。

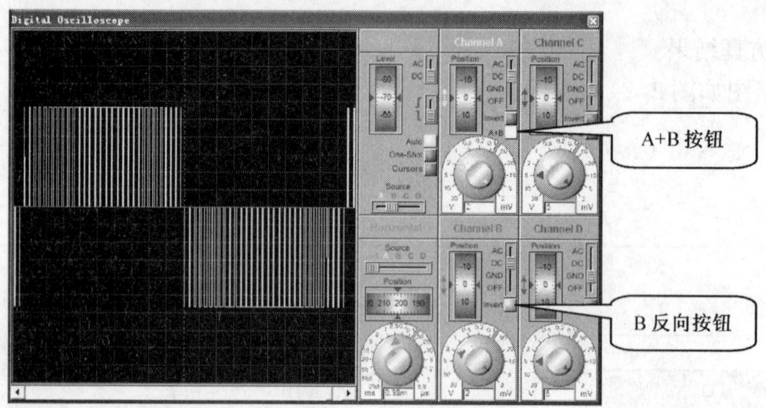

图 2-9-16　H 桥输出波形

④带负载电路电路图如图 2-9-17 所示。为了将 SPWM 的矩形波滤波为正弦波，需要使用滤波电路，本例中使用电感滤波。图中 R5 为负载电阻，L1 为滤波电感。

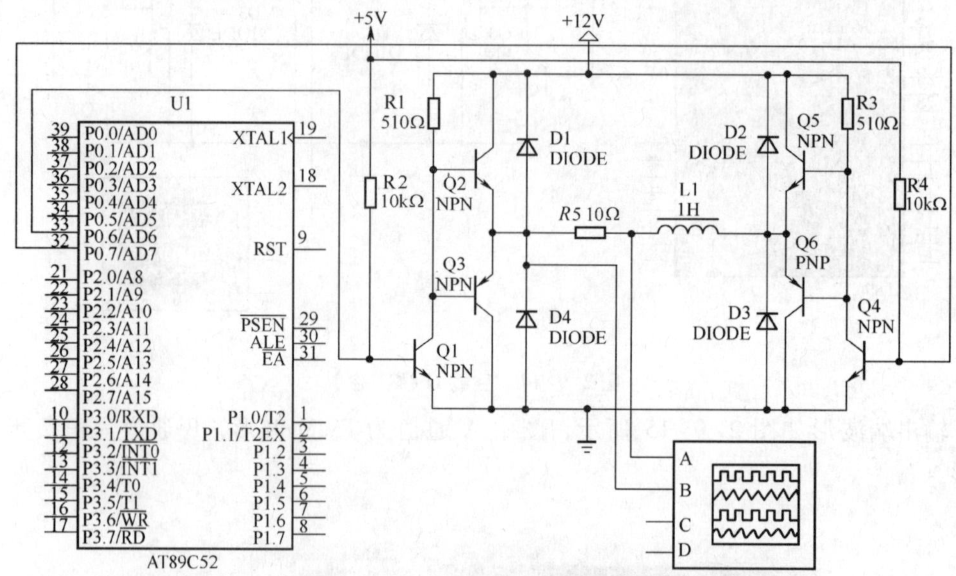

图 2-9-17　H 桥带感性负载电路

⑤输出正弦波观察如图 2-9-18 所示。图中使用示波器 A、B 通道分别连接在负载电阻两端，同时示波器使用 A－B 模式。

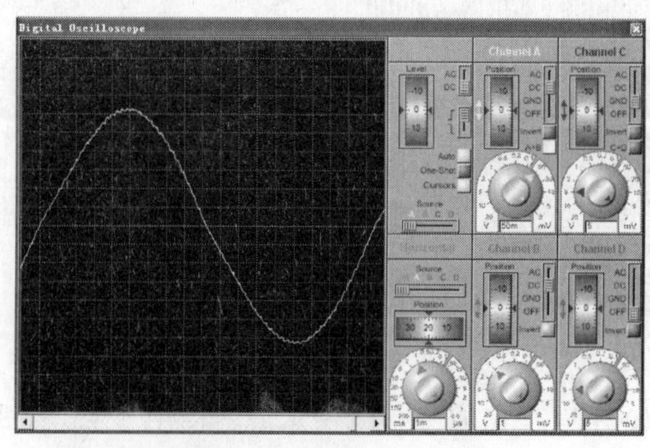

图 2-9-18　H 桥输出正弦波

动手做一做

1. 组装电路或搭建仿真电路。
2. 完成完整程序的编辑、编译。
3. 试运行程序，观察输出端 SPWM 波形和正弦波波形。
4. 试修改程序，实现输出正弦波频率可调。
5. 试修改程序，实现输出正弦波幅度可调。

项目十 时钟控制

时钟是大多数控制系统中不可缺少的功能之一，它为系统提供当前的日期和时间。同时它还必须具有断电继续工作的特点。实现时钟有许多方法，本章介绍常见的实时时钟芯片DS1302来实现实时时钟。

一、DS1302介绍

1. DS1302概述

DS1302是DALLAS公司推出时钟芯片，内含有一个实时时钟、日历还有31字节静态存储器RAM。DS1302通过简单的串行接口与单片机进行通信。

DS1302实时时钟、日历电路能提供秒、分、时、星期、日、月、年的信息，每月的天数和闰年的天数可自动调整。时钟操作可通过AM/PM标志决定采用24或12小时格式。

DS1302外部需添加一个晶振和备用电池。晶振一般采用时钟用的32 768Hz的石英晶体，时钟的稳定程度直接取决于此晶振。备用电池为系统断电后维持时钟的运行，一般采用3V钮扣形电池。同时DS1302能对备用电池进行涓流充电。使用备用电池时芯片功耗极低，当备用电池为2.0V时电流仅300mA。

2. DS1302芯片外观与引脚

DS1302外观如图2-10-1所示，各引脚及其功能参见表2-10-1。DS1302与CPU的连接如图2-10-2所示。

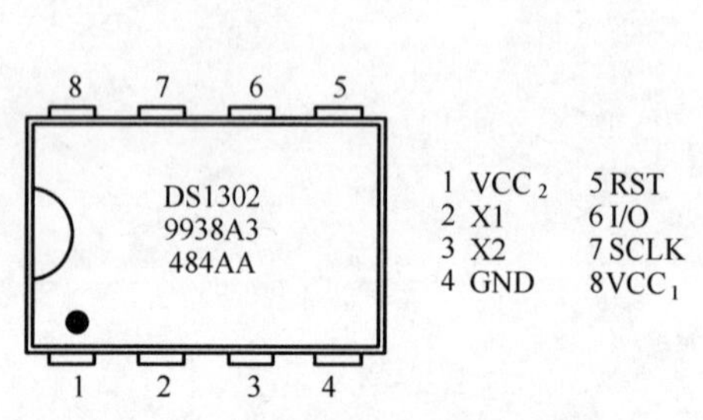

图2-10-1 DS1302外观与引脚

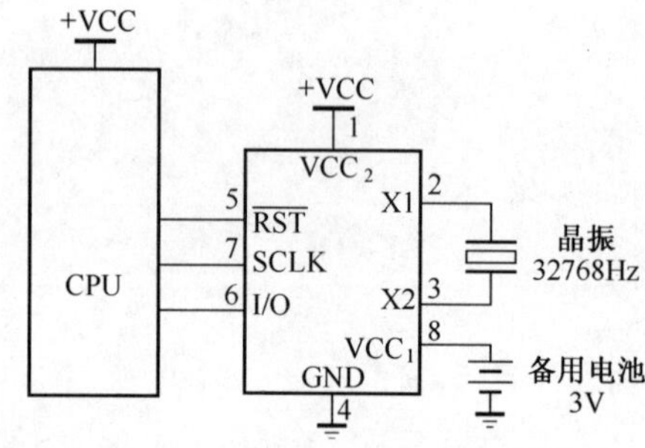

图2-10-2 DS1302的连接方法

表2-10-1 DS1302引脚

引 脚	符 号	功 能	引 脚	符 号	功 能
1	VCC_2	电源端	5	$\overline{RST}$	复位端
2	X1	晶振	6	I/O	数据输入/输出
3	X2		7	SCLK	串行时钟端
4	GND	接地	8	VCC_1	备用电源端

3. DS1302内部存储器

DS1302内部的存储器分为两大部分。

第一部分属于时钟用存储器，用于保存时、分、秒等的数值。使用时读出存储器的值就能得到当前的时间和日期，修改这些存储器的数值就能调整 DS1302 内部的时钟。

第二部分为 31 个字节的读写存储器，可用于保存一些用户数据。断电后这些存储器可以由备用电池供电以便保持这些数据不丢失。这是在 FLASH 存储器出现以前断电保持数据的常用方法。

存储器的地址及内容如表 2-10-2 所示。

表 2-10-2　　DS1302 内部存储器

<table>
<tr><th rowspan="2">符号</th><th colspan="8">存储器地址</th><th rowspan="2">数值范围</th><th colspan="8">存储器内容</th></tr>
<tr><th>7</th><th>6</th><th>5</th><th>4</th><th>3</th><th>2</th><th>1</th><th>0</th><th>7</th><th>6</th><th>5</th><th>4</th><th>3</th><th>2</th><th>1</th><th>0</th></tr>
<tr><td>秒</td><td>1</td><td>0</td><td>0</td><td>0</td><td>0</td><td>0</td><td>0</td><td>$R/\overline{W}$</td><td>00~59</td><td>CH</td><td colspan="3">秒十位</td><td colspan="4">秒个位</td></tr>
<tr><td>分</td><td>1</td><td>0</td><td>0</td><td>0</td><td>0</td><td>0</td><td>1</td><td>$R/\overline{W}$</td><td>00~50</td><td>0</td><td colspan="3">分十位</td><td colspan="4">分个位</td></tr>
<tr><td rowspan="2">小时</td><td rowspan="2">1</td><td rowspan="2">0</td><td rowspan="2">0</td><td rowspan="2">0</td><td rowspan="2">0</td><td rowspan="2">1</td><td rowspan="2">0</td><td rowspan="2">$R/\overline{W}$</td><td rowspan="2">01~12
00~23</td><td rowspan="2">$12/\overline{24}$</td><td rowspan="2">0</td><td>A/P</td><td>时十位</td><td colspan="4" rowspan="2">时个位</td></tr>
<tr><td colspan="2">时个位</td></tr>
<tr><td>日</td><td>1</td><td>0</td><td>0</td><td>0</td><td>0</td><td>1</td><td>1</td><td>$R/\overline{W}$</td><td>01~28/29
01~30
01~31</td><td>0</td><td>0</td><td colspan="2">日十位</td><td colspan="4">日个位</td></tr>
<tr><td>月</td><td>1</td><td>0</td><td>0</td><td>0</td><td>1</td><td>0</td><td>0</td><td>$R/\overline{W}$</td><td>01~12</td><td>0</td><td>0</td><td>0</td><td>月十位</td><td colspan="4">月个位</td></tr>
<tr><td>星期</td><td>1</td><td>0</td><td>0</td><td>0</td><td>1</td><td>0</td><td>1</td><td>$R/\overline{W}$</td><td>01~07</td><td>0</td><td>0</td><td>0</td><td>0</td><td>0</td><td colspan="3">星期</td></tr>
<tr><td>年</td><td>1</td><td>0</td><td>0</td><td>0</td><td>1</td><td>1</td><td>0</td><td>$R/\overline{W}$</td><td>00~99</td><td colspan="4">年十位</td><td colspan="4">年个位</td></tr>
<tr><td>控制</td><td>1</td><td>0</td><td>0</td><td>0</td><td>1</td><td>1</td><td>1</td><td>$R/\overline{W}$</td><td></td><td>WP</td><td>0</td><td>0</td><td>0</td><td>0</td><td>0</td><td>0</td><td>0</td></tr>
<tr><td>充电</td><td>1</td><td>0</td><td>0</td><td>1</td><td>0</td><td>0</td><td>0</td><td>$R/\overline{W}$</td><td></td><td>TCS</td><td>TCS</td><td>TCS</td><td>TCS</td><td>DS</td><td>DS</td><td>RS</td><td>RS</td></tr>
<tr><td>时钟
突发
模式</td><td>1</td><td>0</td><td>1</td><td>1</td><td>1</td><td>1</td><td>1</td><td>$R/\overline{W}$</td><td></td><td colspan="8"></td></tr>
<tr><td>RAM0</td><td>1</td><td>1</td><td>0</td><td>0</td><td>0</td><td>0</td><td>0</td><td>$R/\overline{W}$</td><td></td><td colspan="8"></td></tr>
<tr><td colspan="9">- -</td><td></td><td colspan="8"></td></tr>
<tr><td>RAM30</td><td>1</td><td>1</td><td>1</td><td>1</td><td>1</td><td>1</td><td>0</td><td>$R/\overline{W}$</td><td></td><td colspan="8"></td></tr>
<tr><td>RAM
突发模式</td><td>1</td><td>1</td><td>1</td><td>1</td><td>1</td><td>1</td><td>1</td><td>$R/\overline{W}$</td><td></td><td colspan="8"></td></tr>
</table>

说明

① 与时钟有关的存储器中保存的数据均为 8421BCD 码，读出数据后可直接使用。需要调整时钟时也需使用 BCD 码方式写入数据。

② $R/\overline{W}$：表示存储器最低位为 1 时为读数据操作，而当存储器最低位为 0 时写数据操作。例如，存储器地址为 10000001（0x81）时读秒，而存储器地址为 10000000（0x80）时为写秒。

③ CH：时本位钟运行控制 CH=1 时时钟停止，CH=0 时时钟运行。

④ $12/\overline{24}$：本位=0 时时钟为 24 小时制，本位=1 时时钟为 12 小时制。

⑤ $A/\overline{P}$：当时钟为 12 小时制时 =0 为下午 30(PM) =1 为上午(AM)。

⑥ WP：写保护 =0 时可以改写存储器内容，=1 时不能改写存储器内容。

⑦ 突发模式是指一次读写存储器的多个字节。时钟模式时可以连续读、写时钟存储器的 8 个字节，RAM 模式时可以连续读、写 31 个字节。

4. 充电控制

DS1302 可以对备用电池进行涓流充电，其充电电路如图 2-10-3 所示。

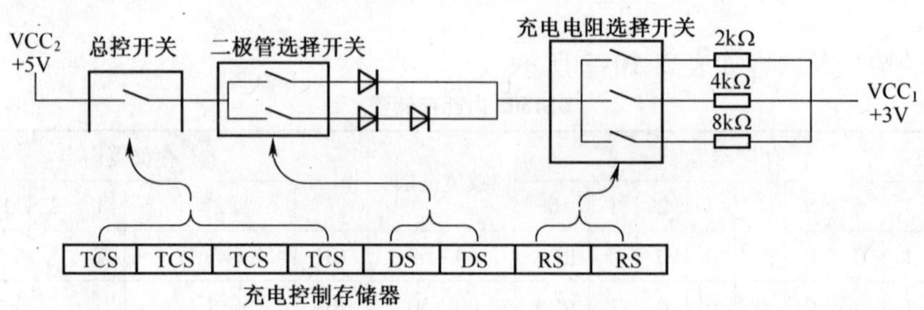

图 2-10-3 DS1302 充电控制

① 4 个 TCS 位对充电电路进行总控，当 TCS = 1010 时总控开关接通，否则总控开关断开。

② 两个 DS 位选择充电二极管，当 DS = 01 充电电路串入一只二极管，当 DS = 10 充电电路串入两只二极管。每只二极管的管压降为 0.7V。

③ 两个 RS 位选择充电电阻，其对应关系如下。

序号	RS	充电电阻	序号	RS	充电电阻
0	00	无	2	10	4kΩ
1	01	2kΩ	3	11	8kΩ

实际使用中使用何种充电方式，与备用电池的类型、断电情况有关。

二、DS1302 接口时序

读写 DS1302 的存储器时首先发送存储器地址然后读取或写入数据，其接口时序图如下。

1. DS1302 单字节读时序

CPU 读取 DS1032 中存储器数据时的时序如图 2-10-4 所示。

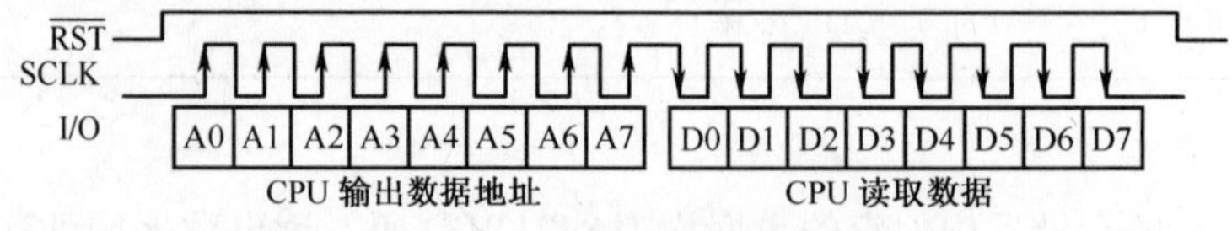

图 2-10-4 DS1032 中存储器数据时序

其步骤如下。

① 读取数据期间 RST 须保持为高电位。

② 首先每个 SCLK 的上升沿将地址数据送到 DS1302，先送地址低位，后送地址高位。

③ 地址送完后每个 SCLK 的下将沿后读取 DS1302 送回的数据，仍然是低位在前。

2. DS1302 单字节写时序

CPU 向 DS1302 写数据的时序图如图 2-10-5 所示。

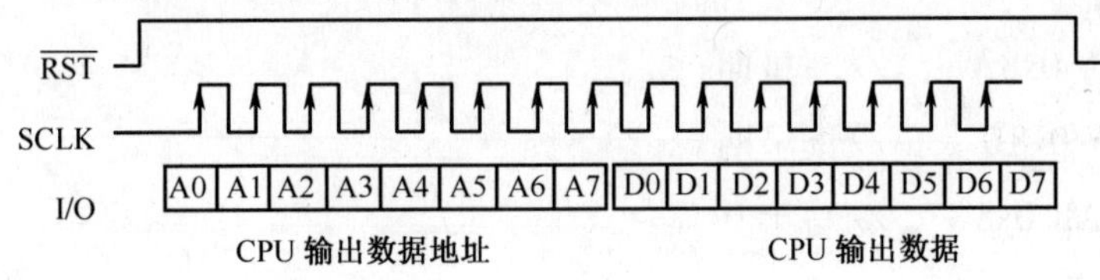

图 2-10-5 DS1302 写数据时序图

其步骤如下。

① 写数据期间 RST 须保持为高电位。

② 首先每个 SCLK 的上升沿将地址数据送到 DS1302，先送地址低位，后送地址高位。

③ 地址送完后每个 SCLK 的上升沿将数据送到 DS1302，仍然是低位在前。

3. 写保护

对 DS1032 写数据前，必须先将写保护位打开，即设置 WP =0。存储器表中的控制字节如下。

	A7	A6	A5	A4	A3	A2	A1	A0		D7	D6	D5	D4	D3	D2	D1	D0
控制	1	0	0	0	1	1	1	$R/\overline{W}$		WP	0	0	0	0	0	0	0

打开写保护的操作为对地址 10001110（0x8e）写入 00000000（0x00）。

为防止某些误操作改变了 DS1302 中的数据，对 DS1302 写完后需要加上写保护，其操作为对地址（0x8e）写入 10000000（0x80）。

三、DS1302 使用实例

1. 指令定义

计算机中的各种指令都是以二进制代码表示的，如 DS1302 的写秒数据指令为 0x80。为了方便直观地使用这些数据指令，人们常常使用宏定义将这些二进制代码定义为具有一定含义的单词，这样再使用命令时可以直接使用这些定义的单词。例如 DS1302 的写秒数据指令为 0x80 定义为 WSEC，提高了指令的可读性。我们将 DS1302 的常用命令定义如下。

```
#define WSEC 0x80      //写秒
#define RSEC 0x81      //读秒
#define WMIN 0x82      //写分
#define RMIN 0x83      //读分
#define WHOUR 0x84     //写小时
#define RHOUR 0x85     //读小时
#define WDATE 0x86     //写日期
#define RDATE 0x87     //读日期
#define WMON 0x88      //写月
#define RMON 0x89      //读月
```

```
#define WDAY 0x8A      //写星期
#define RDAY 0x8B      //读星期
#define WYEAR 0x8C     //写年
#define RYEAR 0x8D     //读年
#define WCON 0x8E      //写控制字节
#define WBATT 0x90     //写充电控制字节
```

2. 读单字节数据

根据 DS1302 的时序，读字节函数如下。

程序框图	函数
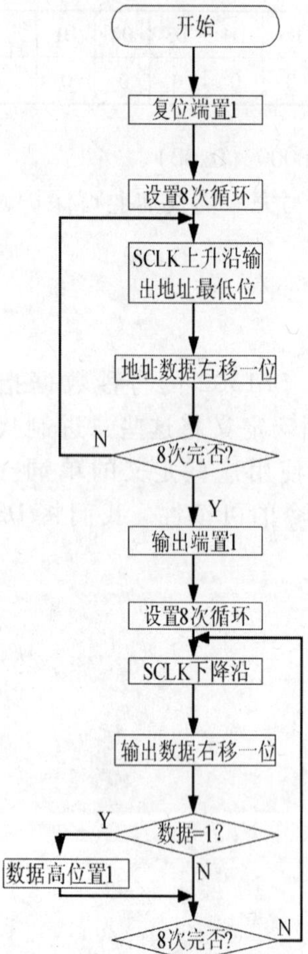 开始 → 复位端置1 → 设置8次循环 → SCLK上升沿输出地址最低位 → 地址数据右移一位 → 8次完否?（N：返回SCLK上升沿输出地址最低位；Y）→ 输出端置1 → 设置8次循环 → SCLK下降沿 → 输出数据右移一位 → 数据=1?（Y：数据高位置1；N）→ 8次完否?（N：返回SCLK下降沿；Y）→ 复位端清0 → 返回数据	见下方代码

```
uchar RDS1302 (uchar a)
{
uchar i, j=0;
DS1302RST=1;
for (i=0; i<8; i++)
    {DS1302SCLK=0;
    DS1302IO=a&0x1;
    DS1302SCLK=1;
    a>>=1;
    }
DS1302IO=1;
for (i=0; i<8; i++)
    {
    DS1302SCLK=0;
    j>>=1;
    if (DS1302IO) j=j|0x80;
    DS1302SCLK=1;
    }
DS1302SCLK=0;
DS1302RST=0;
return (j);
}
```

3. 写单字节数据

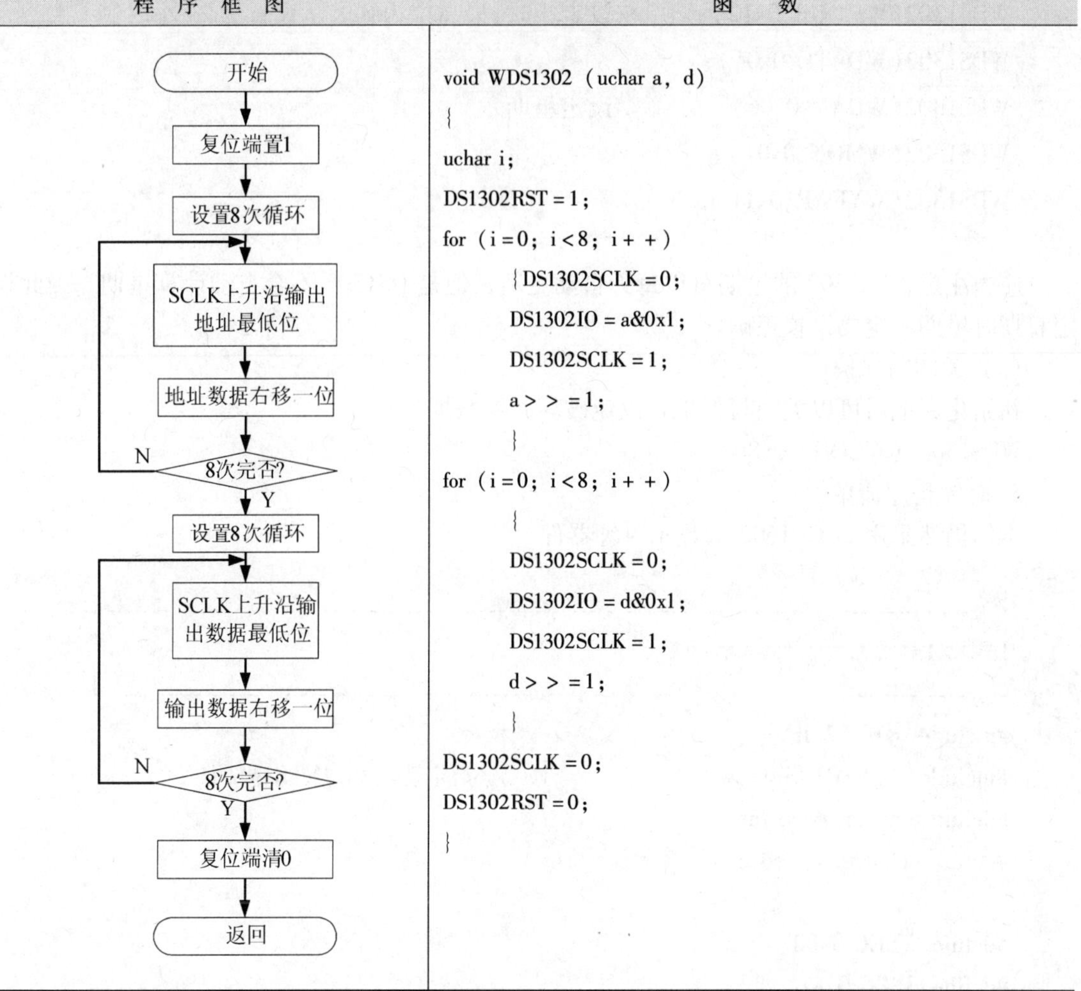

程序框图	函数


```
void WDS1302 (uchar a, d)
{
uchar i;
DS1302RST = 1;
for (i = 0; i < 8; i + +)
     {DS1302SCLK = 0;
     DS1302IO = a&0x1;
     DS1302SCLK = 1;
     a > > = 1;
     }
for (i = 0; i < 8; i + +)
     {
     DS1302SCLK = 0;
     DS1302IO = d&0x1;
     DS1302SCLK = 1;
     d > > = 1;
     }
DS1302SCLK = 0;
DS1302RST = 0;
}
```

4. DS1302 初始化

使用 DS1302 前需要对其进行初始化，主要工作内容如下。

(1) 打开写保护

使用单字节写函数对控制字节地址写入 0x00：

WDS1302 (WCON, 0x00);

(2) 启动时钟

WDS1302 (WSEC, 0x00);

(3) 设置充电控制

WDS1302 (WBATT, 0xa6);

(4) 设置初始时间

使用计算机仿真时，DS1302 的初始时间就是计算机的时钟时间。实际工作中需要写入一个设定的初始时间和日期。例如，设置日期为 2011 年 1 月 1 日 12：00：00，星期六。

```
WDS1302(WMIN,0x00);
WDS1302(WHOUR,0x12);      //设定小时,最高位为 0 表示设置为 24 小时制
WDS1302(WDATE,0x01);
WDS1302(WDAY,0x06);       //设定星期六
WDS1302(WMON,0x01);
WDS1302(WYEAR,0x11);
```

应当注意，DS1302 的星期可以每天自动更新，但是 DS1302 不会自动计算星期，因此设定日期时星期一定要设置正确。

（5）关闭写保护

初始化完成后可以关闭写保护，以免破坏时钟数据。

WDS1302（WCON，0x80）;

5. 时钟程序清单

本例仍然采用 LCCD1602 为显示时钟器件。

```
/*--------------------------------------------------------------------------------
DPJKZ13-1.C
--------------------------------------------------------------------------------*/
#include <reg52.h>
#include <INTRINS.H>                    //指定头文件 INTRINS.H
#define uint unsigned int
#define uchar unsigned char

#define WSEC 0x80
#define RSEC 0x81
#define WMIN 0x82
#define RMIN 0x83
#define WHOUR 0x84
#define RHOUR 0x85
#define WDATE 0x86
#define RDATE 0x87
#define WMON 0x88
#define RMON 0x89
#define WDAY 0x8A
#define RDAY 0x8B
#define WYEAR 0x8C
#define RYEAR 0x8D
#define WCON 0x8E
```

```
#define WBATT 0x90

#define   LCD1602DB P0                        //定义 LCD1602DB 为 LCD 的数据接口
sbit   LCD1602E = P3^2;                       //定义 LCD1602E 为 LCD 模块的 E 端
sbit   LCD1602RW = P3^1;                      //定义 LCD1602RW 为 LCD 模块的 R/W 端
sbit   LCD1602RS = P3^0;                      //定义 LCD1602RS 为 LCD 模块的 RS 端
void     lcd1602w (bit x , uchar y);          //说明 LCD1602 写函数
void     lcd1602b (void) ;                    //说明 LCD1602 判忙函数
void     lcd1602d(char x ,char y);            //说明 LCD1602 位置函数
void     print(uchar ,uchar ,uchar * );
void     XS(void);

void   WDS1302(uchar ,uchard);
uchar   RDS1302(uchar );
void   IDS1302(void);

sbit   DS1302RST = P3^5;
sbit   DS1302SCLK = P3^6;
sbit   DS1302IO  =  P3^7;
uchar xsbuf1[ ] = {"Date 2011-01-01"};  //上行显示字符串
uchar xsbuf2[ ] = {"Time 12:30:30 "};
uchar sec,min,hour,date,mon,year,day;    //设定日期、时间存放变量
/*------------------------------------------------------------------------------------------------
主函数
------------------------------------------------------------------------------------------------*/
void main (void) {
lcd1602w(0,0x38);                    //LCD1602 初始化
lcd1602w(0,0x06);
lcd1602w(0,0x0c);
lcd1602w(0,0x01);
lcd1602d(0,0);
IDS1302( );                      //定位左上角
while (1)
     {sec = RDS1302(RSEC);
     min = RDS1302(RMIN);
     hour = RDS1302(RHOUR);
     day = RDS1302(RDAY);
     date = RDS1302(RDATE);
```

```
        mon = RDS1302(RMON);
        year = RDS1302(RYEAR);
        XS();
        }
}
/*=======================================
显示日期\时间
=======================================*/
void XS(void)
{xsbuf1[7] = (year>>4) +0x30;
xsbuf1[8] = (year&0x0f) +0x30;
xsbuf1[10] = (mon>>4) +0x30;
xsbuf1[11] = (mon&0x0f) +0x30;
xsbuf1[13] = (date>>4) +0x30;
xsbuf1[14] = (date&0x0f) +0x30;

print(0,0,xsbuf1);
xsbuf2[5] = ((hour>>4)&0x7) +0x30;
xsbuf2[6] = (hour&0x0f) +0x30;
xsbuf2[8] = (min>>4) +0x30;
xsbuf2[9] = (min&0x0f) +0x30;
xsbuf2[11] = ((sec>>4)&0x7) +0x30;
xsbuf2[12] = (sec&0x0f) +0x30;
xsbuf2[14] = day +0x30;
print(0,1,xsbuf2);
}
/*=======================================
DS1032 单字节读
入口:a 地址
出口:返回读取数据
=======================================*/
uchar RDS1302(uchar a)
{
uchar i,j=0;
DS1302RST=1;
for(i=0;i<8;i++)
      {DS1302SCLK=0;
```

```
        DS1302IO = a&0x1;
        DS1302SCLK = 1;
        a > > =1;
        }
    DS1302IO = 1;
    for(i =0;i <8;i + + )
        {
        DS1302SCLK =0;
        j > > =1;
        if (DS1302IO) j = j|0x80;
        DS1302SCLK = 1;
        }
    DS1302SCLK =0;
    DS1302RST =0;
    return(j);
    }

    /* = = = = = = = = = = = = = = = = = = = = = = = = = = = = = = = = = = = = =
    DS1032 单字节写
    入口:a 地址 b 数据
    出口: 无
     = = = = = = = = = = = = = = = = = = = = = = = = = = = = = = = = = = = = */
    void WDS1302(uchar a,d)
    {
    uchar i;
    DS1302RST = 1;
    for(i =0;i <8;i + + )


         {DS1302SCLK =0;
         DS1302IO = a&0x1;
         DS1302SCLK = 1;
         a > > =1;
```

```
    }
for(i=0;i<8;i++)
    {
    DS1302SCLK=0;
    DS1302IO=d&0x1;
    DS1302SCLK=1;
    d>>=1;
    }
DS1302SCLK=0;
DS1302RST=0;
}
/*==========================================
ds1302 初始化,2011-1-1 12:00
==========================================*/
void IDS1302(void)
{
WDS1302(WCON,0x00);
WDS1302(WSEC,0x00);
WDS1302(WBATT,0xa6);
WDS1302(WMIN,0x00);
WDS1302(WHOUR,0x12);//设定小时,最高位为0表示设置为24小时制
WDS1302(WDATE,0x01);
WDS1302(WDAY,0x06);//设定星期六
WDS1302(WMON,0x01);
WDS1302(WYEAR,0x11);
WDS1302(WCON,0x80);
}
```

程序仿真如图2-10-6所示。

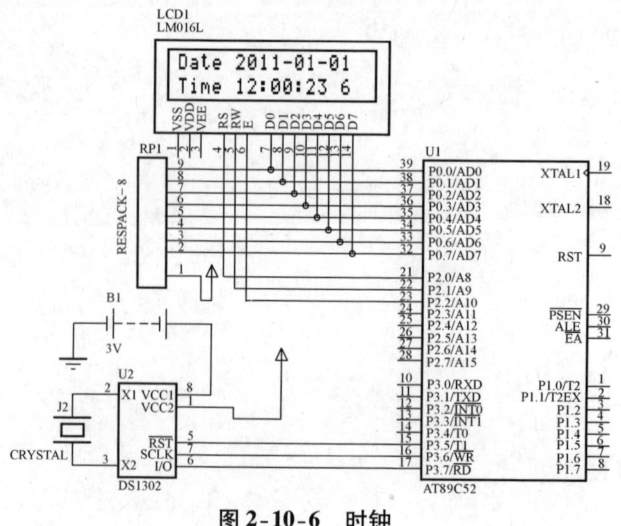

图2-10-6　时钟

6. 时钟实例

需要添加的元件如表2-10-3所示，添加元件后电路板如图2-10-7所示。

表2-10-3 时钟实例所需元件

序号	名称	符号	规格	用途	备注
1	集成块	IC14	DS1302	时钟芯片	
2	晶振	J2	32768Hz	时钟用晶振	
3	电池	BAT	3V	掉电保护	可选用

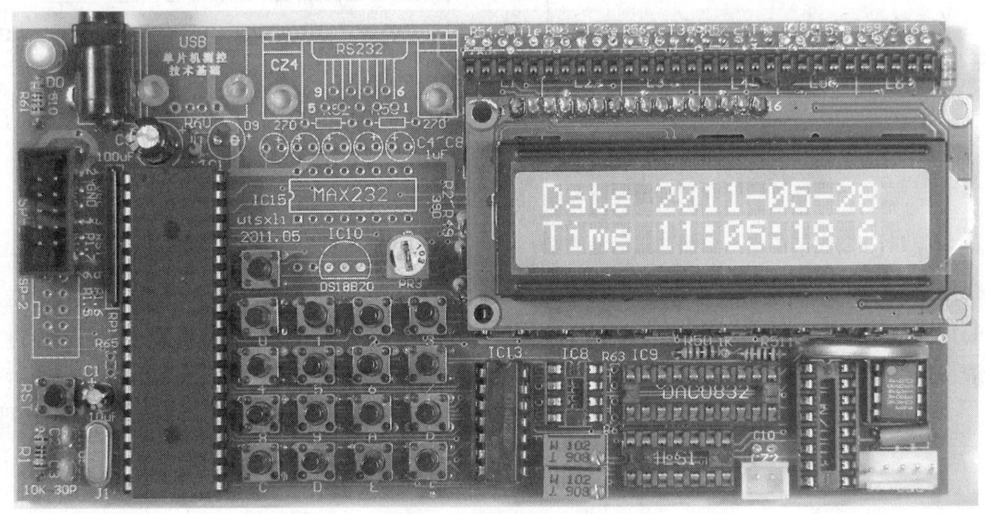

图2-10-7 时钟实例

动手做一做

1. 组装电路或搭建仿真电路。
2. 编辑、编译上述程序。
3. 试运行程序，观察时钟走时。
4. 修改初始化DS1302的日期和时间，重新编译并运行程序，观察运行结果。

四、时钟调整

上例中的时钟只能在初始化时由程序设定初始时间，但是一个实用的时钟必须具备时钟调整功能。本例设置一个矩阵键盘，用于调整时钟。

1. 时钟调整方法

图2-10-8所示为一个4×4的键盘矩阵，包含有4列4行共16个按键。16个键分别为“0”~“9”键用于输入数字，“C”键用于设置日期和时间，其他按键本次暂时不使用。调整时钟时按“C”，进入时钟设置状态，日期中年的十位处出现闪烁的光标，提醒使用者输入年的十位。在数字键盘中按下年的十位数值后光标自动移向下一位。依此类推，顺序输入年

十位、年个位、月十位、月个位、日十位、日个位、小时十位、小时个位、分十位、分个位、星期。输完后设置完成，新输入的时间和日期写入 DS1302 中。输入过程中再次按下“C”键则直接退出设置状态，本次设置作废。

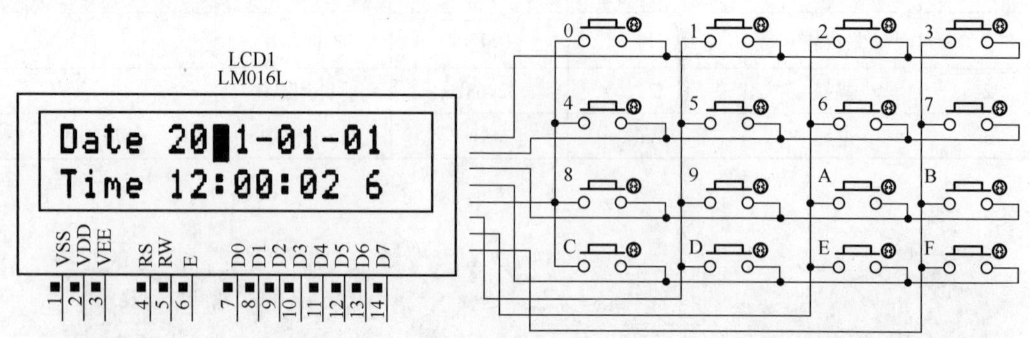

图 2-10-8　4×4 的键盘矩阵与 LCD 显示

2. 按键处理程序

在前述键盘矩阵项目中，我们对按键矩阵检测得到的只是键码，它只代表了该按键在矩阵中的位置。本项目中我们需要得到按键所代表的符号——键符。本程序中采用查表的方法得到键符。

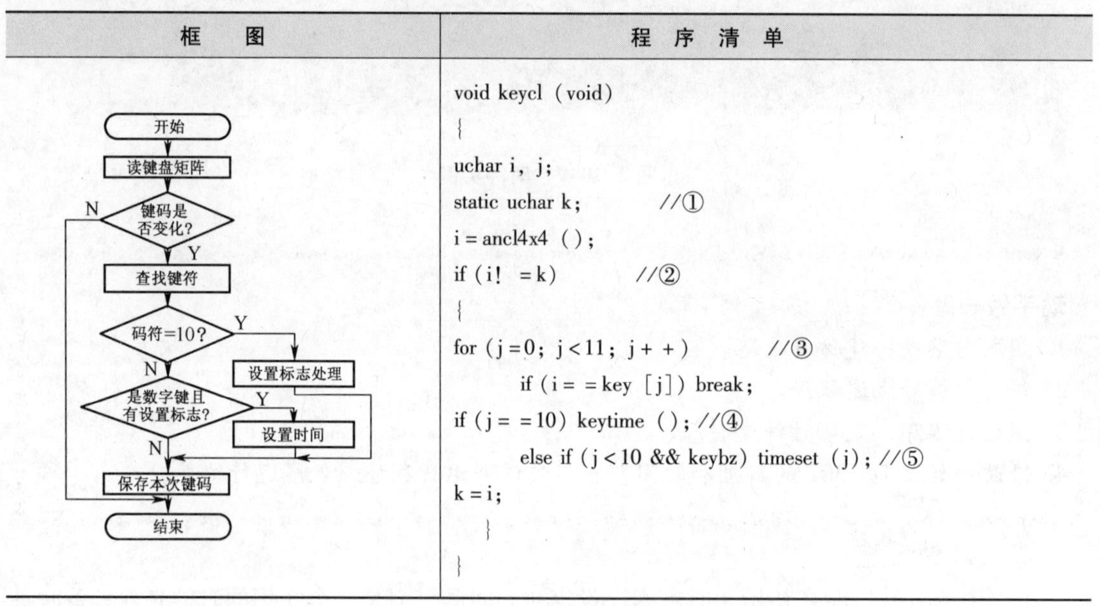

框　　图	程 序 清 单

开始 → 读键盘矩阵 → 键码是否变化? (N / Y) → 查找键符 → 码符=10? (Y: 设置标志处理) → N: 是数字键且有设置标志? (Y: 设置时间) → N → 保存本次键码 → 结束	void keycl (void)
	{
	uchar i, j;
	static uchar k;　　　//①
	i = ancl4x4 ( );
	if (i! =k)　　　//②
	{
	for (j=0; j<11; j++)　　　//③
	　　if (i= =key [j]) break;
	if (j= =10) keytime ( ); //④
	　　else if (j<10 && keybz) timeset (j); //⑤
	k=i;
	　}
	}

说明

①：为了保证每次按键只处理一次，设置一个静态变量 k。每次按键处理完后将本次按键的键码保存在 k 中，下一次检测键盘后若键码与 k 中数值相同，则说明上一次按键还未释放，本次不处理。根据按键处理程序可知，按键释放后检测到的键码为“0”，因此如果需要连续输入相同的数值时，需要释放按键后再按下按键。

②：i! =k 表示当前键码与上一次键码不同。

③：本语句根据键码查找键符。数值 key[ ]中保存 0 ~ 9 和 TS 按键的键码。从 key[ ]数组中顺序查找，当 key[j]与当前键码相同时 j 就为键符。TS 键的键符为 10。

④：如果键符为 10 表示按下的是 C 键，进入设置标志处理程序。

⑤：如果键符为 0 ~ 9，并且有设置时间的标志，则进入时间设置程序。

3. 设置标志处理程序

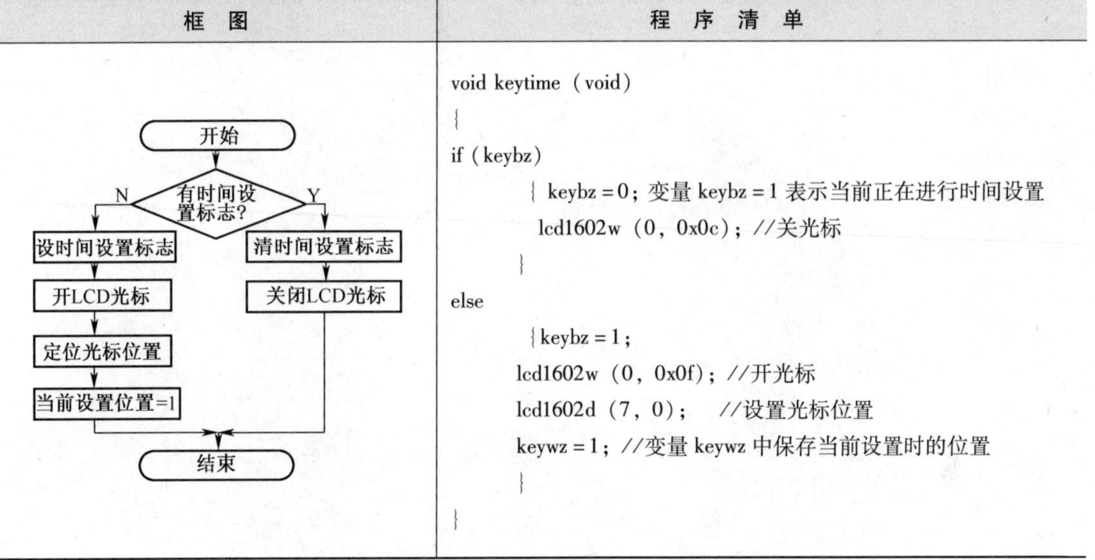


```
void keytime (void)
{
if (keybz)
    { keybz = 0; 变量 keybz = 1 表示当前正在进行时间设置
     lcd1602w (0, 0x0c); //关光标
    }
else
    {keybz = 1;
   lcd1602w (0, 0x0f); //开光标
   lcd1602d (7, 0);    //设置光标位置
   keywz = 1; //变量 keywz 中保存当前设置时的位置
    }
}
```

注 ①：变量 keybz = 1 表示当前正在进行时间设置。

注 ②：变量 keywz 中保存当前设置时的位置。

4. 日期时间调整程序

进入日期时间调整程序后，不同的调整位置需要作不同的处理，因此需要使用多分支处理程序，C 语言中的多分支语句常使用 switch 语句。

（1） switch 语句（开关语句）

switch 语句又称为开关语句，它用于多重条件分支处理，它的一般形式如下。

框图	语 句 格 式
开始 计算表达式的值 =数值 1 —Y→ 语句 1 =数值 2 —Y→ 语句 2 =数值 3 —Y→ 语句 3 语句 n+1 开始	switch（表达式） {case 数值 1: 语句 1; Break; case 数值 2: 语句 2 ; Break; …… case 数值 n: 语句 n ; Break; default: 语句 n + 1 }

说明

①switch 后面括号内为“表达式”，最简单的表达式就是一个变量；当表达式的值与某一个 case 后面的数值相等时，就执行此 case 后面的语句。

②若所有的 case 中的数值都没有与表达式值匹配的，就执行 default 后面的语句。

③每一个 case 的常数值必须不相同；各个 case 和 default 的出现次序不影响执行结果。

例如：

```
switch i
{case 1 :
            语句组 1 ;
            Break;
case 2 :
            语句组 2 ;
            Break;
case 3:
            语句组 3 ;
            Break;
default:    语句组 4}
}
```

此语句的功能是：当 i 的值为 1 时执行语句组 1，当 i 的值为 2 时执行语句 2 组，当 i 的值为 3 时执行语句 3 组，当 i 为其他值时执行语句 4 组。

应当注意，每一个 case 语句组后，都必须有一个 Break 语句，此语句使程序跳出 switch 语句，否则程序会继续执行后面的 case 语句。例如 i = 2 时，语句组 2 后面若没有 Break 语句，则程序执行完语句组 2 后会继续执行语句组 3。

（2）日期时间调整程序（如下所示）

程序清单	说明
void timeset（uchar k）	k 为按键数值
{	
switch（keywz）	
{	keywz 为当前调整项目的位置
case 1：	位置 1：设置年十位
lcd1602w（1，k +0x30）；	LCD 显示数值
year = （k < <4） | （year&0x0f）；	修改年十位
keywz =2；	下一个位置为年个位
break；	（注意：光标自动移到下一位）

续表

程序清单	说明

case 2:
lcd1602w (1, k+0x30);
year = k | (year&0xf0);
keywz = 3;
lcd1602d (10, 0);
break;
	位置2：设置年个位
	LCD 显示数值
	修改年个位
	下一个位置为月十位
	光标移到月十位

case 3:
lcd1602w (1, k+0x30);
mon = (k<<4) | (mon&0x0f);
keywz = 4;
break;
	位置3：设置月十位
	LCD 显示数值
	修改月十位
	下一个位置为月个位
	（注意：光标自动移到下一位）

case 4:
lcd1602w (1, k+0x30);
mon = k | (mon&0xf0);
keywz = 5;
lcd1602d (13, 0);
break;
	位置4：设置月个位
	LCD 显示数值
	修改月个位
	下一个位置为日十位
	光标移到日十位

case 5:
lcd1602w (1, k+0x30);
date = (k<<4) | (date&0x0f);
keywz = 6;
break;
	位置5：设置日十位
	LCD 显示数值
	修改日十位
	下一个位置为日个位
	（注意：光标自动移到下一位）

case 6:
lcd1602w (1, k+0x30);
date = k | (date&0xf0);
keywz = 7;
lcd1602d (5, 1);
break;
	位置6：设置日个位
	LCD 显示数值
	修改日个位
	下一个位置为时十位
	光标移到时十位

case 7:
lcd1602w (1, k+0x30);
hour = (k<<4) | (hour&0x0f);
keywz = 8;
break;
	位置7：设置时十位
	LCD 显示数值
	修改时十位
	下一个位置为时个位
	（注意：光标自动移到下一位）

续表

<table>
<tr><th>程 序 清 单</th><th>说 明</th></tr>
<tr><td>case 8:
lcd1602w (1, k+0x30);
hour = k | (hour&0xf0);
keywz = 9;
lcd1602d (8, 1);
break;</td><td>位置 8：设置时个位
LCD 显示数值
修改时个位
下一个位置为分十位
光标移到分十位</td></tr>
<tr><td>case 9:
lcd1602w (1, k+0x30);
min = (k< <4) | (min&0x0f);
keywz = 10;
break;</td><td>位置 9：设置分十位
LCD 显示数值
修改分十位
下一个位置为分个位
（注意：光标自动移到下一位）</td></tr>
<tr><td>case 10:
lcd1602w (1, k+0x30);
min = k | (min&0xf0);
keywz = 11;
lcd1602d (14, 1);
break;</td><td>位置 10：设置分个位
LCD 显示数值
修改分个位
下一个位置为星期位
光标移到星期位</td></tr>
<tr><td>case 11:
lcd1602w (1, k+0x30);
day = k;
WDS1302 (WCON, 0x00);
WDS1302 (WMIN, min);
WDS1302 (WHOUR, hour);
WDS1302 (WDATE, date);
WDS1302 (WDAY, day);
WDS1302 (WMON, mon);
WDS1302 (WYEAR, year);
WDS1302 (WCON, 0x80);
keybz = 0;
lcd1602w (0, 0x0c);
break;
}
}</td><td>位置 11：设置星期位
LCD 显示数值
修改星期位
打开 DS1302 写保护
保存分数值
保存小时数值
保存日数据
保存星期数据
保存月数据
保存年数据
关闭 DS1302 写保护
关闭设置标志
关闭 LCD 光标</td></tr>
</table>

5. 程序清单

```
/*-----------------------------------------------------------------------
DPJKZ13-2.C
-----------------------------------------------------------------------*/
#include <reg52.h>
#include <INTRINS.H>                    //指定头文件 INTRINS.H
#define uint unsigned int
#define uchar unsigned char


#define WSEC 0x80
#define RSEC 0x81
#define WMIN 0x82
#define RMIN 0x83
#define WHOUR 0x84
#define RHOUR 0x85
#define WDATE 0x86
#define RDATE 0x87
#define WMON 0x88
#define RMON 0x89
#define WDAY 0x8A
#define RDAY 0x8B
#define WYEAR 0x8C
#define RYEAR 0x8D
#define WCON 0x8E
#define WBATT 0x90


#define LCD1602DB P0                   //定义 LCD1602DB 为 LCD 的数据接口
sbit  LCD1602E = P3^2 ;                //定义 LCD1602E 为 LCD 模块的 E 端
sbit  LCD1602RW = P3^1;                //定义 LCD1602RW 为 LCD 模块的 R/W 端
sbit  LCD1602RS = P3^0;                //定义 LCD1602RS 为 LCD 模块的 RS 端
void    lcd1602w (bit x , uchar y) ;   //说明 LCD1602 写函数
void    lcd1602b (void) ;              //说明 LCD1602 判忙函数
void    lcd1602d(char x ,char y) ;     //说明 LCD1602 位置函数
void    print(uchar ,uchar ,uchar * );
```

```
void WDS1302(uchar ,uchard);
uchar RDS1302(uchar );
uchar ancl4x4 ( void ) ;
void delay10ms( uint );

sbit DS1302RST = P3^5;
sbit DS1302SCLK = P3^6;
sbit DS1302IO  =  P3^7;

void keytime(void);
void keycl(void );
void timeset(uchar );

bit keybz;
uchar keywz;

uchar xsbuf1[ ] = {"Date 2011-01-01"};      //上行显示字符串
uchar xsbuf2[ ] = {"Time 12:30:30 "};
uchar sec =0,min =0,hour =0x13,date =0x1,mon =0x01,year =0x11,day =0x06;
uchar key[ ] = {0xee,0xde,0xbe,0x7e,0xed,0xdd,0xbd,0x7d,0xeb,0xdb,0xe7};
void XS(void);                         //注意:前十个键码顺序为"0" ~ "9"10个按键的键码,
void IDS1302(void);                   //第十一个键码为按键"C"的键码

/* ---------------------------------------------------------------------------------------------
主函数
---------------------------------------------------------------------------------------------*/
void main (void) {
lcd1602w(0,0x38);//LCD1602 初始化
lcd1602w(0,0x06);
lcd1602w(0,0x0c);
lcd1602w(0,0x14); //设置光标右移
lcd1602w(0,0x01);
lcd1602d(0,0);
IDS1302( );
while (1)
     {
```

```
    keycl( );                    //按键处理
    if (! keybz)                 //如果没有设置标志则显示当前日期和时间
        {sec = RDS1302(RSEC);
        min = RDS1302(RMIN);
        hour = RDS1302(RHOUR);
        day = RDS1302(RDAY);
        date = RDS1302(RDATE);
        mon = RDS1302(RMON);
        year = RDS1302(RYEAR);
        XS( );}
    }
}

/* = = = = = = = = = = = = = = = = = = = = = = = = = = = = = = = = = = = = =
按键处理
= = = = = = = = = = = = = = = = = = = = = = = = = = = = = = = = = = = = */
void keycl(void)
{
uchar i,j;
static uchar k;
i = ancl4x4( );
if (i! =k)
    {
    for (j =0;j <11;j + +)
    if (i = =key[j]) break;
    if (j = =10) keytime( );
            else if (j <10 && keybz) timeset(j);
    k =i;
    }
}
/* = = = = = = = = = = = = = = = = = = = = = = = = = = = = = = = = = = =
设置时间处理标志
= = = = = = = = = = = = = = = = = = = = = = = = = = = = = = = = = = */
void keytime(void)
{
if (keybz)
```

```
        { keybz = 0;
        lcd1602w(0,0x0c);//关光标
        }
else
        { keybz = 1;
        lcd1602w(0,0x0f);//开光标
        lcd1602d(7,0);
        keywz = 1;
        }
}

/* =====================================
时间处理
===================================== */
void timeset(uchar k)
{
switch (keywz)
{
case 1:
            lcd1602w(1,k + 0x30);
            year = (k << 4) | (year&0x0f);
            keywz = 2;
            break;
case 2:
            lcd1602w(1,k + 0x30);
            year = k | (year&0xf0);
            keywz = 3;
            lcd1602d(10,0);
            break;
case 3:
            lcd1602w(1,k + 0x30);
            mon = (k << 4) | (mon&0x0f);
            keywz = 4;
            break;
case 4:
            lcd1602w(1,k + 0x30);
            mon = k | (mon&0xf0);
```

```
        keywz = 5;
        lcd1602d(13,0);
        break;
case 5:
        lcd1602w(1,k + 0x30);
        date = (k < < 4) | (date&0x0f);
        keywz = 6;
        break;
case 6:
        lcd1602w(1,k + 0x30);
        date = k | (date&0xf0);
        keywz = 7;
        lcd1602d(5,1);
        break;
case 7:
        lcd1602w(1,k + 0x30);
        hour = (k < < 4) | (hour&0x0f);
        keywz = 8;
        break;
case 8:
        lcd1602w(1,k + 0x30);
        hour = k | (hour&0xf0);
        keywz = 9;
        lcd1602d(8,1);
        break;
case 9:
        lcd1602w(1,k + 0x30);
        min = (k < < 4) | (min&0x0f);
        keywz = 10;
        break;
case 10:
        lcd1602w(1,k + 0x30);
        min = k | (min&0xf0);
        keywz = 11;
        lcd1602d(14,1);
        break;
```

```
case 11:
        lcd1602w(1,k+0x30);
        day=k;
        WDS1302(WCON,0x00);
        WDS1302(WMIN,min);
        WDS1302(WHOUR,hour);
        WDS1302(WDATE,date);
        WDS1302(WDAY,day);
        WDS1302(WMON,mon);
        WDS1302(WYEAR,year);
        WDS1302(WCON,0x80);
        keybz=0;
        lcd1602w(0,0x0c);
        break;
        }
}

/*====================================
按键检测
====================================*/
uchar ancl4x4 ( void )
{
uchar x,y;
P1=0xf0;                        //输出11110000
x=P1 | 0x0f;                    //读列数据
if (x==0xff) return(0);         //如果无按键返回0
delay10ms(1);                   //延时去抖
P1=0xf0;                        //再次输出11110000
x=P1 | 0x0f;                    //再次读列数据
if (x==0xff) return(0);         //如果无按键返回0
P1=0xf;                         //输出00001111
y= P1 | 0xf0;                   //读行数据
return(x&y);

}
```

```
/*-------------------------------------------------------------------------------------------
延时函数,调用时提供参数 x,延时时间为 x * 10ms
--------------------------------------------------------------------------------------------*/
void delay10ms( uint x)
{
uint n,m;
     for (n =0; n< x;n+ +)
          for (m =0;m <2000;m+ +);
}
```

以上清单中省略了部分函数。

Proteus 仿真结果如图 2-10-9 所示。

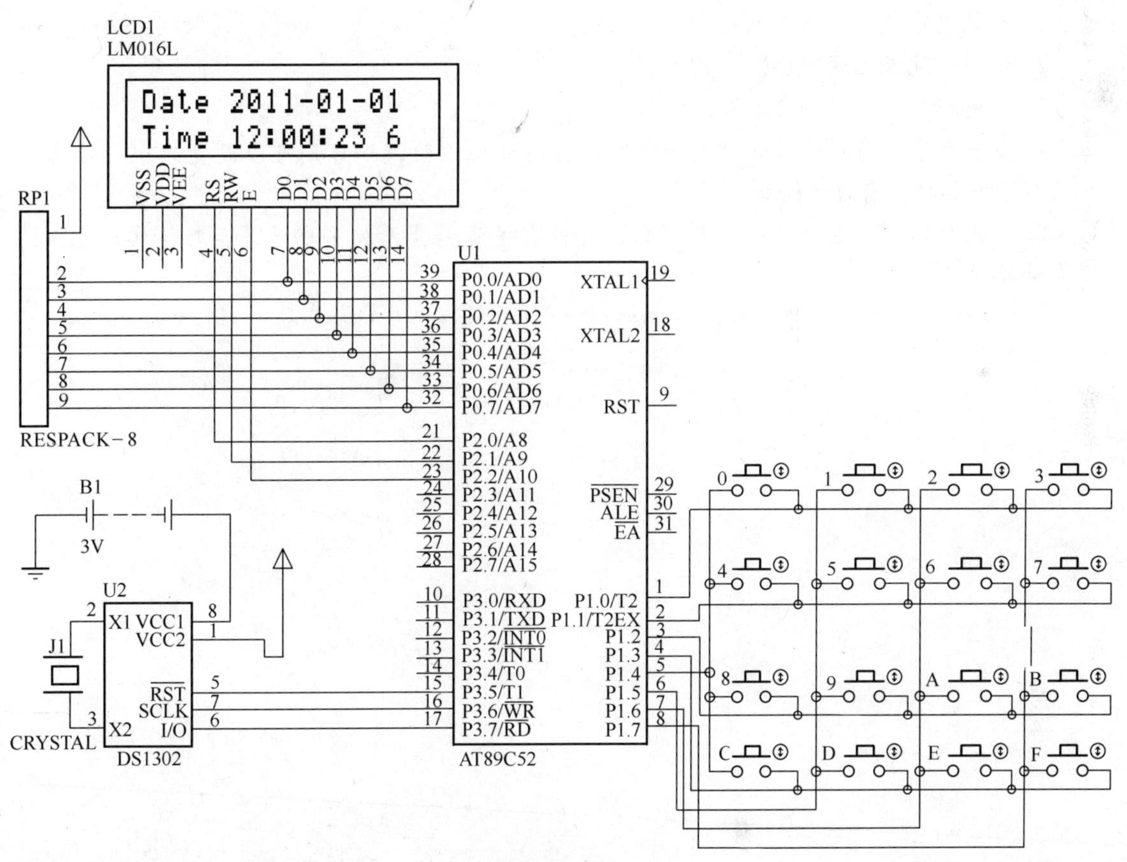

图 2-10-9 时钟仿真

6. 时钟调整实例

由于需要使用按键矩阵，需要将电路板背面的“J9”短接处拆除，其他保留。实例效果如图 2-10-10 所示。

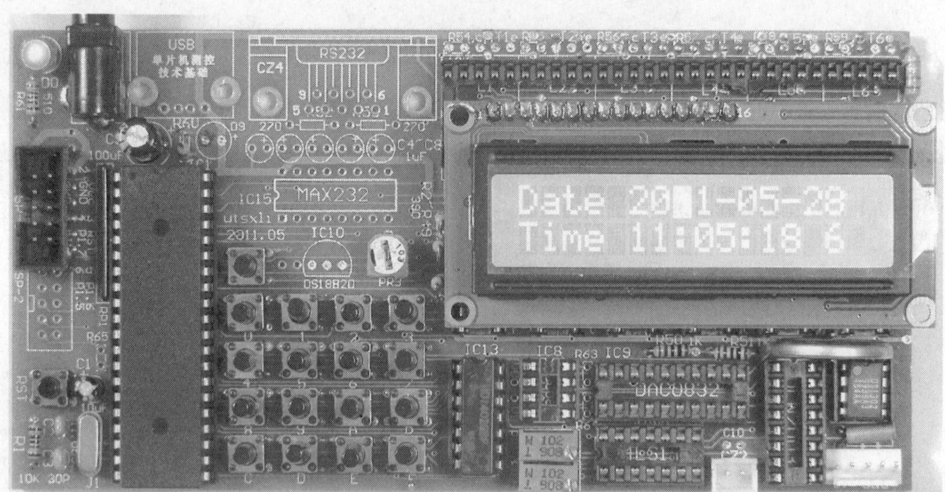

图 2-10-10　时钟调整实例

动手做一做

1. 组装电路或搭建仿真电路。

2. 编辑、编译上述程序。

3. 试运行程序，调整日期和时间。

4. 本程序中没有对设置的日期和时间进行有效性检验，如日期可以设置为 99。试修改程序增加数据有效性检验。

5. 星期可以由设置的日期计算得到，查找有关资料，添加星期计算函数，实现星期自动计算。

项目十一 串口通信

串口是C51单片机的一个重要应用，用于单片机与其他计算机之间传送数据。本章通过一个实例介绍MCS51机串行通信口的使用方法。

一、MCS51机串行口介绍

MCS51系列单片机内有一个可通过软件控制的内置全双工串行通信接口，发送时数据由TXD端口(P3.1)送出，接收时数据由RXD端口(P3.0)输入。同时系统内设有两个缓冲存储器，一个用做发送缓冲器，一个用做接收缓冲器。发送数据时只须要将发送的字节送到发送缓冲区中，串口硬件自动完成每一位的发送操作。接收数据时，串口部件自动将接收到的数据位顺序存放到接收缓冲区中，一个字节接收完成后自动设置标志位通知CPU读取数据。这两个存储器名字相同都为SBUF，由于发送缓冲器只能写入，而接受缓冲器只能读取因而两者不会混淆。当往SBUF写数据时数据送到发送缓冲区，而从SBUF读取数据时读取的是接收缓冲区的数据，如图2-11-1所示。

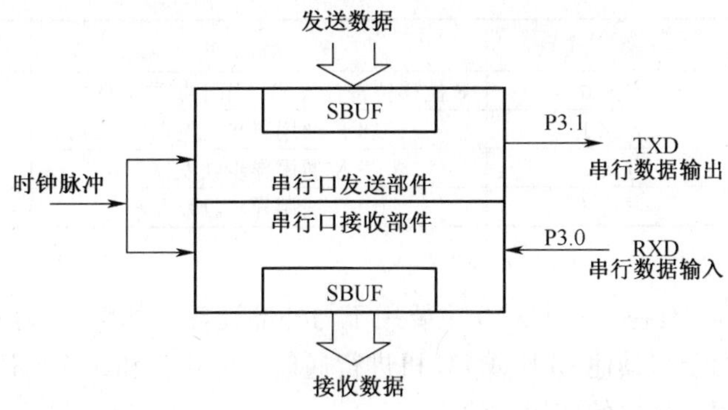

图2-11-1 串行口示意图

1. 串行通信的数据格式

MCS51串行口使用的格式为异步通信方式，其数据传送格式分为字符格式和波特率两方面的约定。如图2-11-2所示。

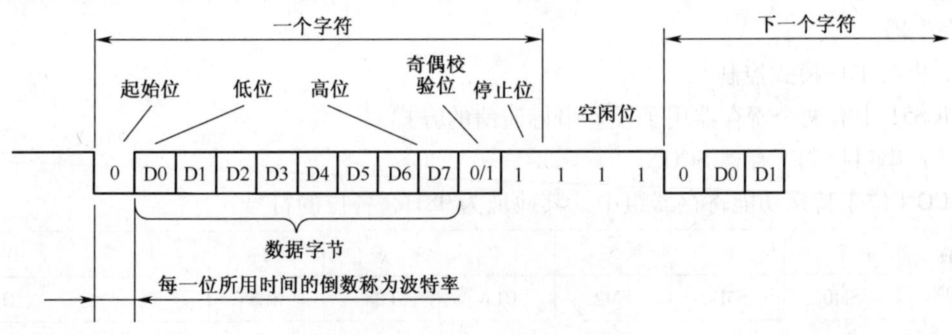

图2-11-2 串行通信的数据格式

MCS51 机的串行通信中发送一个字节数据需要按照图 2-11-2 所示的格式完成，每发送一个字节称为一帧，其中包含如下内容。

① 空闲位：数据线上不传送数据时保持为高电位。

② 起始位：起始位约定为逻辑 0。当需要发送数据时首先发送一位逻辑 0。接收器件检测到数据线从高变为低时就启动一次数据接收过程。

③ 数据字节：数据字节为实际需要传送的数据，发送时低位在前，高位在后。MCS51 中数据可以为 8 位或 9 位。

④ 奇偶校验位：用于对传送的数据进行校验，但 MCS51 机中未使用奇偶校验位。

⑤ 停止位：表示本字节数据发送完毕，可以为 1、1½、2 位等几种格式。MCS51 机使用 1 位停止位。

⑥ 波特率：每发送一位数据所需要的时间的倒数称为串行通信的波特率。

两台计算机之间进行串行通信前必须事先约定好以上格式，并遵守此约定，否则接收方无法正确接收发送方发送的数据。

2. MCS51 机串口工作模式

MCS51 机的串行接口具有 3 种工作模式，如表 2-11-1 所示。

表 2-11-1 串行口工作方式选择表

SM0 SM1	工作方式	功能说明	波特率
0 0	方式 0	8 位移位寄存方式（用于扩展 I/O 口）	fosc/12
0 1	方式 1	8 位通用异步收发器	可变
1 0	方式 2	9 位通用异步收发器	fosc/64 或 fosc/32
1 1	方式 3	9 位通用异步收发器	可变

注：fosc 为晶振频率。

4 种方式的功能各有特点，方式 0 主要用于与外部设备（如串并转换、存储器等）进行通信。方式 1 主要用于与其他 CPU 或 PC 机进行通信。方式 2 和 3 主要用于多机通信。本章仅以方式 1 为例介绍串行口的使用方法。

方式 1 为 8 位异步串行通信方式，一帧信息共有 10 位，1 位起始位、8 位数据位、1 位停止位。TXD(P3.1)为发送数据输出端，RXD(P3.0)为接收数据输入端。其波特率由定时计数器 1 的溢出控制。改变定时计数器的溢出时间就可以改变波特率。因此方式 1 除使用串行口外还需要占用定时计数器 1。

如果使用 89C52、89S52 等器件时，其内部包含有一个定式计数器 2，它也可以用于波特率发生器。

3. 串口工作模式控制

MCS51 中有两个寄存器用于设置串行通信的方式。

（1）串口控制寄存器 SCON

SCON 位于特殊功能寄存器组中，其地址为 98H，各位的符号：

98H	7	6	5	4	3	2	1	0
SCON	SM0	SM1	SM2	REN	TB8	RB8	TI	RI

其中

① SM0、SM1 为串行模式选择位，其数值对工作模式的控制如表 2-11-1 所示。

② SM2 多机通信允许位。

③ REN 串行接收允许位，REN =1 时允许串行口接收，REN =0 时禁止串行口接收。

④ TB8 在模式 2 和模式 3 中存放准备发送的第 9 位数据，也可以作奇偶校验位。

⑤ RB8 在模式 2 和模式 3 中为存放接收到的数据的第 9 位。

⑥ TI 串行发送中断标志位，由软件清零。串行口发送数据完成后 TI =1，产生串行口中断通知 CPU。

⑦ RI 接收中断标志位，由软件清零。串行口接收数据完成后 RI =1，也会产生串行口中断通知 CPU。

值得注意的是，串行口有两个中断信号一个发送中断，一个接收中断，但它们使用同一个中断源。中断响应后需要查询 TI 或 RI 的状态才能知道究竟是谁产生的中断。

另外串行口的中断标志 TI 和 RI 不像其他中断一样，CPU 响应中断后会自动清 0。这两个中断标志需要由用户使用软件指令清 0。

（2）电源控制寄存器 PCON

电源控制寄存器 PCON 主要用于控制电源的工作模式，但其中有一位 SMOD 对串行口的波特率有影响，当 SMOD =1 时波特率加倍。

4. 波特率计算

（1）定时计数器的工作模式 2

串行口发送数据必须有一个控制串行数据发送或接收的时钟脉冲，MCS51 机的时钟脉冲来自内部的定时计数器。由于串行通信对时钟脉冲的周期误差要求较小，而定时计数器的工作模式 2 的周期误差较小，因此使用串行通信时定时计数器都工作于模式 2。

项目三中我们介绍过定时计数器的工作模式，其中模式 0 与模式 1 的区别在于计数器为 13 位或 16 位。当计数器计满溢出后会自动设置中断标志，通知 CPU。CPU 响应中断后在中断处理程序中需要重新装入计数器初始值。这一过程需要一定的时间，并且这个时间的长短会因为程序的不同而有所不同，因此所产生的定时误差较大。

当定时计数器设置为模式 2 时计数器的结构如图 2-11-3 所示，此时计数器只使用了 8 位(只用 TL)，TH 中保存定时计数器的初值。当计数器 TL 计满溢出时电路会自动将 TH 的内容重新装入 TL，实现了自动重装计数器初值，不需要程序中的指令来装入初值。也就是计数器一旦溢出回立即重新装入初值，开始下一轮计数，这一过程称为自动重装。它使计数器的定时时间不受中断响应和重装初值时间的影响，保证了定时时间的准确。

（2）波特率计算

串行口发送数据的波特率取决与定时计数器的计数周期，串行口工作在模式 1 时波特率与计数器计数周期的关系为

$$\text{串行通信方式 1 的波特率} = \frac{2^{SMOD}}{32} \times \text{（定时计数器 1 的溢出率）} = \frac{2^{SMOD}}{32} \times \frac{f_{OSC}}{12 \times (256 - X)}$$

式中：SMOD 为 PCON 中的 SMOD 位，其数值可为 0 或 1；f_{osc} 为系统使用的晶振频率；X 为定时计数器 1 的初值。

为了计算方便，使用串行通信的系统中晶振频率多使用 11.0592MHz。这样波特率最高为 57.6K，最低为 112.5。一般人们常用的波特率及其对应的初值如表 2-11-2 所示。

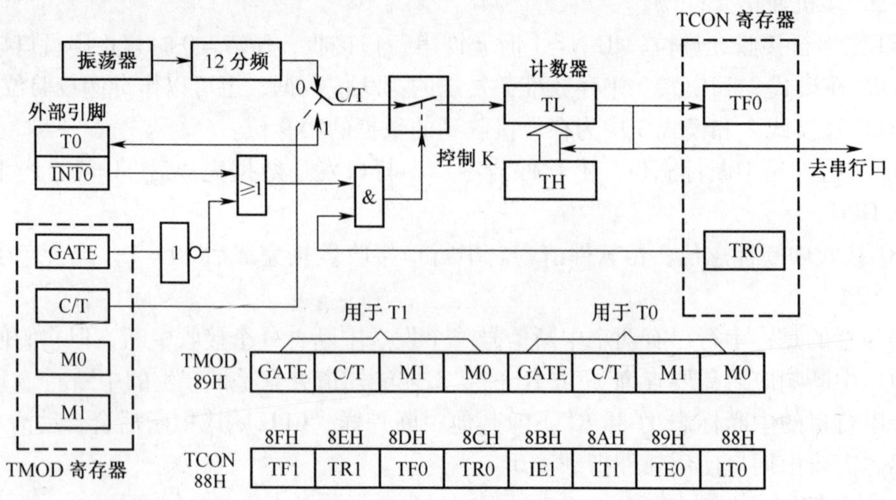

图 2-11-3　定时计数器模式 2

表 2-11-2　　　　波特率设置表

常用波特率	晶振频率	SMOD	定时计数器 1		
			C/T	工作模式	初值
19.2kB	11.0592MHz	1	0	2	0xfd
9.6kB	11.0592MHz	0	0	2	0xfd
4.8kB	11.0592MHz	0	0	2	0xfa
2.4kB	11.0592MHz	0	0	2	0xf4
1.2kB	11.0592MHz	0	0	2	0xe8

二、MCS51 机串行口使用实例

1. 使用串行口前的准备工作

使用串行口进行两个设备互连前需要安排以下几项工作。

（1）确定串行通信格式

根据需要设置串行通信的格式，其中波特率设置较高时数据传送较快，但是容易出现错误，波特率较低时传送数据较慢，但是稳定性较好。本例中使用最常用的格式，其设置参数如下。

波特率：9 600。

校验位：无。

数据位：8。

停止位：1。

参与通信的两方设备均须按此参数设置。

（2）设置接收数据及发送数据的缓冲区

由于串行通信速度较慢，程序中一般都采用中断方式发送和接收数据。

发送数据操作时，系统设置一个发送数据的缓冲区（一般采用一个数组）。发送数据前先将需要发送的数据送到缓冲区中，然后将第一个数据发送到串行口，启动发送。等到第一个数据发送完成后系统产生串行中断，在中断处理程序中，继续发送下一个数据，直到数据发送完毕。

为了使用中断方式完成串行数据的发送，除设置一个必要的发送数据缓冲区外，还需要设置一个全局变量——发送数据指针，它记录并指示下一次发送的数据位置，每发送一个数据后，数据指针向后移动一次。如图2-11-4所示。

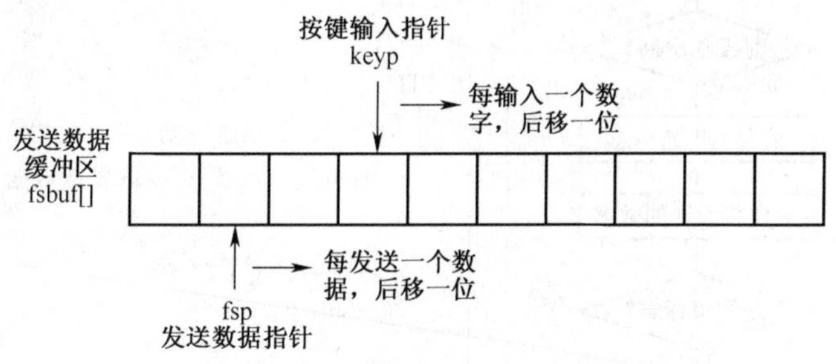

图2-11-4 数据缓冲区及其指针

如何判断本次数据发送完毕，一般可以使用两种方法：一是每次发送数据的长度（字节数）固定，当发送数据指针移到结尾时发送完成，这样每次都必须发送同样多的字节数；二是在发送数据的末尾加上一个特殊符号（如回车符），每发送一个数据前检测发送的数据是否是回车符，若不是继续发送，是回车符，说明本次数据发送完毕发送结束。

接收数据的处理过程基本同上，设置一个接收数据的缓冲区和一个接收数据指针，每接收到一个数据后按照指针指示存放到接收缓冲区中，接收指针向后移动一位。待缓冲区存放满后的处理方法有多种，本例中只将接收到的数据显示出来，当缓冲区满后将指针移动到起点，再从头开始存放覆盖上一次的数据。这种方法称为环行缓冲区。

变量定义：

```
uchar fsp,jsp,keyp;                          //定义指针
uchar fsbuf[ ] = {"FS:                  "};  //定义发送缓冲区
uchar jsbuf[ ] = {"JS:                  "};  //定义接收缓冲区
```

本例中发送缓冲区和接收缓冲区与LCD显示缓冲区共用，缓冲区中前三个字符为LCD上显示的名称，发送或接收数据从第3位开始存放。

（3）设置串行口及定时计数器的状态

```
TMOD =0x20;      //设置定时计数器1工作模式2
SCON =0X50;      //设置串行口工作模式1,允许接收
PCON =0X00;      //设置SMOD =0
TH1 =0xfd;       //设置定时计数器初值0xfd
TL1 =0xfd;
TR1 =1;          //启动定时计数器1
```

（4）开中断

```
ES =1;           //开串行口中断
EA =1;           //开总中断
```

2. 串行口中断处理程序

程序框图	程序清单
串行中断入口 → 是发送中断？(y) → 请发送中断标志 → 读取待发送的数据 → 是结束标志？(y: 设置发送结束标志；n: 发送数据 → 发送数据指针 +1) → 是接收中断？(n: 中断结束；y: 请接收中断标志 → 保存接收数据 → 没接收数据标志 → 接收数据指针 +1 → 指针到尾？(y: 接收数据指针回 0；n)) → 中断结束	见下方程序

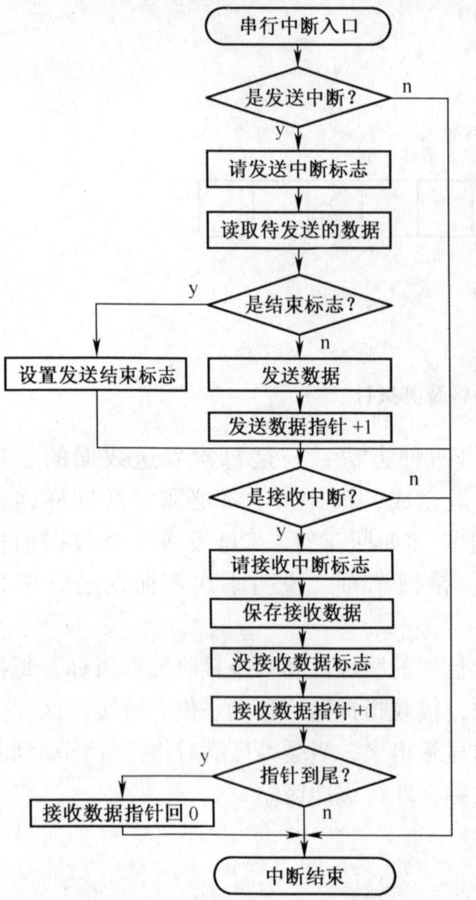

```
void chtx ( void ) interrupt 4 // 中断4
{
uchar i;
if (TI)
    {TI =0; //发送中断
    i = fsbuf [fsp +3]; //取发送数据

    if (i! ='\ r') // 注
        SBUF = i;
    else
        fsend =1;              //没发送完成标志
    fsp + + ;}                 //发送指针 +1
if (RI)                        //接收中断

    {RI =0;
    jsbuf [jsp +3] =SBUF; //取接收数据

    jsend =1;                  //没接收完成标志
    jsp + + ;                  //接收指针 +1

    if (jsp >9) jsp =0;

    }
}
```

注：'\ r' 表示一个回车符号，其 ASCII 码为 0x0d。

C 语言中使用两个单引号括起来的是一个字符，但是对于不可显示的符号，用转义符表示，常用的转义符如表 2-11-3 所示。

表 2-11-3　　常用转义符

转义符	含义	ASCII 码
\ 0	空字符（NULL）	0x00
\ n	换行符（LF）	0x0a
\ r	回车符（CR）	0x0d
\ t	水平制表符（HT）	0x09
\ b	退格符（BS）	0x08
\ f	换页符（FF）	0x0c
\ '	单引号	0x27
\ "	双引号	0x22
\ \	反斜杠	0x5c

3. 串行通信接口硬件实例

本例使用 4 ×4 按键输入需要发送的数字，使用 LCD1602 显示发送的数字和接收到的数据，如图 2-11-5 所示。

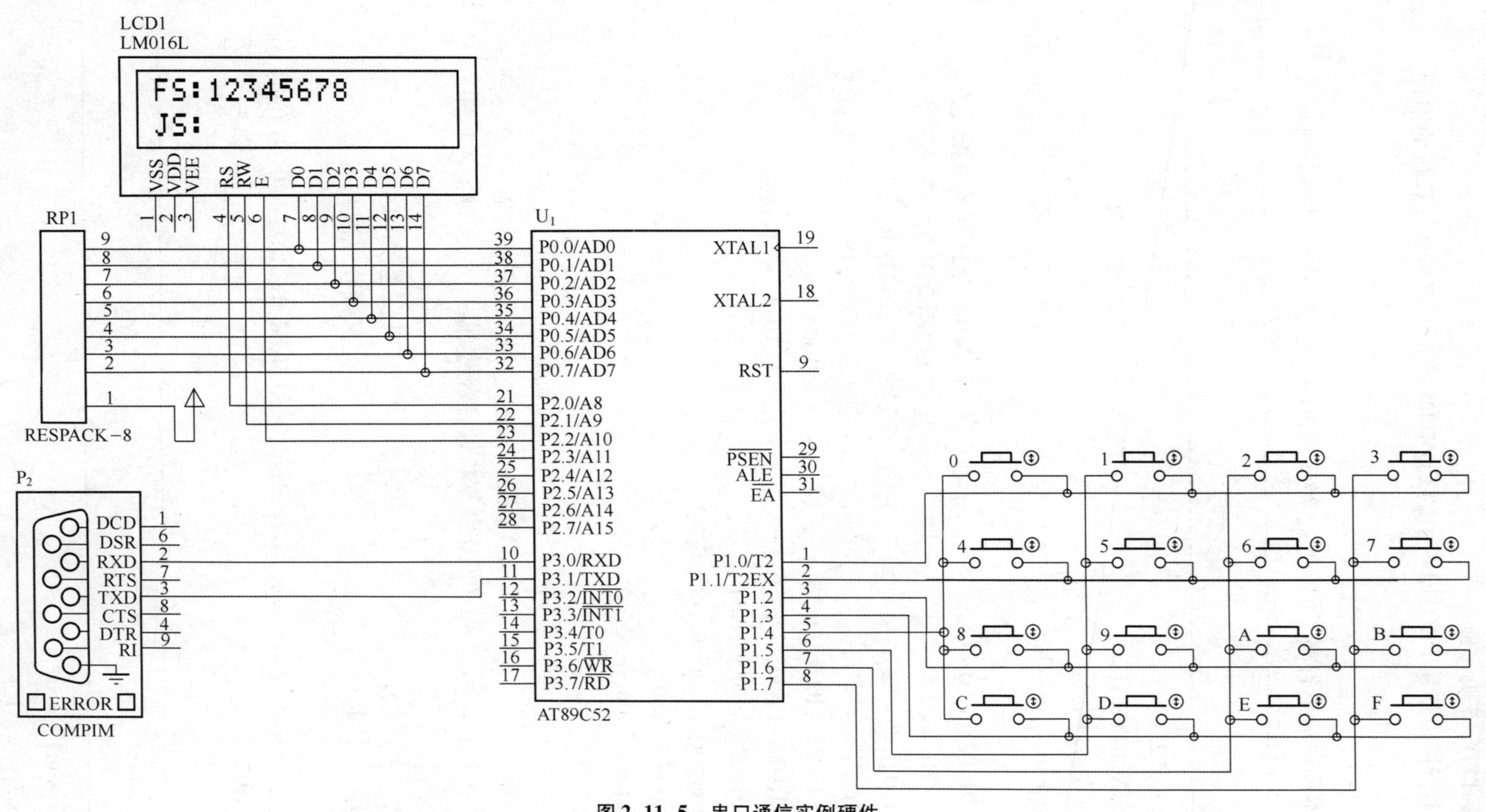

图 2-11-5 串口通信实例硬件

图中 P_2 为串行口中常用的 9 针 DB 型接插件，简单应用时只需要使用 3 只引脚：2 脚接 RXD，3 脚接 TXD，5 脚接地。

本例中串行接口使用 PROTEUS 中的 COMPIM 插头，它仿真计算机的串行口。通过它发送和接收数据。

4. 程序清单

注意，本程序清单省略了前例中已经使用过的函数和串行口中断处理函数。

```
/*-------------------------------------------------------------------------------
DPJKZ14-1.C
-------------------------------------------------------------------------------*/
#include <reg52.h>
#include <INTRINS.H>                    //指定头文件 INTRINS.H
#define uint unsigned int
#define uchar unsigned char

#define LCD1602DB P0                  //定义 LCD1602DB 为 LCD 的数据接口
sbit   LCD1602E = P2^5   ;               //定义 LCD1602E 为 LCD 模块的 E 端
sbit   LCD1602RW = P2^6   ;              //定义 LCD1602RW 为 LCD 模块的 R/W 端
sbit   LCD1602RS = P2^7;                 //定义 LCD1602RS 为 LCD 模块的 RS 端
void     lcd1602w (bit x , uchar y);  //说明 LCD1602 写函数
void     lcd1602b (void)   ;            //说明 LCD1602 判忙函数
void     lcd1602d(char x ,char y) ;       //说明 LCD1602 位置函数
void     print(uchar ,uchar ,uchar * );
uchar   ancl4x4 ( void );
void   delay10ms( uint );
void keycl(void);

bit fsend,jsend;                  //定义发送完成标志和接受完成标志
uchar fsp,jsp,keyp;      //定义发送数据指针,接收数据指针,按键输入指针

uchar fsbuf[ ] = {"FS:                    "};      //定义发送缓冲区
uchar jsbuf[ ] = {"JS:                    "};      // 定义接收缓冲区

uchar key[ ] = {0xee,0xde,0xbe,0x7e,0xed,0xdd,0xbd,0x7d,0xeb,0xdb,0xbb,0x7b,0xe7,
0xd7,0xb7,0x77};

/*-------------------------------------------------------------------------------
主函数
-------------------------------------------------------------------------------*/
void main (void){
TMOD =0x20;
PCON =0X00;
```

```
TH1 = 0xfd;
TL1 = 0xfd;
TR1 = 1;
SCON = 0x58;
ES = 1;
EA = 1;
lcd1602w(0,0x38);                              //LCD1602 初始化
lcd1602w(0,0x06);
lcd1602w(0,0x0c);
lcd1602w(0,0x14);                              //设置光标右移
lcd1602w(0,0x01);
lcd1602d(0,0);
print(0,0,fsbuf);
print(0,1,jsbuf);
fsend = 1;                           //设置发送完成标志
jsend = 0;                           //清接收完成标志
while (1)
    {
    keycl();                                //按键处理
    if (jsend)                              //如果有接收完成标志,显示接收到的数据
        {print(0,1,jsbuf);
        jsend = 0;                        //数据已显示,请接受完成标志
        }
    }
}

/* ====================================
按键处理
==================================== */
void keycl(void)
{
uchar i,j;
static uchar k;
i = ancl4x4();                                 //读按键键码
if (i! = k && fsend)                           //如果是新按键,并且串行口发送完成
    {
    k = i;                                     //保存本次键码
```

```
for (j=0;j<12;j++)                     //查找键符
    if (i==key[j])break;
if (j==15 && keyp)                     //如果键符为"F"按键并且已经输入过数据
{fsbuf[keyp+3]='\r';                   //缓冲区结尾写入"回车符"
 SBUF=fsbuf[3];                        //发送第一位数据
 fsp=1;                                //设置发送指针
 fsend=0;                              //清发送完成标志
 keyp=0;                               //按键指针回0
}
if (j<10)                              //如果按键为0~9
    {if (keyp==0)                      //如果是本次按键输入的第一个数据
        {
        for(i=0;i<10;i++)              //清缓冲区数据
            fsbuf[i+3]=' ';
        print(0,0,fsbuf);              //显示发送区内容
        }
    lcd1602d(keyp+3,0);                //设置显示输入数据的位置
    fsbuf[keyp+3]=j+0x30;              //保存本次数据
    lcd1602w(1,j+0x30);                //显示本次数据
    if (keyp<9)keyp++;                 //调整按键指针
    }
}
}
```

三、串行口通信的仿真方法

为了在计算机中仿真串行口通信，需要使用以下配套软件。

1. 虚拟串行口软件

推荐使用 Configure Virtual Serial Port Driver 软件，它可以在计算机中虚拟出一对外部连接在一起的串行口，其中一个连接仿真的单片机，另一个连接实际的计算机。这样就可以在仿真的单片机与计算机之间通信。

2. 串行口调试软件

计算机的串行口实际接收或发送的数据需要另外编程，为了方便我们使用计算机上常用的串行口调试软件，使用这个软件，可以直接观察到串行口所接收到的数据和通过串行口发送数据。推荐使用 scommtest. exe。

仿真软件之间的关系如图 2-11-6 所示。

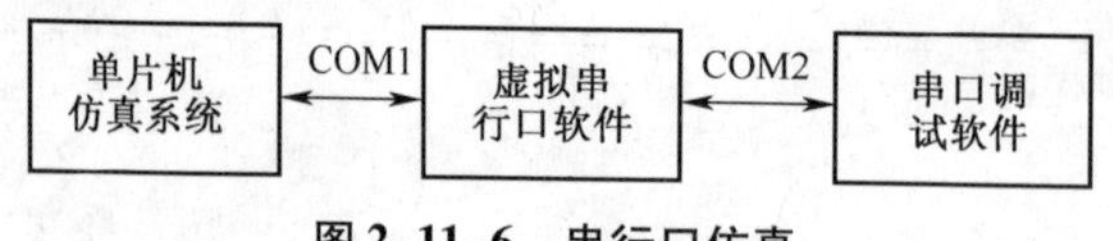

图 2-11-6　串行口仿真

3. 仿真步骤

① 运行虚拟串行口软件，软件启动后界面如图 2-11-7 所示。

② 设置虚拟串行口。单击图 2-11-7 中添加串口对，添加后的结果如图 2-11-8 所示。

此时计算机已经虚拟了两个串行口 COM1 和 COM2。本例中的计算机本身没有实际的物理串口，故可以直接虚拟 COM1 和 COM2。如果计算机中有物理串口，则占用了 COM1 和 COM2，此时可以虚拟出 COM3 和 COM4，以下操作使用 COM3 和 COM4。

③ 右击 Proteus 仿真电路中的串行插头 P2，选择编辑属性，如图 2-11-9 所示。按此图设置

参数。

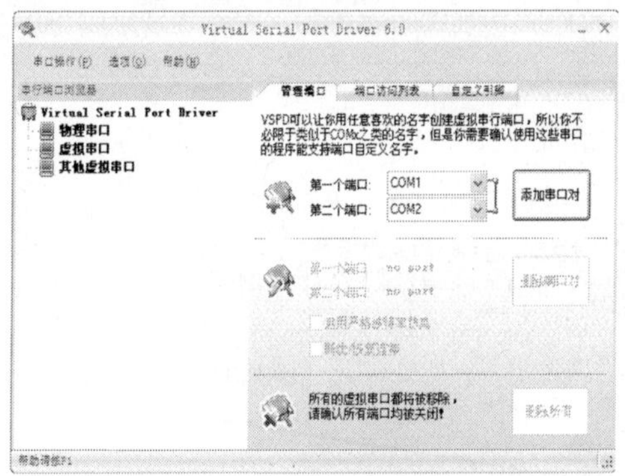

图 2-11-7　虚拟串行口软件

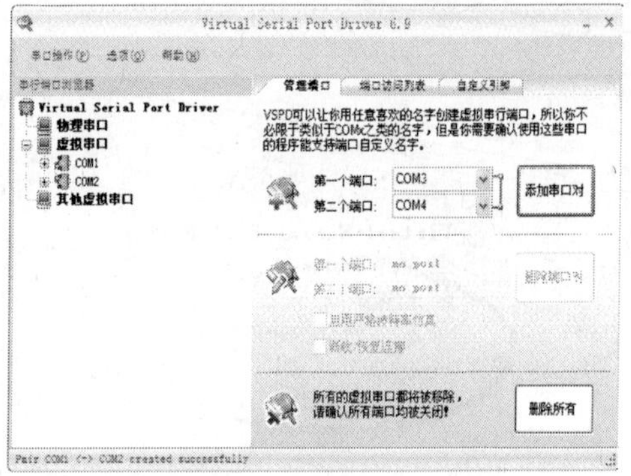

图 2-11-8　添加串行口对

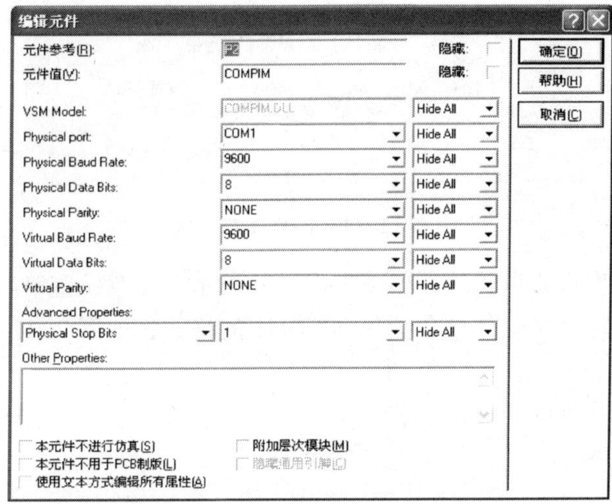

图 2-11-9　设置单片机串行口属性

④ 设置完成后运行仿真，如图 2-11-10 所示。

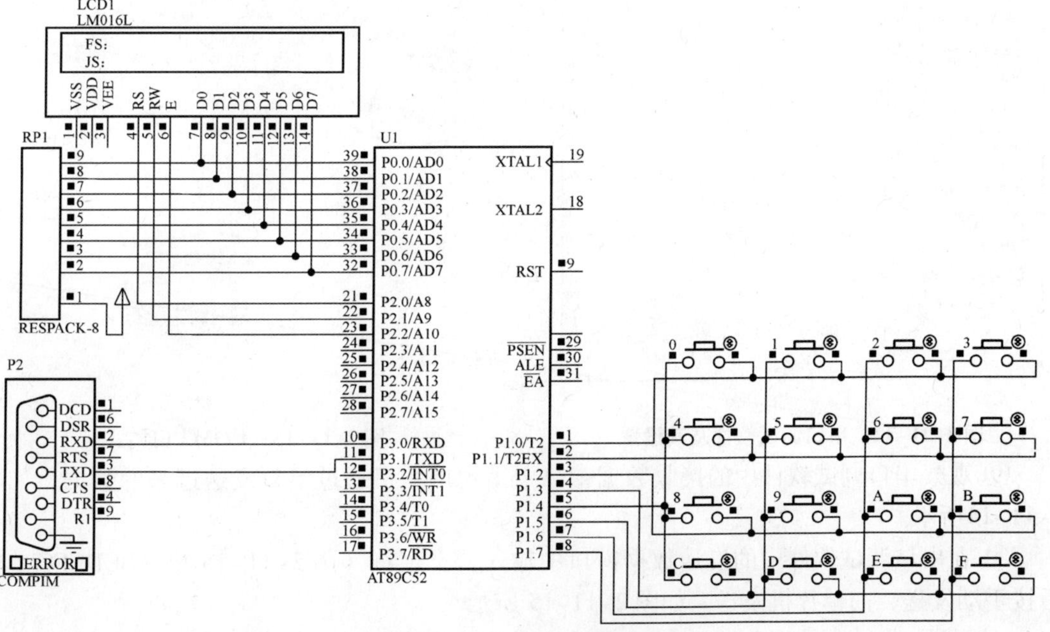

图 2-11-10　运行仿真软件

⑤ 此时虚拟串口软件检测到 COM1 的通信格式并显示出来，如图 2-11-11 所示。

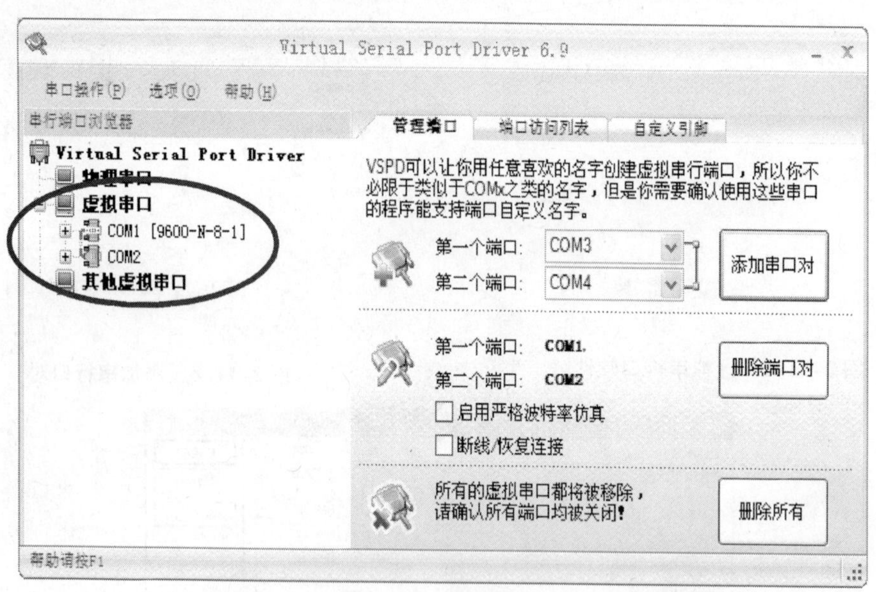

图 2-11-11　COM1 口格式

⑥ 启动计算机的串口调试软件，如图 2-11-12 所示。注意设置串口为 COM2。

⑦ 设置完成后虚拟串口软件也会检测到 COM2 的格式，如图 2-11-13 所示。两个串口的格式必须一致。

⑧ 在单片机仿真软件中顺序按下若干个数字键（图 2-11-14 中为 1、2、3、4、5、6、7、8），然后按发送按键。

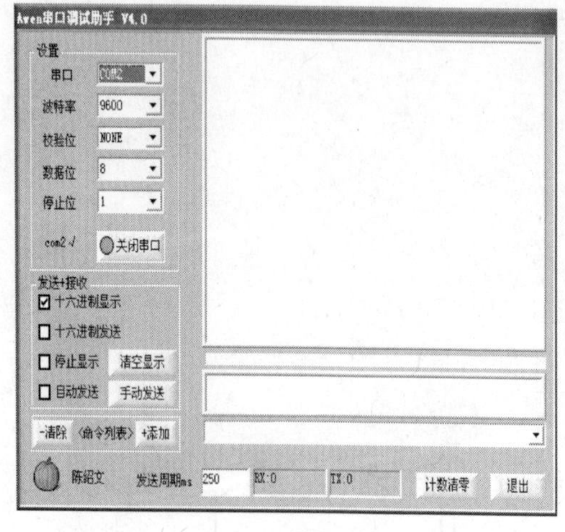

图 2-11-12　串口调试软件及其设置

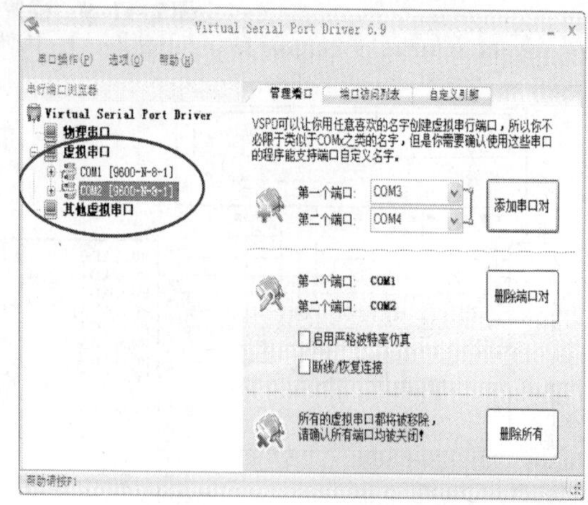

图 2-11-13　COM2 口格式

⑨ 观察串口调试软件中的接收数据窗口中出现单片机通过串口发送过来的数据。如图 2-11-14所示。

⑩ 在串口调试软件中的发送数据窗口中输入若干字符（图 2-11-15 中 ABCDEFG）然后按手动发送，向单片机发送。如图 2-11-15 所示。

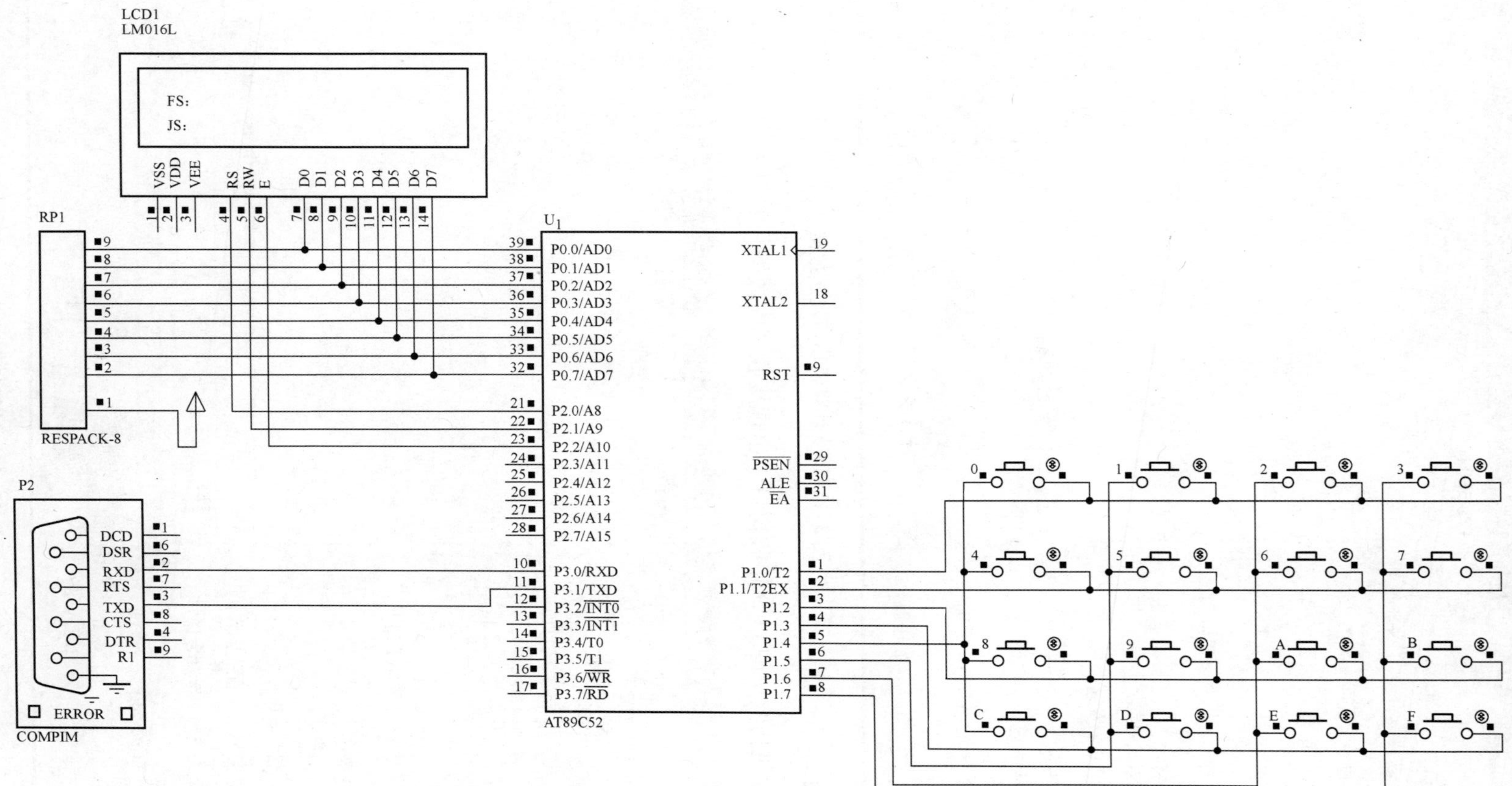

图 2-11-14 单片机串口接收到数据

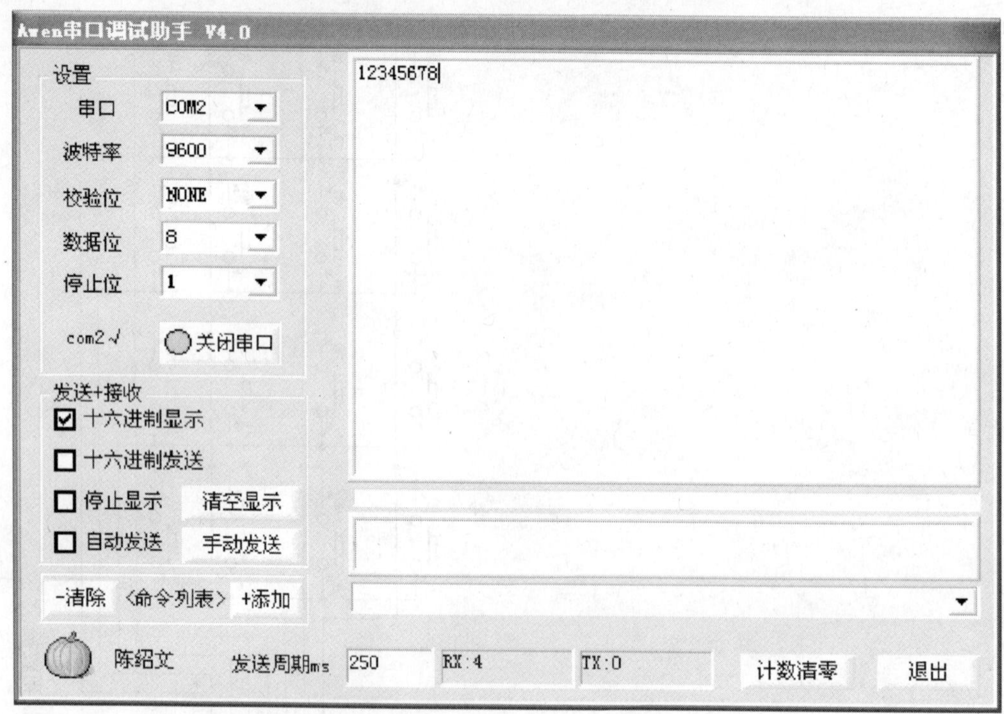

图 2-11-15　计算机串口发送数据

⑪ 单片机仿真中的 LCD 接收窗口中出现接收到的数据，如图 2-11-16 所示。

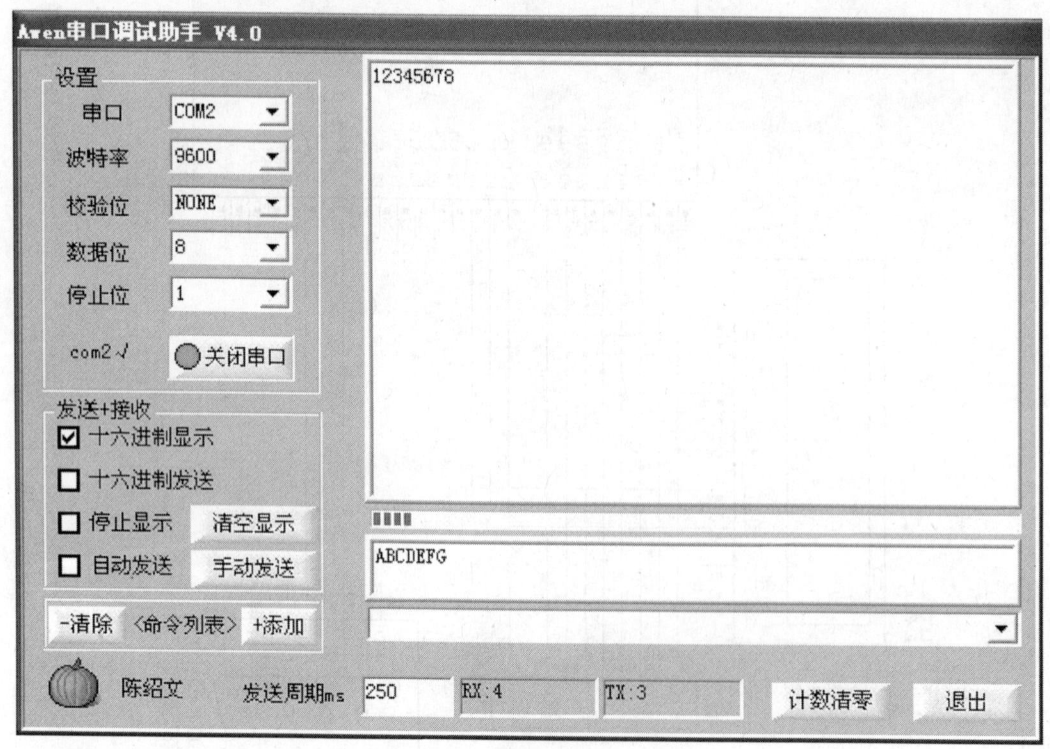

图 2-11-16　计算机串口发送数据

动手做一做

1. 在网上下载虚拟串口软件和串口调试软件。
2. 搭建仿真电路。
3. 编辑、编译上述程序。
4. 按照仿真步骤测试通信程序。
5. 单片机上输入其他数据测试串行口的发送结果。
6. 串口调试软件中输入其他数据测试串行口的接收结果。
7. 修改波特率，再测试通信情况。

四、RS232 接口

MCS51 机的串行接口能使数据按照约定的格式和波特率发送数据，但是 51 机的输出电平为 TTL 格式，使用这种电平格式传送数据仅能传送几米远的距离，距离再远由于信号的衰减和干扰，接收端就无法正确地接收数据。为了提高传送距离人们提出了 RS232 接口的信号格式，它采用 ±12V 电源为传送电平，使传送距离达到 10 多米远。将 TTL 电平转换为 RS232 格式需要使用 RS232 接口电路，早期的 RS232 接口电路需要提供 ±12V 电源，使用不太方便，现在的 RS232 接口电路采用了自举升压方式将 +5V 电源变换为 ±12V 电源，这样 RS232 接口电路只需要使用单一的 +5V 电源，常见的单电源 RS232 接口器件 MAX220、MAX232、MAX232A 等。由于单电源 232 接口器件需要使用自举升压，因此需要在器件外部使用多只外接电容，如图 2-11-17所示。

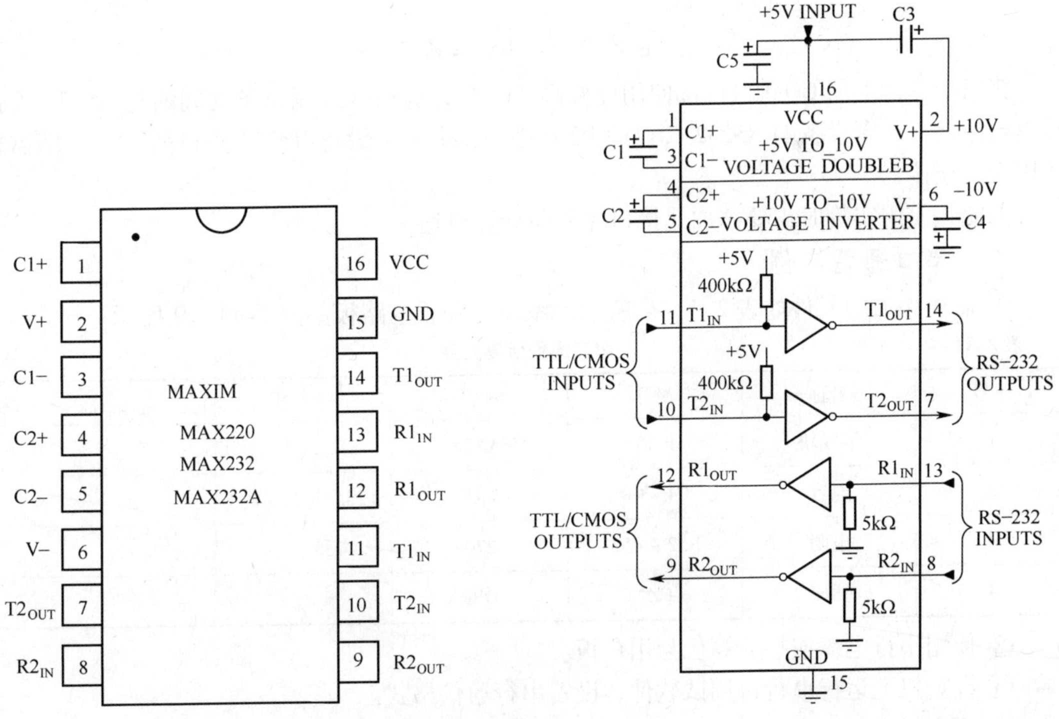

图 2-11-17 MAX232

每只 MAX232 器件包含有两组接口电路，本实例只需要使用其中的一组。它们与 89C52

的连接方式如图 2-11-18 所示。

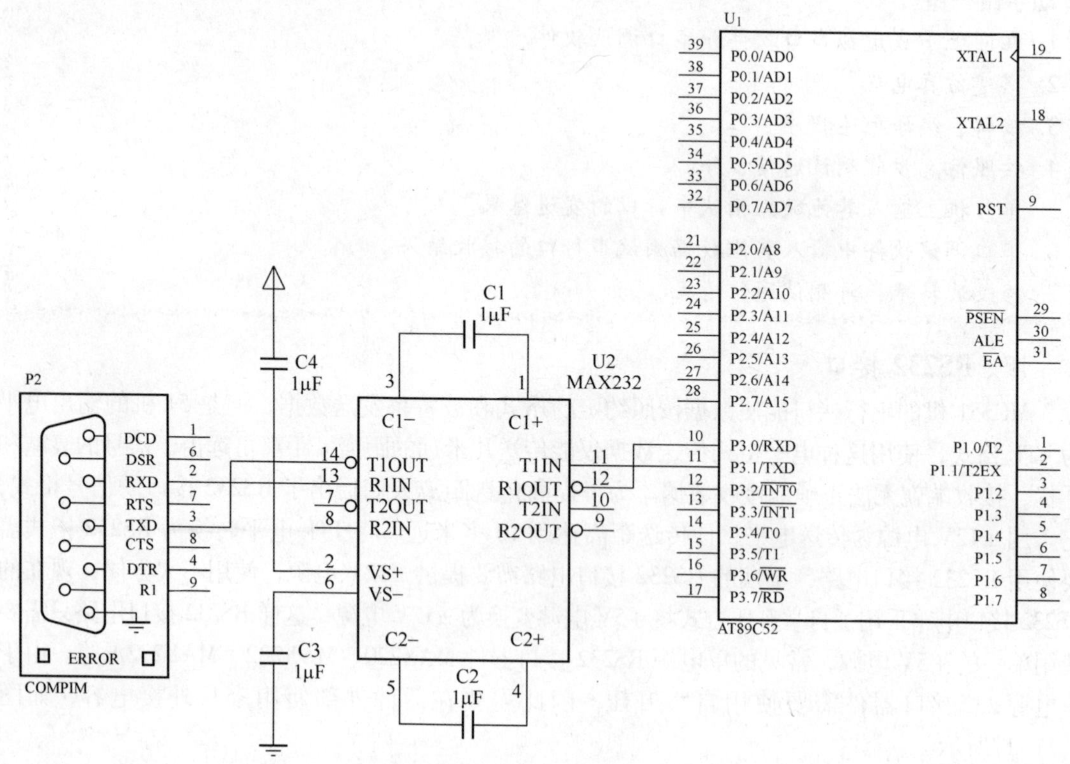

图 2-11-18　RS232 接口

普通计算机上的 COM 口也都使用此标准。两台计算机或控制设备之间通过 RS232 连接时应当注意，一台设备的 RS232 接口的 RXD 必须接另一台设备 RS232 接口的 TXD，即需要使用交叉连接。

因此，使用实物时需要添加此接口才能与计算机通信。

五、串口通信实例

① 需要添加的元件如表 2-11-4 所示，添加元件后电路板如图 2-11-19 所示。

表 2-11-4　串口通信所需元件

序号	名称	符号	规格	用途	备注
1	集成块	IC15	MAX232	232 接口	
2	电容	C4 ~ C8	1μF	232 电平变换	
3	电阻	R52 ~ R53	270	232 接口	
4	插座	CZ4	DB9		

② 使用串行电缆连接计算机与用户板。

③ 计算机上运行串行口调试软件，设置串行通信格式。

④ 用户板运行程序，按任意数字后按“F”键，检查计算机是否收到数据。

⑤ 计算机串行口调试软件上发送若干字符，检查用户板是否收到数据。

注意：也可以使用两台用户板，连接后测试串行通信。

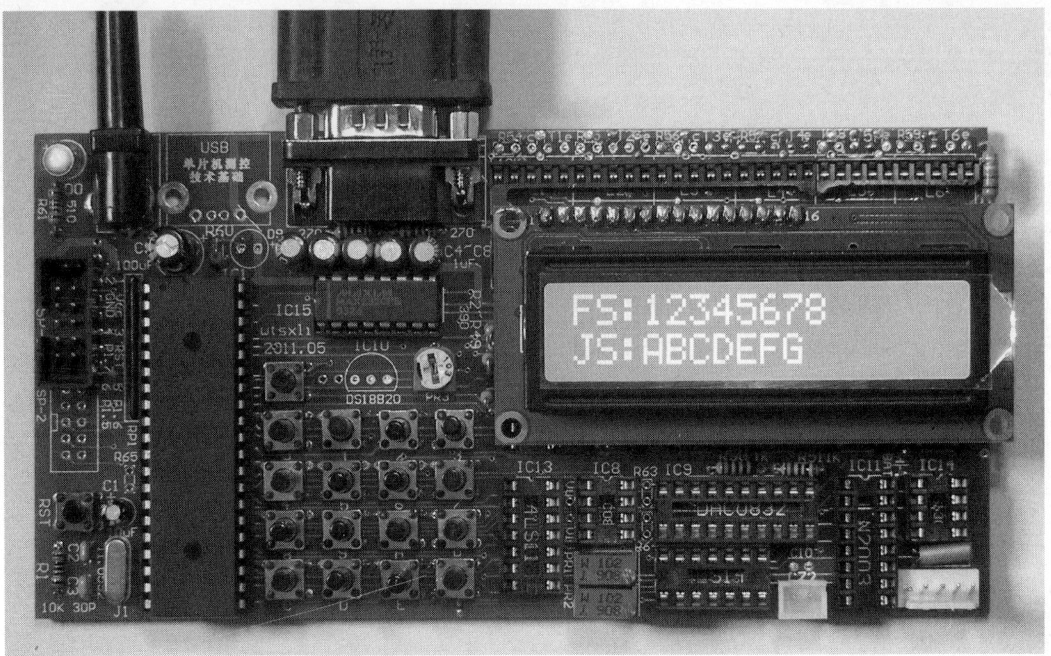

图 2-11-19　串行通信实例